ミツバチの秘密

高橋純一

緑書房

口　絵

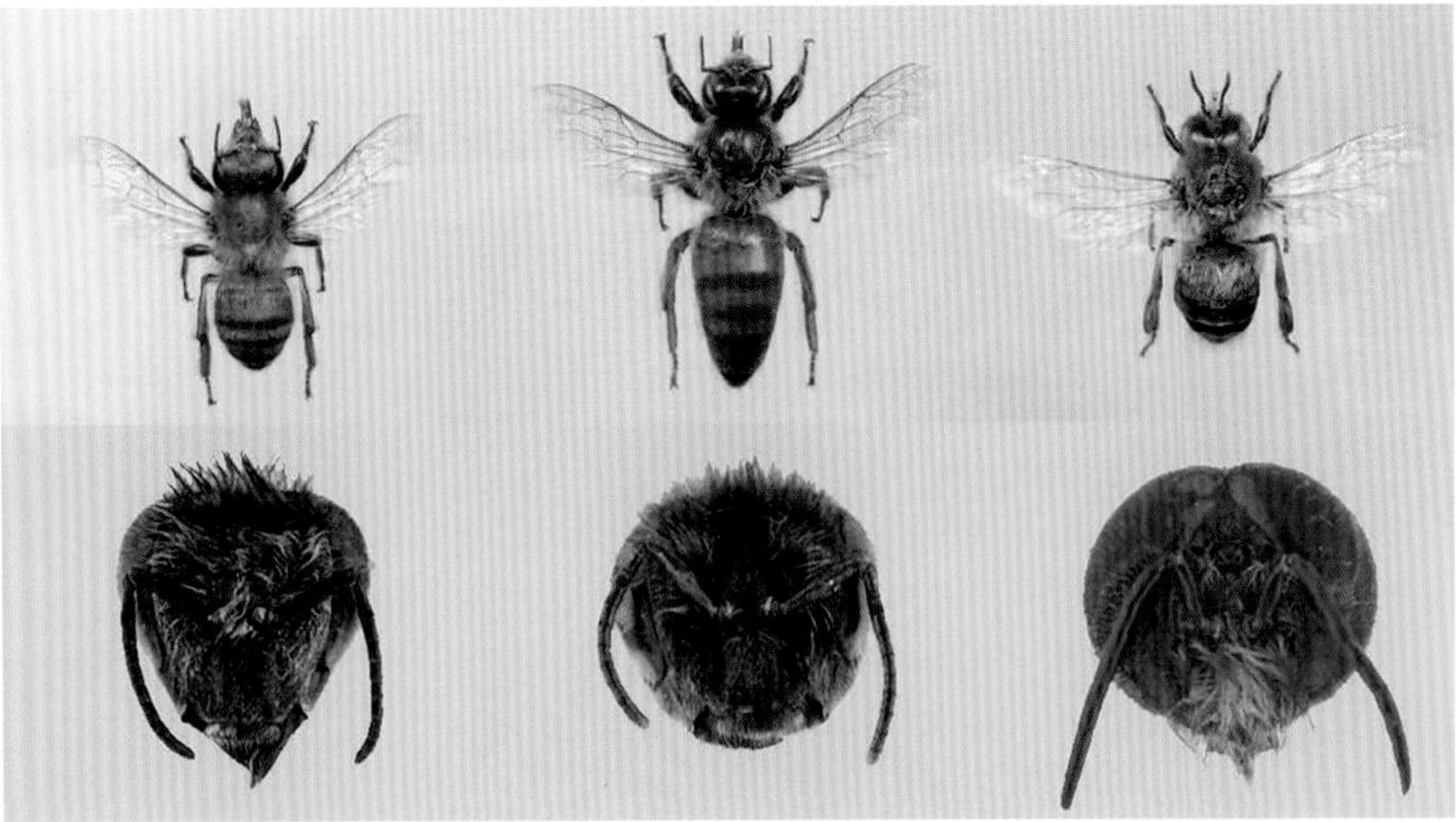

口絵1（p. 21、序章：図4）
セイヨウミツバチの働きバチ（左）、女王バチ（中央）、オスバチ（右）の成虫
背面側（上段）と正面側（下段）。

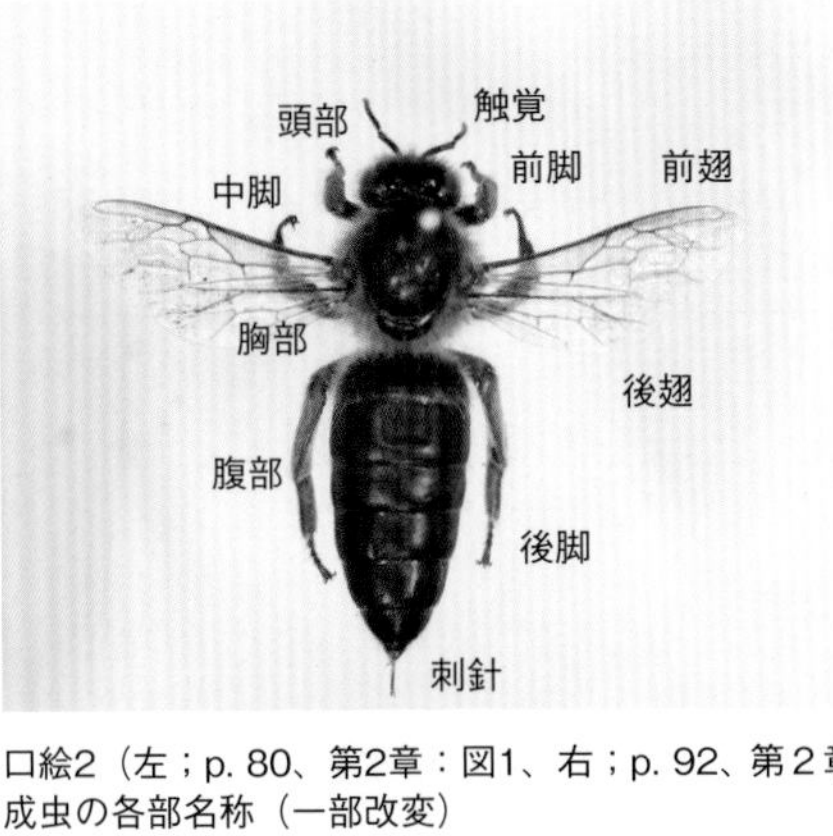

口絵2（左；p. 80、第2章：図1、右；p. 92、第２章：図23）
成虫の各部名称（一部改変）
ニホンミツバチの女王バチ（左）とヒマラヤオオミツバチの働きバチ（右）。

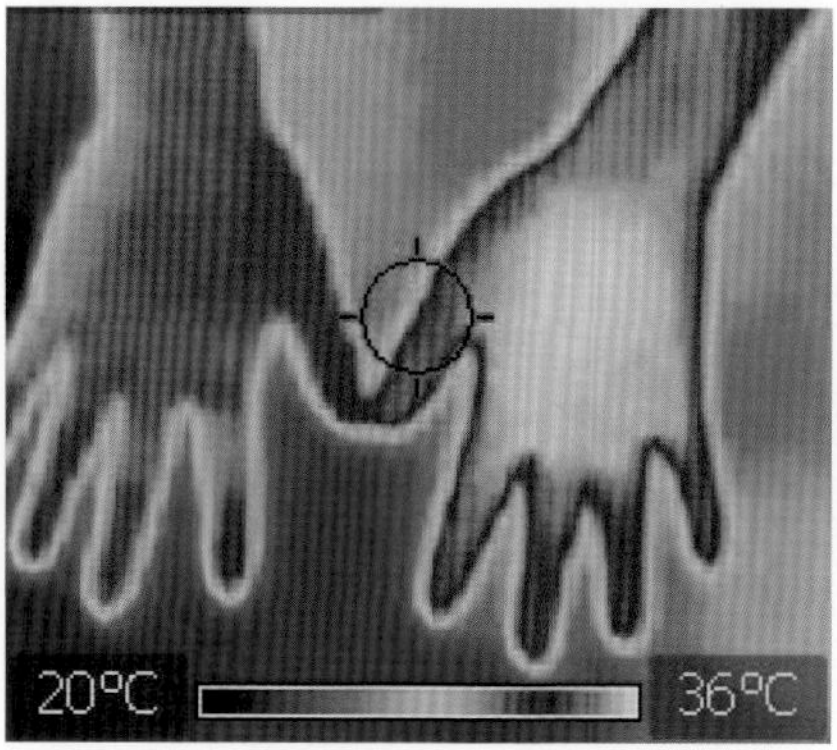

口絵4（p. 35、序章：図25）
ミツバチに刺された左手が炎症を起こし熱を持っている様子の赤外線カメラの写真
（撮影協力：吉岡優奈氏）

口絵3（p. 21、序章：図5）
背番号を付けたカーニオランの女王バチ
周囲にはオスバチと働きバチがいる。

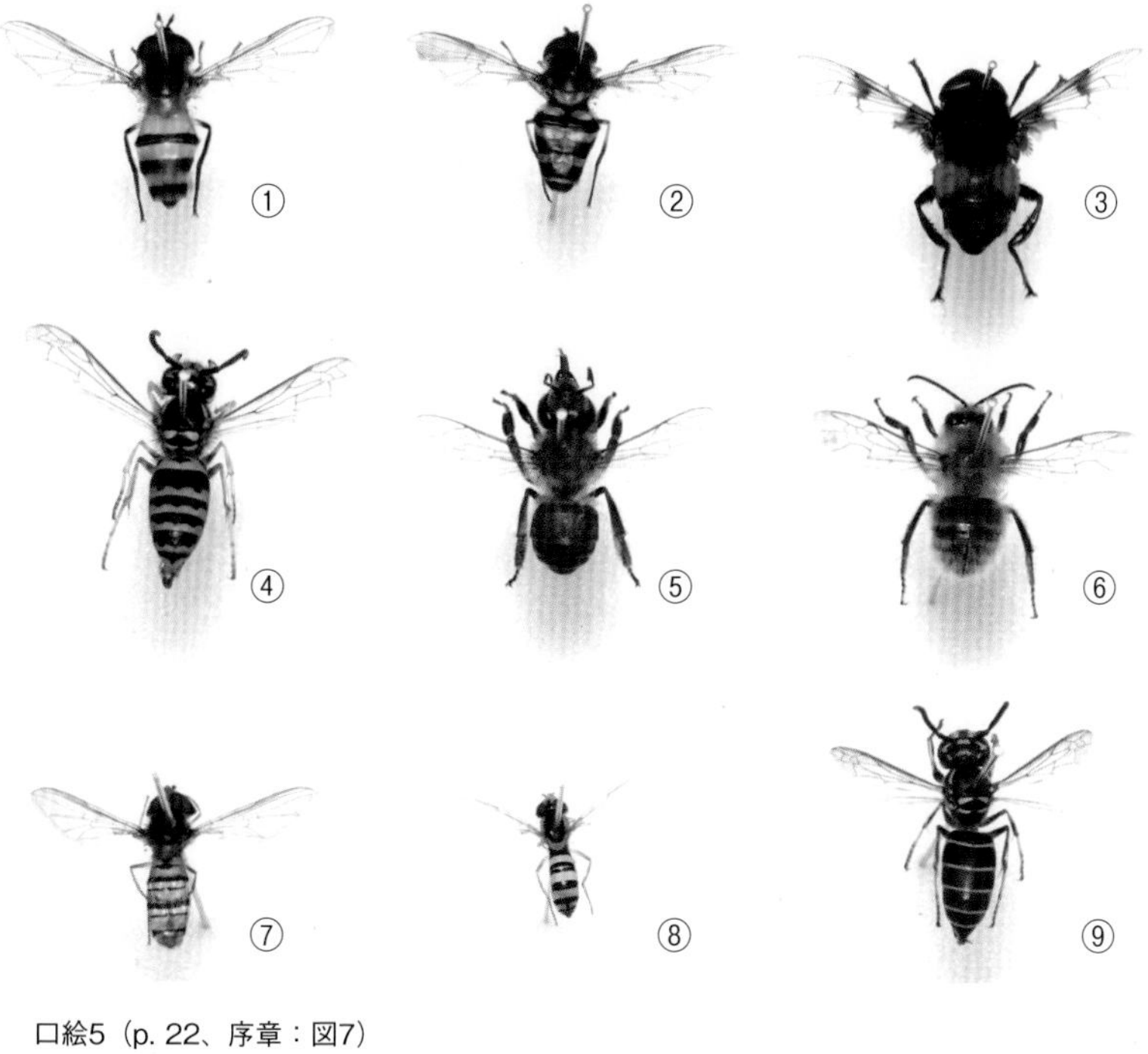

口絵5（p. 22、序章：図7）
ミツバチを探せ！！
ハチとハエ・アブの標本を並べてあります。この中からミツバチを見つけてください。
答えは序章、p. 22。
（標本作製：溝端丞之介氏、吉尾実莉氏、西村穂貴氏）

コミツバチ　　　トウヨウミツバチ　　　オオミツバチ

口絵6（p. 45、第1章：図1）
現生種3亜属の働きバチの標本写真

口絵7（p. 56、第1章：図14）
コミツバチ（左）とクロコミツバチ（右）の働きバチ

オオミツバチ

ヒマラヤオオミツバチ

スラウェシオオミツバチ

フィリピンオオミツバチ

口絵8（p. 58、第1章：図16）
オオミツバチ４種の働きバチ成虫

口絵9（上段；p. 54、第1章：図11、下段；p. 45、第1章：図2）
ボルネオ島に同所的に分布するミツバチ亜属（左からサバミツバチ、キナバルヤマミツバチ、トウヨウミツバチの働きバチ成虫）

口絵10（左・中央；p. 55、第1章：図12、右；p. 46、第1章：図3）
クロオビミツバチの働きバチ
頭縦と腹部腹面が黄色くなっている

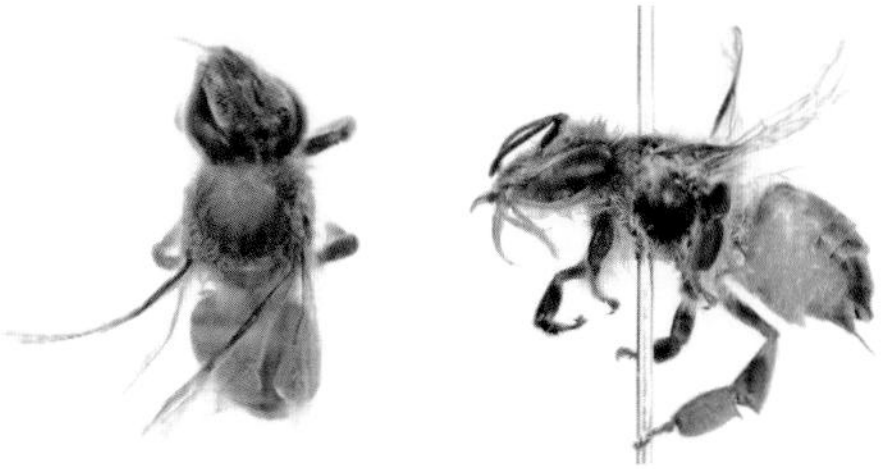

口絵11（p. 46、第1章：図4）
インドミツバチの働きバチ（背面・側面）
全体的に体色が黄色くなっている。

口絵12（p. 71、第1章：図23）
フィリピン諸島のトウヨウミツバチグループの働きバチ（左からルソン島、ボホール島、セブ島）

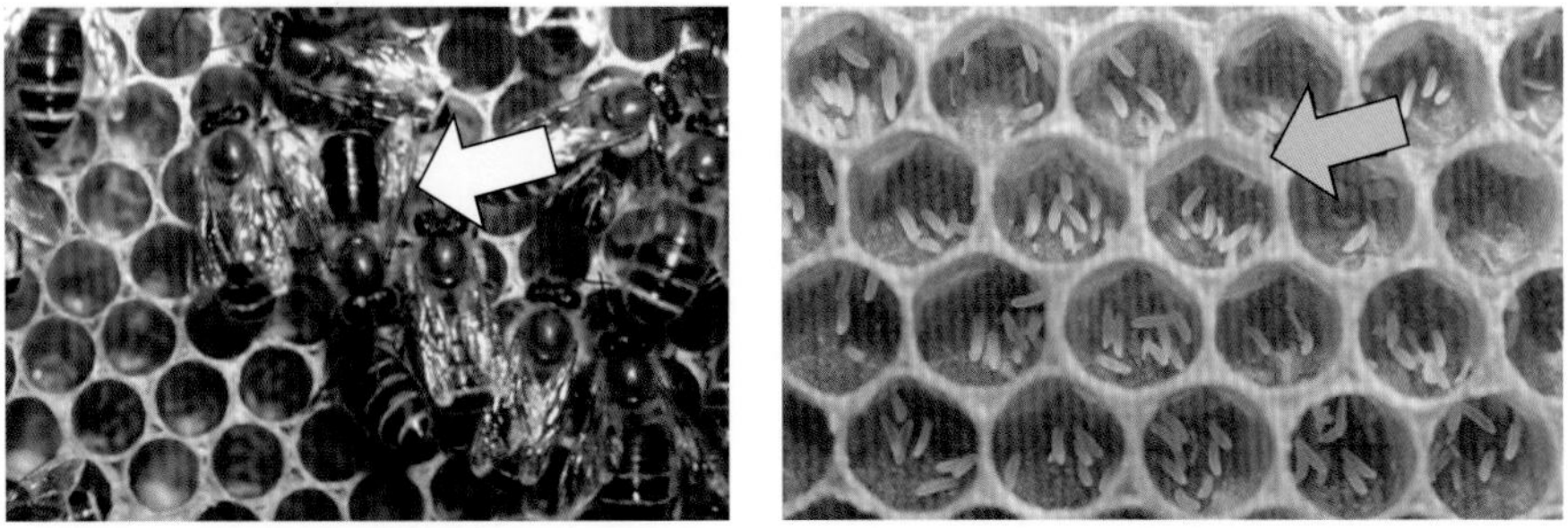

口絵13（p. 181、第4章：図25）
産卵働きバチ（矢印）と同胞産卵群では巣房に複数の卵が無秩序に産卵される（右）
腹部の縞模様がなくなるのが産卵働きバチの特徴。

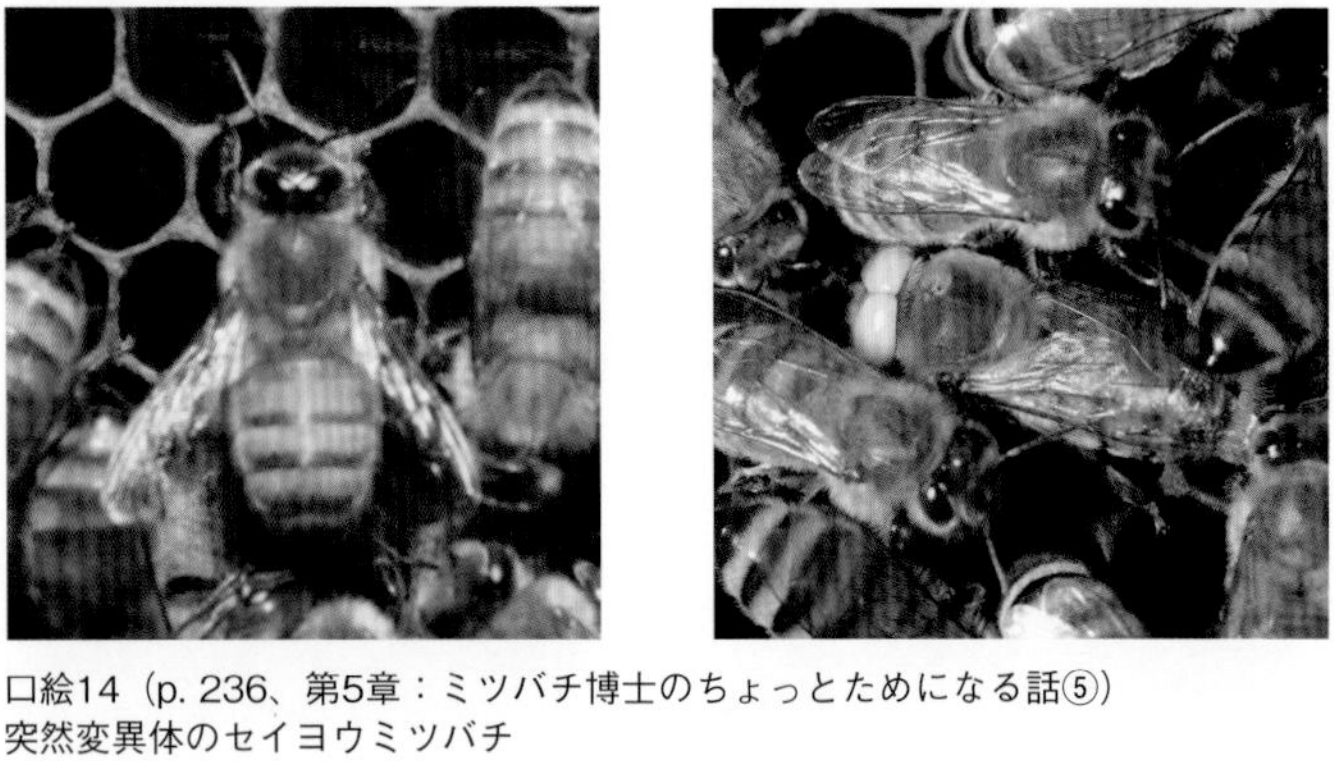

口絵14（p. 236、第5章：ミツバチ博士のちょっとためになる話⑤）
突然変異体のセイヨウミツバチ
左がサイクロプス、右がホワイトアイ。

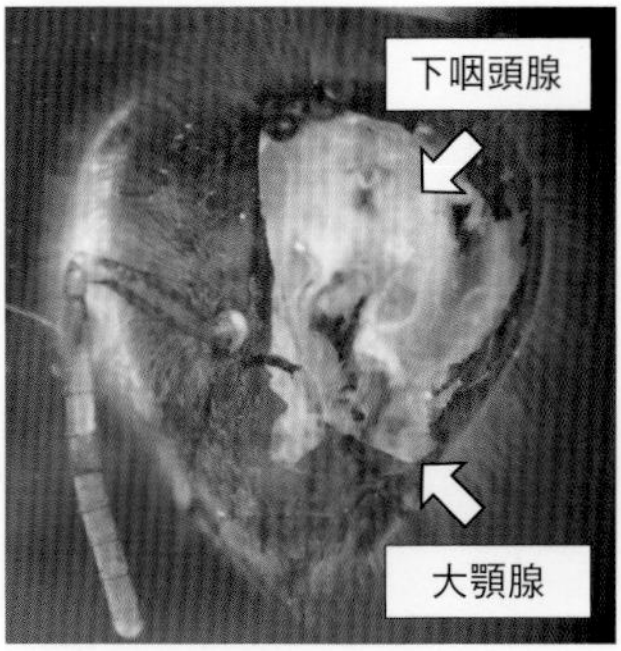

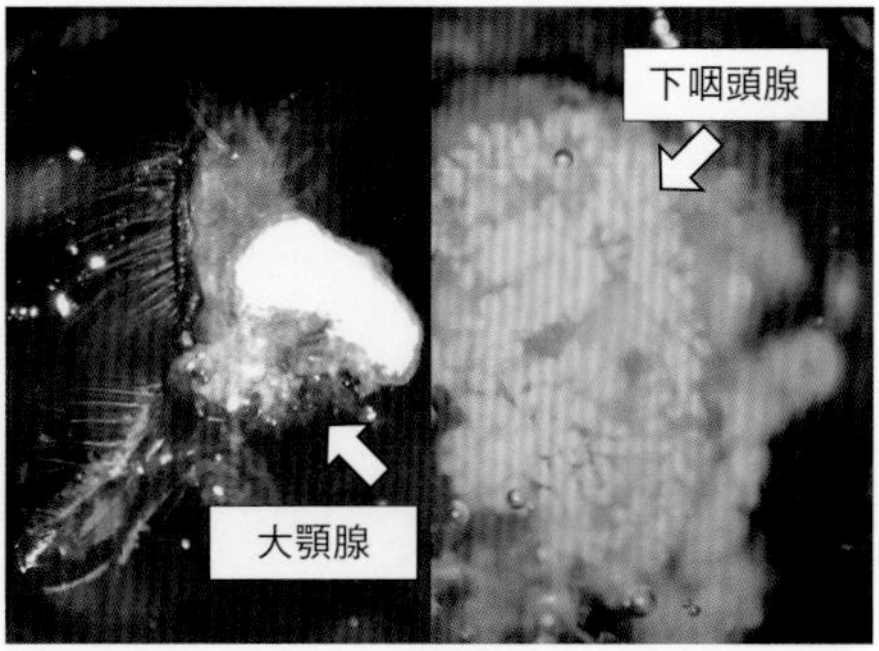

口絵15（左；p. 28、序章：図16、中央・右；p. 98、第2章：図37）
働きバチ成虫頭部の分泌腺

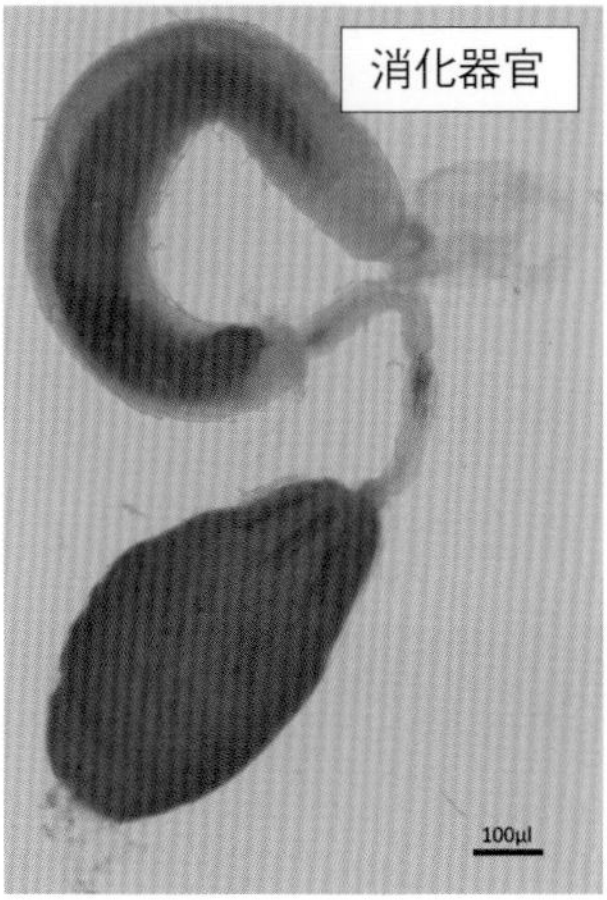

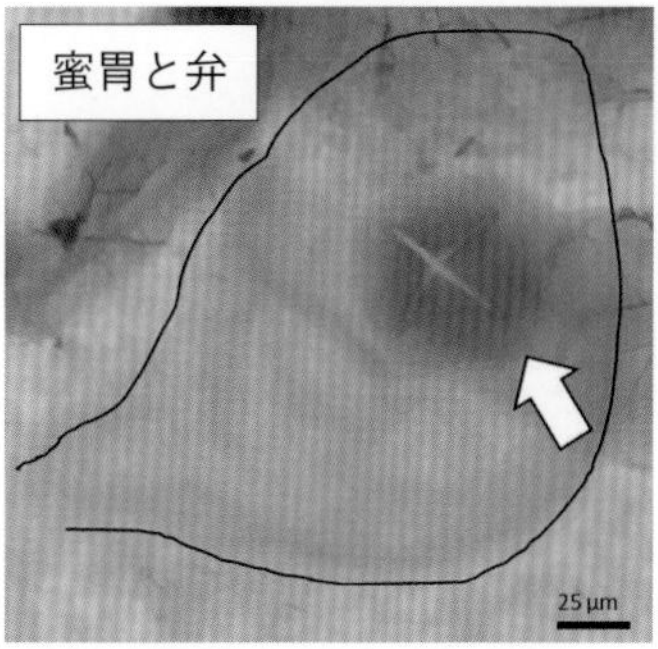

口絵16（左；p. 104、第2章：図46、右；p. 105、第2章：図48）
働きバチ成虫腹部の消化器官（左）、蜜胃（黒線部分）と弁（右）

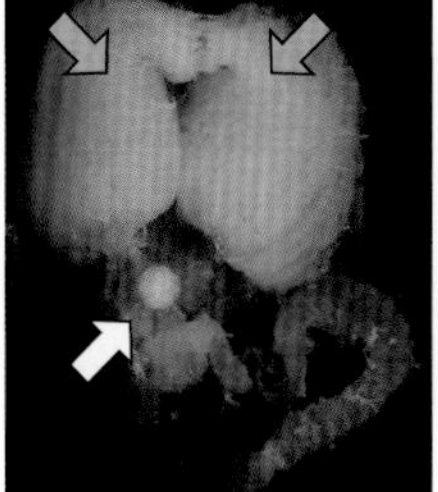
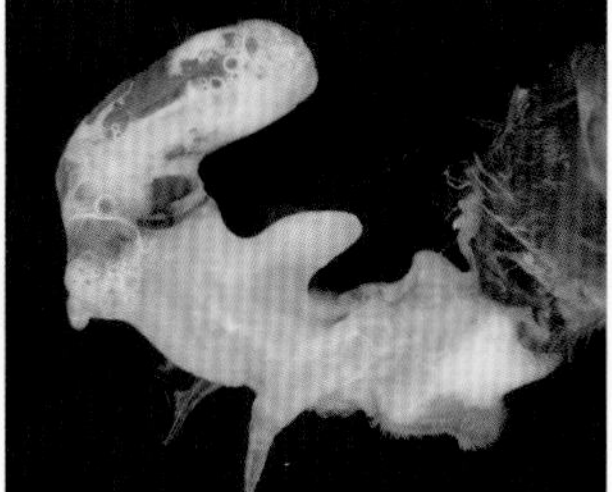
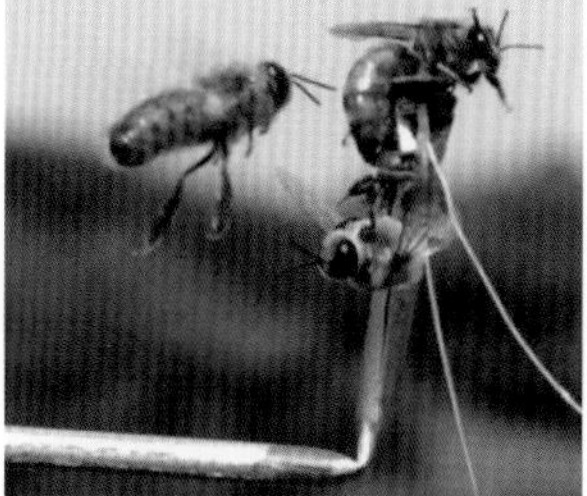

口絵17（左：p.105、第2章：図50、中央：p.106、第2章：図51、右：p. 173、第4章：図19）
セイヨウミツバチの女王バチの卵巣（橙矢印）と受精嚢（白矢印）（左）、オスバチの外反した生殖器（中央）、DCAでの人工交尾（右）（一部改変）
（写真：田中くるみ氏、木村隼人氏）

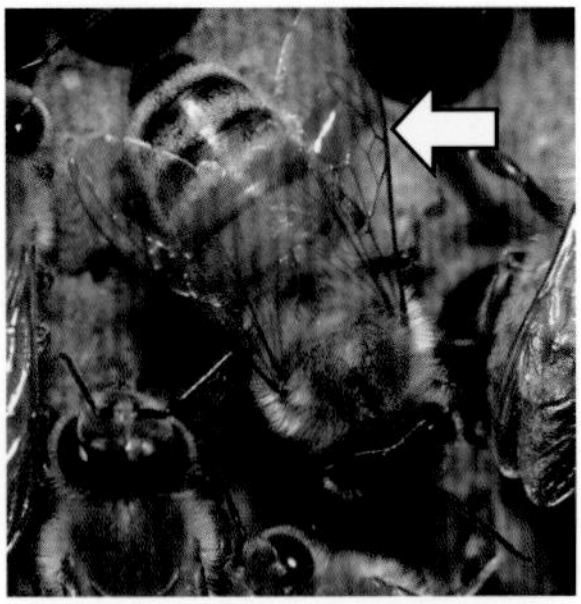

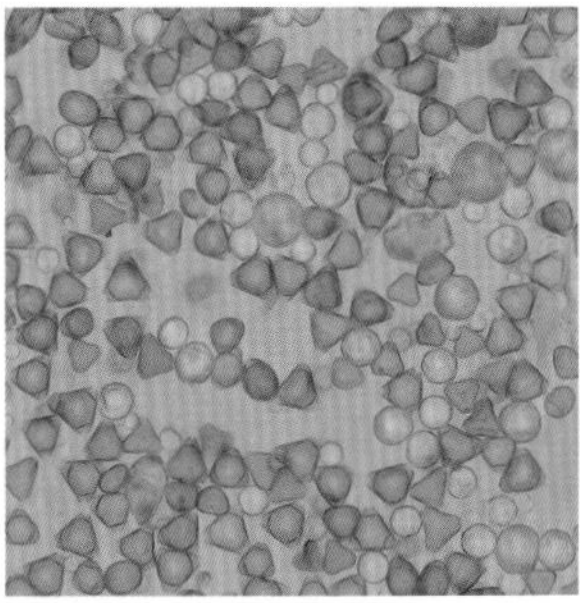

口絵18（左；p. 219、第5章：図25、右；p. 207、第5章：図8）
採集したプロポリスを後脚に付けている（矢印）セイヨウミツバチの働きバチ（左）とマヌカハニーに含まれている花粉(右)

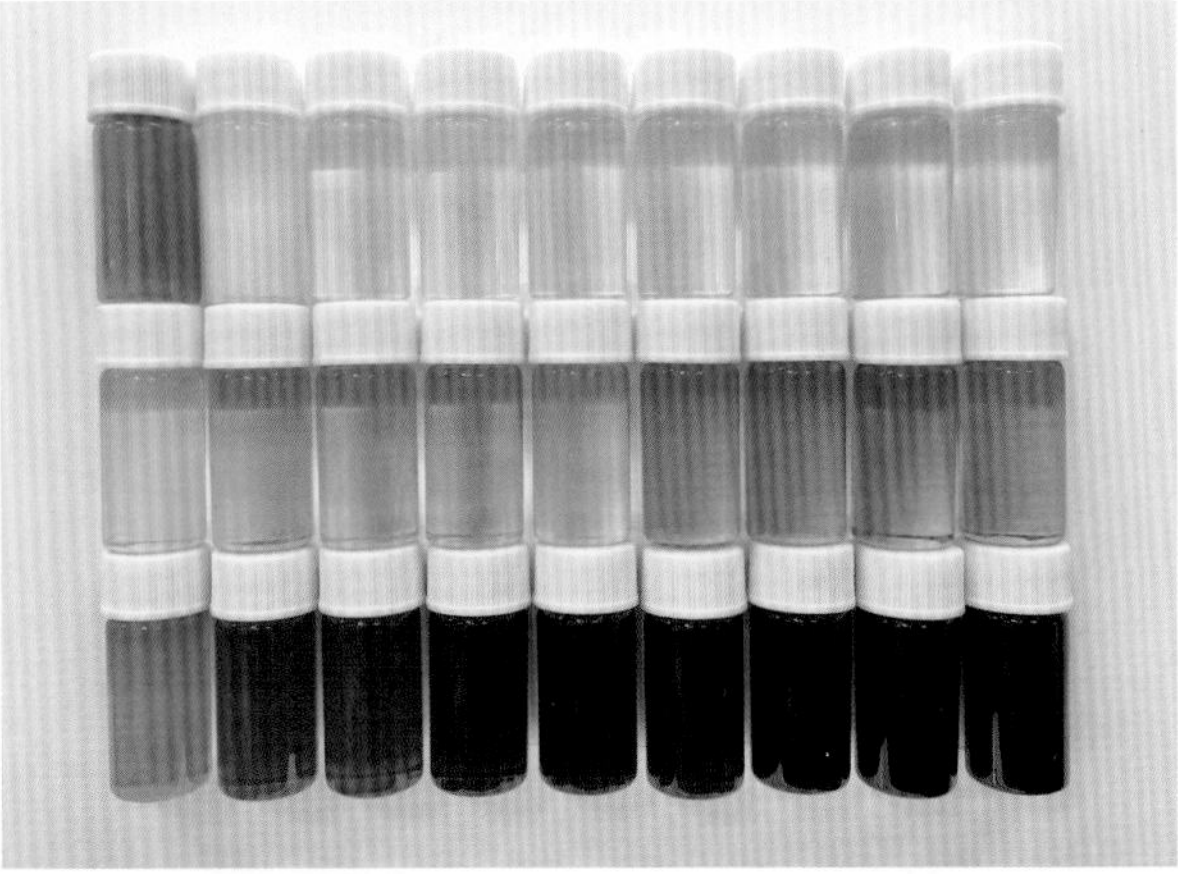

口絵19（p. 205、第5章：図6）
多様なはちみつの色

口絵21（p. 303、第7章：図42）
キナバルヤマミツバチの働きバチ

口絵20（p. 293、第7章：図25）
コミツバチの蜂児巣板の素焼き

はじめに

この本は、ミツバチが好きな方、将来研究者になりたいと思っている子どもが、面白い！と読んでもらえるように書いたつもりです。私が子ども時代に熱中していたのは、生き物の観察と野球、そして読書でした。外で遊ぶのが大好きな子どもで、小学校の思い出というと、昆虫を探していて休み時間を過ぎてしまい、先生によくしかられたことです。私が生き物を好きになったきっかけは、毎年夏休みに母の実家で過ごした体験だったと思います。母の実家は新潟県上越市中の俣というところで、里地里山を体現したような場所で、自然しかないところです。今では秘境、桃源郷などと呼ばれています。ここで朝から日が落ちるまで、虫捕りや川遊びなどをして過ごしました。そこには、図鑑やデパートのペットコーナーでしか見ることのできなかったクワガタやカブトムシ、オニヤンマなどの生きている姿を観察することができ、昆虫が大好きになりました。小学校高学年のころには、昆虫好きの友達と、夜中にこっそり家を抜け出してカブトムシ捕りに出かけて、朝帰りしたものです（もちろん親にみっちり怒られました）。昆虫採集は必ずしも成功せず、どちらかというと、捕れない日の方が多かったと思いますが、どうすれば捕れるのかを考えるのも楽しかったです。そのときの夢は、野球選手か昆虫学者でした。一方で、勉強にはちっとも興味が持てませんでした。両親は中高一貫校への進学を望んでいたようですが、私は勉強が嫌いだから行きたくないと言っていたようです。中学生・高校生になっても、勉強には興味がわかず、テストは一夜漬けばかりでした。ですが、本は好きだったので、学校図書館の本は、ジャンルを問わずほとんど読んだと思います。

高校生になっても昆虫などの生き物が好きなことは変わりませんでした。高校の隣にあった大きな雑木林で虫捕りをしていたある日、スズメバチに頭を刺されてしまいました。３日間も熱を出して寝込んだのですが、その体験がきっかけで、ハチに興味を持つようになりました。なにしろ、小さなハチが持つ毒の強さに感激しました。それ以来、ハチに関する専門書を読みあさりました。そこで、ハチについてもっと勉強するには大学に行かなくてはならないと思うようになりました。高校卒業後の進路は、ハチが学べる大学を考えました。しかし、担任や両親、祖父母、親戚一同、「ハチを勉強して将来どうするの？　大学を卒業しても、ハチの仕事なんかないし、お前は会社で働けないだろうから、露頭に迷う」と一様に反対されました。資格が取れる進学先を進められましたが、好きなことをやりたい気持ちの方が強く、自分の意思で大学を選びました。また当時は、社会人として働くことについて深く考えていなかったこともあり、ハチ研究の道に進めたのかもしれません。

大学に入学して、初めて勉強が楽しいと思うようになりました。ハチの研究はとても楽しくて、お盆も正月もなく、我ながら熱心に実験していたと思います。それは大学院に進学してからも変わりませんでした。私がミツバチの研究を始めたころは、まだミツバチが行っている花粉交配（ポリネーション）の重要性をほとんどの人が知りませんでした。むしろハチは刺す、怖いというイメージだけが先行していました。２００5年までは調査に出かけると、いろいろな方から「なぜミツバチなんか研究しているの？」とよく言われました。ただ、２００6年を境にして世界中でミツバチがいなくなっていることが話題になるにつれ、ミツバチの研究をしていると言うと、「良い研究をしていますね」と言われるようになりました。21世紀において、人類が解決すべき最も重要な課題は、人口増加に伴う地球環境問題だと言われています。そのような時代背景の中、ミツバチは、自然保護や食料生産に重要な生物であることが、徐々に認知されるようになり、多くの方がミツバチに関心を持つようになりました。

人との出会いは一期一会とよく言いますが、私も多くの方たちとの出会いがなかったら現在まで研究者として活動できなかったと思っています。中でもニホンミツバチ研究の第一任者であった故・吉田忠晴先生からは、学生時代を通じてさまざまな養蜂技術の習得やミツバチの野外調査に同行させていただき、多くのことを教えていただきました。また、京都産業大学では、教員の立場から多くの学生たちと一緒に研究を進めています。この場で全ての方のお名前を挙げることはできませんが、本当に多くの方に助けていただいたからこそ、今があると思います。これまで出会った全ての方に感謝申し上げます。

この本の執筆の依頼を受けたときに、ミツバチに関する本は絵本から専門書まで幅広く出版されていたので、最初はどうしたらよいか大いに悩みました。しかし、この本を読んだ方が喜んでいるところを想像しながら執筆することで、徐々に進むようになり、ようやく完成させることができました。緑書房の石井秀昌氏や編集協力の柴山淑子氏には、遅々として進まない原稿に粘り強く対応いただき、ありがとうございました。

この本は、私が講演の際によく受ける疑問や質問に回答することから始めました。その後、日本や世界のミツバチ、体のしくみ、行動や生態、ＤＮＡ解析からわかった繁殖や特殊能力、ハチミツを始めとするミツバチから人が受ける恵み、ミツバチの病害虫、ミツバチのフィールド調査、ミツバチと人と多様な関わりについて解説しました。これまで国内で紹介されることが少なかったニホンミツバチを含めたアジア産ミツバチの生態や、ＤＮＡ解析による最新知見、発酵ハチミツなどの話題は、この本でしか読めないと思います。できる限りミツバチの基本的性質が理解しやすいように書いたつもりです。この本を読んで、新たにハチの研究をしたい、ハチミツの研究をしたい、ミツバチを飼育してみたい、と思う方が増えてくれたら嬉しい限りです。

２０２３年８月

高橋純一

目次

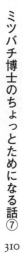

ミツバチとハチミツにまつわる ハチ！8のQ&A

Q1 ミツバチの家族構成を教えてください！

A1 ミツバチの巣には、女王バチ、オスバチ、働きバチがいます

ミツバチの階級社会は、役割分担が超厳格！

ミツバチの巣の中には、たくさんのハチがいます。コロニーとも呼ばれる1つの巣の中では、女王バチとオスバチのほかに、不妊の労働階級である働きバチが一緒に生活しています（図1、図2）。ミツバチの巣の階層構造は人間社会を思わせることから、ミツバチは社会性昆虫を呼ばれてきました。しかし、不妊の個体がいるなど人の社会とは意味が異なるので、ミツバチと人間の社会を区別するために「真」を頭につけて「真社会性昆虫」と呼ばれるようになりました。ミツバチ以外では、アリやスズメバチ、シロアリ、一部のアブラムシなどが真社会性昆虫のグループに入ります。

女王バチは、英語で「クイーン（Queen）」と呼ばれています。ミツバチの女王バチが生涯で交尾をするのは一度だけで、その後は死ぬまで産卵し続けますが、子育てやその他の仕事は、生まれてから死ぬまで、一度も行うことはありません。一方、英語で「ワーカー（Worker）」と呼ばれる働きバチは、巣の内外で育児から餌集め、巣作り、巣の防衛など、産卵以外のすべての仕事を担います。巣の中で忙しそうに動いている個体も、外で花の蜜や花粉を一生懸命集めている個体も、すべて働きバチです。こうした性質を生物学では「カースト」と言います。この言葉は、生まれたときから役割や階級が定められているヒンドゥー教の「カースト制度」に類似していることに由来しています。

ミツバチは人間の一歩先を進む超個体の生命体

ミツバチは一個体一個体がまとまって、群れのために協調的に行動をしている超個体の生物です。生物は、単細胞生物から多細胞生物に進化し、やがて多細胞生物の個体が集まって社会性を構成するまで進化してきました。自然界には、私たち人間のように生きるために必要な生命活動を

図1　ミツバチの巣の構成員は女王バチ、働きハチ、オスバチ

図2　セイヨウミツバチの巣の中の様子
（https://youtu.be/yY2C4OAxMWo）

すべて個体レベルで行っている生物もいれば、ミツバチのように多数の個体がまとまって協力し、まるで全体で1つの生命体のようにふるまって生きる生物もいます。一部の科学者たちは、後者の生物を、次の段階に進化した生物と考え、生命を超えた生命という意味で「超個体（Super organism）」と呼んでいます（図3）。

巣の中の90％以上は働きバチ

前述したように、ミツバチの巣（コロニー）には女王バチ、働きバチ、オスバチが同居しています。巣にいるハチの90％以上が働きバチで、女王バチは1匹しかいません。もし、養蜂家ではない方が、たまたま巣をのぞいて女王バ

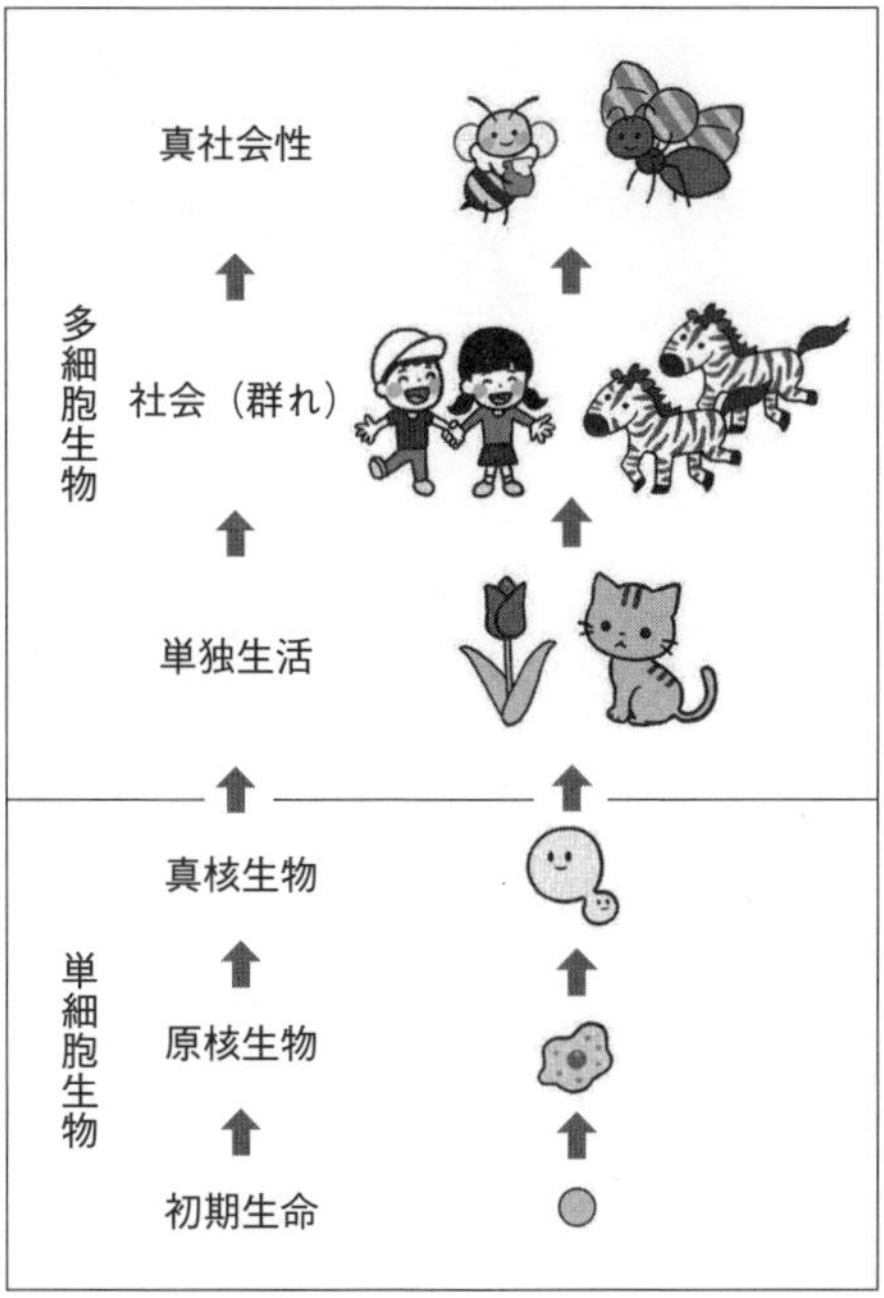

図3　生物の階層性
初期生命から原核単細胞生物、真核単細胞生物、多細胞生物へと進化した。その真核多細胞生物の中で単独生活型からやがて群れ（社会）を形成するグループが現れ、さらにその中から真社会性のグループが進化したと考えられている。

チを見つけることができたとしたら、それはとてもラッキーです。巣の大きさにもよりますが、一般的にニホンミツバチの巣には1万匹前後、セイヨウミツバチの巣には2万匹前後の働きバチが暮らしていると言われています。女王バチと働きバチは季節に関係なく、常に巣の中にいますが、オスバチは春から夏のみ巣に姿を現します。オスバチは交尾をするためだけに季節限定で生まれて、巣の規模にもよりますが、１つの巣で数百匹～２０００匹ほど生まれてくると言われています。

階級による外部形態の違い

ミツバチの巣の中にいる女王バチ、働きバチ、オスバチは、それぞれ役割に合わせて特徴的な見た目をしています（図４）。

ミツバチの女王バチは、働きバチよりも大きく、体長は働きバチの2～3倍で、特に産卵時は、腹部が大きく膨らんでいます。巣の中にいる、次の女王バチ（未交尾女王バチ・処女王バチ）は卵巣が発達していないため、産卵している女王バチと比べて腹部がほっそりしているのが特徴です。女王バチは、次の女王バチに巣を明け渡して、巣の中の働きバチ半数ほどを引き連れて別の場所に新しい巣を作ります。これを「分蜂《ぶんぽう》」と言いますが、お腹が重いと飛びにくいので、分蜂直前の女王バチは産卵を停止させ、腹部の卵巣を小さくします。胸部の体毛は加齢が進むにつれて抜け落ちてしまうので、見慣れている人であれば体毛の生え具合で女王バチのおおよその年齢を言い当てることができます。女王バチには針があるのでつかむと刺してきますが、働きバチの針のように針が刺さったまま抜けない仕様にはなっていません。女王バチの針は、あくまで他の女王バチと戦うためのもので、毒の量も少ないので、仮に刺されてしまっても腫れることはありません。

働きバチは、体長が女王バチやオスバチと比べてやや小ぶりです。体の表面をよく見てみると体毛が女王バチやオスバチに比べて濃く、全身が体毛で覆われています。これは花粉を集めるために効率がよいからです。後脚には、花粉かごと花粉を集めるための長い毛が1本生えています。腹部末端に針があり、針には複数の返しが複数付いており、一度刺したら抜けない仕組みになっています。

オスバチは、女王バチや働きバチと比べて眼（複眼）が発達しており、複眼数は女王バチや働きバチの約2倍です。オスバチの複眼は、野外で交尾相手の女王バチを見つけるために発達したと考えられています。また、腹部が女王バチや働きバチと比べてやや丸みを帯びています。オスバチには針がないので、腹部末端部分は台形のようになっていて刺すこともありません。前述の通り、オスバチは春から夏の間にしか巣に現れませんが、この時期に巣の中を見ると、働きバチよりも眼と腹部がやや大きくて、のそのそと歩いているか、じっと動かずにいるオスバチが観察できます。慣れてくると簡単に区別がつくようになるでしょう。

このように女王バチは、働きバチよりも体が一回り大きく、腹部が膨らんでいるので、一度見れば区別できるようになります。このため、経験豊富な養蜂家であれば女王バチを簡単に見つけることができますが、慣れていない人が女王バチを見つけようとしても、なかなか見つけることはできません。養蜂家は、女王バチが元気に産卵しているかを毎週確認する必要があるのですが、初めてミツバチを飼育する人は、この女王バチを見つける作業にとても時間がかかってしまいます。そのため、新米養蜂家は、あまり多くの巣箱を管理することができません。海外には女王バチの胸部に印をつけて見分けやすくする便利な道具（図5）も販売されていて、日本でも輸入して使用する人もいます。

余談ですが、ハエやアブの中には、ミツバチと見た目がよく似たものもいます。これを擬態と言います。よく似て

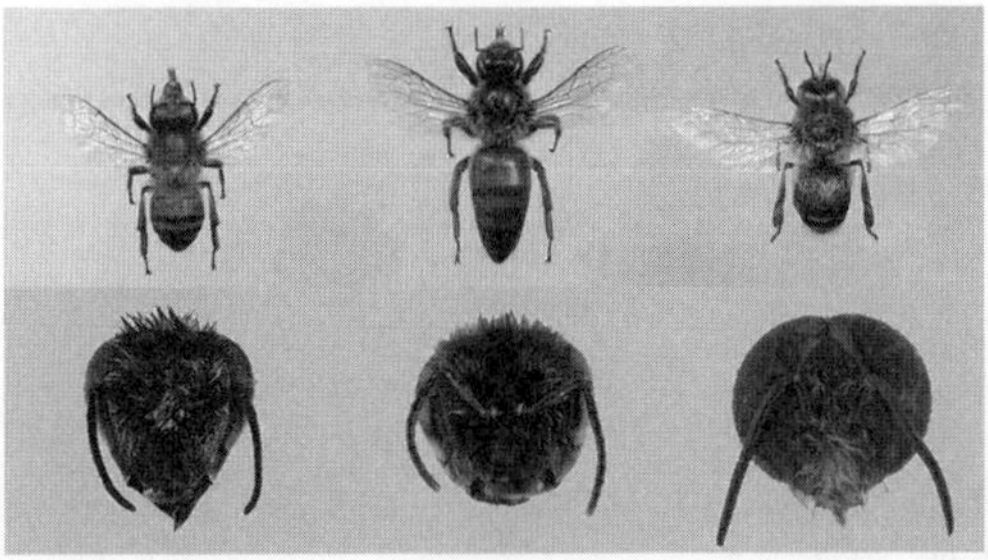

図4　セイヨウミツバチの働きバチ（左）、女王バチ（中央）、オスバチ（右）の成虫
背面側（上段）と正面側（下段）。➡口絵1（p.2）

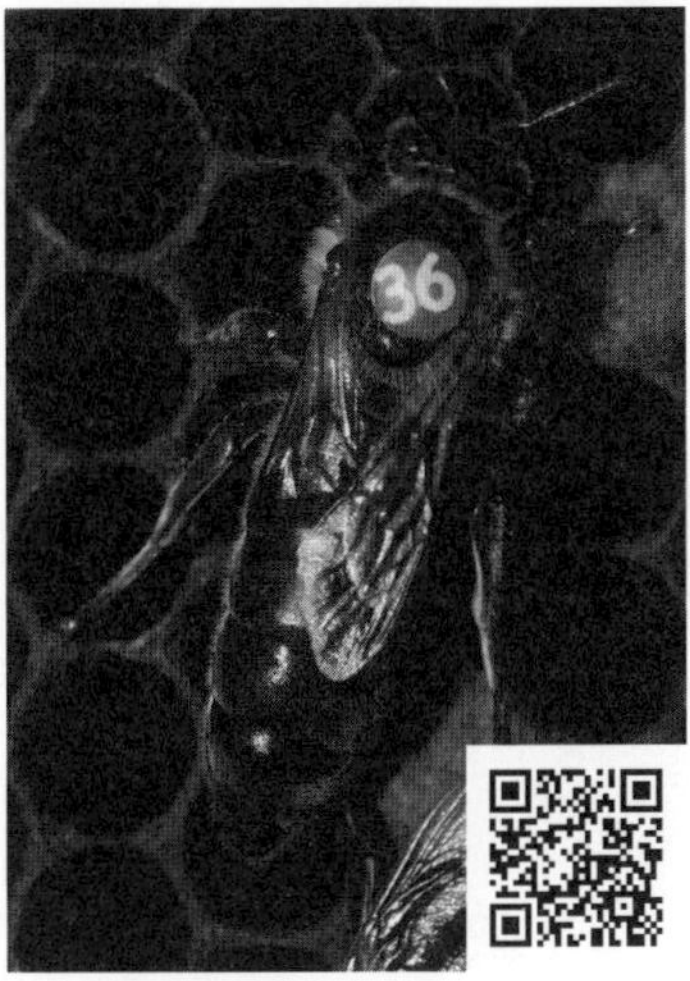

図5　胸部に背番号を付けているセイヨウミツバチの女王バチ
養蜂家は多数の女王バチを飼育しているので、色（誕生年）と番号（個体）で管理している。
➡口絵3（p.3）

いるので間違える方も多いのですが、ポイントさえわかっていれば、見分けるのはそんなに難しくありません。というのも、ミツバチの翅《はね》は左右に前翅と後翅の２枚ずつ、計４枚が胸部にありますが、ハエやアブは後翅が退化しているため、翅は２枚しかありません（図６）。図７にクイズを用意したので、ぜひ挑戦してみてください。

図6　ハエ・アブ（左）とハチ（右）
両者は翅の枚数で判別できる。セイヨウミツバチは前翅と後翅の２枚、アブは前翅のみで、後翅は退化している。

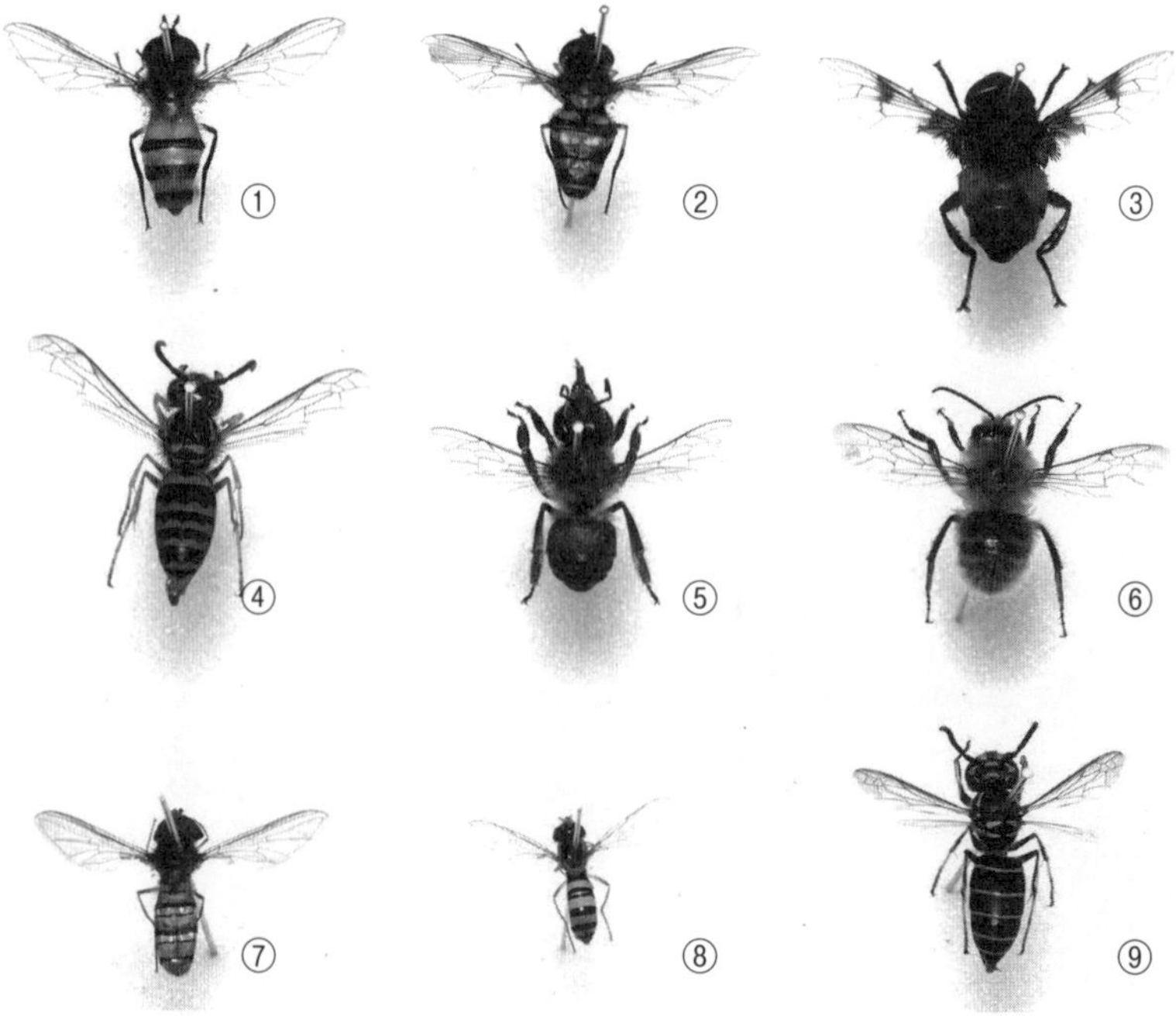

図7　ミツバチを探せ !!
ハチとハエ・アブの標本を並べてあります。この中からミツバチを見つけてください。
➡口絵５（p.3）　（標本作製：溝端丞之介氏、吉尾実莉氏、西村穂貴氏）

答え：⑤がセイヨウミツバチの働きバチ、④はキオビクロスズメバチ、⑥はコマルハナバチ、⑨はシダクロスズメバチ。残りはハエ・アブ。

Q2

A2

どうしてミツバチの巣は六角形なの？

効率性と強度を兼ね備えた最強の構造だからです

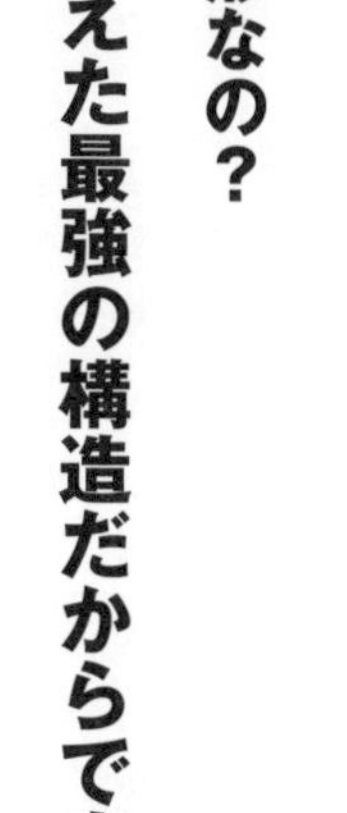

少ない材料で空間を最大限利用するハニカム構造

ミツバチの巣には、幼虫を育てたり、ハチミツや花粉を貯めたりするための、六角形の小部屋「巣房《すぼう》（セル：Cell）」がたくさんあります（図8、9）。この巣房が隙間なく並べられたものが、ミツバチの巣の基本構造である「巣板《すばん》（ハニカム：Honey comb）」です。

自然界のミツバチは、木に開いた穴の中に巣を作ります。巣作りは働きバチの仕事で、穴の天井部分から下に向かって、徐々に巣房を増やしながら巣を作ります。さて、木の穴を最小限の材料で隙間なく巣房で埋めるには、どうしたらよいでしょうか。その答えが、ハニカム構造です。

ミツバチの幼虫がサナギになったときのサイズにピッタリ合うのは円形ですが、それだと巣房の間に隙間ができて、余分な材料が必要になります。だからといって三角形や四角形では、ミツバチのサナギには小さすぎます。空間を最大限利用しながら、少ない材料で巣房数を最大にすることを考

図８　セイヨウミツバチの巣
規則正しく六角形の巣房が並んでいる。

図９　セイヨウミツバチの巣房
厚さは0.1 mm、角度は9 ～ 14度上向きになっている。

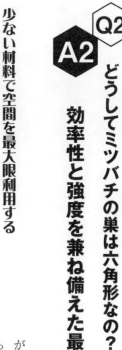

えた場合、六角形の集合体であるハニカム構造が最も効率がよいのです（図10）。強度の面でもハニカム構造は三角形や四角形の集合体と比べて高く、複合的に考えて、ミツバチの巣に最適なのでしょう。このハニカム構造は空間利用の効率性と優れた耐久性を兼ね備えた構造として、新幹線や飛行機のフレーム素材、建物の壁や人工衛星など、さまざまな構造物に利用されています。

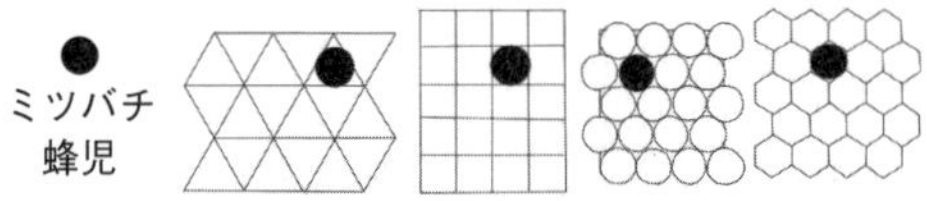

	三角形	四角形	円形	六角形
無駄な空間	大	中	なし	小
材料の使用量	少ない	少ない	多い	少ない
強度	中	弱	強	強

図10　ハニカム構造は少ない材料とスペースで高い強度が保てる

ミツバチの巣はろう（ワックス）でできている

ミツバチの巣は、働きバチが分泌する蜂ろう（ビーワックス：Bee wax）でできています。蜂ろうは消化・吸収されたハチミツや花粉を材料に、働きバチが腹部にある「ワックス（ろう）腺（Wax mirror、図11）」で合成したものです。巣作りのとき、働きバチはこの蜂ろうを口（大あご）で形を整えながら巣に塗り付けます。このとき、働きバチは触角を使って長さと角度を測定しています。第5章で紹介しますが、蜂ろうは、ろうそくや化粧品、木製品の艶出しワックスなどに利用されています。なお、スズメバチやアシナガバチの巣は、木の繊維を利用して作られています。

ミツバチの巣は上を向いている

ハチの巣というと、電球のカバーのような形状をした巣の下側に六角形の穴がたくさんあるものをイメージされる方も多いでしょう。しかし、それは民家の軒先などに巣を作るアシナガバチのものです。巣の構造は、ハチの種類によって異なります。例えばアシナガバチやスズメバチの巣は、巣房の大きさにばらつきがあり、巣自体も下を向いています（図12）。対してミツバチの巣は、巣房がすべて同じ大きさの正六角形で、横を向いています。ミツバチの巣が横を向いている理由は、巣房にハチミツを貯めるからです。下向きだとハチミツがこぼれてしまうので、横向き、厳密に言うとやや斜め上（約9度）に巣を傾けています（図9）。同じミツバチの仲間でもマルハナバチの巣房は六角形ではなく卵型です（図13）。これは、土中にあるネズミの巣の上に巣を作るためと、幼虫の体の大きさに合わせているためと考えられています。

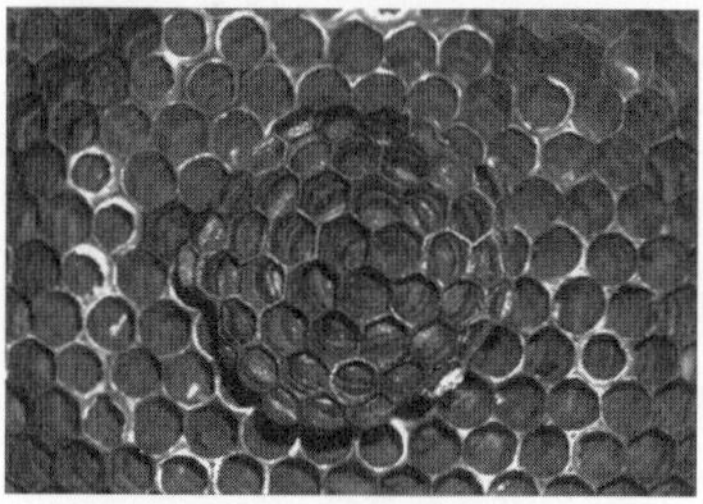

図12　キアシナガバチの巣（上)、キイロスズメバチの巣の側面の外皮をはがしたところ。巣板が段構造をしている（中)。オオスズメバチの巣房を下から見たところ（下)

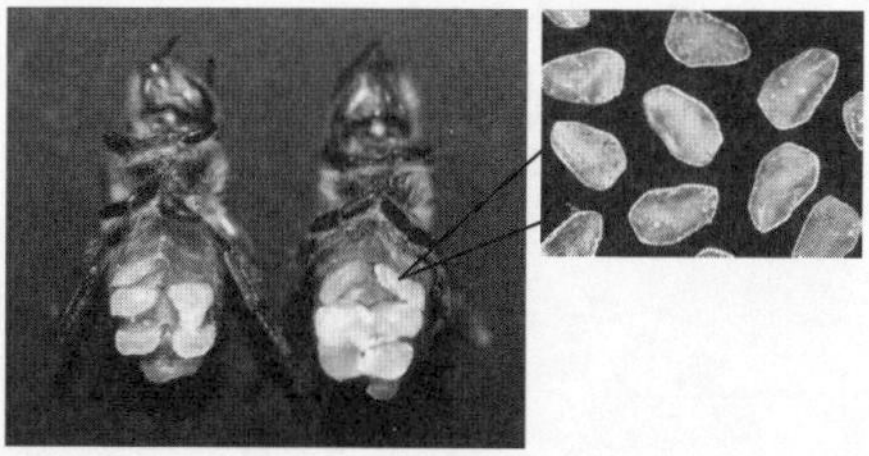

図11　働きバチは腹部にあるワックス腺では、蜂ろうが分泌される
分泌されたばかりの蜂ろうを「鱗片ろう（wax scale)」と呼ぶ。（写真：吉田忠晴教授)

図13　エゾオオマルハナバチの飼育巣
巣房はつぼ構造をしている。
動画はスズメバチ、アシナガバチ、マルハナバチの巣房の解説
（https://youtu.be/lyeHaqJX9M0)。

Q3 ところでハチミツって何？

A3 ハチミツはミツバチの高エネルギー保存食！

アリストテレスをも悩ませたハチミツの謎

ハチミツはミツバチのエネルギー源で、花蜜から作られるミツバチの保存食です。風味や硬さなど、個性豊かなハチミツがたくさん売られていますが、ハチミツが花蜜をもとにミツバチにより作られているとわかったのは、わずか200年前のことです。

ハチミツは古くから私たち人間にも利用されていて、紀元前1500年ごろにはすでに養蜂が行われていたとされています。しかし、ハチミツが何から作られているのかは、最近まで謎のままでした。古代ギリシアの哲学者アリストテレスは、ミツバチの行動に関心があったようで、さまざまな考察をしています。ただ、彼は、ミツバチは空からハチミツを集めて巣に貯めていると考えていたようです。日本でも江戸時代には、ミツバチはお尻からハチミツを分泌すると考えられていました。こうした謎が解け、ハチミツが花蜜をもとにミツバチが加工して作っていることが科学的に理解されるようになったのは1800年代になってからです。

ハチミツの生産工程には多くの働きバチが関わっている

ハチミツの生産工程には、要所で役割分担された働きバチが活躍します（図14）。まず、ハチミツの材料である花蜜を集める材料調達係の働きバチは、花から集めた花蜜を「蜜《みつ》胃《い》」と呼ばれる器官に貯め、巣に持ち帰ります。巣に戻った働きバチは、巣の中で待っていた運搬兼分解係の働きバチに、蜜胃から吐き出した花蜜を食べさせます。運搬兼分解係の働きバチは、蜜を貯蔵する巣房へ移動します。このとき、花蜜を受け取った働きバチの体内では、花蜜の主成分であるショ糖（スクロース〈多糖類〉）が、消化・吸収しやすいブドウ糖（グルコース）と果糖（フルクトース）に分解されます。分解された花蜜は巣房に運ばれますが、この花蜜は水分量が多く貯蔵に向きません。このため、乾燥係の働きバチが翅をはばたかせて風を送り続けます。こうして1カ月ほどかけて水分量が20%前後になるまで徐々に水分を蒸発させ、ハチミツが完成します。ハチミツが完成すると、貯蔵のために蓋閉め係の働きバチがミツロウで巣房に蓋をします。作られたハチミツは、蓋を開ければいつでも食べることのできる保存食となるのです。

なお、およそ20gの花蜜から作られるハチミツは10gほどです（**図15**）。そしてハチミツ10gから合成されるミツロウは1gほどです。

働きバチはけっこう力もちで、体重１００mg弱ですが、体重の半分くらいの重さの花蜜や花粉を、数km運ぶことができます。ときどき、花蜜をお腹に貯めすぎて飛べなくなって地面をよたよたと歩いている、おっちょこちょいの働きバチもいますが、材料調達係の働きバチは、割とパワフル

図14　ハチミツができるまで

図15　1匹の働きバチが生涯をかけて花蜜を集めてできるハチミツは、スプーン１杯にも満たないわずかな量

に多くの花蜜を巣に持ち帰ります。

運搬兼分解係の働きバチの多くは、生後10日くらいの個体です。働きバチは羽化（サナギがかえること）してから10～14日くらいの間、頭部にある下咽頭腺《かいんとうせん》が再発達します（図16）。下咽頭腺は、花蜜からハチミツを作るために糖を分解する酵素（αグルコシターゼ）を分泌します。酵素を分泌できる状態までに下咽頭腺が発達した働きバチは、運搬兼分解係として、材料調達係の働きバチから積極的に花蜜を受け取り、せっせと多糖と単糖を分解します。

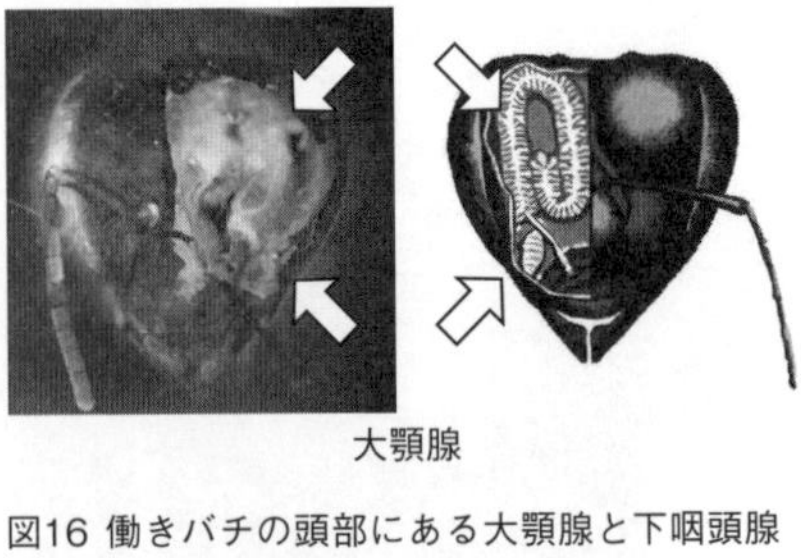

図16 働きバチの頭部にある大顎腺と下咽頭腺の写真（左）と模式図（右）
➡口絵15（p. 7）

Q4 花粉はなんのために集めているの？

A4 花粉はミツバチのタンパク源

花粉から作られる高栄養のハチパン

花粉には、タンパク質、アミノ酸、ビタミン、ミネラル類が豊富に含まれており、働きバチはこれを集めて、餌として利用するために巣の中に貯蔵しています。

働きバチは集めた花粉に蜜をつけて団子状に練り、後脚にある花粉かごにくっつけて巣に持ち帰ります（第2章で詳しく説明します）。花粉かごの中には1本の長い毛が生え

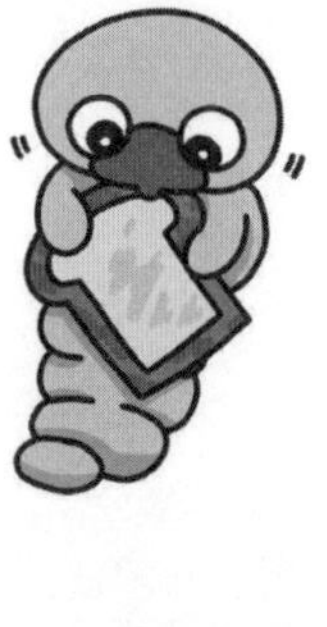

ていて、それを串にして花粉の塊を刺します。この串に刺された花粉が団子のように見えるため、「花粉団子」とも呼ばれています（図17）。1つの巣房に詰め込める花粉の塊は20個ほど、1匹の働きバチが一度に持ち帰れる花粉の重さは20～40gほどです。

巣に持ち帰った花粉団子を受け取った若い働きバチはこれを噛み砕いてハチミツと混ぜ、巣房の中に貯蔵します。巣房の中で発酵したハチミツが混ざった花粉は「ハチパン（bee breed）」と呼ばれる栄養価の高い花粉塊になります（図18）。ハチパンは若い働きバチがローヤルゼリーを分泌するための栄養源になります。また、幼虫の成長に必要な栄養素が詰まっており、働きバチはハチパンにハチミツを混ぜたものを幼虫に食べさせています。

花粉が貯められた巣房はとってもカラフル

ミツバチの巣を覗いてみると、さまざまな色の花粉塊が巣房に詰まっているのがわかります（図19）。花粉の色は花の種類によりさまざまで、どの花の花粉を使ったかによって、花粉塊の色もハチパンの色も異なります。春から秋の活動中は、継続して花粉を集めます。1つの巣が集める花粉は、1年間で最大40kgほどです。いろいろな植物由来のカラフルな花粉が蓄えられている巣板は、きれいなモザイク模様に見えます。

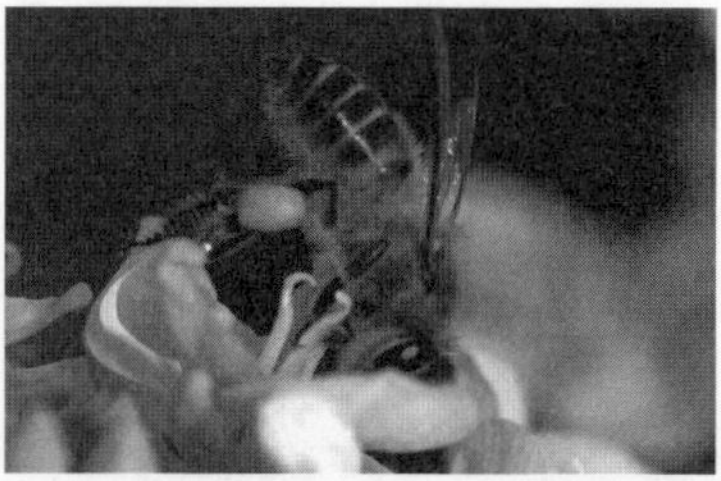

図17　花粉団子を後脚の花粉かごにつけているニホンミツバチの働きバチ

図18　巣房に作られたハチパン
花粉を貯蔵している巣房にハチミツが添加されているので表面に液体（光で反射している）が見える。

図19　巣房に貯蔵されている花粉団子

Q5 ローヤルゼリーとハチミツは何が違うの？

A5 ローヤルゼリーは花粉から作られた女王バチの特別食！

女王バチと新女王バチしか口にできない

健康食品として以前から注目されている「ローヤルゼリー（Royal jelly）」は、女王バチだけが口にできる特別食で、ハチミツとはまったく異なるものです。ローヤルゼリーは巣の中にいる若い働きバチが体内で作る、幼虫が新しい女王バチに成長するために大切な食料です。

将来女王バチになる幼虫は、「王台」と呼ばれる特別な巣房で育てられます。王台は通常、巣板の下部に、下向きに作られます（図20）。その中に女王バチが産み付けた卵が孵《ふ》化《か》（卵からかえること）すると、３日齢くらいまでの若い働きバチたちが下咽頭腺と大顎腺から分泌した白色ゼリー状の物質を王台の中に入れます。このゼリー状の物質がローヤルゼリーです。新女王バチとなる幼虫は、ローヤルゼリーがたっぷり貯まったプールのような王台の中で、ローヤルゼリーを食べて成長します。

ローヤルゼリーを食べることができる幼虫は、王台にいる女王バチの幼虫のみです。働きバチやオスバチの幼虫は「ワーカーゼリー」というローヤルゼリーよりもやや栄養価の低い餌を孵化後3日目まで与えられ、４日目以降はハチミツにハチパンを混ぜた餌を食べて育ちます。

女王バチはローヤルゼリーを生涯食べ続ける

女王バチの寿命は3～5年で、寿命が1～3カ月ほどの働きバチよりも10～20倍も長生きします。女王バチは生きている間中、毎日、約１０００～２０００個の卵を産み続けます。これは、毎日自分の体重と同じ重さの卵を産んでいることになり、人間やニワトリに当てはめると、どれだけすごいことをしているかを理解できるのではないでしょうか。この高い産卵能力を支えるのが、ローヤルゼリーです。女王バチはローヤルゼリーを生涯食べ続けることで、膨大な卵を産み続けるミッションを実現できているのです。

働きバチの幼虫でも女王バチになれる？

王台で生まれた幼虫が新女王バチとして育てられるわけですが、孵化した時点では、女王バチの幼虫も働きバチの

図20　巣の下部に入り口が下向きに複数個作られる王台（矢印部分）
ニホンミツバチ（左）とセイヨウミツバチ（右）で形状が異なる。右下写真はローヤルゼリーとハチミツ。ローヤルゼリーは乳白色をしている。（写真：吉田忠晴教授）

幼虫も変わりません。生まれた日からローヤルゼリーを食べて育った幼虫が新女王となり、3日目まではワーカーゼリー、4日目以降はハチミツとハチパンを食べて育ったメスの幼虫が働きバチになります。では、もし働きバチの幼虫にローヤルゼリーを食べさせたらどうなるのでしょうか？　実は女王バチになることができるのです。

なんらかのアクシデントで王台の幼虫が死んでしまったり、女王バチが突然死んでしまうとその巣には女王バチがいなくなってしまいます。そうなると巣は緊急事態です。働きバチたちは、急いで孵化から3日以内の働きバチ幼虫の巣房を王台に変形させます（変成王台、図21）。変成王台で育った新女王バチは最初はワーカーゼリーを与えられているため、通常の女王バチよりはやや小ぶりですが、十分に産卵する

図21　セイヨウミツバチの変成王台
女王バチが死亡したときに緊急的に孵化して間もない数頭の幼虫が選ばれ、巣房を下向きに変形させて王台が作られる。

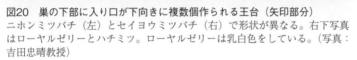

ことができます。ただし、次の繁殖期がくるまでの「つなぎの女王」のような役割のため、通常の女王バチと比べて短命で、寿命は1年前後です。

Q6 ミツバチの子育てってどんな感じ？

A6 世話好きな働きバチは超過保護！

幼虫は寝ているだけでご飯が食べられる

ミツバチの子育ては働きバチがすべて行います。女王バチにより巣房に産みつけられた働きバチやオスバチの卵は、3日ほどで孵化します。卵が孵化すると、羽化から3日目くらいの若い働きバチたちが、巣房の中にワーカーゼリー、ハチミツにハチパンを混ぜたもの、ローヤルゼリーといった餌を入れはじめます。ワーカーゼリーは流動性があるので、幼虫が口を開けるだけで自動的に体内に流れ込むようになっています。

ミツバチの幼虫には、脚も翅《はね》もなく、自分では動くことができません。あるのは餌を食べるための口だけです。幼虫がこのような何もできない形態になってしまったのは、働きバチがかいがいしく世話をしてくれるからです。幼虫は何もしなくても働きバチが餌を持ってきてくれるので、口だけあれば十分なのです。

食べさせてもらっているのは幼虫だけではない

働きバチはとても世話好きなのか、女王バチやオスバチは餌を自分で食べません。大量の卵を産み続ける女王バチは仕方がないとして、問題はオスバチです。オスバチは巣房の中に貯められたハチミツやハチパンを食べますが、自ら食べることはほぼ必ず働きバチに口移しで食べさせてもらっています（図22）。最近では、人間の世界で家事をしない男性は肩身が狭い思いをさせられますが、ミツバチの世界では様子がまったく違うようです。世話好きな働きバチの過保護も、ここまでいくと感心してしまいます。

図23　蓮の葉の上から池の水を飲むセイヨウミツバチの働きバチ
（https://youtu.be/2JEnHfqO0bQ）

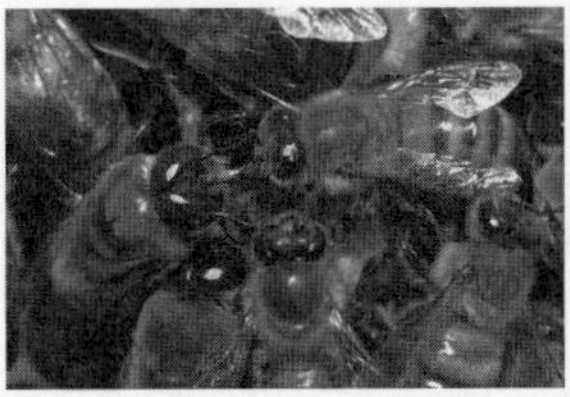

図22　働きバチから口移しで餌をもらうオスバチ（左）と女王バチ（右）

体を張った巣の温度管理

ミツバチの巣の中は、1年中、33℃前後に保たれています。これは、ミツバチの幼虫が最も過ごしやすい温度で、幼虫は寒さに弱く、体温が30℃を下回ると死んでしまいます。このため、寒い時期には働きバチが胸の筋肉を振動させて発熱することで巣内を暖めています。筋肉を震わせながら発熱するには大変なエネルギーを使うため、いつでもエネルギーを補充できるように、幼虫やサナギのいるミツバチの巣板にはハチミツの詰まった巣房が散在しています。また、ハチミツは働きバチが巣房の中で発した熱を隣に伝達しやすくもしています。さらに、働きバチは巣を暖めるとき、二層に折り重なります。巣板に接している働きバチは発した熱を逃さないために、別の働きバチが覆いかぶさり、集団で塊を作って、ふとんのように熱を逃がさないようにするのです。

反対に、暑い時期では、巣の入り口にいる働きバチが翅を使って空気を入れ替えています。また、野外で集めてきた水（図23）を巣板の上に垂らし、翅で仰いで蒸発させます。このときの気化熱を利用して、巣を冷やしているのです。これは夏の打ち水と同じ原理です。

このように、ミツバチの巣の中は、働きバチにより幼虫が安定して発育できる温度にいつも保たれています。実はこの温度帯、ハチミツが熟成するのに最適な環境でもあるのです（図24）。

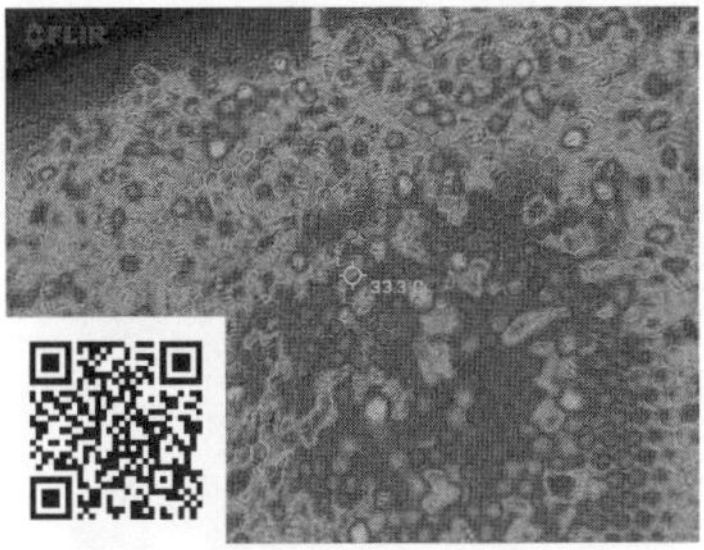

図24 赤外線カメラによるミツバチ2種の巣の温度状態
（https://youtu.be/5SPPanafNck）

Q7 ミツバチに刺されたらどうなるの？

A7 ミツバチでもアナフィラキシーは起こります

ミツバチだって刺されたら痛いし危険

ハチと聞いて、多くの人が真っ先に想像するのは、「刺されたら痛い」「怖い」だと思います。程度の差はありますが、確かにハチに刺されると最初は激しい痛みが生じます。その後、腫れが数日間続き（図25）、最後は痒くなるので、ほとんどの人は一度でもハチに刺されたら「もう勘弁…」となるでしょう。見た目が可愛らしいミツバチであっても、これは変わりません。毎年、国内では20～40名ほどがスズメバチやアシナガバチに刺されて亡くなっていますが、その死亡原因のほとんどは、ハチ毒自体の毒性ではなく、ハチ毒に対するアナフィラキシー反応によるものと推定されています。

ハチに2回刺されると死んでしまうというのは、昔からよく言われる俗説で、私も子どものころ、その話を聞いて怖いと思った記憶があります。ミツバチをはじめとするハチの毒には、アレルギー反応を引き起こす物質が含まれています。これらのハチ毒に対して、もともとアレルギーを持つ人は、ハチに刺されたことでアナフィラキシー反応を起こす場合があります。もちろん、ミツバチの持つハチ毒でもアナフィラキシー反応は起こります。

ただし、ハチ毒のアナフィラキシー症状は、実にさまざまです。刺されて数分で体調が悪くなってそのまま重症化する人もいれば、数十分後、数時間後に遅れて症状が出る場合もあります。さらに、刺された場所にもよりますが、顔以外を刺されたのに、唇やまぶたなどが大きく腫れる場合や、全身にじんましんが出る場合があります。もしもハチに刺された後に、こうした症状が出た場合は、ハチの種類がなんであれ、すぐ病院に行きましょう。

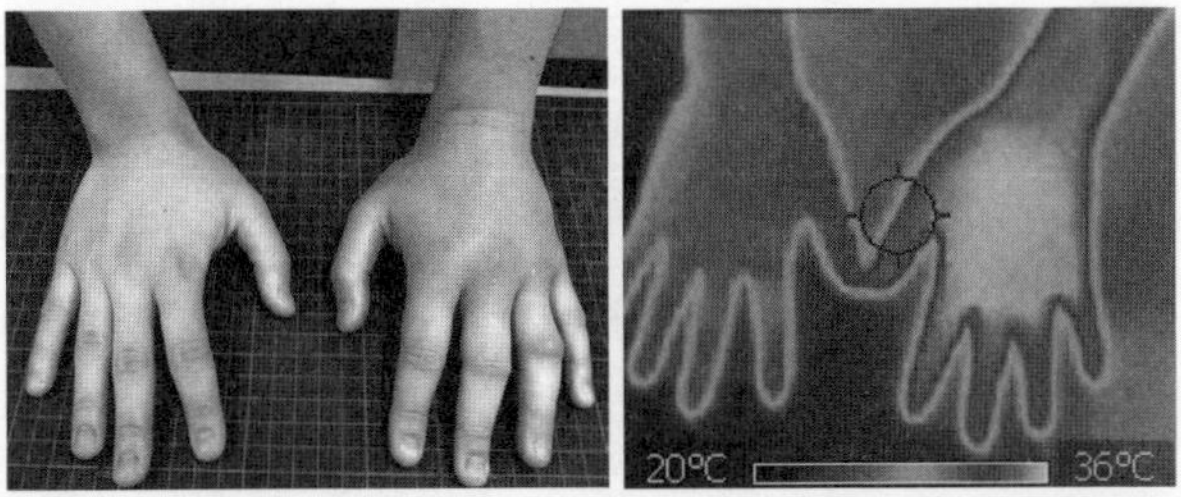

図25　セイヨウミツバチに刺されて腫れている指（左）と通常の指、ミツバチに刺された左手が炎症を起こし熱を持っている様子の赤外線カメラの写真（右）（撮影協力：吉岡優奈氏）➡口絵４（p. ３）

アレルギーを持つ人は、何回目だってアナフィラキシーは起こりうる

実は何回目でアナフィラキシーが起こるかは、人によってさまざまで、2回目で起こす人もいれば、100回目に初めて起こす人もいます。ハチ毒にアレルギーがあるかどうかは、刺された回数では判断できません。ただし、アレルギー体質でない人は、何回、何百回、何千回と刺されても、ただ腫れるだけです。私も幸いなことに、これまで数百回刺されていますが、今のところは大丈夫です。毎日のように刺されているプロの養蜂家さんの中には、刺されてもまったく腫れない方、蚊に刺された方がむしろ腫れる方もいます。

ハチに刺される機会がある方は、アレルギー検査をしておくとよいでしょう。アレルギー検査というと花粉やハウスダストなどの項目を思い浮かべる方が多いと思いますが、ハチ毒も検査項目に入っています。病院で気軽に受けることができます。

もし、ハチ毒アレルギーと診断された場合は、万が一に備えて、病院でエピペン（図26）を処方してもらうことを強くお勧めします。エピペンは、医師の治療を受けるまでの間、アナフィラキシー症状の進行を一時的に緩和し、ショックを防ぐための補助治療剤です。エピペンを処方してもらったら、使い方を家族や一緒に行動する人にも説明しておくとよいでしょう。エピペンの取り扱いについては、教職員、保育士、救急救命士の方向けにオンライン講習会があるので、周りにアナフィラキシー症状になる可能性の人がいる場合は、念のため受けておきましょう。

ハチはなぜ人を刺すのか

さて、どうしてハチは人を刺すのでしょうか？　ミツバチに限らず、ハチ類（ハチ目の有剣類のグループ）が人を刺すのは、巣の防衛や捕食者から自身の身を守るためです。ミツバチは1回刺すと自らも死んでしまうので、よほどのことがない限り刺すことはありません。どんなときかと言うと、警戒心が高まっているときに不用意に巣に近づいたり、ミツバチを驚かせるような振動や音を出したりして、興奮させたときです。興奮したミツバチに捕食者と勘違いされ、刺されてしまうことがほとんどだと思います。とはいえ、ハチミツを採りに巣に近づいたのであれば、ミツバチにとっては捕食者に違いないのかもしれません。

もし刺されてしまったらどうするべき？

もしハチに刺されてしまったら、刺された箇所をよく見て、針がまだ刺さったままであれば、まず抜いてください。爪先で針をつまめない場合は、ピンセットや毛抜きで取るとよいでしょう。どうしても針がうまく抜けない場合は、そのまま流水でよく患部を流してください。

ほとんどの方は刺されてもアナフィラキシー反応は出ないので、むやみに怖がる必要はありません。しかし、もし刺されてすぐに、呼吸困難や目まい、意識障害、患部とは別の場所に湿疹が出るなど、アナフィラキシー反応と思われる症状が出たら、すぐに救急車を呼んでください。車の運転中に意識がなくなることがあるので、自分で運転をしてはいけません。

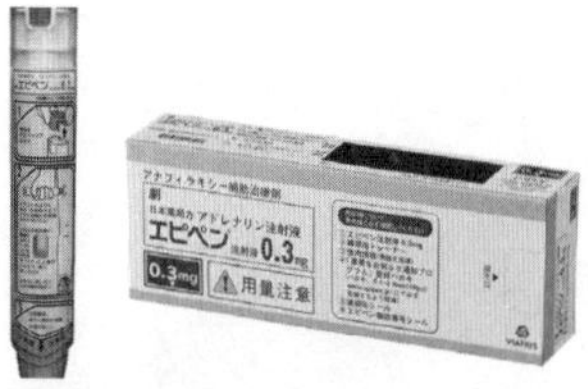

図26　エピペン
（写真提供：ヴィアトリス製薬）

市販されている毒抜き器はハチだけでなく、ヘビなどの有毒生物に噛まれた際に、毒をその場で抜くための簡易式のものです。操作は簡単で、こども1人でも取り扱いは可能ですが、ミツバチの毒は微量のため、毒抜き器で吸い取ることができない場合がほとんどです。また、毒にはアンモニアが効くからハチに刺されたらおしっこをかければいいという俗説がありますが、ハチ毒におしっこをかけても何の効果もありません。ハチに刺された場合は、抗ヒスタミン剤をつけて水でよく冷やしましょう。痛みが取れなかったり、腫れたりした場合は医療機関を早めに受診しましょう。

ハチに刺されないためには

ハチは黒い衣服や騒音、動きの速いものに反応します。なので、ハチに出会ってもむやみに追い払ったり走り回ったりせず、静かにハチから離れましょう。また、ハチはにおいにも敏感なので近づく場合は、整髪料、化粧品、香水などにも注意しましょう。

Q8 どうして赤ちゃんにハチミツを食べさせてはいけないの？

A8 ボツリヌス菌が混入していると危険だからです

1歳未満の乳児にハチミツを与えないで！

市販されているハチミツをよく見ると「1歳未満の乳児にハチミツを与えないでください」と書いてあります。子供を育てるお母さん・お父さんに向けた保健指導でも、赤ちゃんに与えてはいけない食品として、必ずハチミツが紹介されます（図27）。これはどうしてでしょうか？

一般的に、ハチミツは採蜜したままの状態で何も加工せずに市場に出ます。これは、天然の自然食品としてとても魅力的ですが、一方で、包装前に加熱処理を行わないため、確率は非常に低いものの、ボツリヌス菌（*Clostridium botulinum*）が混入していることがあります。もしボツリヌス菌が混ざっていたとしても、健康な人が少量食べる分には、消化の過程で殺菌されるため問題ありません。しかし腸内細菌叢が安定していない1歳未満の赤ちゃんが食べると、ハチミツに混入したボツリヌス菌が腸内で増殖してしまい、乳児ボツリヌス症に発展する危険性があります。日本でもハチミツ入りの飲料を飲んだ6カ月の赤ちゃんが乳児ボツリヌス症で亡くなった事例があります。命の危険がありますので、1歳未満の赤ちゃんに対して、ハチミツだけでなく、ハチミツ入りの飲料やお菓子などの食品は、絶対に与えないでください。

乳児ボツリヌス症の症状は、ボツリヌス菌が作るボツリヌス毒素によって引き起こされます。ボツリヌス毒素は、神経から筋肉への伝達を障害し、麻痺症状が引き起こします。具体的には、脱力感、倦怠感、

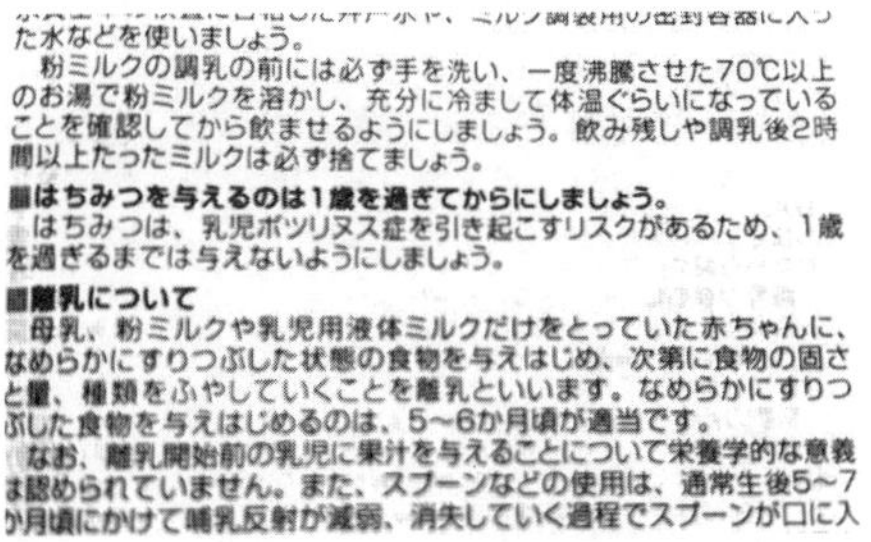
た水などを使いましょう。
粉ミルクの調乳の前には必ず手を洗い、一度沸騰させた70℃以上のお湯で粉ミルクを溶かし、充分に冷まして体温ぐらいになっていることを確認してから飲ませるようにしましょう。飲み残しや調乳後2時間以上たったミルクは必ず捨てましょう。

■はちみつを与えるのは1歳を過ぎてからにしましょう。
はちみつは、乳児ボツリヌス症を引き起こすリスクがあるため、1歳を過ぎるまでは与えないようにしましょう。

■離乳について
母乳、粉ミルクや乳児用液体ミルクだけをとっていた赤ちゃんに、なめらかにすりつぶした状態の食物を与えはじめ、次第に食物の固さと量、種類をふやしていくことを離乳といいます。なめらかにすりつぶした食物を与えはじめるのは、5～6か月頃が適当です。
なお、離乳開始前の乳児に果汁を与えることについて栄養学的な意義は認められていません。また、スプーンなどの使用は、通常生後5～7か月頃にかけて哺乳反射が減弱、消失していく過程でスプーンが口に入

図27　母子手帳のハチミツに関する注意書き

めまい、嚥下障害、便秘、視力障害、呼吸困難などがみられます。多くは、原因となる食品を食べてから、8～36時間後に発症します。赤ちゃんに限らず、成人でも呼吸筋麻痺により重度後遺症になる場合もあり、最悪の場合は死に至ります。

ボツリヌス症はハチミツ以外でも起こりうる

ボツリヌス菌は、実はどこにでもいます。実際、乳児ボツリヌス症の発生原因の食品は、ハチミツ以外にも多数報告されています。というのも、ボツリヌス菌は土壌や河川、野生動物の腸管などの自然界に広く存在しています。ボツリヌス菌は、酸素のないところでのみ生きられる細菌で、増殖しにくい環境では芽胞《がほう》を形成して休眠期に入り、毒性の強い神経毒を作る性質があります。芽胞に包まれたボツリヌス菌は、熱や乾燥だけでなく消毒薬に対しても強く、厳しい環境でも長期間にわたり生き延びることができますが、この状態では菌は増えることはできません。ボツリヌス菌は酸素が少ない環境でのみ数を増やすため、ボツリヌス症の原因となる食品は低酸素である缶詰やびん詰、真空パック食品、発酵食品などです。過去には、自家製の野菜や果物の瓶詰、輸入キャビア、からし蓮根などによる発生も報告されています。このため、缶詰、びん詰、レトルト食品であっても、容器が膨らんでいたり、賞味・消費期限が切れていたり、異臭があったりした場合には、万が一ということがありますので、食べずに廃棄しましょう。

「巣房（セル：Cell）」の語源はカプセルホテル？

「巣房（セル：Cell）」のセルには、もともと英語で「僧房」という意味があります。僧房とは、僧侶が修行のために教会の周辺の壁に横穴を開けて生活をしていた小さな部屋のことです。カプセルホテルのような形状をしていた僧房が、ミツバチの巣と似ていることから、巣房を「セル」と呼ぶようになりました。細胞も同じく英語で「セル」と呼ばれていますが、これも僧房を語源としているそうで、顕微鏡で初めてコルクの細胞壁を観察したフック博士が「セル」と呼んだのが始まりです。

ミツバチの水場から有用菌の発見

夏の暑い時期になると、水たまりから水を集めてくるミツバチの行動がよく見られるようになります。中には、毎年のようにたくさんのミツバチがやってくる水場もあります。ある研究者が、この水場を調べたところ、その水にシュウドモナス属の未知の細菌が見つかりました。この未知の細菌は、その後の研究でミツバチの病気である腐蛆《ふそ》病の原因となる細菌や、チョーク病の原因となる真菌の増殖を抑制する効果があることがわかりました。ミツバチたちは、このような有用菌を野外で見つけ、病気から自分たちの体を守っていたと推測されています。

一部の野生動物でも薬草を食べて病気を予防していることが知られていますが、それにしてもすごい能力をミツバチはもっているものだと感心します。この細菌は、スーパービーMS1株と名付けられ、現在、養蜂家たちが病気の予防のためにミツバチに与えています。このように、微生物で有害微生物を抑制することを「プロバイオティクス」といいます。これは私たちが健康のためにハチミツやヨーグルトを食べたりするのと同じ原理です。

ハチ毒によるアナフィラキシーショックはなぜ起こる？

アレルギー反応は4つのパターン（Ⅰ～Ⅳ型）に区分されています。食物アレルギーや花粉症、アナフィラキシーショックなどが分類されるⅠ型アレルギーは、アレルギーを引き起こす成分（アレルゲン）が体内に入ってから2時間以内に症状が出ます。アレルギーにはＩｇＥ抗体という免疫物質が関与していますが、ハチ毒に対するアレルギーでは特異的なＩｇＥ抗体が作られます。この特異的なＩｇＥ抗体は、血液や皮膚、腸などに存在するマスト細胞という細胞に結合します。ここにアレルゲンが結合すると、アレルギーを引き起こすヒスタミンなどが細胞から放出され、じんましんなどの症状が出ます。初めてハチに刺されたときには、ハチ毒に対するＩｇＥ抗体は存在していないのでアレルギー反応は起こりませんが、ハチ毒のＩｇＥ抗体が作られてマスト細胞にハチ毒のＩｇＥ抗体が結合した状態になります。その状態で2回目にハチに刺されると、人によってはマスト細胞からアレルギーを引き起こす物質が大量に放出されてしまうため、重篤なアレルギー症状が引き起こされることがあるのです。

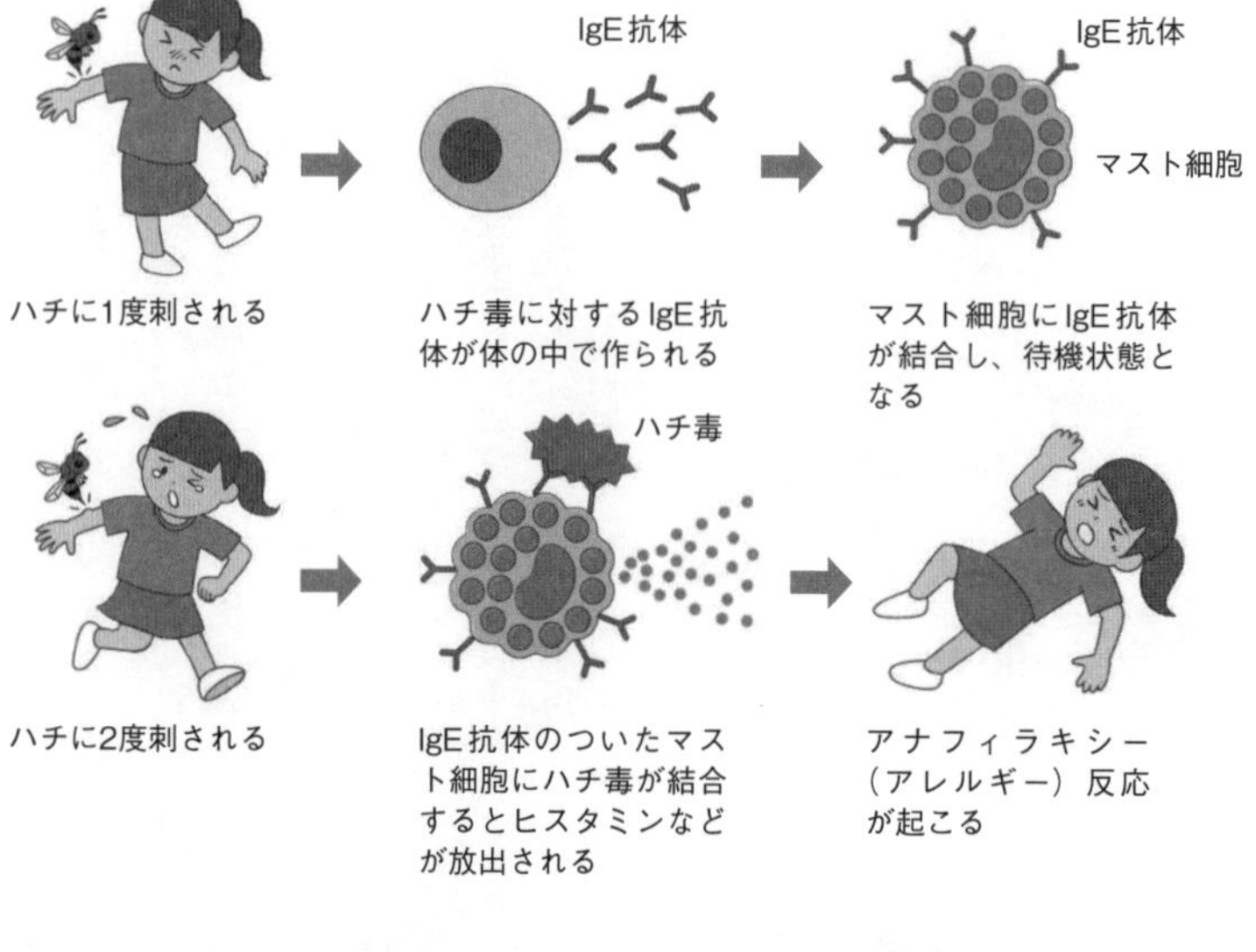
IgE抗体
IgE抗体
マスト細胞
ハチに1度刺される
ハチ毒に対するIgE抗体が体の中で作られる
マスト細胞にIgE抗体が結合し、待機状態となる
ハチ毒
ハチに2度刺される
IgE抗体のついたマスト細胞にハチ毒が結合するとヒスタミンなどが放出される
アナフィラキシー（アレルギー）反応が起こる

ハチ毒によるアナフィラキシー反応（症状）の原理（厚生労働省のアレルギーポータルをもとに作成）
※ハチ毒に対するアレルギー反応を示す人の場合

第1章
世界のミツバチ

1 生物分類上のミツバチ

種の多様性が高いのはアジア

ミツバチは、ハチ（膜翅）目ミツバチ科ミツバチ属に属する、花蜜を集めハチミツを作る昆虫です。ハチ目は現在、12万種以上が記載されていますが、寄生蜂の仲間などで分類が進んでいない種もあるため、実際には30万種以上が存在していると考えられています。ミツバチが属するミツバチ科には、世界で約13属1000種が記載されており、このうちミツバチ属は現在、3亜属9種（※11〜12種とする意見もあり）に分類されています（表1）。

世界のミツバチの分布状況を見ると、現生するミツバチ属はアジアで8〜10種、ヨーロッパ・アフリカで1種が自然分布しています。アジアの生息種数は今後独立種になる可能性のある分類群を含め、亜種レベルでは未確定の状態であり、近年、分子情報を用いた分類や、系統解析による研究が進められています。ミツバチの種および亜種分類については、多様性の高いアジアでの進展が期待されています。

日本には現在、在来（野生）種であるニホンミツバチ（トウヨウミツバチの亜種）と、外来種であるセイヨウミツバチの2種が生息しています。セイヨウミツバチは、オオスズメバチがいる地域では野生化できないため、日本で生息しているセイヨウミツバチのほとんどは、人の管理下で飼育されています。古くは在来種のニホンミツバチが主な養蜂種でしたが、セイヨウミツバチが輸入されるようになってからは、主としてセイヨウミツバチが養蜂に利用されています。ただし、世界自然遺産の南西諸島や小笠原諸島では、オオスズメバチがいないため野生化したセイヨウミツバチが在来ハナバチ類の減少に影響を与えている可能性があり、対策が必要です。

この章では、そんなミツバチの種類について、日本人に身近なセイヨウミツバチとニホンミツバチをはじめ、海外に生息するミツバチや、ミツバチの祖先である化石種、ミツバチの進化・系統などについて、私の研究グループが分析した結果を含めて紹介します。

ミツバチの種分類が整理されるまで

今では3亜属9〜11種に分類されているミツバチですが、19〜20世紀のはじめまでは、10属178種に分けられ

表１　ミツバチ属の現生種一覧

亜属	学名	和名／英名
コミツバチ *Micrapis*	*Apis florea*	コミツバチ／Red dwarf honey bee
	Apis andreniformis	クロコミツバチ／Black dwarf honey bee
オオミツバチ *Megapis*	*Apis dorsata*	オオミツバチ／Giant honey bee
	Apis laboriosa	ヒマラヤオオミツバチ／Giant mountain honey bee
	*Apis binghami**	スラウェシオオミツバチ／Sulawesian giant honey bee
	*Apis breviligula**	フィリピンオオミツバチ／Philippine giant honey bee
ミツバチ *Apis*	*Apis mellifera*	セイヨウ（アフリカ）ミツバチ／Western (African) honey bee
	Apis koschevnikovi	サバミツバチ／Red honey bee
	Apis cerana	トウヨウミツバチ／Eastern honey bee
	Apis nuluensis	キナバルヤマミツバチ／Mountain honey bee
	Apis nigrocincta	クロオビミツバチ／Sulawesian honey bee
	*Apis indica**	インドミツバチ／Indian honey bee

* は現在は亜種とされている場合もあるが、今後独立種となる可能性が高い種。

ていました。しかし、別種とされた種のほとんどが同種の種内変異であることがわかり、現在の形まで整理されました。この時代はセイヨウミツバチだけでも90種以上に分けられていました。なお、種とは生物分類上の基本単位で「生殖的に隔離されているもの」と定義されています。ものすごく簡単に言うと、子孫が残せる動物同士が同じ種で、犬で言えば種内変種は犬種です。

ミツバチの分類体系が19属１７８種から現在の３亜属９種に整理されるにあたっては、19世紀から多くの分類学者がミツバチの分類体系をまとめるべく試みましたが、種の数が膨大なため、混乱が生じました。まず、マー博士が１９５３年にセイヨウミツバチとトウヨウミツバチを中心に、１４６種から24種にまで整理しました。同時に亜属も３つに整理しました。しかし、これでもまだ細分化されすぎだという意見が多く、１９６４年にゲッチェ博士がコミツバチ、オオミツバチ、セイヨウミツバチ、トウヨウミツバチの４種まで整理しました。それ以後、十数年の間、一般的にミツバチは４種として取り扱われていました。

しかし、１９８０年に、国際的に有名なミツバチ研究者である坂上昭一教授（１９２７〜１９９６）がネパールに生息していたヒマラヤオオミツバチを独立種として再確認する論文を発表したことで状況が一変し、アジア地域のミツバチの分類を見直す機運が高まりました。ウー博士とカン博士が1987年に中国南部でコミツバチと同所的に生息していた黒色のコミツバチを調査した結果、クロコミツバチという独立種として記載されました。続いて1988年には、マレーシアのサバ州に生息する赤色のミツバチが、交尾器や交尾飛行時刻が同所的に生息するトウヨウミツバチと異なることから、サバミツバチという別種であることがわかりました。さらに1995年には、インドネシアのスラウェシ島に生息するミツバチも、外部形体や巣房の構造が同所的に生息するトウヨウミツバチと異なることから、クロオビミツバチとして再記載されています。また、マレーシアのサバ州の高地に生息する、後脚が白色から薄黄色のミツバチも、トウヨウミツバチやサバミツバチとは異なる形態的特徴と交尾飛行時刻が確認され、1996年にキナバルヤマミツバチとして新種記載されています。

ミツバチの種の分類は、このような調査研究や整理の結果、現在の3亜属9種が一般的となりました。しかし、インドミツバチとスラウェシオオミツバチを独立種とする意見もあり、9種ではなく11〜12種とみなす研究者もおり、まだまだ変更があるかもしれません。また、今後の調査でさらなる新種が記載されることもあるでしょう。すごく楽しみです。

種の見分け方

さて、ここで現生ミツバチの見分け方（働きバチ成虫）について、解説します。まず、働きバチの前翅の長さで亜属を分類することができます（表2）。12㎜より長ければオオミツバチ亜属、7〜10㎜ならミツバチ亜属、7㎜より短ければコミツバチ亜属です（図1）。

オオミツバチ亜属の場合、胸部の背面が黄褐色の毛に完全に覆われていたらオオミツバチで、縁を除いて胸部の毛が黒色ならヒマラヤオオミツバチです。今後独立種となる可能性の高いスラウェシオオミツバチの腹部の体色は黒色で、細い灰白色の縞模様をしています。同じく独立種となる可能性のあるフィリピンオオミツバチは、腹部が灰黒色と白色の縞模様で、周辺地域にいるオオミツバチとは体色が異なります。

コミツバチ亜属の場合、腹部の後部背板が黄色から赤褐色の縞模様であれば、コミツバチです。同じ部位が黒色と灰色であればクロコミツバチです。なお、コミツバチには種内変異による外形の変化が少ない特徴があります。

ミツバチ亜属の場合、脚の付け根（胸部）に近い部分（転節・腿節）が黒色で、脚先側が明るい黄色であればキナバルヤマミツバチです（図2）。後脚が黒色で、前翅が9㎜よ

表２　働きバチ成虫におけるミツバチ属の種検索表

1a	前翅長が 12 mm よりも長い ……………………………	オオミツバチ亜属（2）
1b	前翅長が 7 ～ 10 mm ……………………………………	ミツバチ亜属（3）
1c	前翅長が 7 mm よりも小さい …………………………	コミツバチ亜属（4）
2a	黄褐色の毛に胸部背部が完全に覆われている…………	ヒマラヤオオミツバチ
2b	縁を除いて胸部の毛は黒い………………………………	オオミツバチ
3a	後脚が黒い………………………………………………	（5）
3b	後脚が黄色い……………………………………………	（6）
3c	脚の節の胸部に近い部分（転節および腿節）が黒く、 遠位部分（腿節）が明るい黄色になる………………	キナバルヤマミツバチ
4a	腹部の後部背板が黄色から赤褐色の縞模様がある……	コミツバチ
4b	腹部の後部背板が黒色と灰色……………………………	クロコミツバチ
5a	前翅長が 9 mm よりも長い ……………………………	セイヨウミツバチ
5b	前翅長が 9 mm よりも短い ……………………………	トウヨウミツバチ
6a	腹部背板が黄色…………………………………………	クロオビミツバチ
6b	腹部背板が赤色から赤褐色………………………………	サバミツバチ

コミツバチ　　トウヨウミツバチ　　オオミツバチ

図１　現生種３亜属の働きバチの標本写真
➡口絵６（p. 4）

サバミツバチ　　キナバルヤマミツバチ　　トウヨウミツバチ

図２　ボルネオ島に同所的に分布する３種の働きバチの腹面
脚の色が異なる。➡口絵９（p. 5）

図3　クロオビミツバチの働きバチの腹面
黄色くなっている。 ➡口絵 10（p. 5）

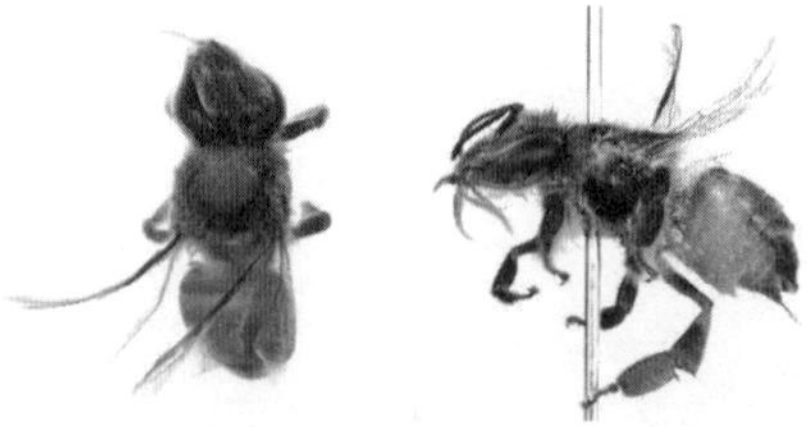

図4　インドミツバチの働きバチ（背面・側面）
全体的に体色が黄色くなっている。➡口絵11（p. 5）

りも長ければセイヨウミツバチ（アフリカ産は除く）で、9㎜よりも短ければトウヨウミツバチです。後脚が黄色く、胸部背板が黄色であればクロオビミツバチ（図3）で、同じ部位が赤色から赤褐色であればサバミツバチです（図2）。今後、トウヨウミツバチから独立種の可能性があるインドミツバチは、腹部が黄色で、黒色の縞模様が弱いか消失しています（図4）。

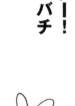

2　養蜂界のスター！セイヨウミツバチ

セイヨウミツバチは、ヨーロッパからアフリカ大陸および周辺諸島に自然分布しています（図5）。アフリカに生息している種はアフリカミツバチと呼ばれるため、本種について説明する際は、「セイヨウミツバチ・アフリカミツバチ」と称するのが正式ですが、それでは長くなってしまうので、これ以降は両種を合わせて「セイヨウミツバチ」と呼び、特にアフリカミツバチに限定した説明をする場合は「アフリカミツバチ」と呼びます。

過去の研究では、セイヨウミツバチはアフリカ系統を起源とし、中東系統に北上した一部の系統がさらにヨーロッパに到達し、西ヨーロッパと東ヨーロッパの系統に分化したと考えられています。イギリスやウラル山脈より東のロシア連邦地域へは、人為分布の可能性があると言われています。

体長は、女王バチが18～22㎜、オスバチが15～18㎜、働きバチが10～16㎜で、同種でも種内変異により体長に差が大きいという特徴があります。働きバチの腹部の体色も種内変異が大きく、黄色と黒色の縞模様から、黒色や暗茶色、橙色などさまざまです。

野生種は一般的に森林の樹洞などの閉鎖空間に楕円状の複数の巣板を作りますが、温暖な地域では開放空間の枝などにも営巣します。1つの巣につき、働きバチの数は1万～3万匹程度です。攻撃性はミツバチ亜属の中では最も高いとされていますが、オオミツバチなどと比較すると温和であるため、養蜂種になっています。

1990年代までは24亜種に分類されていましたが、アフリカや東ヨーロッパ周辺での調査が進行し、現在では33亜種が記録されています（表3～表5）。

分布域の広さからもわかるように、セイヨウミツバチの生息環境は多様で、異なる亜種がそれぞれの環境に適応しています。アジア、アメリカ、オセアニアなど、セイヨウミツバチがもともと分布していなかった地域では、その地

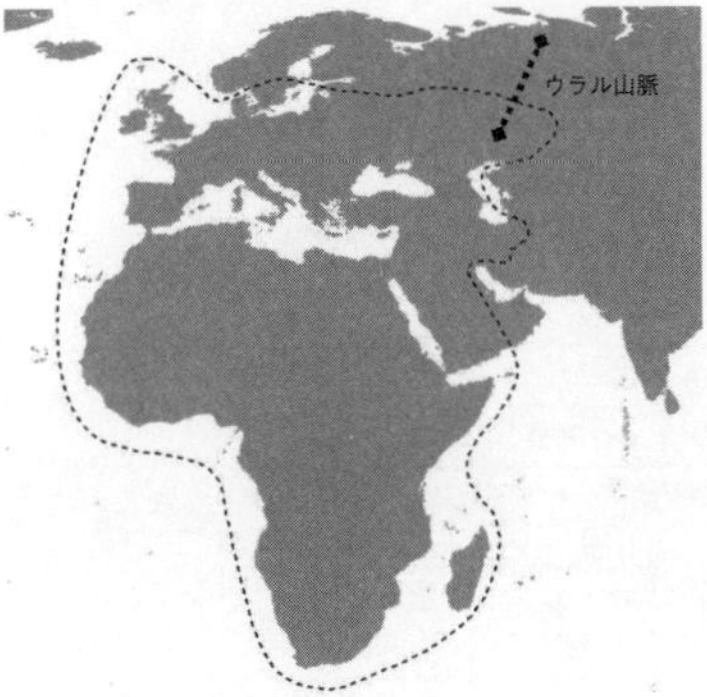

図5　セイヨウミツバチとアフリカミツバチの分布

表3　セイヨウミツバチのアフリカ亜種

学名	一般名	分布
Apis mellifera lamarckii	エジプトミツバチ	エジプト、スーダン
Apis mellifera litorea	ケニヤミツバチ	ケニヤ
Apis mellifera adansonii	ニシアフリカミツバチ	ナイジェリア、ブルキナファソ、ウガンダ、タンザニア、ザンビア、セネガル、スーダン
Apis mellifera scutellata	アフリカミツバチ	ケニア、タンザニア、ウガンダ、南アフリカ、ソマリア
Apis mellifera monticola	ヒガシアフリカヤマミツバチ	ケニアからタンザニアの山岳部
Apis mellifera capensis	ケープミツバチ	南アフリカのケープ地域
Apis mellifera unicolor	マダガスカルミツバチ	マダガスカル
Apis mellifera simensis	エチオピアミツバチ	エチオピア
Apis mellifera sahariensis	サハラミツバチ	モロッコ、アルジャリア、チュニジア、リビア、モーリタニア、西サハラ
Apis mellifera intermissa	アトラスミツバチ	北アフリカのアトラス山脈一帯
Apis mellifera jemenitica	アラビアミツバチ	アラビア半島、チャド、サウジアラビア、ソマリア、スーダン、ウガンダ、イエメン

※同所的に生息している亜種は今後整理される可能性がある。

表4　セイヨウミツバチのヨーロッパ亜種

学名	一般名	分布
Apis mellifera ruttneri	マルタミツバチ	マルタ
Apis mellifera mellifera	セイヨウミツバチ	フランス、イギリス、スイス、ロシア東部、ポーランド、デンマーク、ノルウェー、スウェーデン、アイルランド
Apis mellifera iberiensis	スペインミツバチ	スペイン、ポルトガル
Apis mellifera macedonica	マケドニアミツバチ	ブルガリア、ギリシャ、マケドニア、ウクライナ
Apis mellifera ligustica	イタリアミツバチ	イタリアミツバチ
Apis mellifera carnica	カーニカミツバチ	スロベニア、ブルガリア、ポーランド、オーストリア、クロアチア、ボスニアヘルツェゴビナ、セルビア、ハンガリー、ルーマニア
Apis mellifera carpathica	カルパシアミツバチ	ウクライナ、ブルガリア、ルーマニア、モルドバ
Apis mellifera rodopica	ブルガリアミツバチ	ブルガリア
Apis mellifera cecropia	ギリシャミツバチ	ギリシャ
Apis mellifera siciliana	シチリアミツバチ	シチリア島
Apis mellifera adami	クレタミツバチ	クレタ島
Apis mellifera cypria	キプロスミツバチ	キプロス島
Apis mellifera artemisia	ソウゲンミツバチ	南ロシア、ウクライナ
Apis mellifera sossimai	ウクライナミツバチ	ウクライナ
Apis mellifera taurica	クリミアミツバチ	クリミア半島、南ロシア

※同所的に生息している亜種は今後整理される可能性がある。

表5　セイヨウミツバチの西アジア・中東亜種

学名	一般名	分布
Apis mellifera syriaca	シリアミツバチ	シリア、イスラエル、レバノン、パレスチナ、ヨルダン
Apis mellifera pomonella	テンサンミツバチ	カザフスタンとキルギスタンの天山山脈
Apis mellifera meda	シンチャンミツバチ	新疆ウイグル
Apis mellifera syriaca	ペルシャミツバチ	イラン、イラク、シリア、トルコ
Apis mellifera caucasia	コーカサスミツバチ	南ロシア、トルコ、ジョージア
Apis mellifera remipes	アルメニアミツバチ	南ロシア、アルメニア、イラン、ジョージア
Apis mellifera anatoliaca	アナトリアミツバチ	イラン、アルメニア、シリア、トルコ

※同所的に生息している亜種は今後整理される可能性がある。

域の在来ミツバチと比較して貯蜜量が高く、営巣した場所への定着性が高いイタリアミツバチ（イタリアン）とカーニカミツバチ（カーニオラン）が養蜂種として飼育されています。欧州では、これら2種と野生種との間で、交雑による遺伝子汚染が問題となっています。また、アメリカ大陸で問題になっている「キラービー」と呼ばれる攻撃性の非常に高いアフリカ化ミツバチは、アフリカミツバチとイタリアミツバチあるいはソウゲンミツバチとの交雑種です。近年問題になっている蜂群崩壊症候群（CCD）によるミツバチ不足は、養蜂種のセイヨウミツバチのことであり、野生種のセイヨウミツバチの絶滅リスクがあるという報告はありません。

セイヨウミツバチは世界でも養蜂に利用されており、さまざまな品種が改良されています。中でも、特に養蜂品種として活躍しているイタリアン、カーニオラン、コーカシアンについて紹介します。

イタリアン

イタリア半島出身のセイヨウミツバチを、養蜂関係者は「イタリアン」と呼んでいます。体の色は黄色で、黒色の縞模様があり、皆さんがイメージするミツバチに一番近い外見をしています（図6）。性質は非常に穏やかで、集蜜力が高く、分蜂性が低いため、世界中の養蜂家に最も人気のある養蜂品種です。分類学上は、セイヨウミツバチの1亜種で、日本に導入されたセイヨウミツバチもこちらです。

イタリアンは、比較的日本の気候に適しており、明治時代にはアメリカやイタリアから、大正時代にはイギリスから輸入されていました。昭和以降はハワイからも輸入されていましたが、現在は主にオーストラリアから輸入されています。イタリアンの現産地は暖かく乾燥している地中海性気候のため、梅雨の高湿度と冬の寒さが苦手です。日本での飼育においては、梅雨の時期には病気に注意し、越冬中は大きな群（4枚群以上）で維持する必要があります。また、暖冬の年には冬でも産卵する傾向があるため、十分な貯蜜と花粉が必要となります。

イタリアンの改良品種

スリーバンド：オーストラリアで飼養されている改良品種で、イタリアン同士の雑種です。集蜜性と蜂児生産性が高いと言われていますが、一代雑種であるため、次世代の

図６　セイヨウミツバチのイタリアン品種

女王バチに同等の能力が期待できず、飼養には注意が必要です。

スリーバンド（三条）：イタリアンから選抜された系統で、日本では以前は「三条」と呼ばれていました。現在、国内で見かけるセイヨウミツバチのほとんどは、オーストラリアから輸入されているスリーバンド系統の女王バチだと言われています。

コルドバン：イタリアンから選抜された系統で、イタリアンに比べてわずかに大人しいと言われています。体色には黒色の縞模様がなく、頭部や脚の体色が薄茶色であるのが特徴です。

ふくおかハイクイーン：福岡県畜産研究所で開発が試みられたイタリアンを基本とした系統です。アメリカから輸入した系統と福岡県畜産研究所で維持していた優良系統を隔離交配し、産卵数や耐病性が高く、温和な群を作出し、集蜜力を高めることに成功しています。１９９０年代のはじめには未交尾女王バチを配布していましたが、当時はまだ安価な輸入女王バチが大量に入手可能だったことや、養蜂現場で優良系統への理解が十分ではなかったこともあり、事業の終了とともにその系統は残っていません。

カーニオラン

中央・東ヨーロッパ（オーストリア、スロベニア、クロアチア、ボスニア・ヘルツェゴビナ、ハンガリー、ルーマニア、ブルガリア）に分布する、セイヨウミツバチの1亜種であるカーニカミツバチを、養蜂関係者は「カーニオラン」と呼んでいます。この呼び名は、分布の中心地であるスロベニアのカルニオラ地方に由来しています。

カーニオランはイタリアンに比べて性質は温和で、夜間や低温時に巣箱を開けても大人しい傾向にあります。集蜜性や低温耐性も高いため、越冬はイタリアンより小群で行うことができますが、日本の夏場の高温には弱い傾向があります。

図７　セイヨウミツバチのカーニオラン品種
（https://youtu.be/11u3ySHQL4U）

働きバチの体長は、イタリアンに比べて大きく、また舌も長いため、蜜腺が長い花からも採蜜ができます。体色は灰色から茶色と黒色の縞模様で、被毛は白色です（図７）。蜜蓋が白色で見た目が美しいため、欧州では巣蜜販売用としても利用されています。

コーカシアン

ロシアのコーカサス地方を原産地としているセイヨウミツバチの1亜種であるコーカサスミツバチを、養蜂関係者は「コーカシアン」と呼んでいます。コーカシアンは、他のセイヨウミツバチよりも腐蛆《ふそ》病やミツバチヘギイタダニなどに対して抵抗性が高いと言われています。働きバチの体長はカーニオランより小さいものの、イタリアンに比べると大きく、舌はカーニオランよりも長いのでシロツメクサなどの蜜槽の深い花からも採蜜ができます。体色は薄灰色と黒色の縞模様が特徴です。

過去に日本で飼育された記録では、産卵開始が遅く、産卵数も他の2亜種より少なく、プロポリスを多く集める傾向が見られるようです。国内では現在飼養されていません。

コーカシアンの改良品種

ミッドナイト：コーカシアンから選抜された系統同士の雑種で、集蜜性および蜂児生産性が高いと言われています。しかし、一代雑種のため、次世代の女王バチに同等の能力は期待できないようです。

ロシアン：ロシアの沿海州にあるハバロフスク（プリモルスキ）地方原産のコーカシアンを「ロシアン」と呼んでいます。ロシアンは、古くからミツバチヘギイタダニに抵抗性が高いことが知られています。女王バチや働きバチは巣板上を動きまわり、落ち着きがないため扱いにくいと言われていましたが、改良が進んで現在は大人しくなっているようです。アメリカでは、ミツバチヘギイタダニからの被害を低減させるため、２０００年から隔離した島で増殖した個体の導入試験が進められています。

3 アジア代表！トウヨウミツバチ

アジアのミツバチの中で最も分布域が広いトウヨウミツバチは、西はアフガニスタン、東は日本（北海道・沖縄を除く）、北はロシア（沿海州地方）、南はインドネシアと台湾やフィリピン、スリランカ島の周辺島しょ部まで、広く自然分布しています（図8）。我が国においてセイヨウミツバチと並んで主に伝統養蜂で利用されているニホンミツバチは、トウヨウミツバチ日本亜種です。ニホンミツバチは本州・四国・九州とその周辺の離島に生息しており、北海

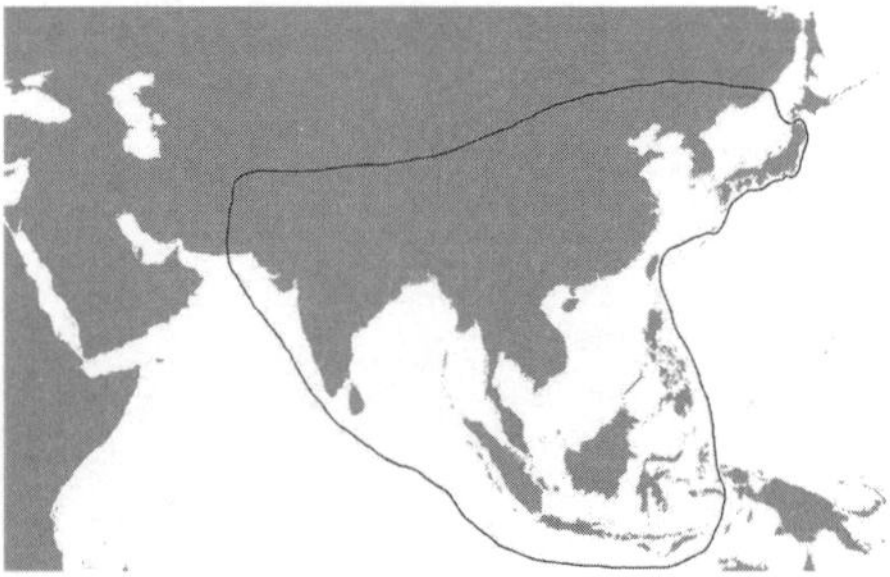

図8　トウヨウミツバチの自然分布

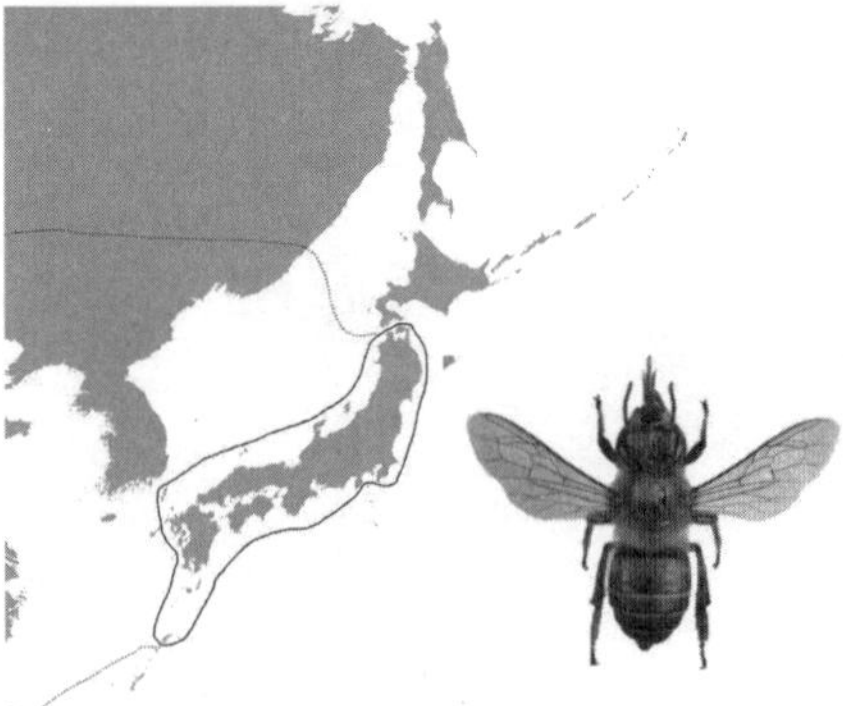

図9　ニホンミツバチの自然分布
（写真：若宮 健博士）

道と鹿児島県の徳之島以南、伊豆諸島や小笠原諸島には自然分布していません（図9）。北限は下北半島の東通村、南限は奄美大島群島の請島《うけじま》です。私が大学院生のときに、ニホンミツバチの分布について玉川大学の吉田忠晴教授に同行して北限および南限の調査に出かけたことは今でもよい思い出です。離島については、私が吉田教授の調査を引き継いで進めています。現時点では、佐渡島、隠岐島、対馬島、淡路島、天草諸島、屋久島、種子島、奄美大島は遺伝子解析からも自然分布であるという結論になりました。一方、五島列島、甑島《こしきしま》、壱岐島は自然分布なのかまだ検討が必要な状態です。

　女王バチの体長は16～21㎜、オスバチは13～18㎜、働きバチは８～16㎜で、種内変異が大きく、緯度が高くなるほど体が大きくなる傾向があります。働きバチの腹部は黒色から茶褐色と白色の縞模様です。

　熱帯から寒冷地域にまで幅広い環境に適応しており、低地から標高２５００ｍ程度の山岳部にも分布しています。主に樹洞の中の閉鎖空間に複数の巣板を作りますが、まれに岩の隙間などにも営巣します。また、熱帯では土中の空間にある木の根などを使って営巣する場合もあります。１つの巣にいる働きバチは、８０００～2万匹程度です。攻撃性は低く、刺されることはほとんどありません。貯蜜量が少なく、逃去性が高いため、産業養蜂向きではありませんが、アジアでは伝統的な養蜂様式で飼養されています。

　トウヨウミツバチは１９８０年代まで4亜種に分類されていましたが、形態や遺伝子による再解析が進められた現在では12亜種が記録されています（表6）。フィリピンやインドネシア、ボルネオ島の島しょ個体群の亜種分類はまだ進んでおらず、今後も亜種数が増える可能性があります。

表6　トウヨウミツバチの亜種とミツバチ亜属の一覧

学名	一般名	分布
Apis cerana cerana	トウヨウミツバチ中国亜種	中国、朝鮮半島、モンゴル、沿海州（ロシア）
Apis cerana himalaya	ヒマラヤミツバチ	ネパール、ブータン、ヒマラヤ山脈一帯、インド東部の州（マニプール、ミゾラム、ナガランド）
Apis cerana skorikovi	チベットミツバチ	チベット
Apis cerana abaensis	ウイグルミツバチ	新疆ウイグル
Apis cerana indica	アジアミツバチ	インド、ネパール、スリランカ、タイ、バングラデシュ、ベトナム、ベトナム、ラオス、シンガポール、マレーシア、インドネシア、カンボジア、ビルマ
Apis cerana hainanensis	カイナンミツバチ	海南島
Apis cerana philippina	フィリピンミツバチ	フィリピン諸島
Apis cerana japonica	ニホンミツバチ	日本
Apis cerana formosa	タイワンミツバチ	台湾
Apis koschevnikovi	サバミツバチ	ボルネオ島、マレー半島、スマトラ島、ジャワ島
Apis nuluensis	キナバルヤマミツバチ	ボルネオ島サバ州のキナバル山周辺
Apis nigrocincta	クロオビミツバチ	フィリピンのミンダナオ島、インドネシアのスラウェシ島、セベレス島、サンギヘ島

なお、トウヨウミツバチの亜種名は、慣習的に「トウヨウミツバチ＋地域名＋亜種（例：トウヨウミツバチインド亜種）」と呼ばれることもあります。

4 ミツバチ亜属の仲間たち

種として登録されているミツバチ科ミツバチ亜属のミツバチには、セイヨウミツバチとトウヨウミツバチのほか、サバミツバチ、キナバルヤマミツバチ、クロオビミツバチの3種がいます（図10）。また、まだ登録はされていないものの、インドミツバチは今後種として登録される可能性の高い種です。

サバミツバチ

ボルネオ島、マレー半島、スマトラ島、ジャワ島のみに生息するサバミツバチは、もともとはトウヨウミツバチの変種として扱われていました。しかし、働きバチとオスバチの形態や、交尾時刻が異なることから1988年に独立種として登録されました。

働きバチの体長は16～17㎜とトウヨウミツバチよりも大

きめで、働きバチの体色も特徴的であるため、簡単にトウヨウミツバチと区別できます（図11）。体の色は生息地で異なり、ボルネオ島の個体は茶色と黄色の縞模様で、マレー半島やスマトラ島、ジャワ島の個体はこげ茶色と黄色の縞模様です。今後の調査次第では、両地域の個体は別亜種または別種になる可能性もあります。

　低地から標高１０００m付近までの森林の樹洞内部にある閉鎖空間に営巣します。近年の分子系統解析から、トウヨウミツバチとは異なる独立種であることが示されていますが、生態情報はほとんどわかっていません。

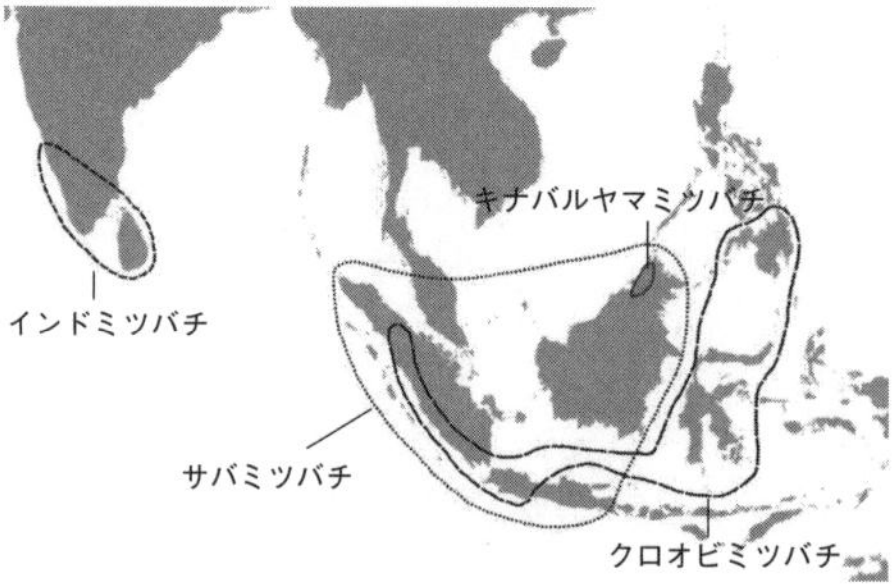

図10　サバミツバチ、キナバルヤマミツバチ、クロオビミツバチ、インドミツバチの分布

キナバルヤマミツバチ

　キナバルヤマミツバチは、ボルネオ島サバ州のキナバル山の一帯にのみ生息しています（図10）。働きバチの形態や交尾飛行時刻、遺伝子の比較解析から１９９６年に新種として記載されました。

　働きバチの体長は15～17㎜程度で、体色はトウヨウミツバチとよく似ています。トウヨウミツバチとの唯一の識別点は後脚の花粉かごの腹面側の一部が灰白色であることです（図11）。

　キナバル山周辺では、トウヨウミツバチが低地から標高１５００m付近まで分布しているのに対し、キナバルヤマミツバチは標高１２００～２０００m付近の高地に生息しています。巣は樹洞内に複数の巣板を作ると考えられていますが、生態情報も含めて不明な点が多くあります。近年の分子系統解析からは、本種がボルネオ島のトウヨウミツバチの中で、高地に適応した系統が種分化したと考えられています。

図11　ボルネオ島に同所的に分布するサバミツバチ（左）キナバルヤマミツバチ（中央）、トウヨウミツバチ（右）の働きバチ成虫 ➡口絵９（p. ５）

クロオビミツバチ

　クロオビミツバチは、フィリピンのミンダナオ島とインドネシアのスラウェシ島およびセベレス島、サンギへ島にのみ分布しています（図10）。最近では、ルソン島にも分布している可能性があると言われています。クロオビミツバチもトウヨウミツ

バチの亜種として扱われていましたが、働きバチの形態解析および交尾時刻の相違により１９９５年に独立種とされました。その後、分子系統解析からも独立種であることが強く支持されています。

働きバチの体長は16～17㎜で、トウヨウミツバチよりもやや大きめです（図12）。働きバチの腹部の体色は、黒色から薄茶色と細い白色の縞模様であり、働きバチの外観からトウヨウミツバチと識別することは困難です。目視でトウヨウミツバチとクロオビミツバチを識別するためには、巣板を観察する必要があります。オスバチのサナギの巣房の蓋は、トウヨウミツバチであれば中心部に穴があいているのに対し、クロオビミツバチにはそのような特徴はありません。このため、オスバチの巣房の形状から両種を区別することができると言われています。

図12　クロオビミツバチの働きバチ（背面・側面）
➡口絵10（p. 5）

低地の熱帯林にある樹洞の閉鎖空間に営巣しますが、生態も含めた詳しい情報はまだわかっていません。生物地理および分子系統解析からは、インド周辺に分布するトウヨウミツバチの祖先種（後述するインドミツバチ）がフィリピンやインドネシアに到達し、種分化したと考えられています。現在同所的に分布するトウヨウミツバチは、後にフィリピンやインドネシアに移動・定着した集団と考えられています。

インドミツバチ

インドミツバチは、これから独立種として登録される可能性の高いミツバチです。研究者の間では、もともとインド南部からスリランカに生息しているトウヨウミツバチには、働きバチの腹部体色に２つの変異があることが知られていました。１つがトウヨウミツバチと同じ黒色と白色の縞模様の「Hill bee」で、もう１つは腹部が薄黄色で縞模様がない「Plain bee（またはイエロービー）」です（図４）。これらは最近まで同種間の色彩変異で、どちらも同じトウヨウミツバチと考えられていました。しかし、インドミツバチの働きバチの体長は同所的に生息するトウヨウミツバチに比べてやや小さい傾向があります。最近になって、Plain beeはトウヨウミツバチとは交尾飛行時刻が異なること、分子系統解析からトウヨウミツバチとは遺伝的に隔離されている可能性が高いことがわかり、「インドミツバチ」として独立種と記載すべきであると提案されています。私たちの研究によると、インドミツバチは、クロオビミツバチの祖先種の可能性が高いと思われる結果を得ています。

5 妖精みたいなコミツバチ

コミツバチは、ミツバチ科の中でも小型で、働きバチ成虫の前翅が7㎜より短い、攻撃性の低い小さなミツバチです。アジアの一地域のみに分布しており（図13）、種として登録されているのは、コミツバチとクロコミツバチの2種です（図14）。

コミツバチ

コミツバチはアジア大陸の低地に広く分布している小型のミツバチです。中国雲南省からサウジアラビア、スリランカまで分布していますが、インドネシアやボルネオ島、フィリピンの島しょ部には生息していません。中東に生息している個体群は、50℃を超えるような高温環境にも適応していることが知られています。アジア地域のミツバチの中では最もよく見られる普通種です。近年、ジャワ島、イラク、スーダン、ジブチでの生息が確認されましたが、従来の分布域から離れた場所であるため、自然分布ではなく物資などに紛れて広がった可能性が高いと考えられています。

働きバチの体長は7～10㎜で、腹部の体色は、第3節まで黄色から明るい赤茶色、第4節以降は黒色の縞模様です。後述するクロコミツバチとはオスバチの後脚の形態や働きバチの体色が異なるため、簡単に区別できます。

比較的明るい森林や郊外の低木に20～60㎝程度の楕円状の形をした1枚の巣板を、枝を巻き込む形で作ります。1つの巣につき働きバチは6000～2万匹程度いると言わ

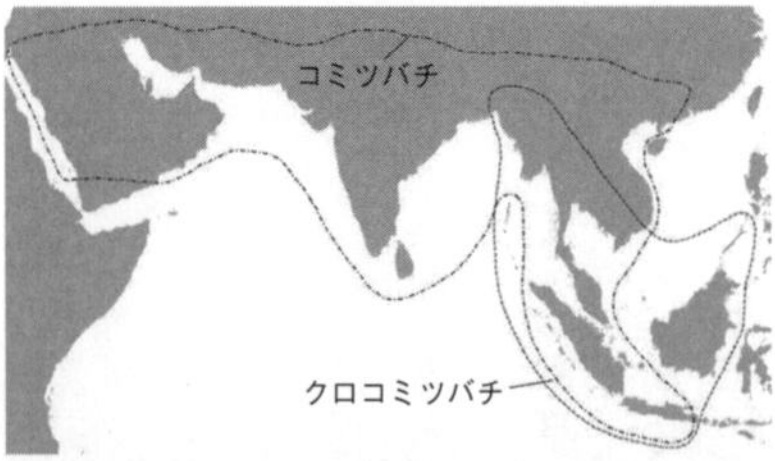

図13　コミツバチ亜属の自然分布

図14　コミツバチ（左）とクロコミツバチ（右）の働きバチ
➡口絵7（p. 4）

れています。岩壁や人工物の軒下などにも営巣します。コミツバチは、天敵のアリから巣を守るために基部に植物由来のヤニ状の物質を塗布することが知られています。攻撃性は低く、天敵から攻撃を受けた際は、巣を守るよりも巣を捨てて逃去します。

クロコミツバチ

コミツバチが低地中心に分布しているのに対し、クロコミツバチはより標高の高いところ（2000m程度）でも生息しているのが特徴です。北は中国雲南省、南はインドネシア、西はインド東部、東はカリマンタン島およびパラワン島まで分布しています。

　クロコミツバチの働きバチの体長は8～9㎜と、コミツバチよりさらに小型です。腹部の体色も黒色と灰色の縞模様が特徴的です。もともとはコミツバチと同種とされていましたが、働きバチとオスバチの形態や交尾時刻が異なるため、独立種となりました。

　巣はコミツバチと似たような開放空間に営巣しますが、人工物などには営巣しません。巣の構造はコミツバチと大きく異なり、ハチミツを貯蔵する巣房の向きは、コミツバチの巣が頭頂部に向けて徐々に上向きになっているのに対し、クロコミツバチの巣は横向きです。コミツバチと同じようにアリ避けのために巣の基部に植物由来のヤニ状の物質を塗っています。1つの巣につき働きバチは6000～1万匹程度おり、巣の大きさはコミツバチよりも小型です。

　攻撃性については、コミツバチよりもさらに温和で、刺すことはほとんどありません。生息密度は高いものの、コミツバチと同所的に分布する地域では、低地をコミツバチ、高地をクロコミツバチが優占するようになります。クロコミツバチのオスバチは、ミツバチ属では唯一、交尾前に巣房の上で尻振ダンスを踊ることが知られていますが、その理由については不明です。

6 ミツバチ界最強！オオミツバチ

オオミツバチは働きバチ成虫の前翅が12㎜を超える、攻撃性の高い大型のミツバチです。アジアと島しょ部に分布しており、種として登録されているのは、オオミツバチとヒマラヤオオミツバチの2種です（図15）。また、今後種として登録される可能性の高いミツバチ種に、スラウェシオオミツバチとフィリピンオオミツバチがあります（図16）。

オオミツバチ

オオミツバチは、大陸部ではインドから中国雲南省まで、島しょ部ではスリランカ、スマトラ島、ジャワ島、カリマンタン島、パラワン島、海南島まで、低地から標高150０m付近まで広い範囲に生息しています。

体長は女王バチで20㎜、オスバチで16㎜前後、働きバチで17㎜前後と大型です。働きバチの腹部の体色は、第三節までは黄色から薄橙色で、他のオオミツバチ亜属とは容易に識別することができます。

開放空間に5～30mを超える高木の枝や崖の下部に1mを超える半楕円状の巣板を1枚作ります（図17）。オオミツバチは高層ビルや建築物などの人工物にも営巣します。集団で営巣する性質があり、数十～100を超える巣が見られることが多いのが特徴で、1つの巣の働きバチ数は3万～4万匹程度です。開花期に合わせて移動して営巣場所を変える性質があります。

攻撃性および警戒性は社会性ハチ類の中で最も高い種の1つと言われています。集団で針刺行動をとり、巣から1km以上離れていても刺される場合があります。ミツバチ属の中では唯一夜間にも働きバチが飛翔する性質があります。

オオミツバチはハニーハンターによって採蜜されるミツバチの1つで、生息地ではオオミツバチのハチミツが流通しています。近年、アジア地域の経済発展に伴う森林伐採

図15　オオミツバチ亜属の分布

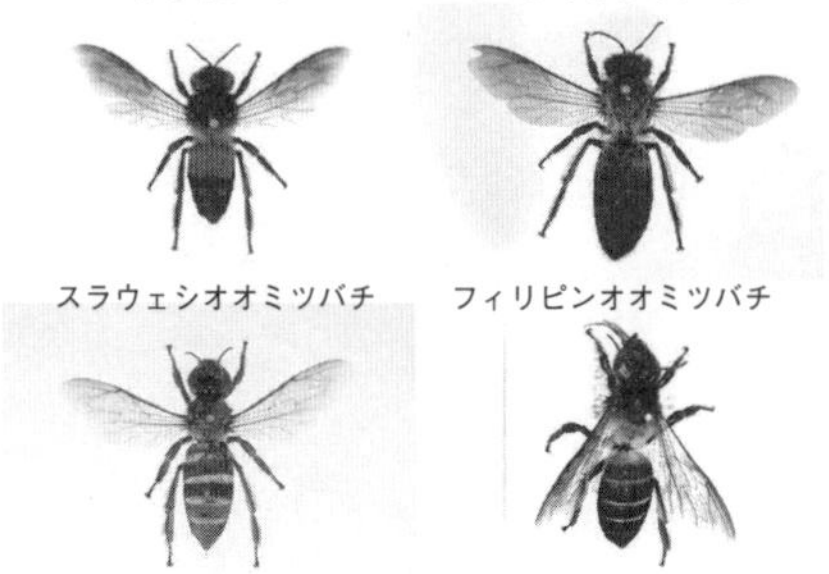

図16　オオミツバチ４種の働きバチ成虫
➡口絵８（p. 4）

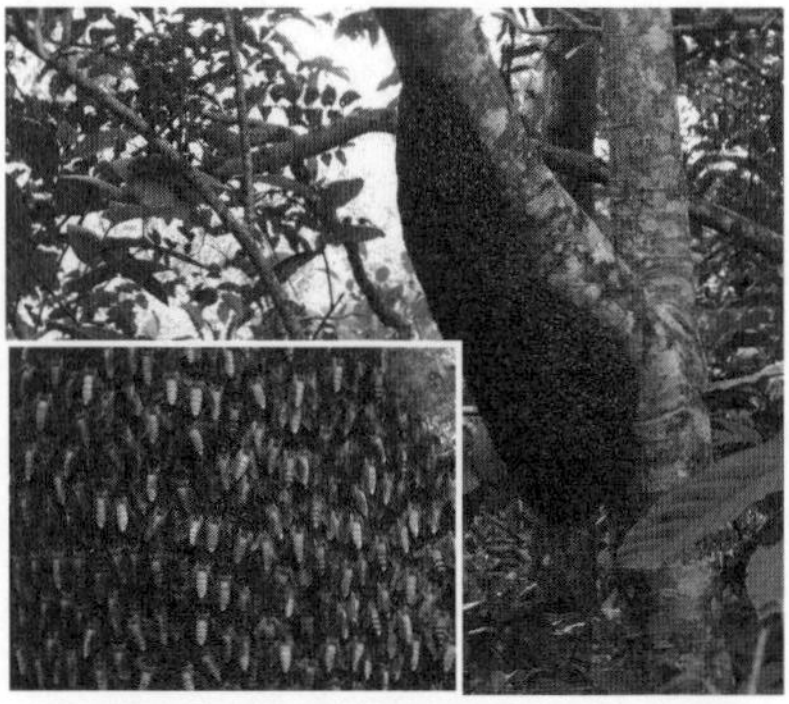

図17　オオミツバチの巣と働きバチ

により、個体数が著しく減少しており、一部では絶滅も懸念されています。

大陸個体群の亜種分類については未確定な部分が多く、今後の研究の進展が待たれます。また、島しょ部に生息する個体群は、今後の解析によっては別亜種または独立種になる可能性もあります。

ヒマラヤオオミツバチ

ヒマラヤオオミツバチは、ヒマラヤ山脈一帯の寒冷地に適応したオオミツバチで、インド、ネパール、ブータン、ベトナム、ミャンマー、ラオス、中国雲南省の、標高1500〜3300m付近に生息しています。もともとはオオミツバチの1亜種と考えられていましたが、1980年に発表された論文オオミツバチ亜属の働きバチの形態比較により、オオミツバチとの相違が明らかになり、独立種とみなされるようになりました。その後、交尾時刻やオスバチの形態の違いや、分子系統解析によっても、独立種であることが支持されています。

働きバチの体長はミツバチ属の中で最大で、18㎜前後あり、腹部の体色は黒色と灰色の縞模様であるため、オオミツバチと簡単に見分けることができます。

ヒマラヤオオミツバチは、オオミツバチと同じように1mを超える半楕円状の1枚巣板を作ります。花の開花期に合わせて山岳部を垂直移動して営巣場所を変え、毎年決まった岩壁に複数から数十の集団で営巣する性質があります。1つの巣の働きバチの数は1万〜3万匹程度と言われています。働きバチの攻撃性は高く、熱帯のスズメバチに匹敵します。

ネパールでは、地元の部族によりハチミツの採集が行われています。ミツバチ属の中では最も絶滅リスクの高い種で、分布の中心地であるネパールでは、温暖化の影響や乱獲により、この30年で営巣数が40％も減少しています。

スラウェシオオミツバチ

スラウェシオオミツバチは、インドネシアのスラウェシ島にのみ生息する今後独立種となる可能性の高いオオミツバチです。働きバチの体色や形態の違いからオオミツバチの亜種と考えられてきましたが、近年の分子系統解析により、オオミツバチとは別種である可能性が高く、独立種として取り扱われることが多くなってきました。

働きバチの体長は17㎜程度、腹部の体色は黒色で、細い灰白色の縞模様が入っています。巣のサイズや形状はオオミツバチと類似しているという報告もありますが、本種の生態なども含めて、よくわかっていません。

フィリピンオオミツバチ

フィリピンオオミツバチは、パラワン島を除くフィリピン諸島に生息している今後独立種となる可能性の高いオオミツバチです。以前から働きバチの体色や形態の相違からオオミツバチの別亜種とされてきましたが、近年の分子系統解析から、独立種である可能性が示されています。

働きバチの体長は17㎜程度で、腹部の体色は黒色と灰色の縞模様です。本種の生態や巣の構造についてはほとんど情報がないため、今後の調査が必要です。

7 化石種に学ぶミツバチの進化・系統

現在地球上に生息している生物に対し、過去に生息していたことが化石でのみ確認できる生物を「化石種」と呼びます。ミツバチで初めて発見された化石種は、一九〇七年に漸新世《ぜんしんせい》（およそ３８００万〜２４００万年前）の地層から発見されたミヤマアケボノミツバチで、これが現在までの最古の化石種です。それ以来、ヨーロッパと中国を中心に、世界各地でミツバチの働きバチの化石が見つかっています。

これまでに記録された21種の化石種は、アメリカのミツバチの分類学者であるエンゲル博士によって今では8種にまとめられています（表7）。

化石種の産出状況

それではここで、世界各地のミツバチ化石種の産出状況について、地質時代ごとに紹介します（表8）。

漸新世《ぜんしんせい》（およそ３８００万〜２４００万年前）

漸新世の地層からは、ヨーロッパで2種の化石種が産出されています。初めてミツバチの化石種として記載されたミヤマアケボノミツバチと、同じく漸新世の地層から発掘されたムカシアケボノミツバチは、ともにアケボノミツバチ亜属に分類されています。

中新世《ちゅうしんせい》（およそ２４００万年〜５００万年前）

中新世の地層からは、ヨーロッパと中国・日本で化石種が産出されています。ドイツで見つかった化石は、ムカシミツバチ亜属のドイツムカシミツバチと命名されました。同種のミツバチの化石は、その後ヨーロッパ各地で産出されており、この時代のヨーロッパではドイツムカシミツバ

表７　化石種のリスト

亜種名	学名	和名	産出場所	地質年代
Cascapis	*Apis armbrusteri*	ドイツムカシミツバチ	ドイツ	中新世
Synapis	*Apis henshawi*	ミヤマアケボノミツバチ	ヨーロッパ	漸新世
	Apis longtibia	ナガアケボノミツバチ	中国	中新世
	Apis miocenica	チュウゴクナガアケボノミツバチ	中国	中新世
	Apis petrefacta	ボヘミアアケボノミツバチ	ボヘミア	中新世
	Apis vetustus	ムカシアケボノミツバチ	ドイツ	漸新世
	Apis "Miocen I"	アケボノミツバチの１種	ヨーロッパ	漸新世
Megapis	*Apis lithohermaea*	イキオオミツバチ	日本（壱岐島）	中新世

*Apis longtibia*は*A. miocentica*の、*A. petrefacta*は*A. heshawi*のシノニムの可能性がある。

表８　化石種の地質年代ごとの産出状況

地質年代	年代	種類
漸新世	3800 万年前～2,400 万年前	ミヤマアケボノミツバチ
		ムカシアケボノミツバチ
中新世	2400 万年前～500 万年前	ボヘミアアケボノミツバチ
		チュウゴクアケボノミツバチ
		チュウゴクナガアケボノミツバチ
		アケボノミツバチの１種
		イキオオミツバチ
		ドイツムカシミツバチ
鮮新世	500 万年前～180 万年前	未産出
更新世	180 万年前～1 万年前	セイヨウ（アフリカ）ミツバチ
完新世	1 万年前～現在	コミツバチ
		オオミツバチ
		トウヨウミツバチ
		セイヨウ（アフリカ）ミツバチ
		サバミツバチ

チが優占種であったことがうかがえます。チェコの西部・中部地方（ボヘミア地方）で見つかった化石は、アケボノミツバチ亜属のボヘミアアケボノミツバチとして、新化石種に登録されました。一方で、中国からは、新化石種としてチュウゴクアケボノミツバチも発見されています。

この時代の地層からは、日本でもミツバチの化石が見つかっています。長崎県の壱岐島で、藤山家徳博士によってイキオオミツバチが発見されました（図18）。現在ではオオミツバチは熱帯・亜熱帯地域であるアジアと

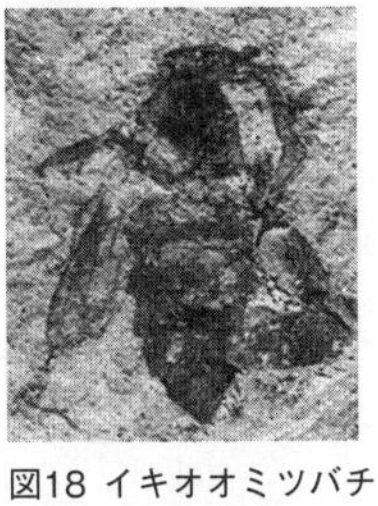

図18 イキオオミツバチの働きバチの化石
（写真：藤山家徳博士）

島しょ部にのみ分布していますが、当時の日本は今よりも温暖でオオミツバチの仲間が生息できる環境だったのでしょう。大変興味深いことに、イキオオミツバチはオオミツバチの化石種の中で唯一、現生するオオミツバチ亜属と同じグループに属する可能性があります。

更新世《こうしんせい》（およそ180万年〜1万年前）

更新世の地層からは、現生種であるセイヨウミツバチの化石がヨーロッパ各地で見つかっています。もともとセイヨウミツバチはアフリカ大陸を起源としていますが、すでにこの時代にはヨーロッパまで分布を拡大させていたことがわかります。

完新世《かんしんせい》（およそ1万年〜5000年前ごろ）

完新世の地層からは、セイヨウミツバチの化石がヨーロッパで産出されています。アジアでも現生種であるコミツバチ、クロコミツバチ、オオミツバチ、トウヨウミツバチ、サバミツバチの化石が産出されています。また、コミツバチはアラビア半島やアフリカでも産出されており、当時は今よりも分布域が広かったことがうかがえます。

現生のミツバチの起源はアジア

化石記録によるとハナバチ類は約1億3000万年前にカリバチ類の仲間から種分化したことが推定されています。花蜜や花粉を餌とするハナバチ類（ミツバチ上科）のうち、幼虫の餌として花粉や花蜜を蓄える特徴を持つ昆虫がミツバチ科に分類されています。ミツバチ科には、現在ではシタバチ、マルハナバチ、ハリナシバチ、ミツバチの四属が原生しており、ミツバチはハナバチ類の仲間になります。化石記録によると、ハナバチは9000万〜1億年前ごろには出現したと考えられています。

ミツバチの祖先は、今からおよそ3500万〜4000万年前にインド・ヨーロッパ地域で現れたと考えられています。漸新世・鮮新世（およそ500万年〜258万年前ごろ）にかけて起きた気候変動により、ヨーロッパに分布を広げたミツバチのグループは絶滅してしまいましたが、アジアに分布を広げたミツバチの系統は生き残り、現在のミツバチの祖先になったと考えられています。

系統解析からわかること

現生ミツバチ種の系統関係は、形態や生態、さらに分子データから推定されています。しかし、従来の遺伝子の一部の配列を比較する分子系統解析では、精度の高い系統樹が作成できない場合もありました。特に広域に分布しているトウヨウミツバチは、各地域で種分化している可能性があります。そこで、私のグループは、ミトコンドリアＤＮＡの全ゲノムを解析することで、これまで解明できなかったトウヨウミツバチの個体群間や近縁種との系統関係を明らかにしました（図19）。

例えば、以前からミツバチ亜属のうち、キナバルヤマミツバチとクロオビミツバチ、インドミツバチは、トウヨウミツバチから分化したと推定されていました。しかし、それぞれの種が生息地域の環境に合わせて分化したのか、それとも分化した種がその生息地域に定着したのかはわかっていませんでした。私の行った分子系統解析では、トウヨウミツバチが各地域に分布してからその地域の環境に合わせて分化したことが推定されました。

また、私の分子系統解析からは、現生するミツバチの中で最も古いミツバチ種はコミツバチ亜属であり、その姉妹群にオオミツバチ亜属がいることが示されました。系統樹を辿ってみると、最初のコミツバチ属は開放空間に１枚の巣板を作りますが、集団営巣はしません（図20）。その後、オオミツバチ亜属は同じように開放空間に１枚の巣板を作りますが、天敵から防衛するために集団で１カ所に営巣する習性が進化したと考えられます。さらにその後に誕生したミツバチ亜属は、閉鎖空間への営巣や巣板が複数になる形質が進化し、越冬を可能にしました。このようにミツバチ亜属の閉鎖空間での営巣習性は、ミツバチ属の中では派生形質であることがわかりました。

8　ミツバチの遺伝的変異

遺伝子解析の歴史

遺伝物質としてＤＮＡが発見された当初は、同種であればＤＮＡ配列は同じと考えられていました。しかし、１９９０年代以降、野生生物のＤＮＡ解析において、同種間で多様な遺伝的変異があることがわかってきました。ミツバチも、比較的早期から、欧米でセイヨウミツバチの遺伝的変異の解析が進められています。

１９９０年代の初めには、ミトコンドリアＤＮＡの制限酵素多型解析（ＲＦＬＰ）という解析法を用いて遺伝的変異が調べられ、同種のミツバチでも個体間で遺伝的な違いがあることが明らかになりました。そして１９９０年代後

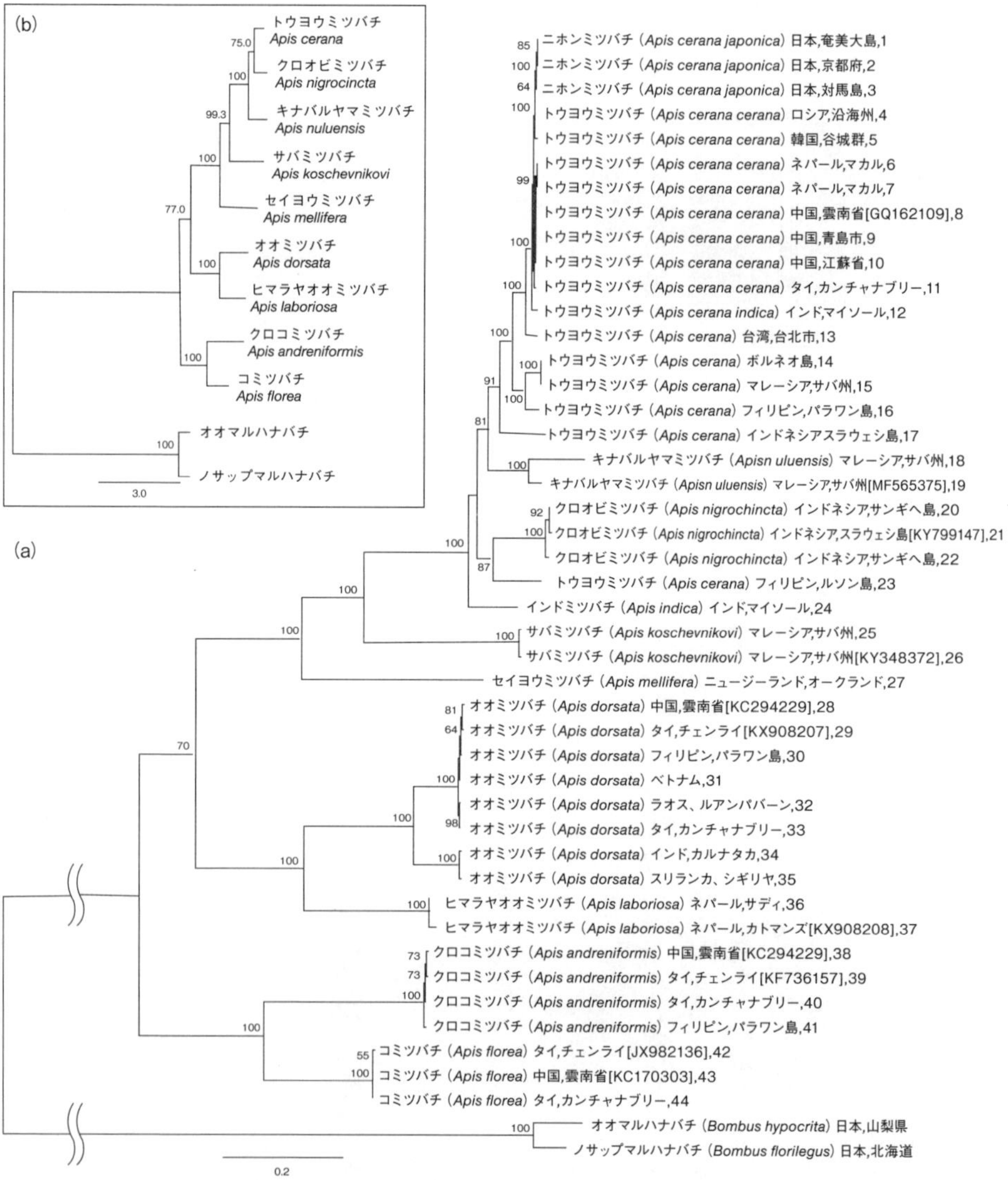

図19　ミツバチ属11種44個体のミトコンドリアDNAの13個のタンパク質コード遺伝子配列による最尤系統樹(a) と種系統樹 (b)

13のタンパク質コード領域を使用している。外群には、マルハナバチを用いた。各節横の数値はブートストラップ値（1,000回)。(作図：奥山永博士)

半になり、ＰＣＲやサンガーシークエンス法といった新たな分析法が普及すると、ＤＮＡの塩基配列を直接解読し、より小さな変異まで解析できるようになりました。その結果、セイヨウミツバチでは、ミトコンドリアＤＮＡの非コード領域（Ｄ loop）に大きな変異が存在していることがわかりました。非コード領域はＤＮＡの転写開始点で、アミノ酸に翻訳されない領域で、進化の速度が速く、人でも大陸間や民族間に大きな相違があることが報告されています。この非コード領域の塩基配列を解読することにより、ミツバチでもアフリカ系統（Ａ）、ヨーロッパ系統（ＭとＣ）、中東系統（ＯとＹ）が識別できるようになりました（図21）。

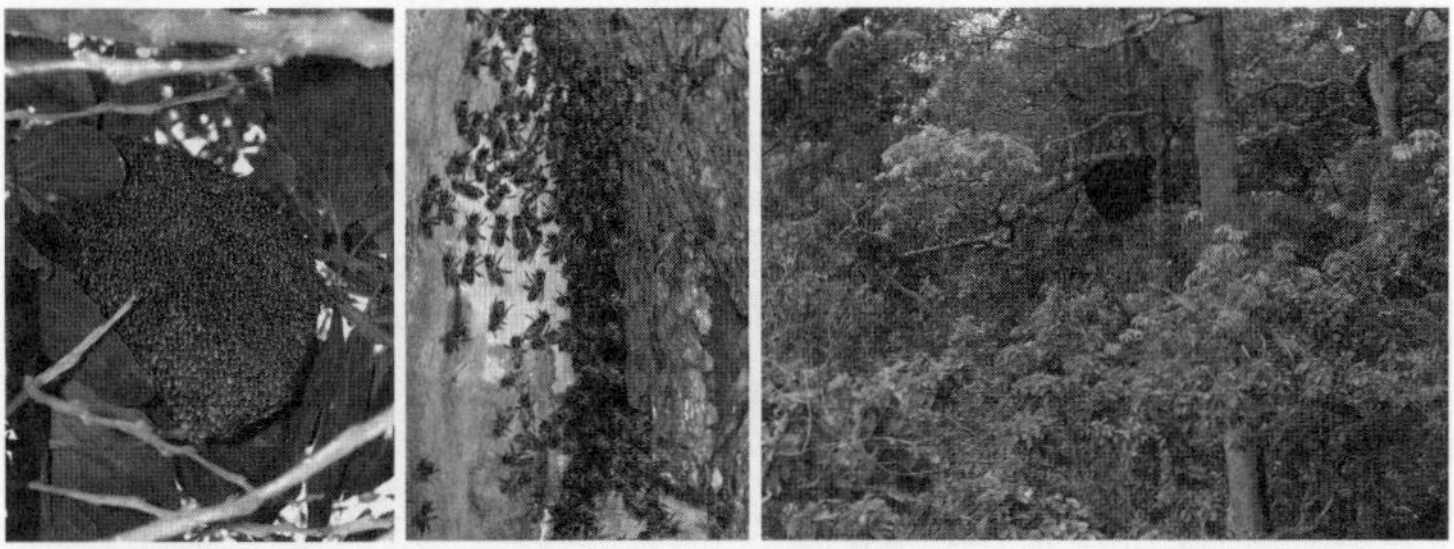

図20 ３亜属における営巣場所の相違

日本のセイヨウミツバチの出身地はどこ？

日本のセイヨウミツバチは、アメリカから明治時代に初めて輸入されて以来、さまざまな国や地域から輸入されています。ミツバチは日本では家畜動物であるため、輸入には正式な手続きと動物検疫の基準をクリアする必要があります。しかし、残念なことに、過去に何度か非合法的な方法での持ち込みが摘発されています。もしも摘発を逃れ、非正規のルートで日本に侵入したミツバチが、国内で増殖していたとしたら大問題です。というのも、ミツバチと一緒に病害虫が持ち込まれることがあるだけでなく、アフリカ系統のセイヨウミツバチの一部は、ヨーロッパ系統のセイヨウミツバチとの交雑により、攻撃性の高いアフリカ化ミツバチ（キラービー）になる場合があるのです。このため、アフリカミツバチとアフリカ化ミツバチは、環境省が定める外来生物法の生態系被害防止外来種リストに掲載されてもいます。

外来種の帰化は、年々増加傾向にもあります。アフリカ化ミツバチの原因となっているアフリカミツバチは、南アフリカ原産の種で、日本に輸入されてきたセイヨウミツバチの系統は、輸入実績からみてイタリア原産の種が主であ

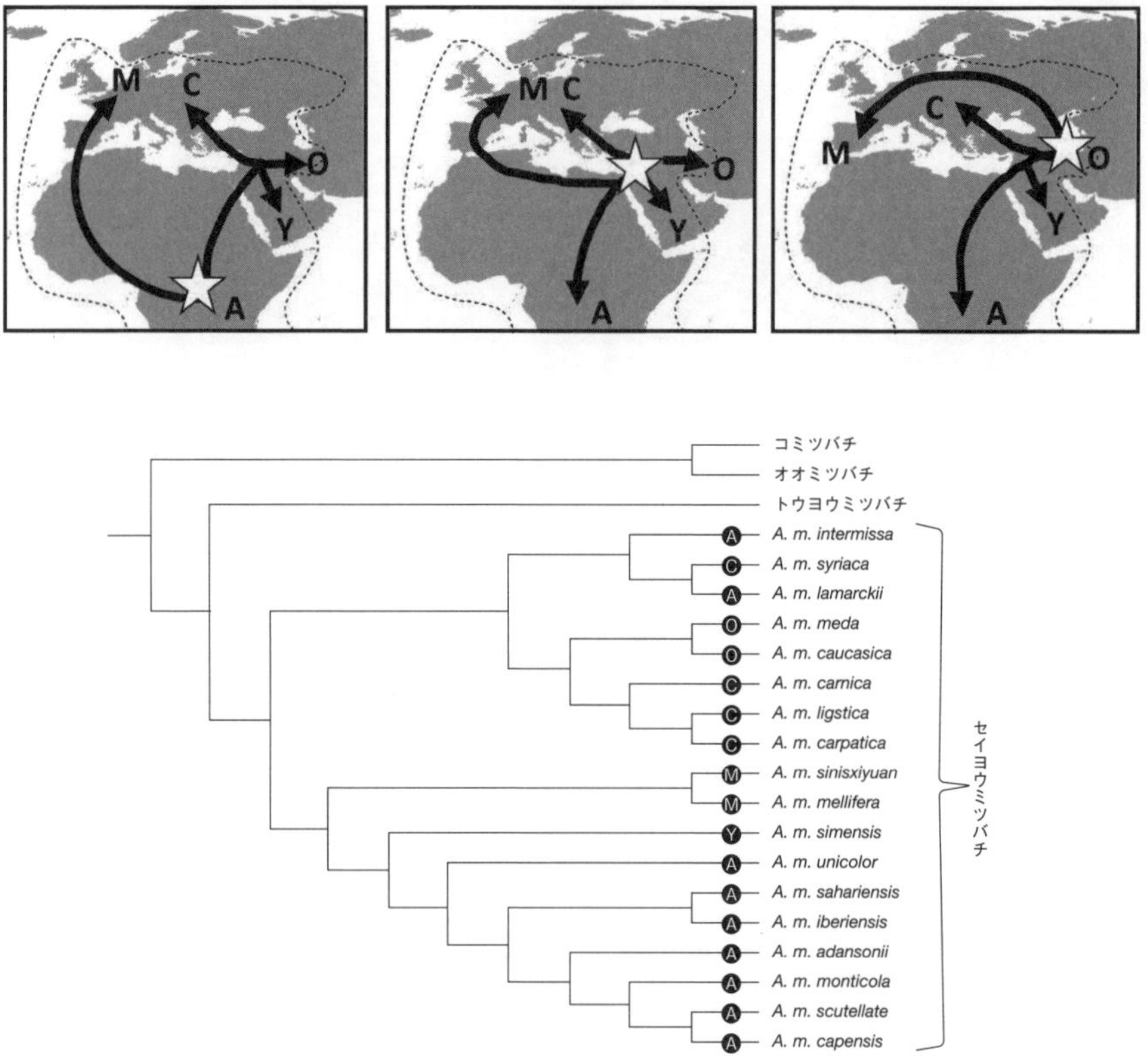

図21　セイヨウミツバチ亜種間におけるミトコンドリアDNAの分子系統解析の結果
初期の研究では、アフリカを起源（☆）として中東・ヨーロッパ・西アジアに分布を広げた（矢印）と推定されていたが、最近のDNA解析では、トウヨウミツバチが祖先種で、中東周辺を起源（☆）としている可能性もでてきている。

ると考えられます。しかし、過去に複数の国から輸入していたことや、ミツバチの輸入に関する法律が整備される前の記録がないことから、日本にはどの系統のセイヨウミツバチが現存しているのかわかっていませんでした。そこで私たちは、日本で飼養および野生化しているセイヨウミツバチについて、ミトコンドリアDNAの非コード領域のハプロタイプ分析（詳しくは「ミツバチ博士のちょっとためになる話②」を参照してください）を行いました。その結果、日本のセイヨウミツバチはすべての個体がヨーロッパを起源とするグループ（C系統）に属していることがわかりました。キラービーの原因となるアフリカ（A系統）は存在していませんでした。

トウヨウミツバチの遺伝子解析でわかったこと

現在では12亜種に分類されているトウヨウミツバチですが、もともとは働きバチの形態や形質の比較により、４亜種に分類されていました。多くの研究者がこの分類では広いアジア地域のトウヨウミツバチを分類するのには不十分であることを理解していましたが、当時は遺伝子解析の技術がなく、これが限界でした。現在では遺伝子の解析が進み、トウヨウミツバチでもミトコンドリアＤＮＡの全長配列でハプロタイプ分析が行えるようになりました。

そこで私がアジア各国の研究者たちと連携してアジア地域のミツバチを解析した結果、大陸部のトウヨウミツバチは、インド・バングラディシュを境界として、西と東で遺伝的隔離が進んでいることがわかりました。さらに、マレーシア（ボルネオ島）、インドネシア、フィリピン、台湾などの島しょ地域では、それぞれ固有のハプロタイプが存在していることが明らかになりました。フィリピン諸島は４つの大きな島から形成されていますが、島ごとに固有のハプロタイプが存在しています。台湾でも、大陸とは大きく異なる固有のハプロタイプが確認されました。どうやらトウヨウミツバチは東南アジアで遺伝的多様性が高く、特に島しょ部で遺伝的分化が進んでいるようです。アジアの島しょ部は、気候変動により起きる温暖期の海面上昇による海峡隔離と、氷期の海面低下による陸橋化が繰り返し起きていることが知られています。熱帯地域では、隔離が起きていた間に遺伝的分化・種分化が進んだことが遺伝子解析から予測できました。

現在のボルネオ島やインドネシア諸島には、トウヨウミツバチの近縁種であるサバミツバチ、キナバルヤマミツバチ、クロオビミツバチが生息しています。これらの種は、１９９０年代にトウヨウミツバチとは別種であることが形態および生態的により報告されました。私も大学４年生のときにティンゲック氏らの協力を得て遺伝子的にも別種であることを確認するために、トウヨウミツバチとサバミツバチ、キナバルヤマミツバチのミトコンドリアＤＮＡの非コード領域（Dloop：tRNA-COII間）の塩基配列を解読しました（図22）。当時のシーケンサーは、操作や準備が大変だったので、四苦八苦しながら、なんとか解析ができたときのうれしかったことを今でも覚えています。卒業前に結果を学術論文としてミツバチの国際専門誌『Apidologie』で発表することができました。アジアでトウヨウミツバチと別種とされた3種は、遺伝子データからも別種であることが確認できました。特に、同所的に分布しているトウヨウミツバチとハプロタイプが異なることがわかりました。

(a)

Apis cerana

Borneo 2　AAAATTTAATAAGCTTTAATTGCATTGAATTTTGAATTCAAATTTAAAATAAAAAACTTTTATTAAAATTAATAATTTAAATTTATTATTAAAATTT

Apis koschevnikovi

Haplotype 1　ATAATTTAATAAAGCAATTTATGCACT-AATTTAATCAATAAAATAGTTATATAAACTTTTATTAATATTAATAATTAATTAATTATTAAAATTT

Sabah 1　ATAATTTAATAAAGCAATTTATGCACTGAATTTAATCAATAAAATAGTTATATAAACTTTTATTAATATTAATAATTAATTAATTATTAAAATTT

Apis nigrocincta	Sulawesi Short	AAAATTAATAATTT-AA　TT-ATTATTAAAATTT
Apis cerana	Taiwan Short	AAAATTAATAATTTTAA ------- TTT-ATTATTAAAATTT
Apis cerana	Philippine Short	AAGATTAATAATTT-AATAAATTTAATTATTAAAATTT
Apis nuluensis	Sabah Short	AAAATTAATAATTT ------- AAATTT-ATTATTAAAATTT

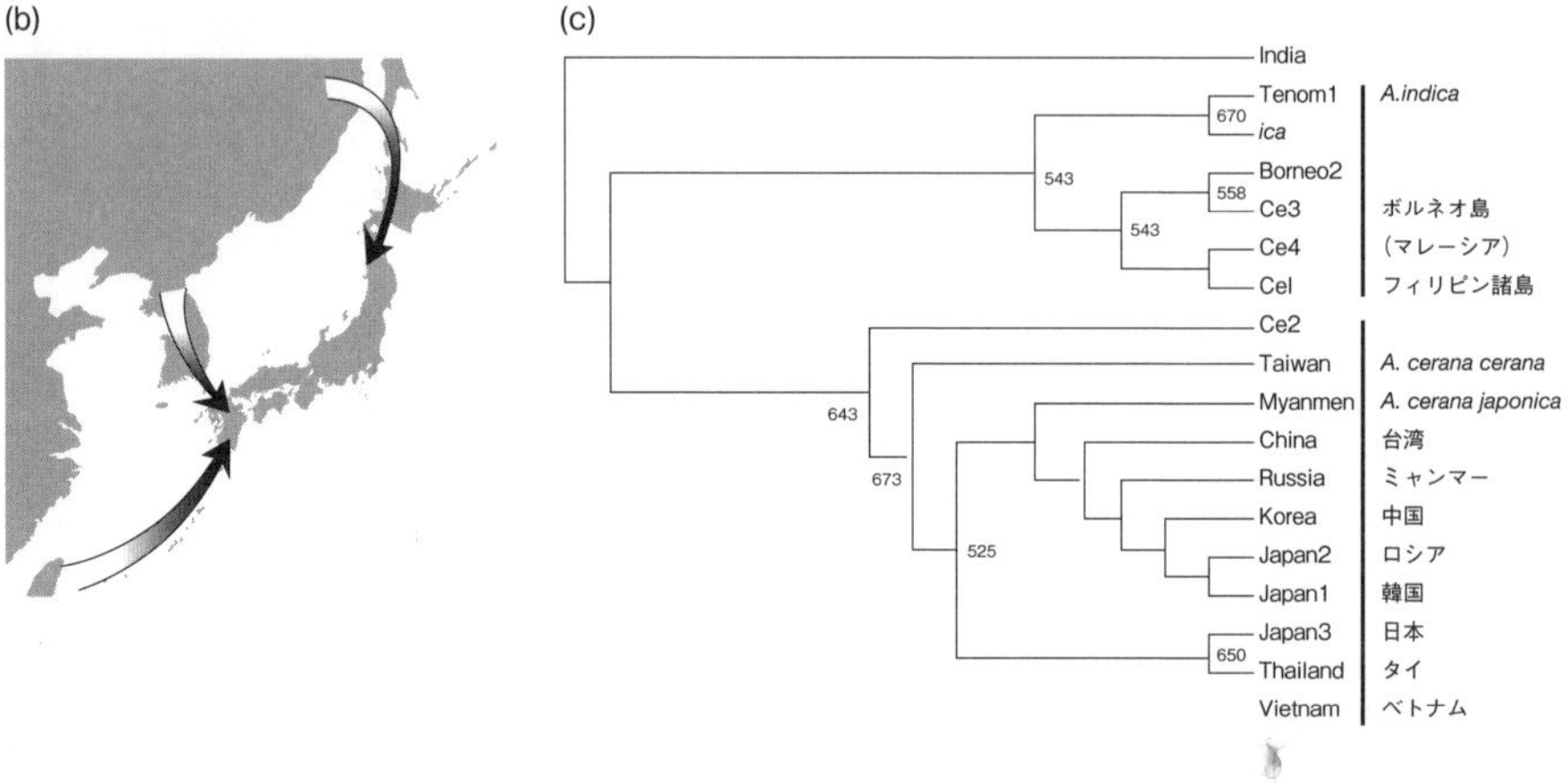

図22　アジア産のミツバチ亜属間の遺伝的変異とニホンミツバチの起源

(a) トウヨウミツバチ、サバミツバチ、キナバルヤマミツバチ、クロオビミツバチにおけるミトコンドリアDNAのtRNALeu-COXII遺伝子間の非コード領域のハプロタイプ。(b) ニホンミツバチの祖先集団の移動経路予想図。(c) ミトコンドリアDNAのtRNAleu-COXII間遺伝子配列に基づく近隣結合法による分子系統樹。数値はブートストラップ値（1,000回）。

一部の研究者からはこの3種が同種であるという意見も出ていましたが、遺伝子解析により3種が独立種であることが裏付けられたのです。

ニホンミツバチの起源はどこか？

前述したように、長崎県の壱岐島には2000万年前にはオオミツバチが生息していたことが化石から推測されていますが、その後、何度かの氷期で、日本列島に生息していたイキオオミツバチをはじめとするミツバチは絶滅したと考えられています。東南アジアを起源としているトウヨウミツバチは、徐々に温帯や冬といった環境に適応して、北に分布域を広げていったと予測されています。では、このトウヨウミツバチの亜種であるニホンミツバチは、いつ、どのように日本列島にやってきたのでしょうか。

これまでニホンミツバチの起源については自然分布と人為分布でいくつかの仮説がありました。自然分布では、日本がまだユーラシア大陸と陸つづきであった氷期の時期に、大陸から移動してきたとするものです。陸沿いを移動して日本列島に入ったミツバチのうち、その後の何度かの氷期を生き残った集団がニホンミツバチであるという説です。この「日本列島に進入する経路」には、フィリピン・台湾から南西諸島を北上してくる経路と、朝鮮半島や中国東部から九州に入る経路、ロシア沿海州や樺太《からふと》から北海道を経由して南下する経路が考えられます。ただし、北海道や樺太にはミツバチが自然分布しておらず、可能性は低いと考えられています。このため、ニホンミツバチの祖先集団は、フィリピン・台湾から北上してきたか、朝鮮半島や中国東部から九州に入ったか、またはその両方の経路で、一度ないし何度かにわたって入ってきた可能性があります。一方で人為分布とは、朝鮮半島や中国から有史時代に人の手でトウヨウミツバチが持ち込まれ、それがニホンミツバチの祖先種となったという可能性です。

私の研究室で、ニホンミツバチと近隣国のトウヨウミツバチの22地域・93個体のミトコンドリアDNAの非コード領域のハプロタイプ分析を試みた結果、ニホンミツバチのハプロタイプは台湾やフィリピンのトウヨウミツバチのそれよりもロシア、中国のものと系統的に近いことがわかりました（図22）。つまり、原生するニホンミツバチの祖先は朝鮮半島や中国東部から氷期に移動してきたトウヨウミツバチである可能性が高いということです。また、対馬と奄美大島のニホンミツバチは、日本列島から切り離された後にそれぞれ突然変異が起きて、日本列島のニホンミツバチと遺伝的に異なる部分（固有性）があることも示されました。さらにニホンミツバチは、遺伝的多様性（ハプロタイプ多様度）は、中国や韓国と比較して低いことがわかりました。つまりニホンミツバチは、約2万年前の最終氷期以後、アジア大陸のトウヨウミツバチ集団とは遺伝的に隔離されていることを示していると思われます。そこで、分子時計（詳しくは「ミツバチ博士のちょっとためになる話②」を参照してください）という解析手法で計算したところ、韓国のトウヨウミツバチとニホンミツバチが遺伝的に分岐したのは約2万年前と推定されました。この年代はアジア大陸と日本列島が海峡により分断された年代と一致していました。

まだまだ新種がでてくる可能性のあるトウヨウミツバチ

フィリピン諸島は、周囲にフィリピン海、南シナ海、セレベス海があり、ルソン島・ビサヤ諸島・ミンダナオ島・パラワン島などを中心に約7600を越える島々から成り立っています。ルソン島からミンダナオ島の南方にはフィリピン海溝が存在し、そのほかにも多数の海溝による複雑な地殻運動が、東西1100km、南北1800kmの海域に島々が点在する特殊な地形を作り出したと考えられていま す。多くの陸上動植物もこの影響を強く受け、複雑な生物相を形成しています。

インドネシアのスラウェシ島にはクロオビミツバチ、ボルネオ島にはサバミツバチとキナバルヤマミツバチも分布しています。フィリピン諸島は、同じ地理的状況のため、種分化が進んでいてもおかしくありません。現在、フィリピンには、3種の在来種、トウヨウミツバチ、オオミツバチ、クロコミツバチが生息しています。このうちトウヨウミツバチやオオミツバチは系統分類や生態が不明な部分もあります。例えばトウヨウミツバチは土中に巣を作る性質があるなど、ほかでは見られない生態も報告されています。そこでフィリピン大学のセルバニカ教授の支援を受け、ミトコンドリアDNAの塩基配列情報をもとに系統分類と生物地理学的な視点から解析をしました。

フィリピンは、ルソン区、ミンドロ区、ネグロス区、ミンダナオ区、パラワン区の5つの生物地理区分に分けられています。パラワン島とボルネオ島のトウヨウミツバチの個体群は近い系統関係のため、パラワン区はインドネシアとマレーシアからの集団に由来すると考えられました（図23）。一方、セブ島、ボホール島、ルソン島の個体は、近隣のトウヨウミツバチ集団と系統関係が離れていて、インドミツバチやクロオビミツバチと近縁でした。これはトウヨウミツバチではなく、別種である可能性を示しています。

コミツバチ亜属の遺伝子解析

前述したように、コミツバチ亜属は、働きバチの形態や形質の比較分析で、インドから中東にかけて生息するコミツバチと、東南アジアに生息するクロコミツバチの2系統に分かれます。私たちが行ったミトコンドリアDNAの分子系統解析でも、遺伝的にもこれらは別種であることが裏付けられました。

コミツバチの集団は、形態解析および地史的な状況からインドと東南アジアの2系統に分けられますが、これも私たちが行った分子系統解析の結果と一致しています。どうやらコミツバチは、少なくとも2つの亜種レベルの進化が起きているようです。

一方、クロコミツバチは、東南アジアとボルネオ島およびパラワン島の間で、遺伝的に別の系統が形成されていま

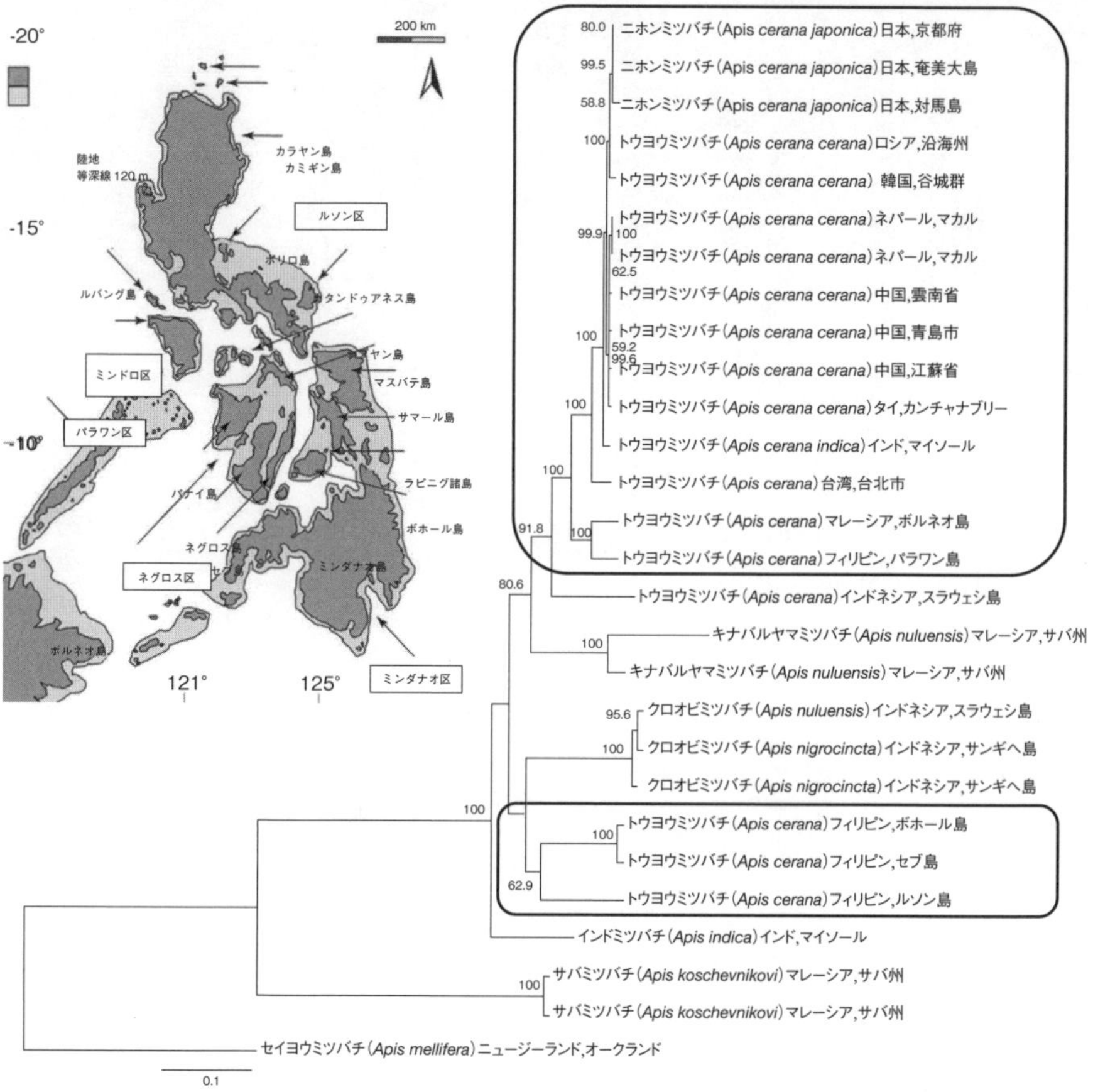

図23　フィリピン諸島のトウヨウミツバチグループの働きバチ（①ルソン島、②ボホール島、③セブ島）とミトコンドリアDNAの13個のタンパク質コード遺伝子配列を用いた最尤法系統樹

数値はブートストラップ値（1,000回）。スケールバーは塩基置換率を示す。（作図：吉田達哉氏）

➡口絵12（p. 6）

した。分子時計による分岐年代の推定によると、およそ150万年前に系統が分かれたことが示されました。この年代は、ちょうど更新世の氷期が終わり、ボルネオ島とパワラン島がスンダランドと分岐した時期です。つまりクロコミツバチの祖先は、スンダランド一帯で1つの集団を形成していたことを示しています。また、コミツバチのインド個体群がクロコミツバチと系統的に近いことがわかりました。これは東南アジアで同所的に分布している地域ではなく、両種の分布境界周辺であるインド東北部で種分化した可能性が考えられています。

オオミツバチ亜属の系統関係

　オオミツバチ亜属の中でも、オオミツバチは働きバチの形態や形質の比較解析により、オオミツバチ、スラウェシオオミツバチ、フィリピンオオミツバチの3亜種に分けられます。オオミツバチは、インドとパキスタン国境周辺から中国の海南島、旧大陸のサンダランドおよびインドネシアのカイ諸島までの広域に分布しています。ウォーレス線を境にして、別亜種としてスラウェシオオミツバチがスラウェシ島とブタン島周辺に生息しています。また、フィリピンではパラワン島を境とするメリル線から東にあるルソン島、セブ島、ミンダナオ島などの島しょ部にフィリピンオオミツバチが分布しています。これらは現在、オオミツバチの亜種とされていますが、今後独立種になる可能性が高いと思われます。

　私の研究室でも、オオミツバチの3亜種と、ヒマラヤオオミツバチのミトコンドリアDNAについて、今井静香氏が卒業研究で遺伝子解析をしました。結果としては、ヒマラヤオオミツバチにはオオミツバチとは遺伝的にも独立している種とみなせるほどの遺伝的変異があることが確認できました。オオミツバチの3亜種においては、東南アジア大陸とボルネオ島およびパラワン島の集団は別系統であることがわかりました。分子時計により推定した分岐年代は130万年前後で、ボルネオ島とサンダランドが分断した地質年代と一致しました。オオミツバチもコミツバチ亜属と同じように1つの集団を形成していた可能性があります。また、オオミツバチのインド集団とヒマラヤオオミツバチのネパール集団が系統的に近縁であることもわかり、両種の分布境界周辺であるヒマラヤ山脈帯で種分化をした可能性が示されました。

学名と和名

生物の呼び方は、言語によりさまざまで、日本語では「ミツバチ」、英語では「ハニービー（honeybee）」、イタリア語では「アペ（ape）」、中国語では「ミーフォン（蜜蜂）」、ギリシャ語では「メイセス（μέλισσες）」と呼ばれています。

自然科学の分野では、二名法により同じ生物種をそれぞれの言語で呼ばずに、共通の呼び方をします。それが学名です。例えば、セイヨウミツバチは「*Apis mellifera*」と、2単語で表記され、学名とわかるように斜体にします。すべての生物に学名がつけられており、私たち人間にも「ホモ・サピエンス（*Homo sapiens*）」という学名があります。図鑑や教科書、あるいは動物園や水族館で看板にもちゃんと学名が書かれていますので、ぜひ見てみてください。

もちろんミツバチにも、種ごとに学名がつけられています。ニホンミツバチはトウヨウミツバチと同種なので「*Apis cerana*」ですが、動物の場合はさらに亜種名が付けられる場合があります。亜種とは、同種ですが、自然の状態ではその生物自身で移動して繁殖ができないような地域同士を区別するために付けられます。日本は海によりアジア大陸と隔離されているので、トウヨウミツバチの1亜種であるニホンミツバチは「*Apis cerana japonica*」と表記されます。

アフリカ化ミツバチ（キラービー）

ブラジルでは当初、ヨーロッパ原産のセイヨウミツバチであるイタリアンが養蜂種として輸入されていました。しかし、イタリアンはブラジルの熱帯性の気候に適さなかったため、より適応性の高い南アフリカ原産のアフリカミツバチが輸入されるようになりました。このアフリカミツバチの一部が逃げ出し、現地のイタリアンとアフリカミツバチの間で交雑化が起きました。この亜種間雑種個体は、激しい攻撃性および

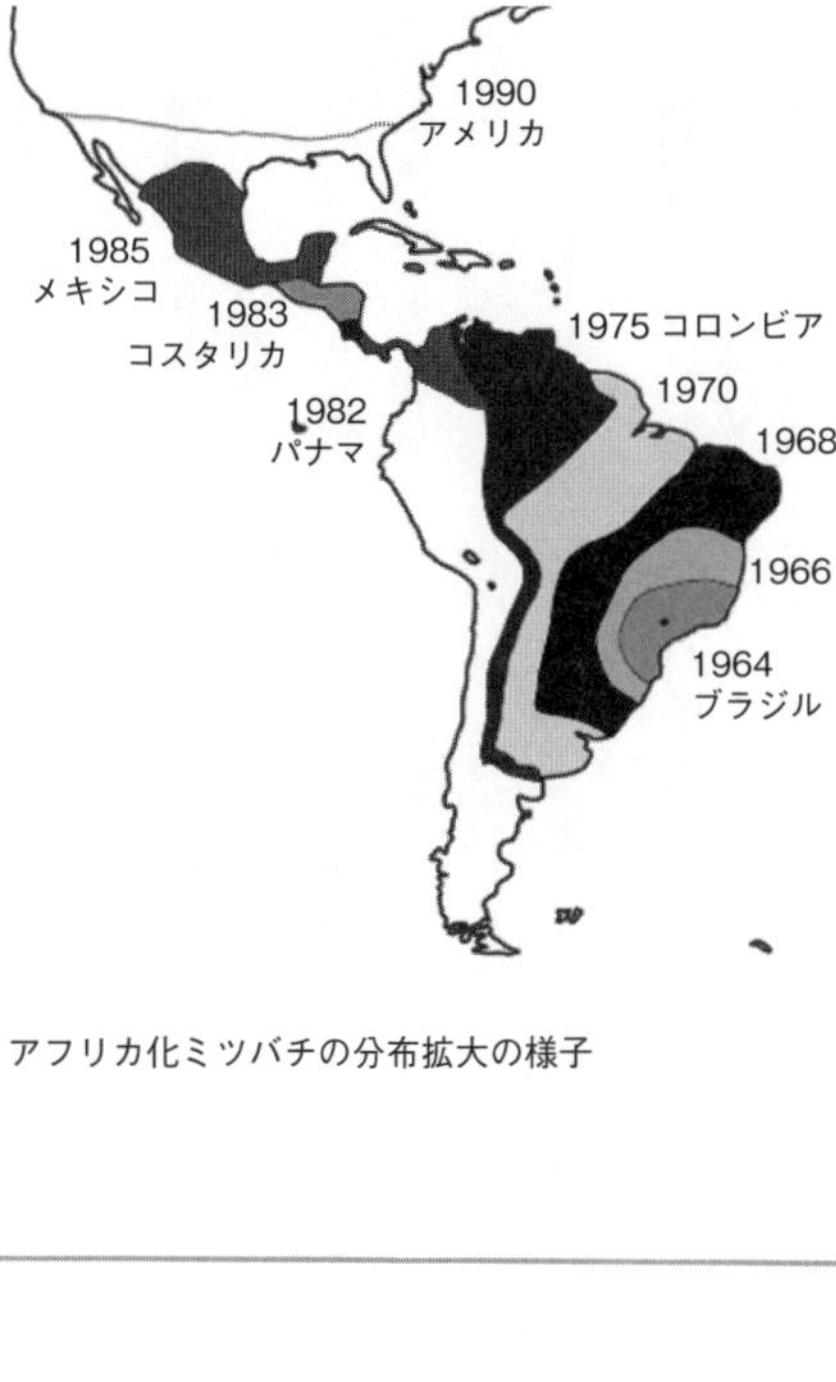

アフリカ化ミツバチの分布拡大の様子

盗去性があり、「アフリカ化ミツバチ」もしくは「キラービー」と呼ばれ、養蜂種としては不適とされました。残念ながら、北アメリカ大陸の南部から南アメリカ大陸のセイヨウミツバチは、アフリカミツバチとの交雑が起きてしまいました。このため、アフリカ系統の侵入を防ぐ目的で、日本を含めた多くの国では南アメリカ大陸からのセイヨウミツバチの輸入に厳しい管理体制を取っています。

日本の養蜂で活躍するミツバチの見分け方

日本で養蜂用に飼養されているセイヨウミツバチは、イタリアンとカーニオランで、働きバチの腹部体色で簡単に見分けることができます。腹部が黄色と黒色の縞模様であればイタリアンで、黒色から暗茶色と灰白色の縞模様であればカーニオランです。この2つを交雑した個体は、中間色となる場合もあります。

なお、ニホンミツバチとの識別ですが、イタリアンの働きバチとニホンミツバチの働きバチは、腹部体色の違いから簡単に識別できます。しかし、カーニオランの働きバチはニホンミツバチと体色がよく似ているため、識別には経験が必要です。セイヨウミツバチの働きバチはニホンミツバチのそれよりもやや大型ですが、それだけで識別はできません。完全に識別するには、顕微鏡下で働きバチの後翅の翅脈《しみゃく》形質である中脈（M3+4）の有無を確認する必要があります。セイヨウミツバチでは中脈が欠損しているため、中脈があればニホンミツバチと決定できます。

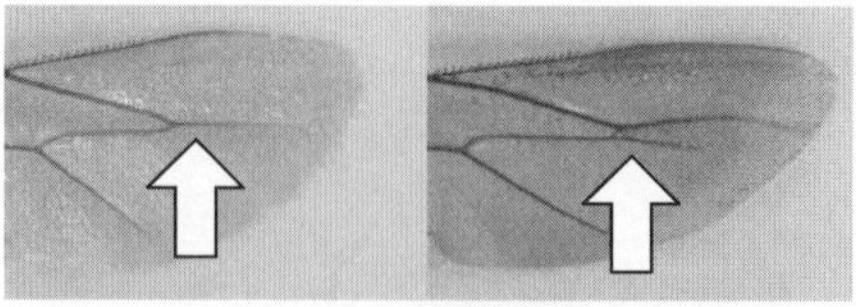

セイヨウミツバチ（左）とニホンミツバチ（右）における働きバチ成虫の後翅中脈（M_{3+4}）部分（矢印）の拡大図

日本におけるセイヨウミツバチの輸入

動物検疫は、動物の病気の侵入を防止するため、世界各国で行われている検疫制度です。ミツバチは家畜であるため、家畜伝染病予防法により、海外における悪性の家畜伝染病の発生状況や防疫体制などによっては輸入が禁止される国があります。また、病気の発生状況によって、輸出入が一時的に停止される場合もあります。

ミツバチの輸入は、輸出国の政府機関（日本の動物検疫所に相当する機関）が行う検査に合格し、当該機関の発行した検査証明書の添付が必要とされています。また、輸出にあたっても、日本の動物検疫所が行う検査に合格し、検査証明書の交付を受ける必要があります。証明する事項は通常、事前に相手国との間で条件が締結されています。そのため、個人で勝手にミツバチを海外から持ち込むことはできません。必ず法律を守って、正規の輸入手続きを行ってください。なお、輸入できるのは女王バチとそれに付随する働きバチ10匹を1単位としたものです。日本は2000年以降、イタリア、ロシア、ハワイ州、オーストラリア、ニュージーランド、スロベニア、チリと、2国間協定を締結しています。これ以外の国や地域からは、ミツバチの輸入はできません。

農水省が作成した資料をもとに、1963~2011年に日本に輸入されたセイヨウミツバチの国別輸入実績をまとめると、日本は1963年以降、13の国からセイヨウミツバチを輸入していました。輸入先は、タイ、スロベニア、スイス、カナダ、中国、ユーゴスラビア、フィジー、イタリア、ニュージーランド、オーストラリア、コロンビア、ロシア(ソ連)、アメリカです。2008~2009年には、オーストラリアでのノゼマ病流行により女王バチの輸出停止が行われ、同国に依存していた日本では輸入件数がゼロとなりました。近年は、国内での増殖に力が入れられているため、輸入量は減少傾向にあります。2010年以降は、スロベニアとオーストラリアからのみ輸入されているようです。

ハプロタイプ解析

ハプロタイプとは、半数体のDNAの塩基配列に見られる変異のことです。人の場合は、父親由来である男性のY染色体や、母親由来である男性のX染色体が、片方の親に由来する半数体のゲノムセットです。

独自のDNAをもつ細胞小器官であるミトコンドリアは、動物では基本的に母親のみに由来するゲノムセットを子供が受け継ぎます。このゲノムは、対立遺伝子（父親の遺伝子）がないので、個体間で塩基配列を比較して変異が存在している場合、それを区別するときにハプロタイプに英数字の記号をつけて呼び分けます。ハプロタイプは1塩基でも異なれば別のものと区別します。ハプロタイプの数や変異が多い場合には、似たハプロタイプを1つにまとめてハプログループと呼びます。

ハプロタイプの情報は、個体間や個体群における遺伝的多様性や系統関係を解明するために利用されています。1990年後半にサンガーシーケンス法とオートシーケンサー機器が普及され、塩基配列を解析することが容易になって以来、さまざまな生物のハプロタイプ解析が進展しました。

分子系統学とセイヨウミツバチの起源

生物の進化の過程を知るうえで、遺伝的な系統関係は欠かせない情報です。種間、種内、個体群、個体間まで、分類群の系統関係をDNAの塩基配列やアミノ酸配列情報をもとに

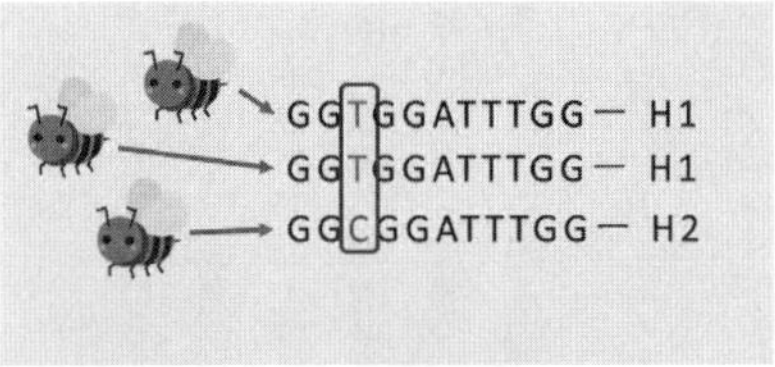

ハプロタイプ（H）のイメージ
複数の個体のハプロタイプを調べることで、それらの個体が属する地域集団の遺伝的な特徴や傾向を知ることができる（作図：梅澤実鈴氏）。

解明するのが分子系統学です。分子系統解析では、分類群間の遺伝的差異や進化的歴史を推定することができます。1990年代までは数百塩基しか比較できませんでしたが、現在は次世代シーケンサーの登場により、千、万、億単位の塩基配列同士を比較できるようになっています。

　分子系統学では、分類群間の遺伝距離を距離行列または形質状態法により、樹形（共通祖先からの分岐）を作成します。これは、幹や枝を持つ樹木のような形状で描かれることが多いので、「系統樹」と呼ばれます。なお、分子データを利用して系統解析をしたものを分子系統樹といいます。分子系統解析では、分類群間の系統関係を明らかにすることができるだけでなく、分類群の認識、識別、個体群サイズの変動、交雑の検出などの情報も得ることができます。また、生物同士の類縁関係や遺伝子同士の類縁関係を解析するためにも利用されています。

　分子データから、セイヨウミツバチの起源について2021年に驚くべき結果が報告されました。セイヨウミツバチの起源については、これまでも激しい論争が続いていましたが、多国間の研究グループが、18のセイヨウミツバチの在来亜種251個体のゲノムを解析し、起源は西アジアであることを報告しました。これまでセイヨウミツバチは、アフリカまたは中東が起源と考えられていたため、大きな反響がありました。セイヨウミツバチは、約700万年前に西アジア地域を起源として誕生し、少なくとも3回の分布拡大によりアフリカとヨーロッパの系統に亜種レベルの分化が起きたことが示されました。この解析では、次世代シーケンサーを利用してゲノム中に存在する多数のSNPsと呼ばれる1塩基多型部位を解析しています。この大規模SNPs解析により、現生するミツバチ全種は、どうやらアジアを起源としていることがわかりました。ミツバチの多様性と起源はアジアにあるようです。

分子時計

　遺伝子解析では、生物種がどのくらい前に発生したのかを推定することもできます。この手法を「分子時計」と呼びます。生物の進化の過程で起こるDNAなどの分子情報の変化は、地質学的な絶対年代の時間にほぼ比例して、一定の速度で蓄積することが知られています。中立説に基づけば、分子レベルでの変化の多くは、自然淘汰に良くも悪くもない中立的な変異です。ＤＮＡに起きる変異は常に一定の速度で起こるため、分子レベルの変化情報は系統解析に客観的な情報を提供してくれます。

要するに分子情報をもとに作成した分子系統樹に、解析を行った遺伝子座における分子時計の速度を適用すれば、生物の分岐年代を推定することができるのです。ただし、分子時計は必ずしも正確ではなく、また生物によっては変異の速度は変動することもあるため、分岐した年代の正確な推定は容易ではありません。本書で度々出てくるミトコンドリアＤＮＡによる分子解析は、比較的近縁な分類群の年代推定でよく利用されています。

生物地理学

生物分布や生態系において、緯度、高度、海などの空間的な隔離や生息環境によって個体群や生物群集にそれぞれ異なる適応が見られます。それにより生物の地理的分布およびその分布に起因した問題を考察する学問が生物地理学です。

対象生物によって植物地理学や動物地理学に分類されることもあり、また分布区域を扱うことで生物の地理的分布を研究する生物区系地理学、ある特定の個体群または生物群の進化の過程地理学的に解明する歴史生物地理学、生態と分布の関係性から、生物相の成立・存続と環境との関係を研究する生物生態地理学に分けられます。

この章で紹介した私たちの研究では、特定の生物群（ミツバチ）の系統関係を明らかにすることで、海を隔てて分布している個体群に近い関係性が見られれば、この個体群の生息域は地理学的につながっていると言え、遠方の生息域に分布していく個体群との系統関係が見られればかつて分布域が接触あるいは分離したと考察することができます。

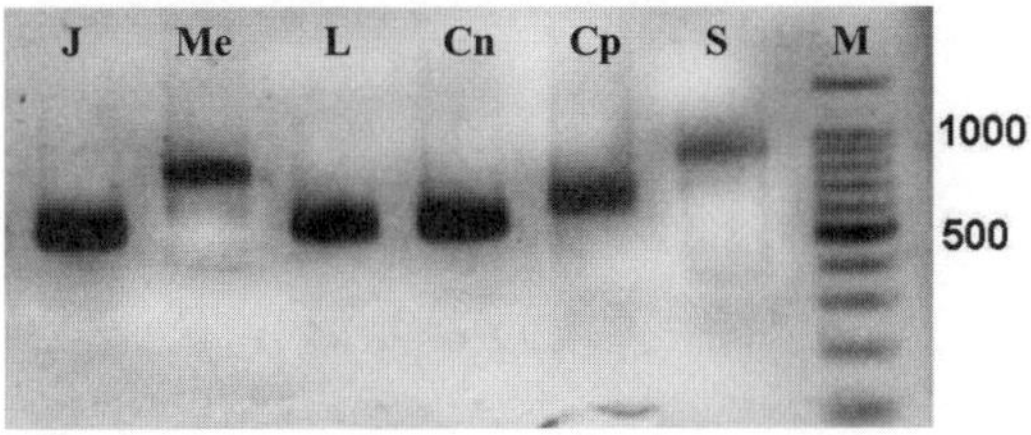

セイヨウミツバチの亜種間におけるミトコンドリアDNAのD loop（COI-COII間）領域のPCR増幅結果
増幅したDNA断片のサイズの相違でアフリカとヨーロッパ系統のハプロタイプの判別ができる。左から順にJは国内で飼養されているセイヨウミツバチ、Meは*A. m. meliifera*、Lは*A. m. ligstica*、Cnは*A. m. carnica*、Cpは*A. m. capensis*、Sは*A. m. scutellata*、Mは100bp ladder DNAマーカー。

第2章
ミツバチのからだ8のヒミツ

ミツバチはミツバチ科ミツバチ属のハチの総称で、世界には9～11種が記載されています（詳しくは第1章をご覧ください）。基本的な体の作りは他の昆虫と共通ですが、当然、ミツバチならではの特徴も見られます。また、女王バチ、働きバチ、オスバチと、性別や立場の違いによって特有の機能や形態が発達しています。

この章では、そんなミツバチの体について、主に日本に生息するセイヨウミツバチとニホンミツバチを中心に説明し、東南アジアなどに生息するコミツバチ亜属とオオミツバチ亜属の体についても紹介します。

1 ミツバチの体の基本構造

働きバチの成虫の体

ミツバチ成虫の体のつくりは、基本的に一般的な昆虫と同じで、体は頭部、胸部、腹部の3つからなり、脚や翅はすべて胸部から生えています（図1）。ミツバチ属を含む細腰亜目のハチの特徴は、前伸腹節とも呼ばれる腹部第一節が胸部と融合していることです。つまり、胸部に見える部分の一部は実は腹部で、胸部と腹部にあると思われるくびれは腹部第一節と第二節の間にあります。これにより、第二節以降の腹部を自由に曲げることができるようになっています。このため、ミツバチの体は、頭部、胸部、腹部ではなく、正確には頭部、中大節（胸部＋腹部第一節）、後体節（腹部第二節以降）の3つの構成になります。脚は左右に3対の計6本、翅は左右二対の計4枚です。ちなみによく間違われますが、8本脚で頭部と胸部が一体化しているクモやダニは昆虫ではありません。

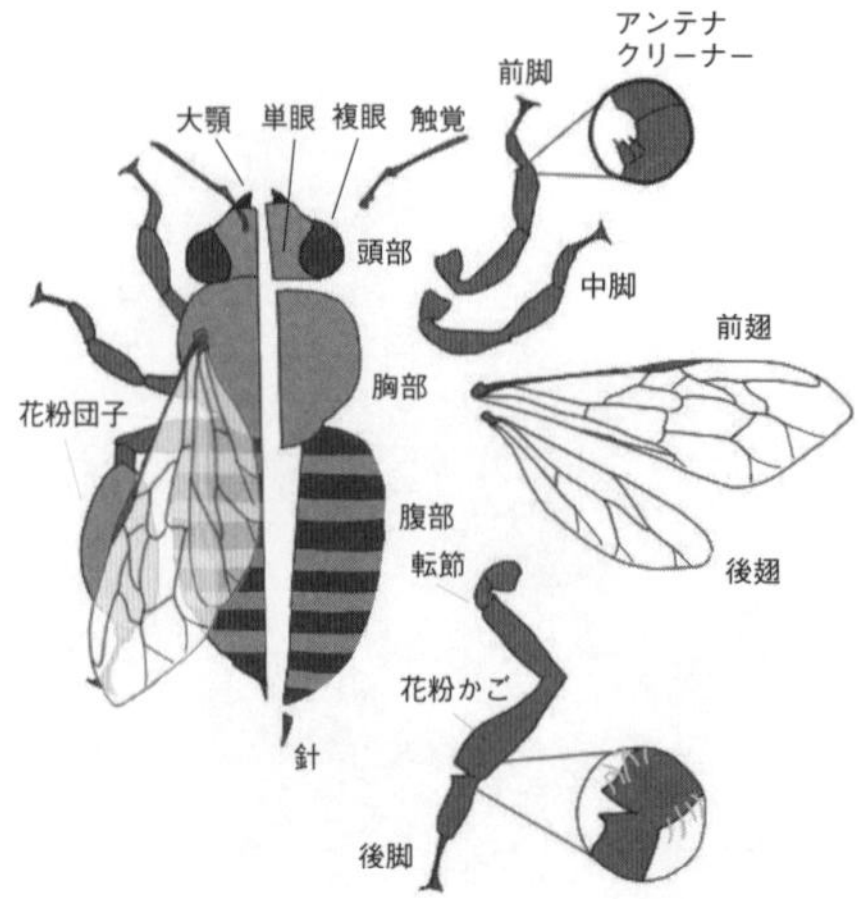

図1　ミツバチ働きバチ成虫の背面分解図と各部名称
➡口絵2（p. 2）
※口絵には写真を掲載。

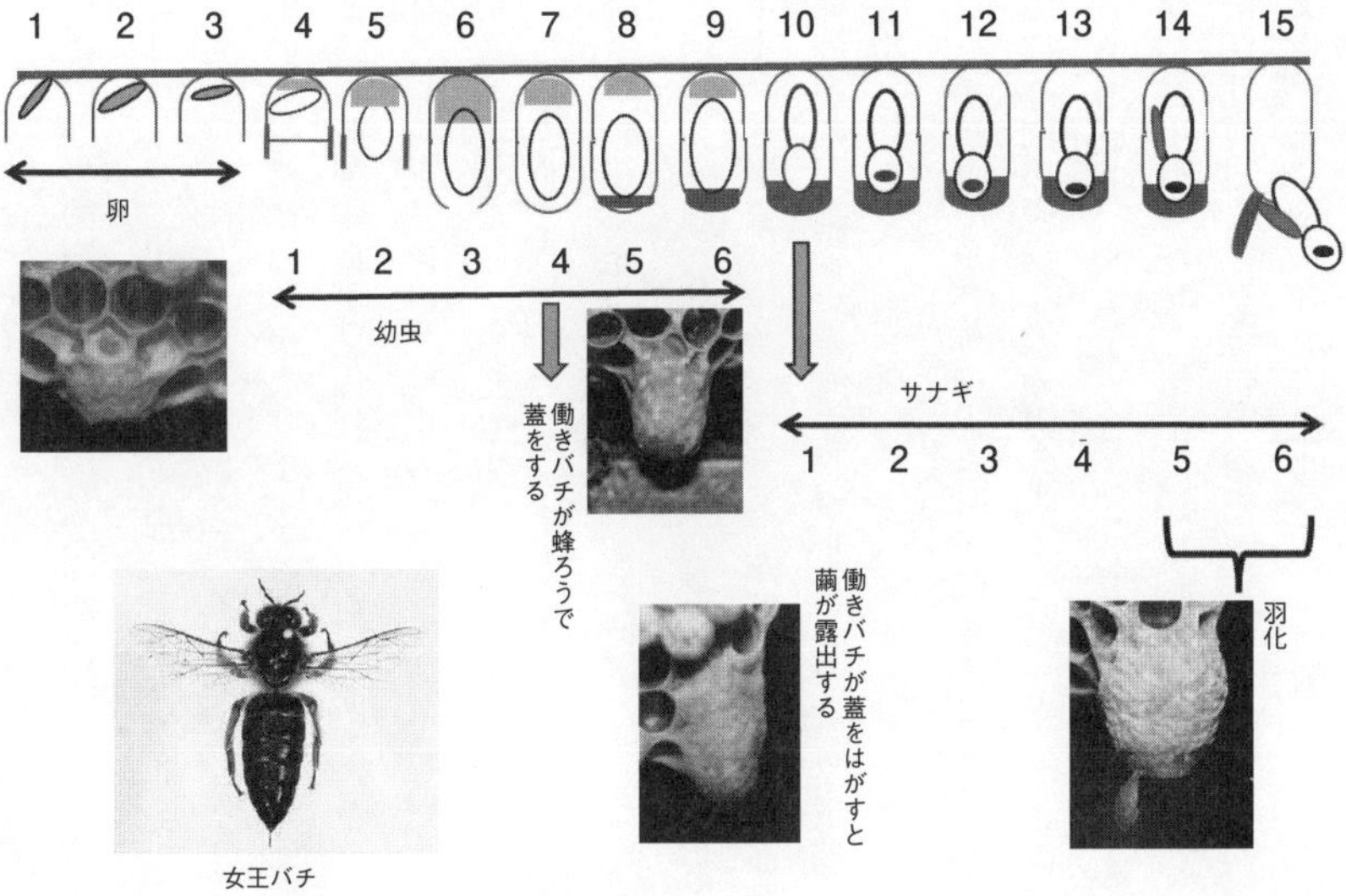

図2　ニホンミツバチの女王バチの発育過程
卵は3日で孵化する。幼虫期間は5.5日で、幼虫期の４日目ごろに王台は働きバチによって蜂ろうで蓋がされ、その後に幼虫が繭で内側から蓋をする（『ハチの知らせ』をもとに作成・一部改変）。

卵・幼虫と成長

ミツバチは卵、幼虫、サナギを経て成虫になる、完全変態の昆虫です（図2）。完全変態の昆虫は、幼虫期は成長するために、成虫期は繁殖を行うために、それぞれ特化した形態をしており、サナギの時期を経て、イモムシが蝶になるように、体を大きく変化させます。対して不完全変態の昆虫にはサナギの時期はなく、幼虫と成虫に大きな体の変化はありません。なお、完全変態の昆虫は成虫になると脱皮をしなくなるため、成虫以降に体が大きくなることはありません。

卵は直径1・5㎜ほどの白色半透明の楕円形をしています（図3）。全体が卵殻で覆われ、前極側に核が、その先端部に卵門（精孔）という小さな穴が開いています。卵門は受精の際に精子が通る入り口です。卵核のすぐ内側にある薄い膜は卵黄膜と呼

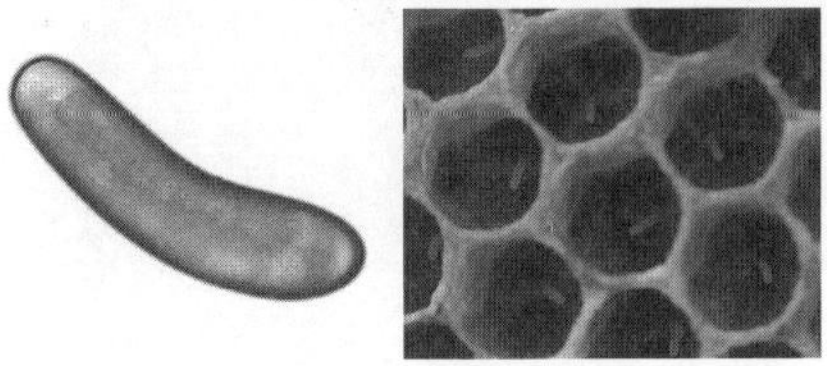

図3　セイヨウミツバチの卵（左）とニホンミツバチの卵（右）
ミツバチの卵はいずれも楕円形をしている。ニホンミツバチの卵は、最初から横に寝かせた状態で産み付けられるが、セイヨウミツバチの卵は最初直立している（図4参照）。スケールバーは400μm。
（写真左：木村隼人氏）

ばれ、その内側に原形質があります。さらにその内側に卵黄があります。セイヨウミツバチの卵では、産卵から52時間後に幼虫の形態が見えはじめ、約72時間後に孵化します。

幼虫はウジ虫型で、巣の中では巣房の底で横向きに寝ている状態です（図4）。体の色は乳白色で、やや細長くなっている頭部に口器があります。胸部に相当する部分には脚と翅の痕跡器官が見られ、腹部末端は平らになっています。体の中央部分には、昆虫の呼吸器である気門が10個並んでいます（図5）。それぞれの器官についてはこのあと説明しますが、体内については、口器のすぐそばに消化管である前腸があり、そこからつながる腸が体のほぼ8割を占めます。腸から後腸につながり、腹部末端部分には肛門があります。分泌腺は絹糸腺が2つ、頭部と胸部に腹面側にあり、体液中の不純物を排泄するマルピーギ管が4本、腸の周りにあります。

セイヨウミツバチの働きバチの幼虫は、サナギになるまでに4回の脱皮を繰り返します。幼虫がいる巣房は、孵化から9日目に働きバチ成虫が蜂ろうで外側から蓋をした後、幼虫自身が吐く絹糸で10日目に内側から蓋をします。11日目の幼虫の皮膚の内側では5回目の脱皮が起き、幼虫はサナギになる直前の状態である前蛹《ぜんよう》になります（図6、図7）。なお、6回目の脱皮はサナギになるときと同じよう

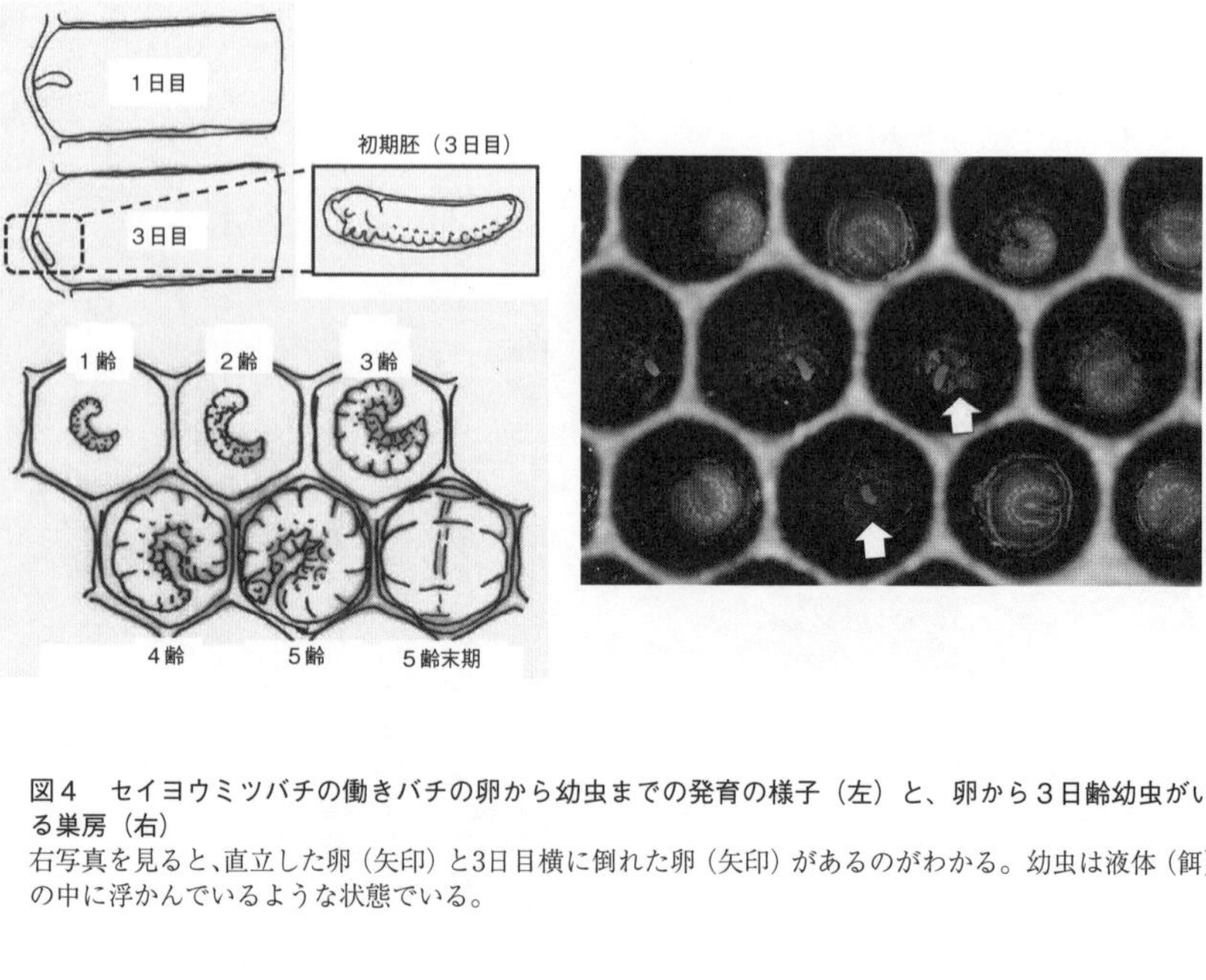

図4　セイヨウミツバチの働きバチの卵から幼虫までの発育の様子（左）と、卵から3日齢幼虫がいる巣房（右）
右写真を見ると、直立した卵（矢印）と3日目横に倒れた卵（矢印）があるのがわかる。幼虫は液体（餌）の中に浮かんでいるような状態でいる。

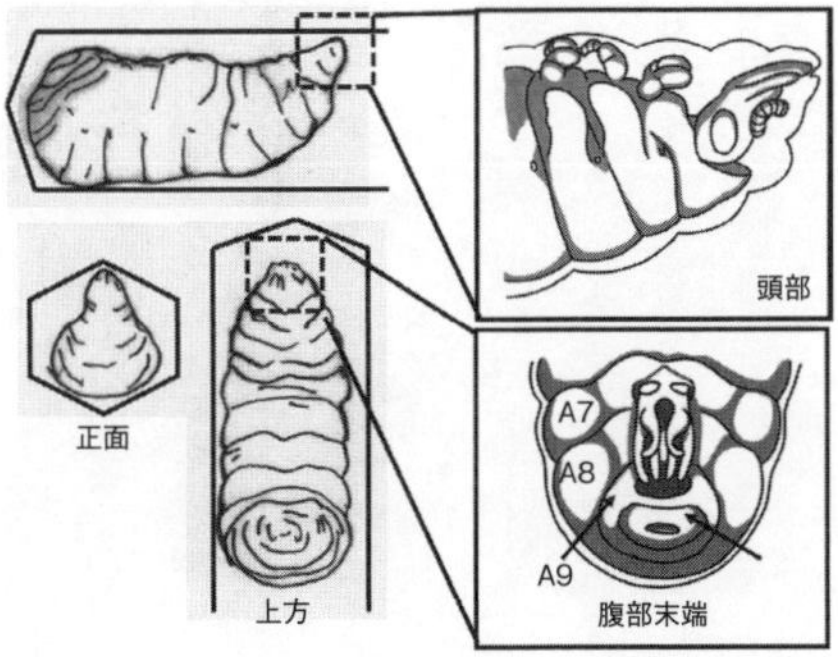

図6　セイヨウミツバチの前蛹の形態
蛹化するときは仰向けになる。

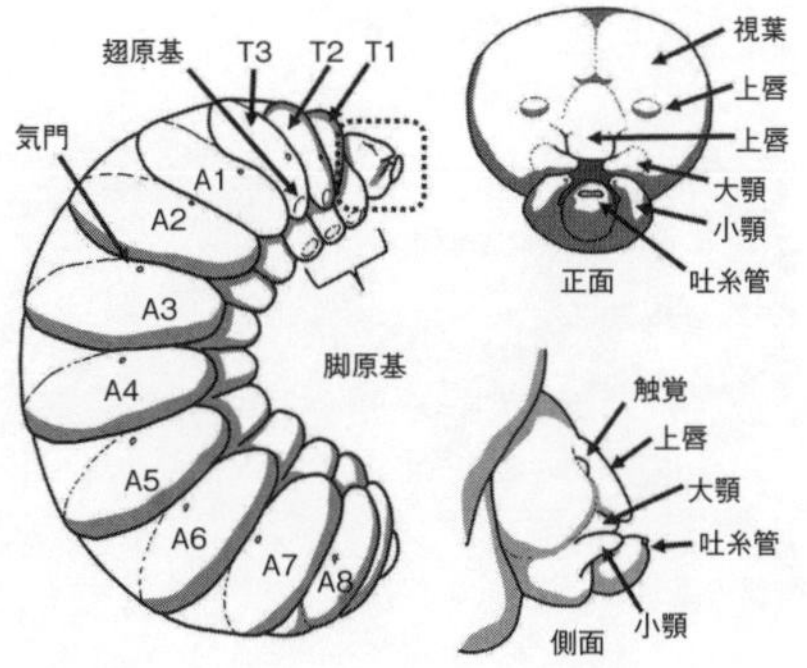

図5　セイヨウミツバチの働きバチ幼虫の主な外部形態
頭部と腹部末端の拡大図。T1～T3は胸部、A1～A10は腹部。

表1　ニホンミツバチの発育期間（日）

発育期	女王バチ	働きバチ	女王バチ
卵	3	3	3
幼虫	5.5	6	5.5
蛹	6.5	12	6.5

表2　羽化（成虫）までに要する日数

カースト	ニホンミツバチ	セイヨウミツバチ
女王バチ	15	16
働きバチ	19	21
オスバチ	21	24

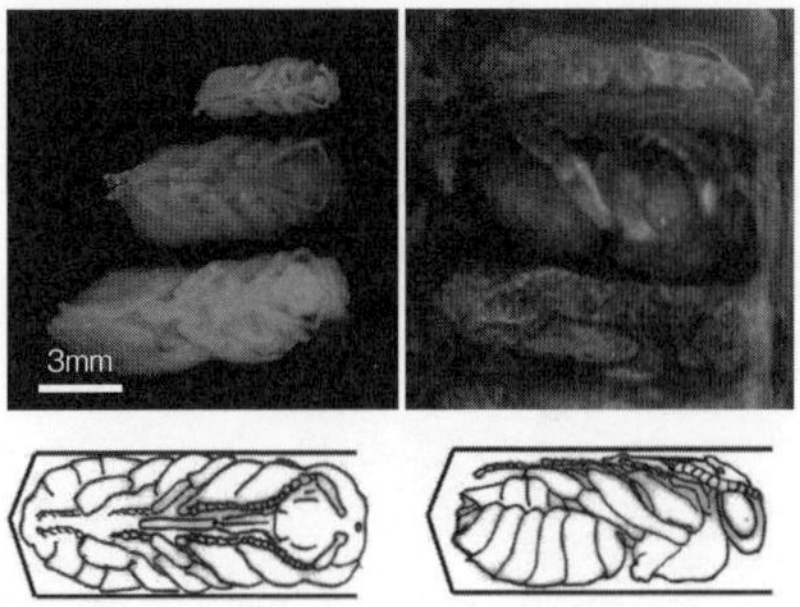

図7ミツバチの蛹
左：コミツバチ（左）、ニホンミツバチ（中央）、オオミツバチ（右）の働きバチの蛹。右：巣房の中のニホンミツバチの働きバチの蛹。仰向けになっている。

に、皮膚の内側で起こります。

ニホンミツバチの働きバチは、孵化から19日目に羽化し、成虫になります。ニホンミツバチのオスバチや女王バチも同じように成長しますが、羽化までの日数は異なり、オスバチは21日、女王バチは15日です（表1）。一方、セイヨウミツバチでは女王バチが16日、働きバチが21日、オスバチが24日とニホンミツバチの方が早く成長します（表2）。

外骨格の強靭な皮膚

体の表面はクチクラとも呼ばれるキチン質の外骨格で覆われています。外骨格を持つ動物は、人間を含む脊椎動物などが骨の外側に筋肉や脂肪がついている（内骨格）のに対して、外側にある硬い殻の内側に筋肉がついています。このため、昆虫には人間のような骨格がありません。表皮の一番外側は、外表皮、セメント層、ロウ層、外表皮外層、外表皮内層から構成されています（図8）。表皮の下にある真皮は1層の真皮細胞からなり、今の表皮に入れ替わる新しい表皮を分泌しています。真皮と体腔の境界にある構造が基底膜です。

ミツバチの体の表面をよく見てみると、たくさんの毛が生えていることがわかるでしょう。中には標高が高い寒冷地に生息するヒマラヤオオミツバチのように、他種のミツバチに比べて毛が長く密度が高いミツバチもいます（図8）。体に生えている毛は感覚毛（毛状感覚器）と呼ばれる毛母細胞から作られた毛で、表皮には皮膚腺の管が開口しています。さらに細かく体表の毛を見てみると、枝分かれした短い剛毛と長い柔毛があります。これらの毛は、外界からの刺激を感知するためと、働きバチでは花粉を集めるために発達しています。

ミツバチの毛は外からの環境情報について機械的な刺激を感受する器官で、基部に神経細胞の末端が接しているので、毛の動きを感受できます。毛が触れたときは触覚として、空気や水の動きであればスピードメーターとして、ある周波数の空気の振動であれば聴覚として働きます。毛はほかにも化学的刺激感受器官としての機能も持っています。神経が先端の開口部まで達していて、開口部が化学成分に触れたときに、それらを刺激として感受することができるのです（図9）。

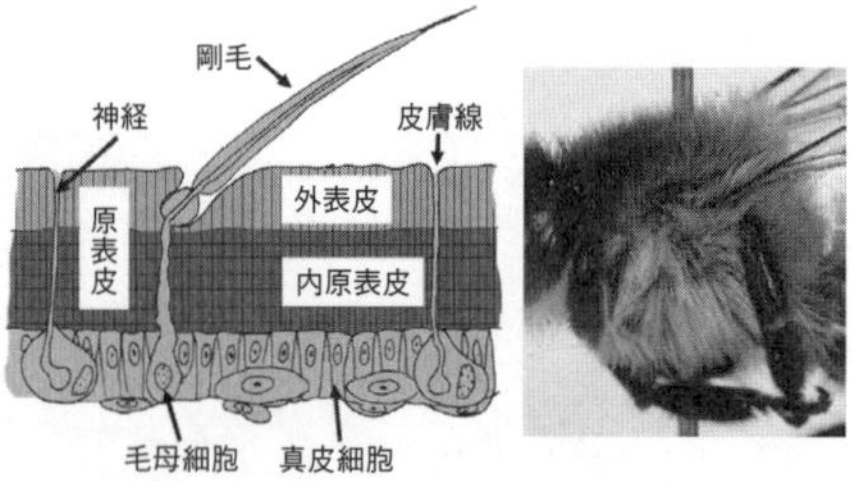

図8　皮膚の模式図（左）とヒマラヤオオミツバチの胸部の毛（右）

人とは異なる循環系

人間の循環器系は、血管の中を流れる血液をポンプの役割をもつ心臓が送り出すもので、心臓から出る血管を動脈、心臓に戻る血管を静脈と呼びます。動脈と静脈は末端で毛

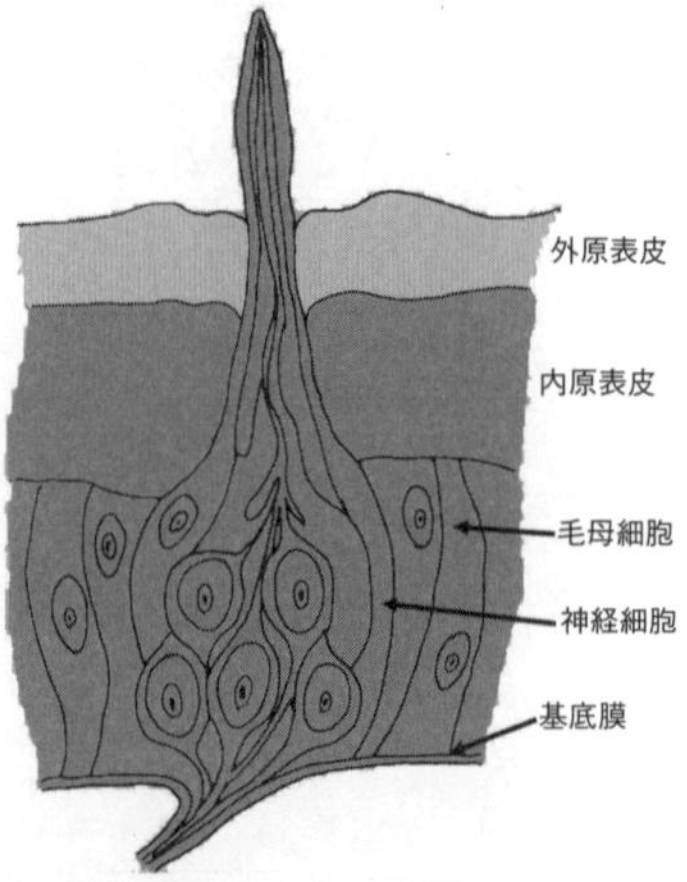

図9　味覚器官の断面
化学的刺激感受器官とも言う。神経が先端の開口部まで達している。開口部が化学成分に触れたときに、それらを刺激として感受する。

細血管によりつながっていて、全身くまなく血管が張り巡らされています（閉鎖血管系）。対して昆虫の循環器系には毛細血管はなく、動脈から出た血リンパ液が、組織内を流れた後に静脈に入ります。これを開放血管系と言います。

昆虫には酸素を運ぶ赤血球のような細胞はありませんが、代わりにさまざまな血球が存在しています。また、人間のようにリンパ液と血液は分かれておらず、両方の役割を果たす血リンパ液が体内を循環しています。

体液の循環は、体の背面中央を走る背脈管（背脈血管）により行われます。背脈管は前・後部に分かれ、前部は細い管となっていて人の大動脈に、後部は人の心臓にそれぞれ相当しています。このセットが数珠つなぎになっていて、簡単に言うと、人の心臓に相当する小孔が胸部から腹部に複数あるということです（図10）。背脈管の両側にある翼状筋と呼ばれる筋肉の収縮によって、背脈管内の体液を体腔内の後から前に押し出しています。体腔内と組織や器官は血リンパ液で満たされており、血リンパ液が循環している隙間は血体腔と呼ばれています。

昆虫独特の呼吸器系

我々人間の呼吸は、口や鼻から入った空気が気管を通過して肺に入り、肺で吸気中の酸素と血液中の二酸化炭素を交換します。これに対し、昆虫には肺がなく、気管で酸素と二酸化炭素を交換します。昆虫は皮膚呼吸もしません。

空気の出入り口も昆虫は人間と異なります。人間の顔には、空気の出入り口である鼻や口がありますが、昆虫の頭部には口はありますが鼻はありません。口も消化器としての役割のみで、呼吸器としての役割はありません。空気の出入り口は、体の横に開口している気門という穴になります。このタイプの呼吸器系は開放系と呼ばれています。気門から気管の一部である気嚢に空気が移動し、気嚢から気管を経て各組織や細胞に酸素が届くようになっています（図11）。ミツバチの気嚢はほかの昆虫よりも大きく、袋状に膨みます。気嚢があることで組織や細胞までの距離が短くなり、体の隅々まで酸素が届きやすくなっていると同時に、換気の効率も高くなっています。また、気嚢は飛翔

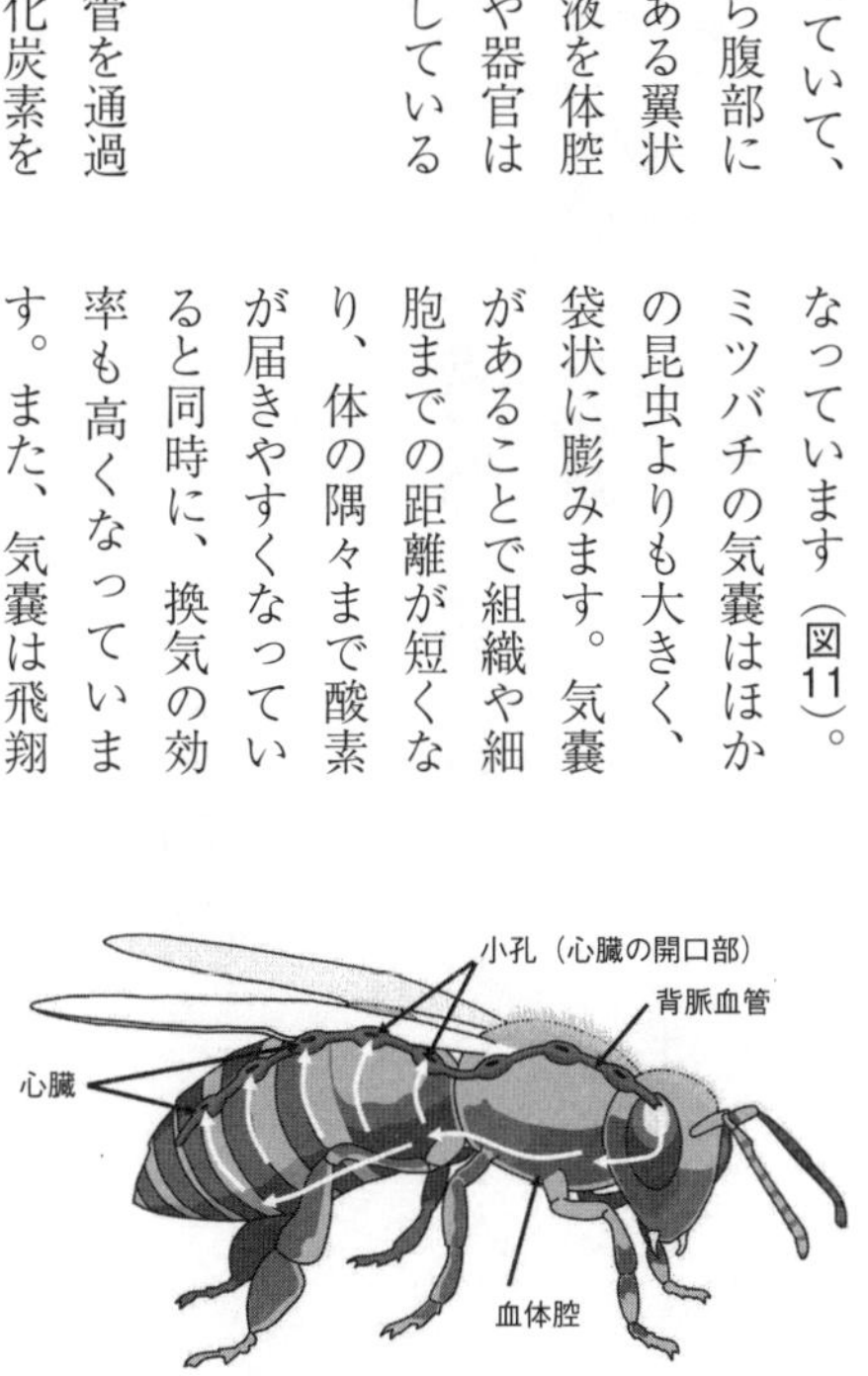

図10　ニホンミツバチ成虫の循環系
白色矢印は血リンパ液の流れを示す。

するミツバチの体の軽量化に一役買っていると考えられています。そう言われると、実際に外で飛んでいるミツバチは巣の中にいるときよりも膨らんでいる気がしませんか？

気門から取り込まれた酸素は、気管に入ったあと、毛細気管に分岐し、毛細気管から各組織へ物理的拡散によって運搬されます。このような呼吸様式は、受動的呼吸と呼ばれています。

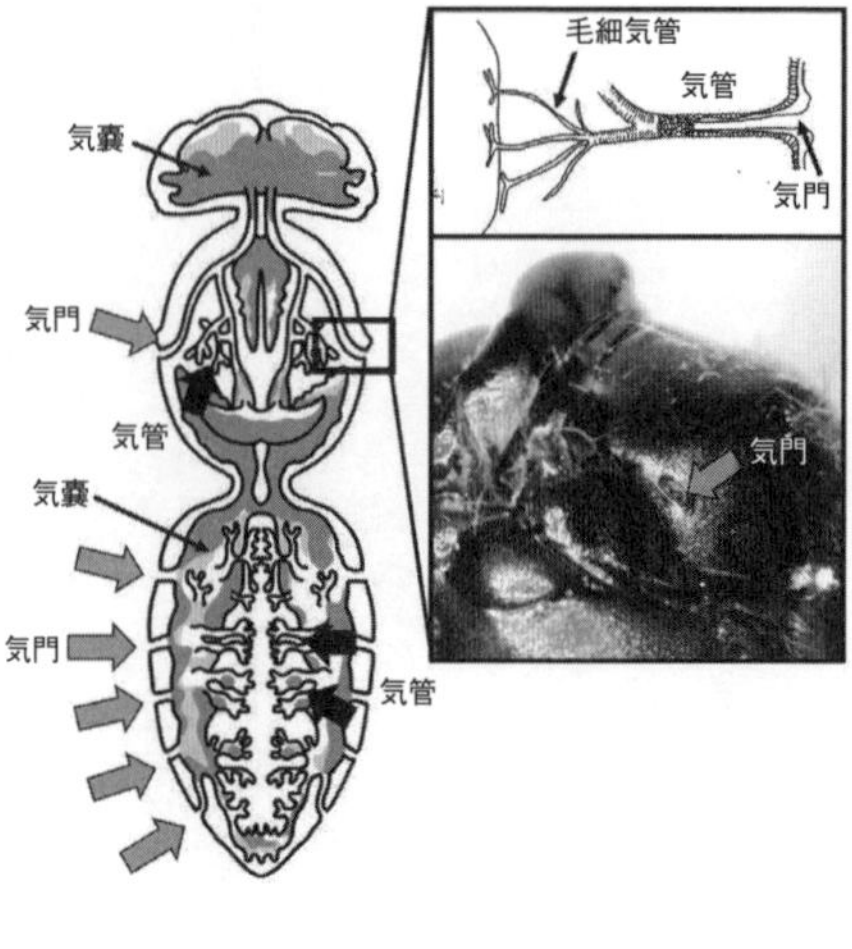

図11　セイヨウミツバチの働きバチ成虫の呼吸器系
灰色矢印は気門、黒色矢印は気管、灰色部分は気嚢（肺胞）。胸部と腹部の左右側面にある気門から空気を取り入れている。（写真：溝端丞之介氏）

2 ミツバチの頭部

ミツバチの眼と視力

単眼と複眼

ミツバチの眼は複眼が2個、背単眼（単眼）が3個あります（図12）。複眼は頭部左右についていて、広く周りを見ることができるようになっています。複眼は数千個からなる個眼と呼ばれる小さな小眼（側眼面）の集合体です（図13）。小眼の表面には核膜があり、凸レンズのように光の屈折を調節して網膜に映し出す役割を担っています。核膜の内側にはガラス体とそれを取り囲むように色素細胞があり、光は核膜とガラス体で屈折して桿状体に導かれます。桿状体は感覚細胞の一部がクシの歯のように飛び出して集まったもので、ここで光を感じ取ります。感じ取った光の情報は、視神経を通って脳に伝えられ、脳は個眼から得られた視覚信号を統合して1つのイメージにします。

セイヨウミツバチの複眼数は、女王バチで3900〜4200個ほど、働きバチで4000〜6300個ほどです。

オスバチはよく発達した大きな複眼を持っていて、野外で交尾相手である女王バチをライバルのオスバチたちよりも早く見つけるために発達したと考えられています。ちなみにニホンミツバチの複眼数はまだ誰も数えていません。どなたか一緒に数えてみませんか？

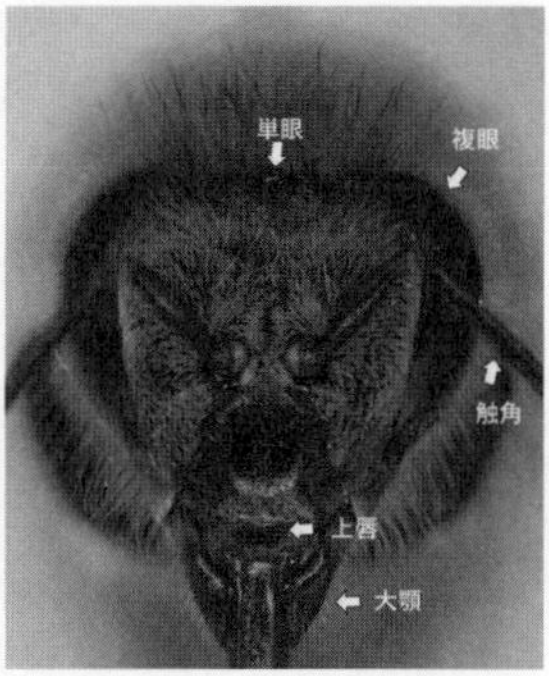

図12　セイヨウミツバチの働きバチの頭部

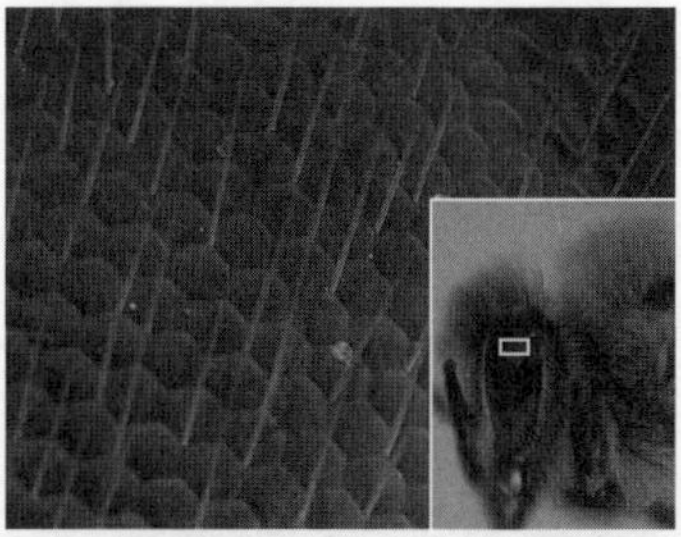

図13　電子顕微鏡で撮影したセイヨウミツバチの働きバチの複眼の四角枠部分を拡大したところ（400倍）
多数の小さな個眼が並んでおり、隙間からは毛が生えている。毛は眼を保護し、花粉を付着する。

背単眼は主に光を感じる感覚器で、頭部の上の方についていて、光の強弱を複眼よりも繊細にとらえることができます。ミツバチでは、光の強さが歩行や飛行の速度、活動性に影響することが知られています。その証拠に、背単眼を黒のインクで塗った個体は、正常な個体と比べて外がより明るくならないと活動を開始しません。また、暗くなりはじめると、正常個体よりも早く活動を停止してしまいます。目に黒のインクを塗られた状態はサングラスをかけているようなもので、感じる光の強さが弱まります。

ミツバチの視力

さて、このように複数の眼を持つミツバチには、世界はどのように見えているのでしょうか。単眼は明暗を感知する視覚器ですが、複眼はどちらかというと色や形を識別する視覚器です。例えば、私たちが赤色と感じている長波長の光は、ミツバチの視細胞を刺激しません。視細胞を刺激しないというのは、感知しないということです。そのため、ミツバチは赤い花を黒い花として見ていますが、ミツバチは青色もよく識別できるようです。だからといって、ミツバチが赤い花に訪花しないわけではありません。長波長の光を感知できない代わりに、人間には見えない短波長側の紫外線領域を見ることができます（図14）。

多くの花は、紫外線をよく反射することが知られています。そのためミツバチの眼は、人間には見えない花の模様を見ることができます。花弁（花びら）には、紫外線に反射して見える特有の模様があり、これを蜜標と言います。

図14　ミツバチと人の色覚の違い
ミツバチは離れているものはおおよその形を視認していて、ドット絵のように見えていることが最近の研究で報告されている。近いときは人と同じようにはっきりと見えている。

働きバチはこれをたよりに花に接近し、着陸します（図15）。この蜜標は、たとえ同じ色の花であっても植物によって異なるため、ミツバチはその花が蜜を出すのか出さないのかを簡単に見分けることができるようです。

このようにミツバチの色覚はとても発達していますが、物を細かく見ることは苦手です。例えば、巣箱が近接して並んでいると、どれが自分の巣箱かわからなくなってしまうことがあります。自分の巣ではない巣に入ってしまうことを「ドリフト」や「迷い込み」と言いますが、巣箱の色を変えることで、この迷いこみの頻度が少なくなると言われています。

実際に養蜂の現場では、隣接する巣箱の色を変えて、ミツバチたちが間違えて隣の巣に入ってケンカになることを避けるようにしています。特に女王バチは巣を間違えやすいのですが、間違って違う巣箱に入ってしまうと、すぐさまその巣の働きバチに殺されてしまいます。このような事故を防ぐために、女王バチを大量生産している養蜂場では、交尾用の巣箱は色分けしたり模様を付けたりして、女王バチが識別しやすいようにしています（図16）。

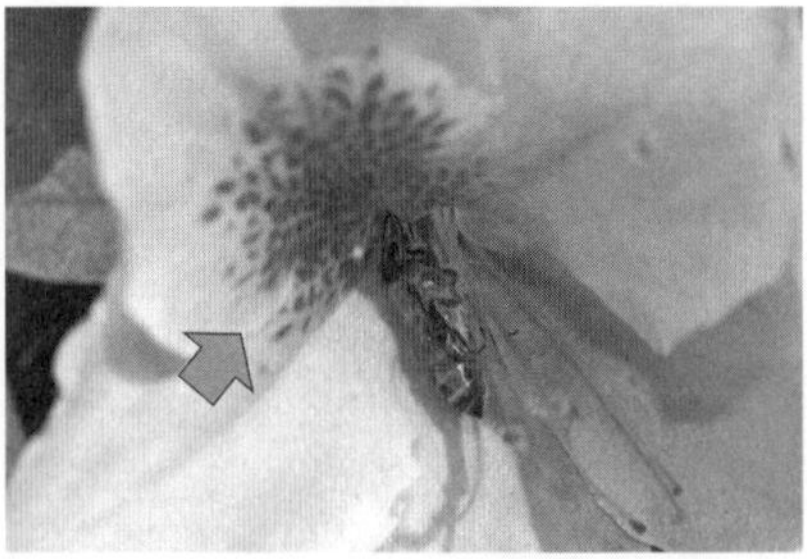

図15　ツツジに訪花するニホンミツバチ
花弁の1枚に蜜標の斑紋が見られる。

感覚器である触角

ミツバチ成虫の頭部には、短い毛で覆われた触角が2本あります（図17）。触角は、基部、柄節《へいせつ》、梗節《こうせつ》、鞭節《べんせつ》から構成されています。基部、柄節、梗節は1節ずつですが、鞭節はメスで10節、オスで11節あり、この節数の違いで雌雄の識別ができます（図18）。

ミツバチの触角には、嗅覚や味覚、温湿度を感じる感覚子が鞭節に配置されています。鞭節の表面には、錘状感覚子、楯（盤）状感覚子、窩状感覚子、毛状感覚子が存在することが確認されています。セイヨウミツバチには毛状感覚子が約８４００個あり、ここで花や仲間の匂いを感知しています。盾状感覚子は約２６００個で、後述するナサノフ腺や女王バチから出るフェロモンを感じ取ります。嗅覚受容器とされている錐状感覚子と窩状感覚子は１００個程度しかないので、案外、特定の匂い以外には鈍感なのかもしれません。

　梗節の内部にあるジョンストン器官は、空気中の微粒子の振動を感知する振動感覚子です。ミツバチは尻振りダンスで仲間に蜜源の場所を知らせますが、距離情報を測るために、ジョンストン器官が羽ばたきによって生じる空気振動を感知しています。ジョンストン器官は、飛翔時に生じる空気の流れから速度も感知しています。

　触角は巣作りの際に長さや角度を感知するためにも利用されているようで、巣にいる働きバチは触覚をよく動かしています。集団で暮らすミツバチは、触角を使用して花、ハチミツ（糖）、仲間、病害虫、他個体の状態など、さまざまな情報を感知して脳に伝えます。特に働きバチは女王バチよりも敏感ですが、オスバチは女王バチのフェロモンにしか反応しないようです。ただし、ミツバチは、音を触角だけでなく、脚や胴体、体表面の感覚毛でも感じているので、全身に耳があるとも言えます。

図16　セイヨウミツバチの交尾箱
巣箱に色やマークを付けて区別できるようにしておくと、自分の巣を間違えにくくなる。

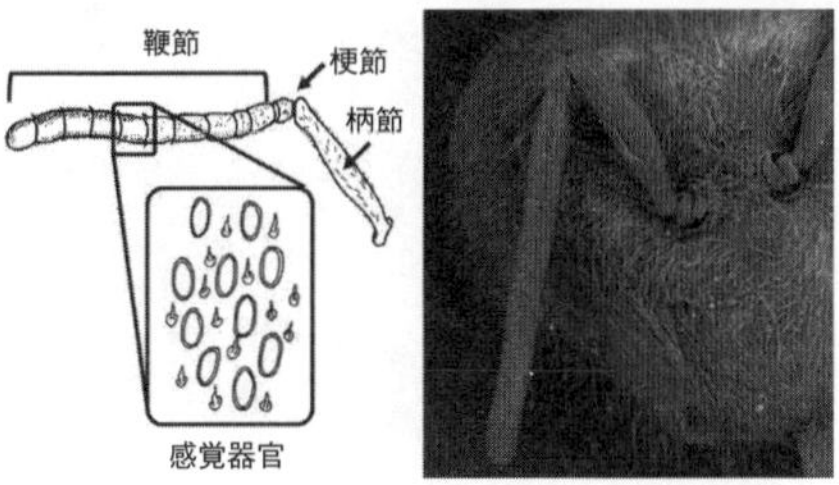

図17　ニホンミツバチの働きバチの触角と電子顕微鏡写真と鞭節数の模式図

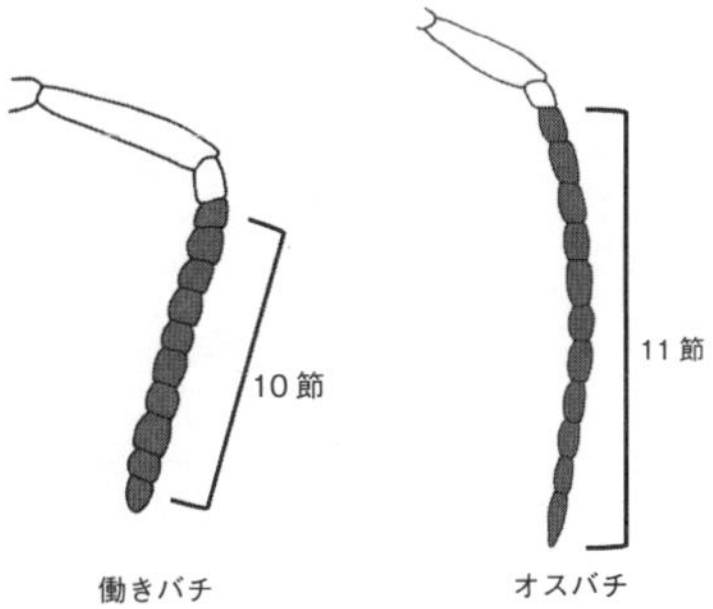

図18　ミツバチの触角の節数の比較

花蜜を舐め取る口器

ときどき、ミツバチは花蜜を蝶のようにストロー状の舌で吸っているかのような説明を見ることがありますが、それは間違いです。ミツバチの舌（口吻）はもう少し複雑な構造をしています。多くの昆虫は大顎で餌を抱いて食べる噛むタイプの咀嚼《そしゃく》型《がた》の口器ですが、チョウ、カ、セミなどは液体を吸うので吸口型の口吻です。ミツバチは、その両方を持っていて、昆虫の中では進化した咀嚼吸収口器を持っています。

ミツバチの成虫は、液状の餌を食べるときには口吻を使います。口吻は下唇鬚《かしんす》、外葉、中舌《ちゅうぜつ》、側舌《そくぜつ》の4つのパーツ（図19）があり、通常、中舌は乙状に折り畳まれ、外葉に覆われて下唇鬚の中に収められています（図20）。

ミツバチは花蜜や水を採集するときにのみ、中舌を伸ばします。中舌の表面は、高密度に生えた細長くやわらかい毛に覆われていて、溝のような凹凸がたくさんあります。この中舌を外葉よりも長く伸ばし、繰り返し出し入れすることで、毛の間や溝に貯まった液体を口の中に入れます。つまり、ミツバチは花蜜を吸っているのではなく、毛や溝に花蜜を含んだ中舌を頭部咽頭部にあるポンプで吸引しているのです（図21）。

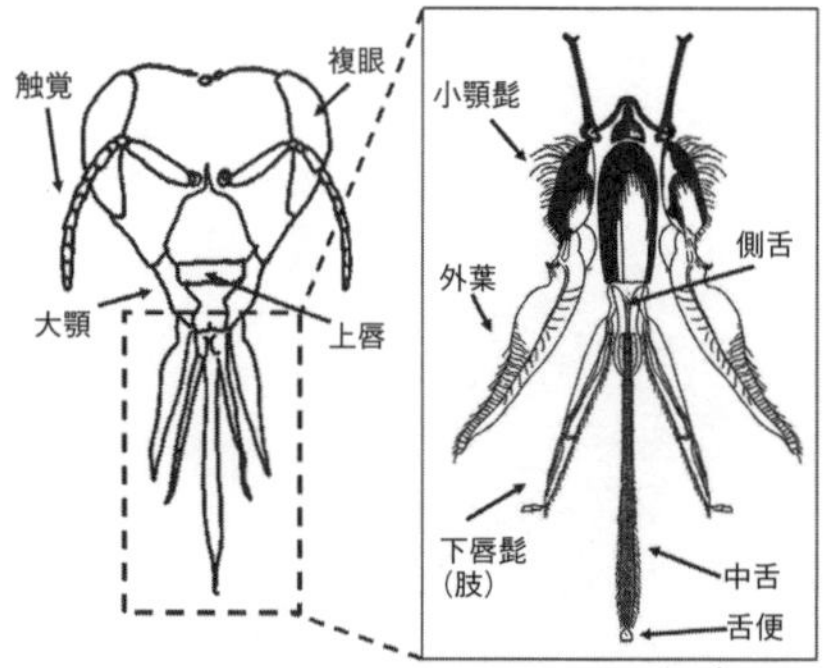

図19　セイヨウミツバチの働きバチ成虫の口器の模式図

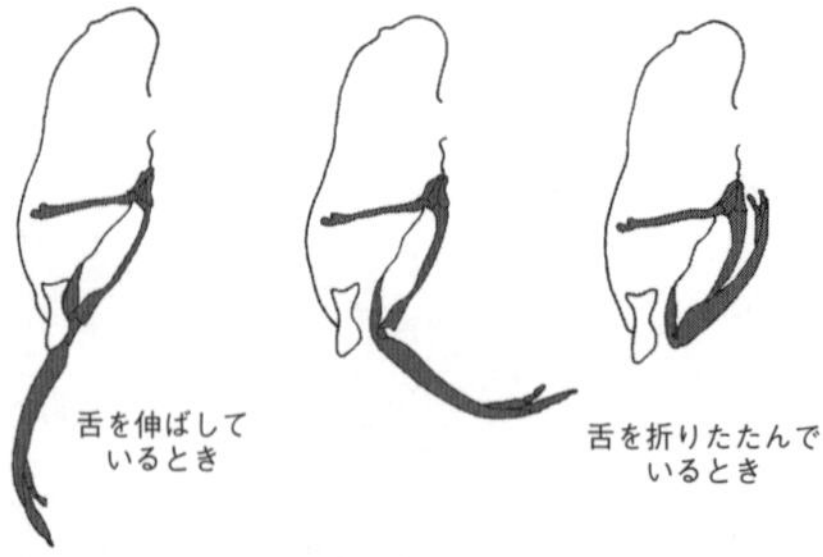

図20　働きバチ成虫の口器（灰色部分）の折りたたみ構造の模式図（側面）

中舌は管のような構造で、その先端部分はやや曲がっていて、屋台でかき氷を食べるときに使うスプーンストローのようになっています。この特殊な構造は、働きバチ同士での微量のハチミツや水の交換を可能にするだけでなく、先端でフェロモンを舐めとったり、分泌物を受け渡したりできるようにしています。

口吻の長さは、ミツバチの種や亜種、個体によって異なります。例え

図21　セイヨウミツバチの働きバチが中舌を伸ばしてハチミツを舐めている様子
動画は舌を伸ばして飴を舐めるセイヨウミツバチの働きバチ。中舌が見える。
（https://youtu.be/c0TWZf8b0_w）

ば、ニホンミツバチの中舌長が5・0~5・2㎜なのに対して、セイヨウミツバチは6・0㎜です。

また、生息環境の花の種類などによって長さが決まっていることも知られています。例えば、クローバーの花は花蜜が貯まる位置が深く、セイヨウミツバチのイタリアンやニホンミツバチの舌では奥まで十分に届かないので全部吸うことができません。しかし、クローバーの自生している地域に生息するセイヨウミツバチのコーカシアン亜種の舌は長く、クローバーからも効率的に採蜜してクローバーのハチミツを作ることができます。

ハチ特有の立派な大顎

ミツバチは左右に一対の大顎を持っています。大顎はペンチのように動かすことができ、さまざまな作業に役立っています。

大顎もカーストによって大きさは異なります（図22）。働きバチの大顎は大きく、先端にかけてやや細くなっています。働きバチの大顎は主にかじる目的で、花粉を採集したり、蜂ろうのかけらをこねて巣房を作ったり、植物から樹脂をかみ切って巣の補強に使うプロポリスを作ったり、巣内のゴミや死体を外に運んだり、仲間にグルーミングしたり、侵入者を攻撃したりといろいろなことができます。一方で、女王バチの大顎は鋭い武器です。ライバルの女王バチを攻撃するときに使うと考えられています。使う機会のほとんどないオスバチの大顎は小さくて貧弱です。

また、スズメバチなどの天敵が来たときに、いきなり針で攻撃するのではなく、初めは大顎で威嚇する場合が多いです。ニホンミツバチの働きバチの大顎は、セイヨウミツバチよりも強く、木の表面をかじりとって、オオスズメバチの塗布したフェロモンを除去することもできます。

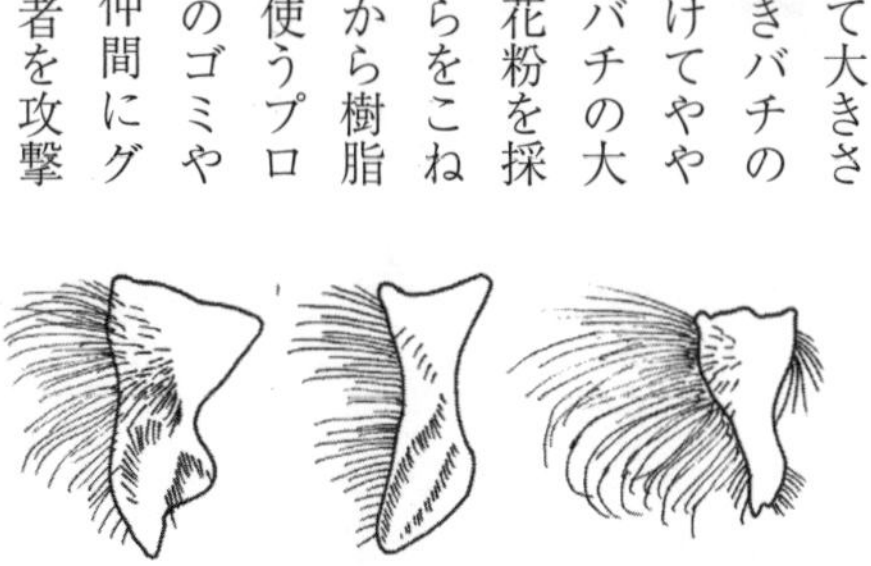

図22　セイヨウミツバチの女王バチ、働きバチ、オスバチの成虫における右側大顎の模式図

3 ミツバチの胸部と腹部

前述したように、ミツバチの胸部と腹部は、胸部とそれに融合した腹部第一節が中大節、腹部第二節以降は後体節となっていて、一般的な昆虫の胸部、腹部とは少し異なります（図23）。ミツバチの中体節は、前胸、中胸、後胸部の3節からなり、後胸部は腹部第一節が融合しています。胸部は短い毛で覆われていますが、特に働きバチは毛の密度が高く、花粉を付着させるのに都合のよい構造をしています。翅の付根のやや後方には、呼吸をするための気門があります。気門の数はミツバチの女王バチは9個、オスバチや働きバチは7個と、数が異なります。腹部にはワックス（ろう）腺が腹面側に、ナサノフ腺が背面側にあり、末端部には針《しん》刺《し》器《き》官《かん》があります。

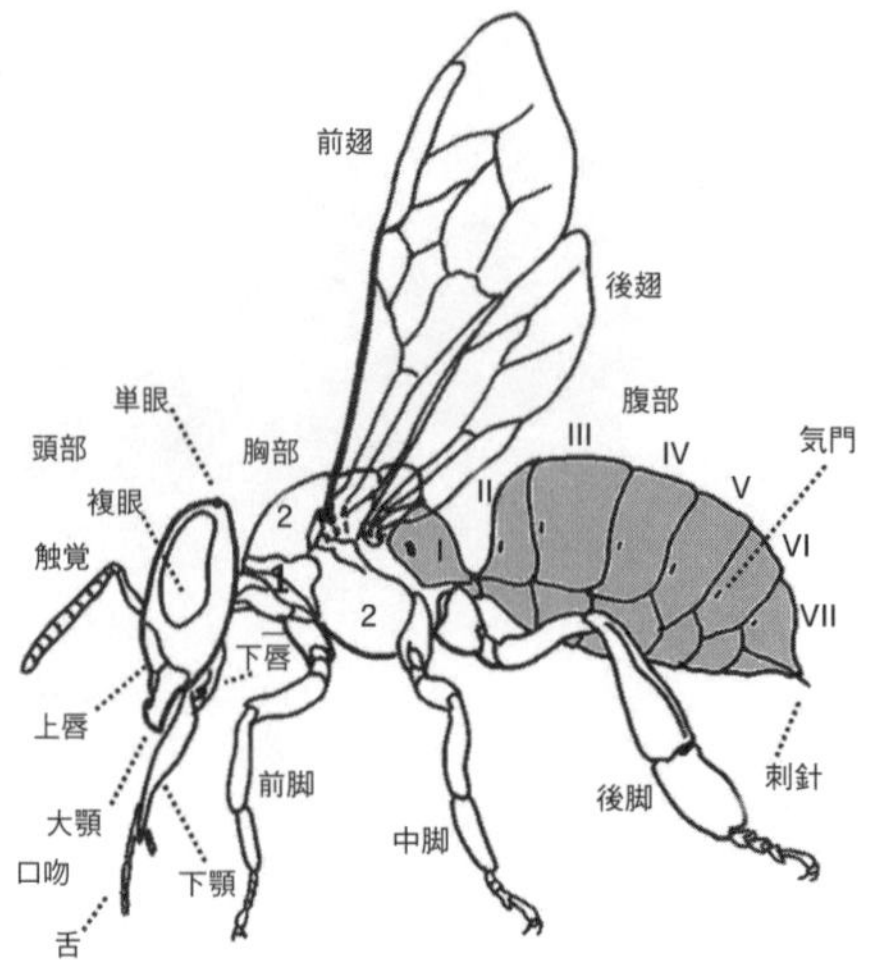

図23　セイヨウミツバチの働きバチの外部形態（体節構造）
中体節は胸部の１＋２＋３の部分と腹部のＩのことで、見た目上の胸部である。後体節はⅡからⅦまでの部分のことで、見た目上の腹部である。実際の腹部は灰色部分（Snodgrass 1956をもとに作成・一部改変）。
➡口絵２（p. ２）※口絵には写真を掲載。

フックで前後が連動する翅

ミツバチの翅は左右二対の計4枚です（図24）。やや長い前翅と短い後翅が対になっていて、前翅は中胸から、後翅は後胸から生えています。また、後翅は透明または茶色がかった半透明

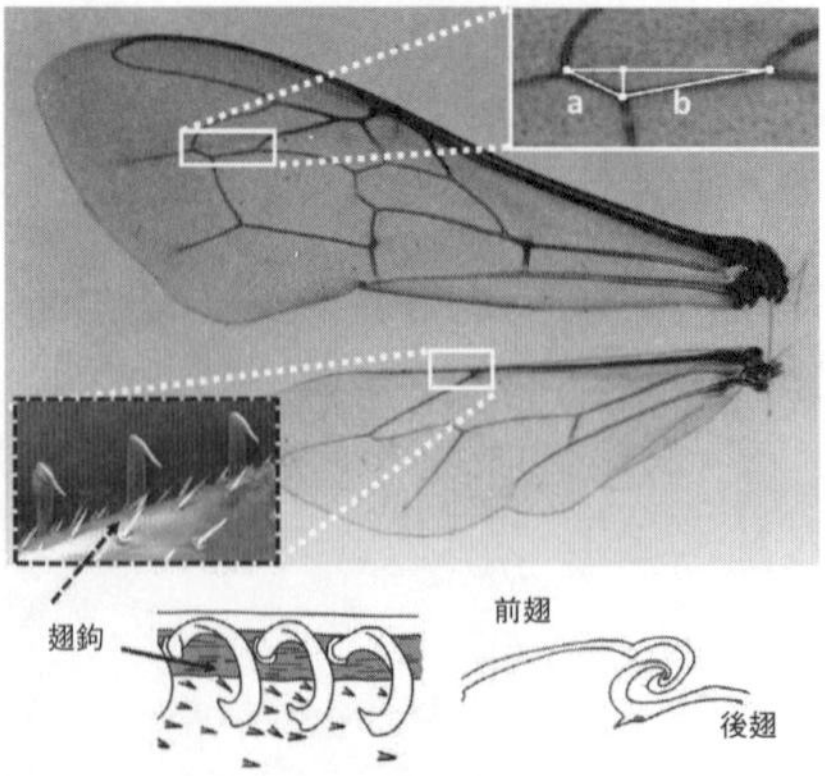

図24　セイヨウミツバチの前翅と後翅
前翅の肘脈指数（cubital index）=a/ b と後翅の翅鉤。翅鉤（下左）と側面から連結する状態（下右）の模式図。

で、膜状をしています。ハチ目は「膜翅目（Hymenoptera）」とも呼ばれていますが、この名前の由来はこの膜状の後翅で、「Hymen」は古代ギリシア語で膜を、「pteron」は翅を意味します。この後翅の前縁には翅鉤と呼ばれる小さなフック状の構造が連続して並んでいて、前翅を翅鉤の後縁にひっかけることで、前後の翅を1枚の大きな翅として動かすことができます。

翅には、翅脈《しみゃく》が血管のように張り巡らされています。翅脈の中には血リンパ液が流れています。これが翅を広げ、翅の支えになり、高速で翅を羽ばたかせることを可能にしています。

ミツバチの翅の形は種や個体間で変異があり、翅脈の形状の違いでセイヨウミツバチとニホンミツバチを見分けることができます。両者では、前翅の肘脈《ちゅうみゃく》指数（cubital index）は、ニホンミツバチが5・2〜6・4で、セイヨウミツバチが2・3と大きく異なります。また、翅鉤数や翅脈の分岐角度は、個体群間の変異を見つける際に使うこともあります。

胸部にある筋肉

昆虫は地球上で初めて空を飛んだ動物です。飛翔するときに胸部にある飛翔翅を使います。翅の動かし方には2種類あります。トンボのように直接型と呼ばれる種類は飛翔筋が直接翅に結合しているので、筋肉の収縮で翅を個別に上下させます。これに対し、ミツバチやチョウは間接型と呼ばれる方式で翅を動かしています。

間接型の昆虫では、胸部の背板と腹板につながっている筋肉が、体軸方向に直角な筋肉を交互に収縮させて外骨格全体を変形させて翅を動かします（図25）。筋肉が収縮すると、下降した背板の両端が翅の付け根を押し上げるため、翅全体が持ち上がります（図26）。逆に筋肉が緩むと背板が上昇し、翅全体が下がります。ミツバチは、飛行時は1秒

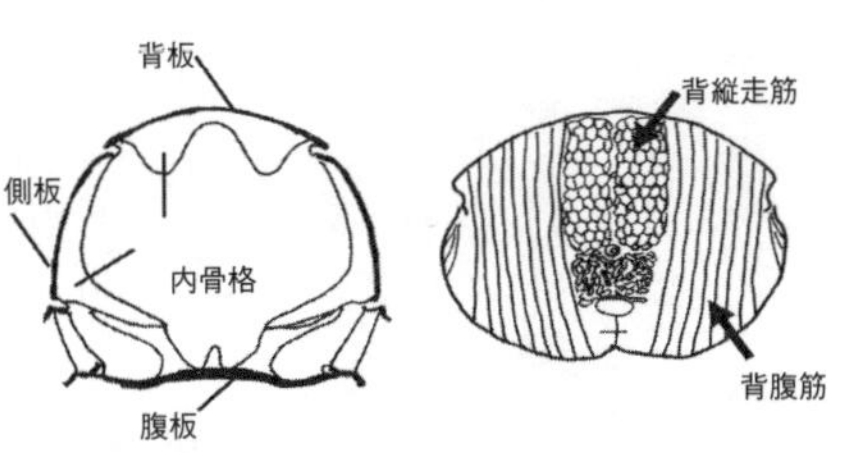

図25　働きバチ成虫の胸部横断面（左）と内部の飛翔筋（右）の模式図
背板、側板、腹板の各節片が相互に柔軟な筋間膜で連結し、外骨格を形成している。筋肉は体壁の内面や内骨格の表面に付着している。

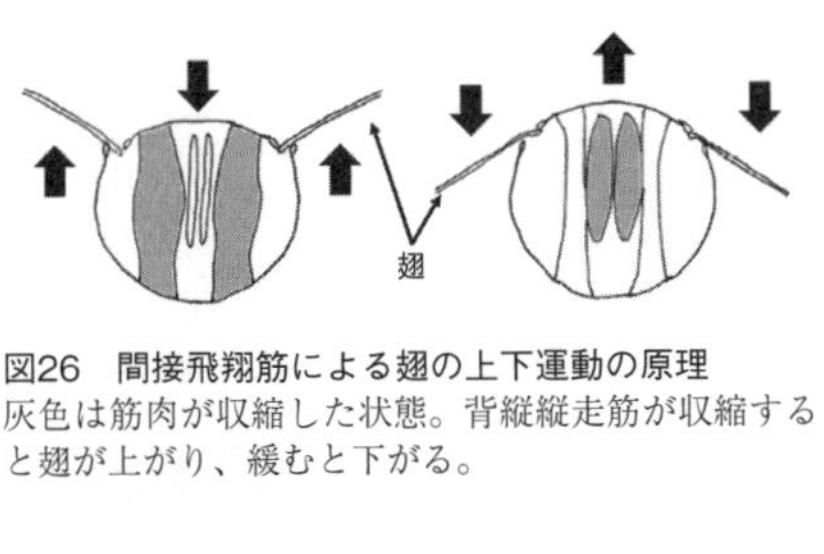

図26　間接飛翔筋による翅の上下運動の原理
灰色は筋肉が収縮した状態。背縦縦走筋が収縮すると翅が上がり、緩むと下がる。

(https://youtu.be/5wUezPizfc4)
(https://youtube.com/shorts/WLDClMB8Vrk)

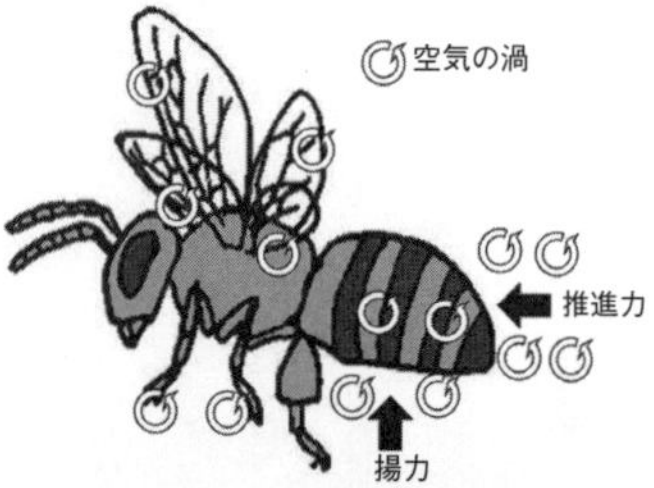

(https://youtu.be/u4LyMvfJQlg)

(https://youtu.be/WevS8AiLdgQ)

図27　ミツバチの飛行模式図
翅で作った空気の渦を体に沿って付着させ、揚力と推進力を同時に得ている。動画は飛翔と旋風行動時のニホンミツバチとセイヨウミツバチのハイスピード撮影。前翅と後翅が連動しているのがわかる。

につき約200回、ホバリング時は1秒につき約20～80回、翅を動かしています。このときの翅の動きは単純な上下運動ではなく、複雑な8の字状のループを描くように翅を動かすことで、空気の流れの変化を起こして上方への揚力と前方への推力を同時に起こしていると考えられています（図27）。

多様な仕事をこなす6本の脚

昆虫類の脚は左右三対の6本で、胸部の前胸から前脚が、中胸から中脚が、後胸から後脚が、それぞれ一対生えています。ミツバチの幼虫に脚はありません（原基はあります）。脚はサナギになるときに作られます。成虫の脚は体を支えたり移動するだけでなく、触角をきれいにしたり、花粉を運んで花粉団子を作るのに使われます。脚の基本名称は、基部（付け根）から順に基節、転節、腿節、脛節、ふ節、前ふ節です（図28）。前ふ節はさらに、爪と

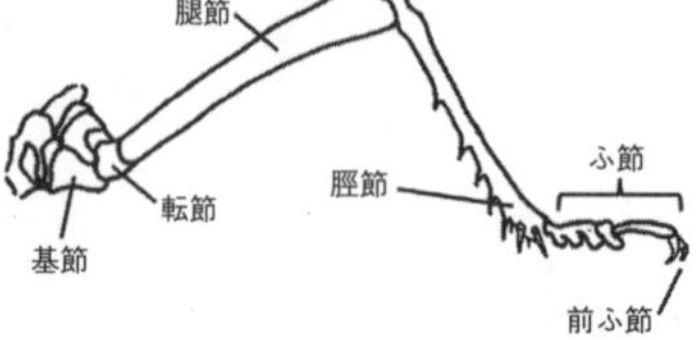

図28　基本的な脚の構造と名称

爪間盤《そうかんばん》から形成されます。脚を使った行動として、セイヨウミツバチが働きバチ同士がふ節を絡ませてつながる蜂鎖という不思議なものがありますが、何のためにやっているのかはわかっていません（図29）。

前脚には触角を掃除するためのアンテナ・クリーナーと呼ばれる器官があります（図30）。触角の形に合わせて湾曲しており、触角についたごみや汚れを、拭くように取り除くことができます。

働きバチの後脚は、花粉やプロポリスを運ぶための構造が発達しています（図31）。後脚の脛節と基ふ節のつなぎ目には、いくつかの部品で構成される花粉圧縮器があります。また、ふ節の内側は毛が生えたブラシ状になっており、体に付いた花粉をすき取ります。すき取られ花粉は、左右の後脚でこすり合わされ、

(https://youtu.be/6Rs-XsVKEU8)

図29　蜂鎖
ふ節を絡ませて働きバチ同士がつながっている様子。

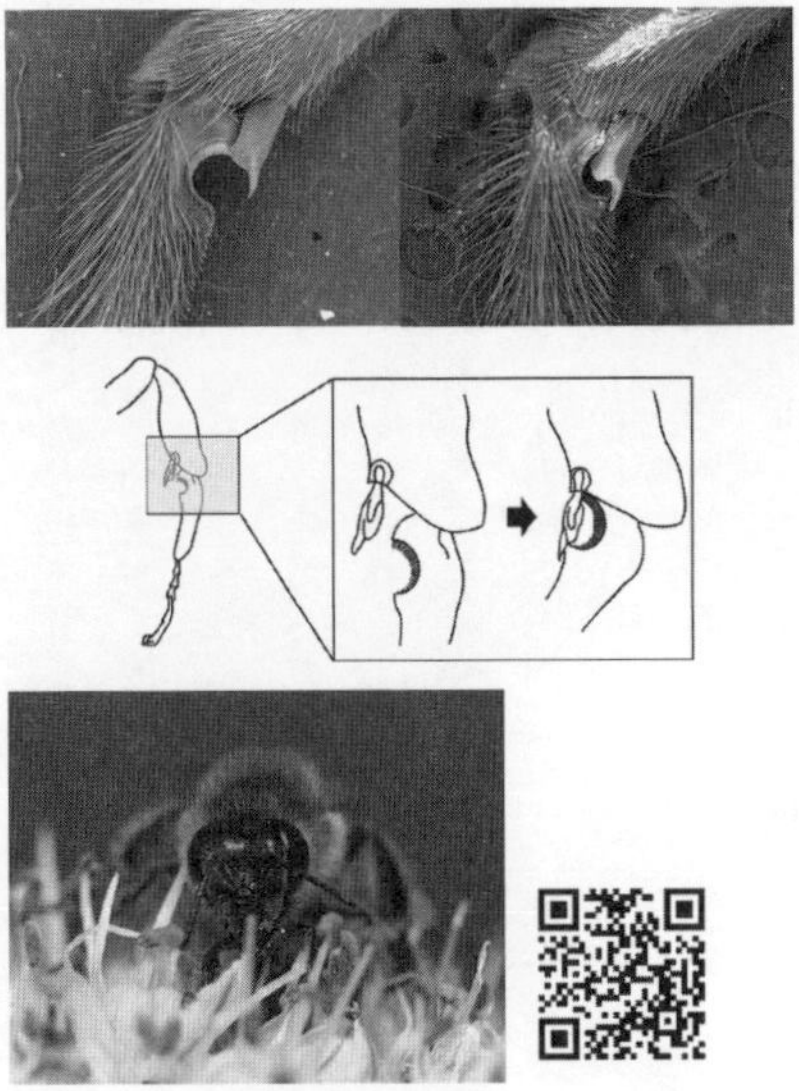

(https://youtu.be/80Sil_9q-XA)

図30　上は働きバチの成虫の左前脚にあるアンテナクリーナーの電子顕微鏡写真。中は動きの模式図。下はアンテナクリーナーで頭部についたタマネギの花粉を除去するセイヨウミツバチの働きバチ成虫の動画

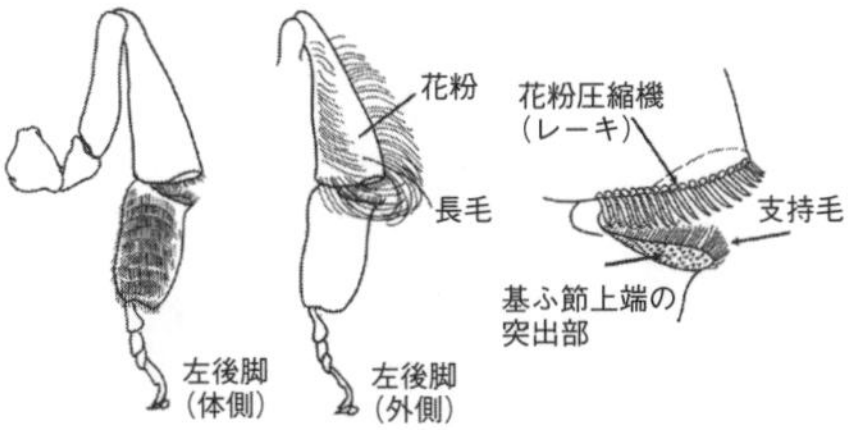

図31　セイヨウミツバチの働きバチ成虫の後脚構造の模式図

ブラシの上にある一列のクシ（花粉レーキ）で集められ、ふ節と頸節の間に送り込まれます。これを関節の力で頸節の花粉かごに押し込めます。後脚を交互にこすり合わせるとき、右の後脚の花粉ブラシに集められた花粉は、左脚の花粉レーキによってかき取られ、左後脚の基ふ節の上端の突出部に落とされ圧縮されます。さらに突出部の外側に位置する支持毛に沿って、左後脚の脛節の外側にある花粉かごに送られます。左の後脚も同じように動かして右後脚の花粉かごに送られます。花粉かごには、周囲にカール状の長毛が生えていて、外側の若干くぼんだ部分に長毛が1本生えています（図32）。この長毛が、花粉が落ちないように串の役目を果たしています。花粉かごに送られた花粉は、長毛を軸に徐々に大きな団子状になります。団子状の花粉にはハチミツがしみこみ、粘り気があります。花粉かごの中に詰め込まれ、しだいに大きな花粉団子になります（図33）。

働きバチは、前脚で花弁や葯《やく》（おしべの一部。花粉が詰まった袋）、ときどき葉に止まったり、ホバリングしたりしながら、この一連の動作を繰り返します。花粉団子は、複数の花から集めた花粉で作られます。多いときには左右両方の後脚に合計20～30㎎もの花粉団子をつけて飛んでいます。セイヨウミツバチの働きバチの体重は100㎎ほどですので、体重の3分の1から5分の1もの重さの花粉団子を数㎞先の巣まで飛行して戻ることができるのです。

巣に持ち帰られた花粉団子は、持ち帰った働きバチが自分で中脚の刺状突起（図34）を用いて巣房の中に入れます。これを別の貯蔵係の働きバチが少しずつ大顎でかみ砕いて、少量のハチミツを混ぜて押し詰めて保存します（図35）。後述しますが、コミツバチとクロコミツバチのオスの前脚は、女王バチを掴むことができるように二股に分かれた特殊な形態をしています。

4 ミツバチ成虫の分泌器官

分泌器官とは、人の場合には汗や消化液、ホルモンあるいはフェロモンといった体で作られる分泌物を作って出す器官のことです。汗や消化液のように体の外に排出されるものを外分泌、ホルモンのように血液中に排出されるものを内分泌と呼びます。ホルモンとフェロモンの違いは、ホルモンは自分自身に作用し、フェロモンは他個体に作用することです。養蜂では、蜂児フェロモンや女王フェロモンを用いて、働きバチの活動性を上げています。

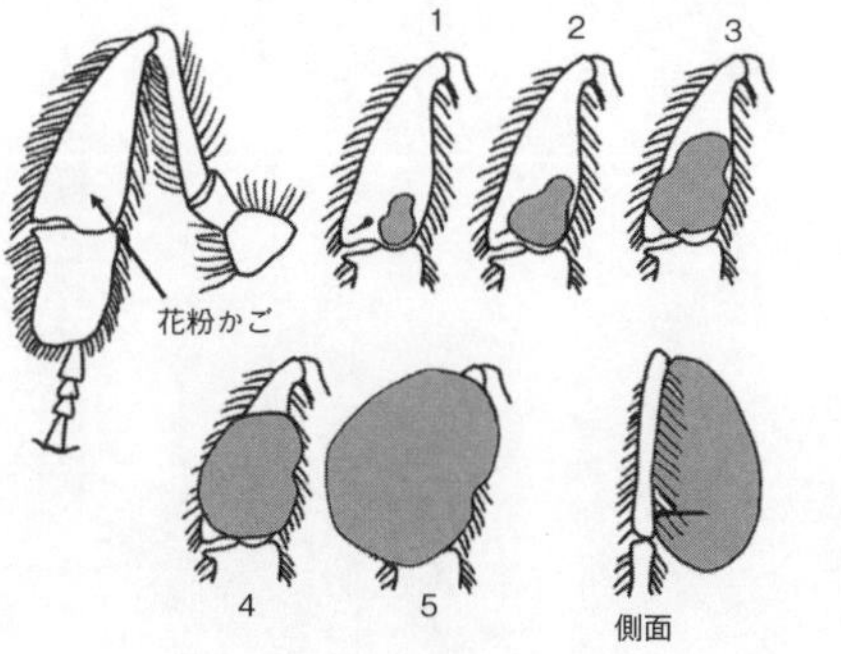

図33　後脚の花粉かごで花粉団子が完成するまでの過程（1～5）の模式図

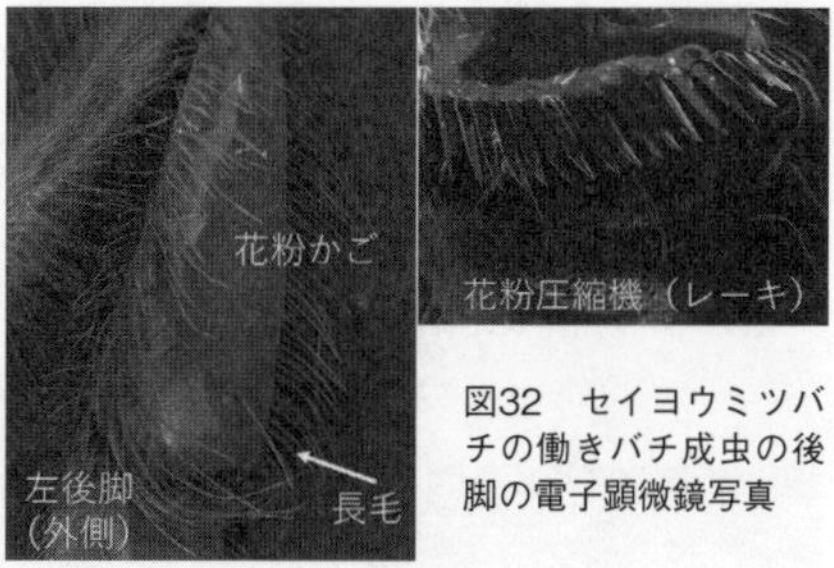

図32　セイヨウミツバチの働きバチ成虫の後脚の電子顕微鏡写真

図35　胸部背面にキンリョウヘンの花粉塊を付けているニホンミツバチの働きバチ
動画はキンリョウヘンに誘引されている様子（動画：西村穂高、https://youtu.be/E5EB0rD7t60）。

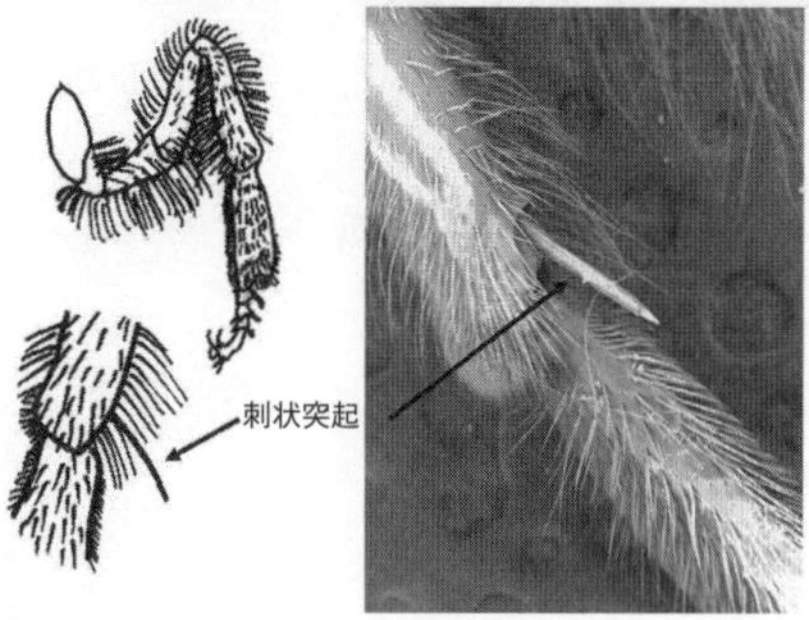

図34　セイヨウミツバチの働きバチ成虫の左中脚

ミツバチの分泌器官は、主なものに頭部と胸部に大顎腺、下さい腺、頭部咽頭腺（後頭腺）、下咽頭腺（胸腺）が、腹部にナサノフ腺とワックス腺、毒腺、脚にふ節腺があります（図36）。それぞれ女王バチ、働きバチ、オスバチと、階級や性別によって、発達に差があります。

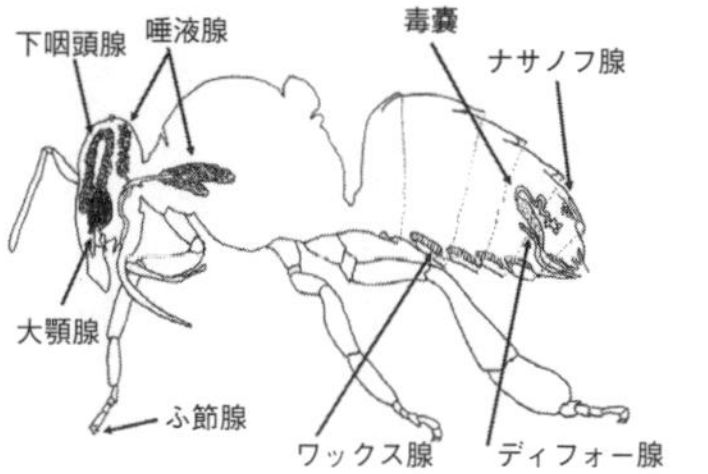

図36　セイヨウミツバチの働きバチ成虫の外分泌腺
下咽頭腺と大顎腺はローヤルゼリーの成分を分泌する。さらに、下咽頭腺は単糖に分解する酵素を分泌する。毒嚢から毒液、ナサノフ腺から集合フェロモン、ワックス腺からは巣の素材であるミツロウを、ふ節腺は餌場マーキングフェロモンを分泌する。

大顎腺と下咽頭腺

女王物質を分泌する大顎腺は女王バチでよく発達しています。大顎腺は大形の細胞からなる単細胞層の嚢状腺で、大顎の上に位置し、頬と頭楯《とうじゅん》に接する部分に開口します（図37）。大顎腺の中から、9-ODA（9-オキソデセン酸）という成分が見つかっています。これは巣内で働きバチの卵巣発達と王台形成を抑制する効果がある女王フェロモン（階級維持フェロモン＝女王物質）で、分蜂のときには集合フェロモンとしても利用されています。

対して、下咽頭腺は働きバチでのみ発達している分泌器官で、ローヤルゼリー成分を分泌しています。働きバチの大顎腺からは10-HDA（10-ヒドロキシデセン酸）という酸性物質が見つかっており、下咽頭腺で合成されたローヤルゼリー成分のタンパク質に、10-HDAが添加され、ローヤルゼリーが完成します。

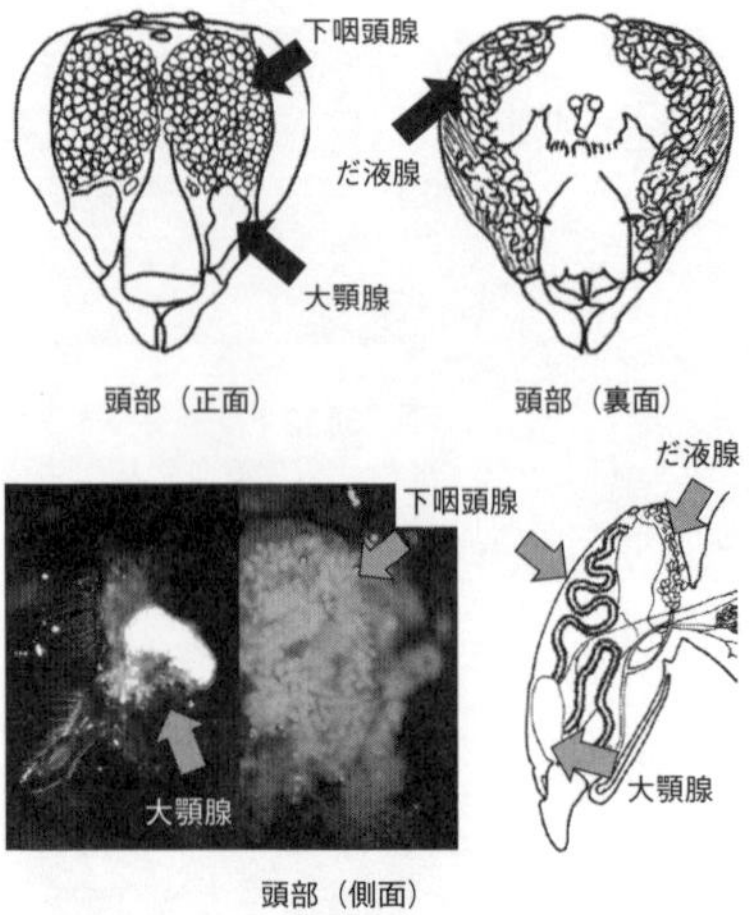

図37　働きバチ成虫頭部の内部にある分泌器官
➡口絵15（p. 7）

フェロモンを分泌するナサノフ腺

ナサノフ腺は働きバチの腹部背面にあり、匂いに向かって誘引する定性行動を示す集合フェロモンを分泌します。フェロモンを分泌している働きバチは巣門（巣の出入り口）付近でよく見かけますが、このときに腹部を上方に向けて翅を羽ばたかせているので、見ればすぐにわかります（図38）。

新女王バチが交尾に出た際、交尾を終えた女王バチが無事に自分の巣に戻ってこられるよう、多数の働きバチが巣門で集合フェロモンを分泌します。また、移動中の分蜂群が集結を始めるときに、先に到着した働きバチが仲間を引き寄せるために、ここからフェロモンを分泌しています。

蜂ろうを分泌するワックス腺

ワックス腺は働きバチのみにある腺で、腹部腹面側に四対あり（図39）、巣の材料となる蜂ろうを分泌します。ミツ

図38　ナサノフ腺（矢印）から集合フェロモンを分泌しているセイヨウミツバチの働きバチ

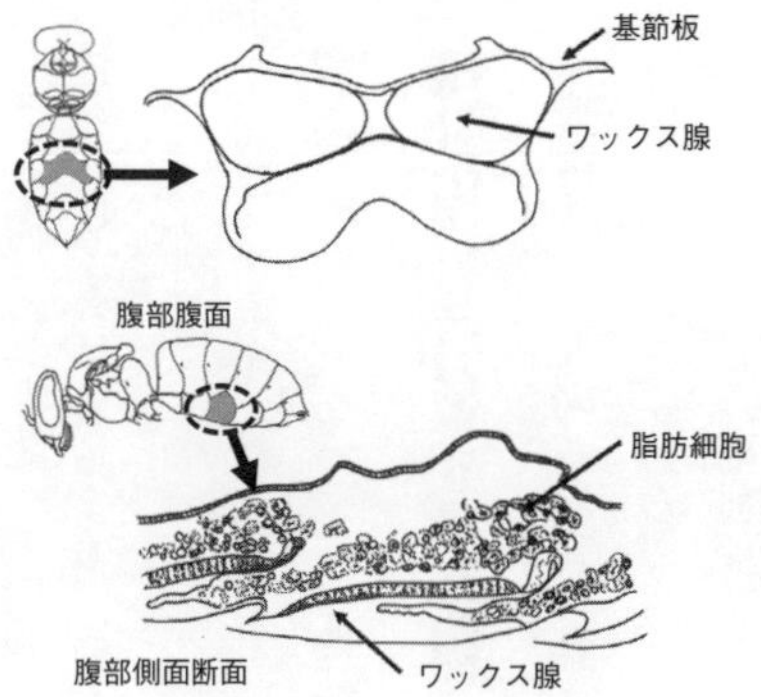

図39　働きバチ成虫の腹部第4節（腹面）のワックス腺の構造

ロウは、「蜂ろう」とも呼ばれますが、英語では同じBee Waxです。ミツバチが合成して巣の材料にするものを蜂ろう、ハチミツを絞った後の巣を溶かして固めた生産品でハチミツが含まれるものをミツロウと、呼び分けるのがよいでしょう。

ワックス腺がある部分の体壁は特殊化しています。ワックスを合成する時期になると、ワックス腺はとても太くなり、腺状の構造になりますが、その時期が過ぎると退化して平らな細胞の層になります。

蜂ろうは液体として放出されますが、空気に触れるとすぐに小さな破片状やうろこ状に固まり、ワックスポケットに蓄えられます。働きバチはうろこ状に固まったワックスを後脚の棘毛列に引き寄せて大顎に運び、噛み砕いて小さな塊にします。

女王バチのみに発達するディフォー腺

ディフォー腺は女王バチのみでよく発達している分泌器官です。女王バチは産卵時、卵にこの腺から分泌された卵識別フェロモンを塗布します。このフェロモンは、卵を産んだのが女王バチなのか働きバチなのかを、他の働きバチに識別させることができます。非常にまれですが、セイヨウミツバチやニホンミツバチの働きバチには、疑似女王バチとなって産卵する個体がいます。このような働きバチの産んだ卵のみを取り除くための識別フェロモンとして利用されています。

餌場につけるふ節腺

働きバチの脚のふ節から油状の分泌物が出ていることが

知られています（図40）。ガラスの上を歩かせると油状の分泌物がときどき付着します。働きバチは餌場や水場などを見つけると、そこにフェロモンを塗布します。このフェロモンは餌場マーキング（道しるべ）フェロモンとして、他の働きバチが迷わないように機能します。

毒針の毒を分泌する毒腺

毒腺はメスのみにある分泌器官で、毒針から放出される毒液はここで作られ、毒嚢と呼ばれる袋に貯められます（図41）。毒の量は、天敵や刺激などのストレスの強弱で変化します。また加齢によっても変化し、働きバチが門番や外勤バチの役割を担う日齢になると増加します。

毒の強さを表すマウスに対するLD50は、セイヨウミツバチで2・8mg/kgです。LD50とは、その物質を投与された動物の半数が24時間以内に死亡する毒の量です。他のハチのLD50は、オオスズメバチで4・1mg/kg、アシナガバチで2・4mg/kgなので、毒の強さはオオスズメバチの約半分、アシナガバチとほぼ同等であることがわかります（表3）。

毒の量は、働きバチは0・5～1・0μLほどです。女王バチの毒は働きバチよりも2～3倍量が多く、さらに働きバチよりもミツ

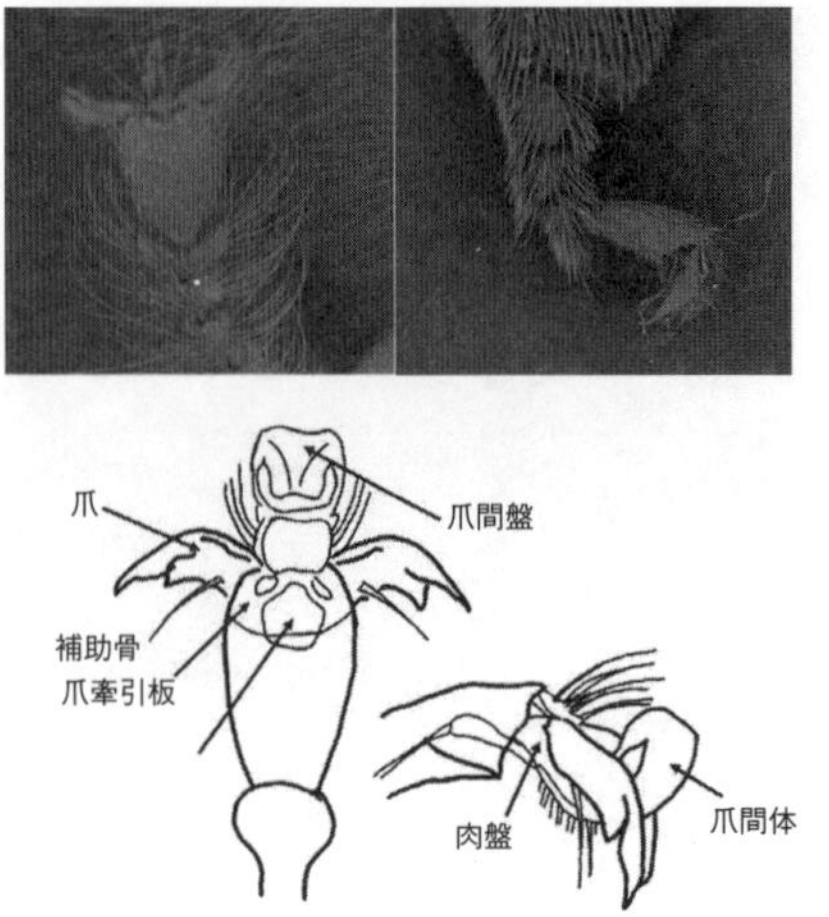

図40　働きバチ成虫のふ節の電子顕微鏡写真と模式図

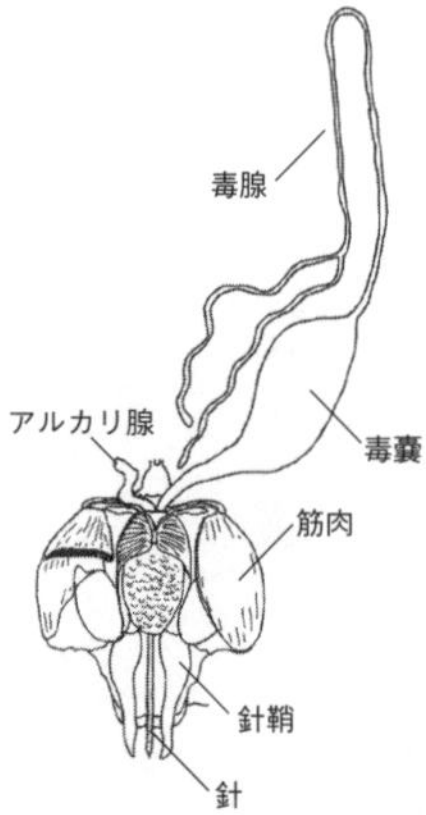

図41　セイヨウミツバチの働きバチの針刺器官

表3　毒の強さの比較

種	LD50（mg/kg）
セイヨウミツバチ	2.8
オオスズメバチ	4.1
キイロスズメバチ	3.1
アシナガバチの1種	2.4

LD50はマウスでの試験。
（Schmidt et al., 1986をもとに作成）。

バチに対する即効性が高いことも知られています。これはおそらく、女王バチがライバル女王バチを早く倒すためと考えられています。

刺した後も攻撃をやめない毒針

針は産卵管（第一産卵弁室と第二産卵弁室）が変化したもののため、ハチの毒針はメスしか持っていません。また、同じハチの仲間でも針の役割は異なり、ミツバチの場合、女王バチは他の女王バチと戦うため、働きバチは天敵から巣を守るために針が使用されます。通常であれば針はお腹の中に収納されていて見えませんが、刺すときに筋肉によって針が強く外側に押し出されます。同時に毒嚢から毒液が針先に送られて、毒が注入されます（図42）。

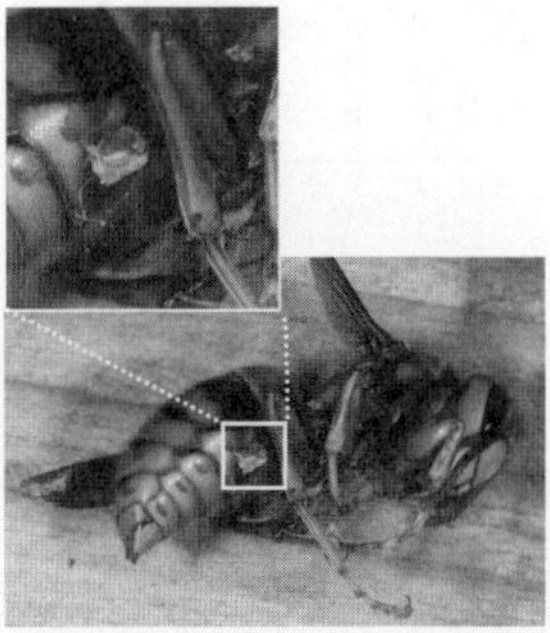

（https://youtu.be/f2BzOXwKGA4）

図42　セイヨウミツバチの働きバチに刺されて死んだキイロスズメバチの働きバチ
毒嚢ごと腹部に刺さったまま残されている。ミツバチ1匹の毒量でスズメバチの致死量となる。

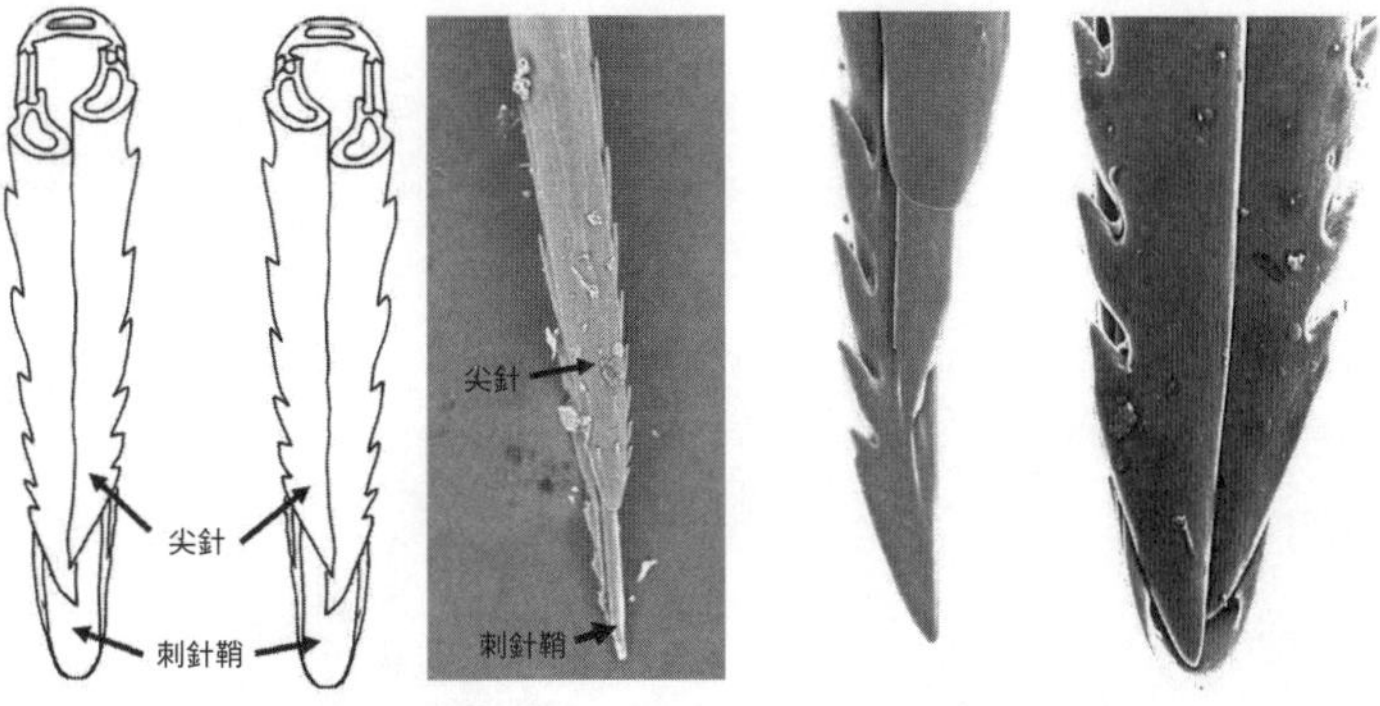

図43　左はセイヨウミツバチの針の構造。右はセイヨウミツバチの針刺の電子顕微鏡写真（600倍、側方面と腹面側から撮影）
尖針が左右交互に動くことで深く刺さり、刺針鞘から毒液が注入される。

毒針は複数のパーツから構成されます。先端部は刺針（針）と呼ばれ、返し棘がついています（図43）。ここが毒嚢につながっていて、一度、動物の皮膚に刺さると抜けないようになっています。刺針は2本の鞘に包まれ、鞘の外側はナイフの歯がのこぎり状に連なり、皮膚を切り裂きながら、刺針を深くまで押し込むことができます。

ミツバチの刺針を支える筋肉は極端に細く、切れやすくなっています。そのため、刺さった針を抜こうとすると針とそれを支える筋肉、筋肉に指令を送る神経球、毒嚢など、内臓ごとちぎれてしまいます。刺さったまま残ったこれらの部分は、神経球が機能する限り、攻撃対象に毒を送り続けます。ちぎれた内臓部分からは警報フェロモンが分泌されるため、他の働きバチが興奮状態となり、一度刺されると連続して2匹目に刺されることがあります。

5 ミツバチの神経系

脳は他の昆虫よりも発達している

ミツバチなどの社会性昆虫の脳は他の昆虫類と比べて発達しています（図44）。脳の重さが体重に占める割合は、バッタやトンボがそれぞれ0・6％と1・5％ですが、ミツバチの働きバチは2・5％です。さらに視葉や触角葉を除いた中枢部だけを比べると、バッタとトンボがそれぞれ0・25％と0・11％なのに対し、ミツバチのそれは1・22％もあるそうです。

脳のうち、記憶学習の領域であるキノコ体には約15万個のケニオン細胞があります。キノコ体の傘と柄の部分に相当する部分は、ケニオン細胞から出た線維（軸索）からなっています。トンボなどはこのキノコ体は痕跡程度しかありませんが、ミツバチは高度なコミュニケーションをとるために情報の処理能力を高める必要があり、線維とシナプスの量が増えたと考えられています。

この優れた脳機能は、採餌活動でよく利用されています。例えば、花の位置を覚えるとき、ミツバチの働きバチは花の色、形、匂い、開花していた時刻、場所（周辺の景色まで）を覚えておくようです。脳の神経細胞の数はなんと百万個です。これは動物全般で見ると非常に少なく、人は1000億個あります。ミツバチが少ない神経細胞で効率的

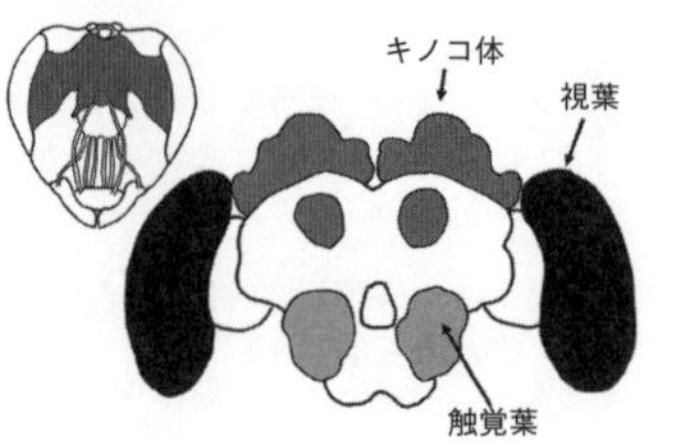

図44　セイヨウミツバチの働きバチの脳（左の濃灰色部分）
頭部の中で脳が占める割合が大きい。特にミツバチは他の昆虫と比べてキノコ体（右の濃灰色部分）と呼ばれる領域が発達している。

な採餌行動を行っていることは、非常に驚くべき現象です。

脳以外にも中枢が分化している

昆虫の神経は、集中神経系の中ではしご状神経系と呼ばれています。脳から体の腹面中央に一対の神経索とそれに連結している一対の神経節（神経球）があります。神経節は、体節ごとにあるニューロン（神経細胞）の集合体のことで、幼虫では体節ごとに神経節が見られます。成虫になると神経節が集合し、脳、食道下神経節、胸部神経節、腹部神経節などに分化してさまざまな中枢として機能します（図45）。

ミツバチは他の昆虫とは異なり、腹部に特別な神経節があります。働きバチは一度刺すと毒針が相手に刺さったまま腹部の一部がちぎれてしまいますが、ちぎれた部分で毒針や毒嚢が動いて、攻撃相手に毒を送り続けます。これは、針と一緒に神経節がつながったまま腹部からちぎれるからできることなんです。

昆虫の神経系では、脳は視覚情報の処理と記憶、学習、食道下神経節は口器の感覚と運動、胸部神経節は飛翔、歩行などの行動、腹部神経節は呼吸や循環、交尾行動や産卵行動など、それぞれ脳以外の場所にも中枢が分化して存在することで、優れた運動性や機能性を獲得しているのです。昆虫の体にはたくさんの脳があると言われるのは、このように脳の機能を持つ神経節が体に複数あるからなのです。

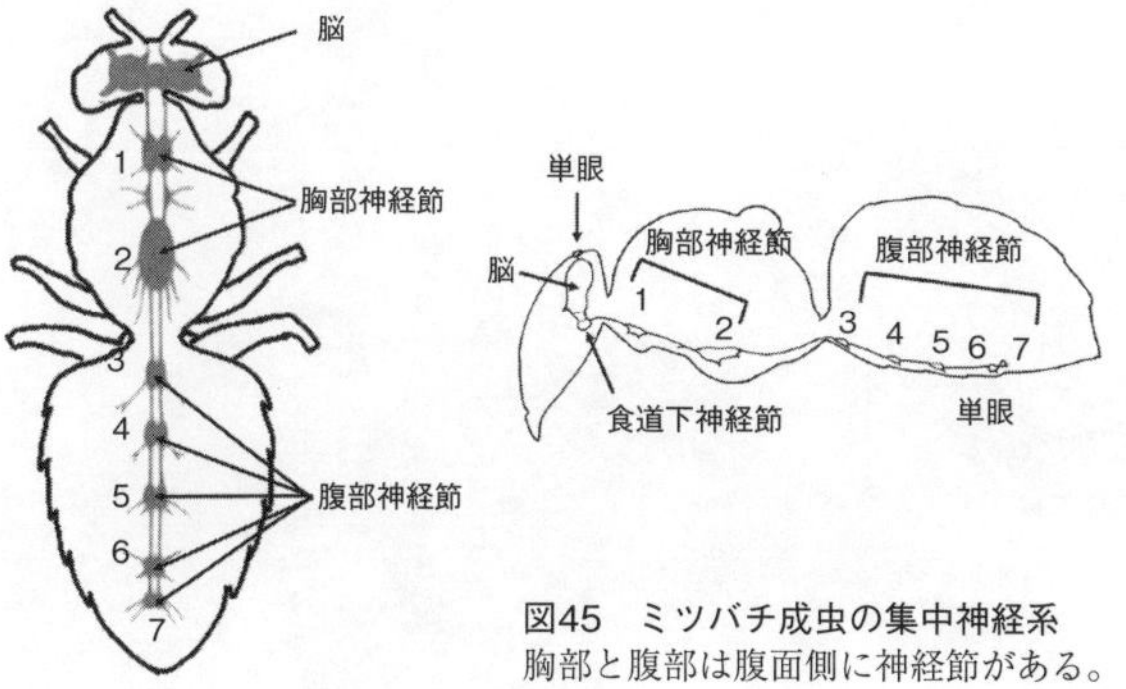

図45　ミツバチ成虫の集中神経系
胸部と腹部は腹面側に神経節がある。

6 ミツバチの消化器系

一般的に昆虫の消化器は前腸、中腸、後腸の3つに分けられます。前腸はさらに、口から咽頭、食道、そ嚢、前胃に分かれます。前胃の内面には突起やひだがあり、そ嚢は食物を蓄える機能があり、花蜜が貯められるため、蜜胃と

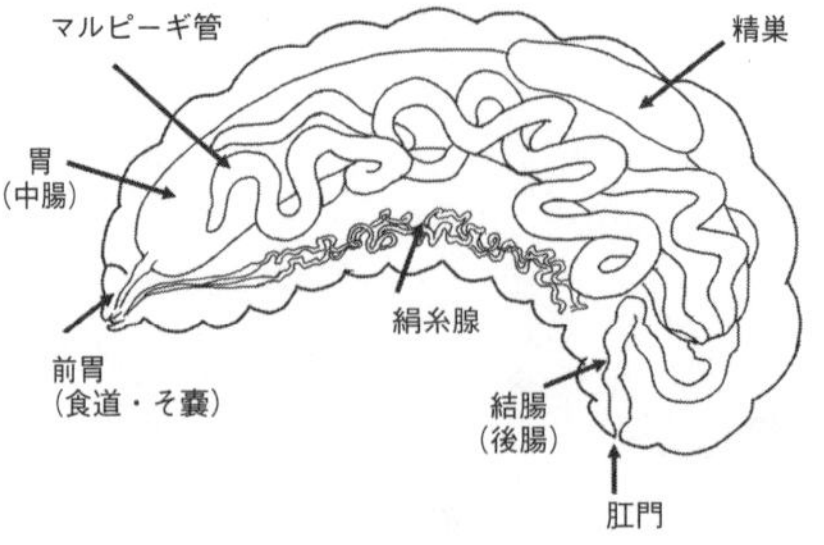

図47　セイヨウミツバチのオスバチ幼虫の内部器官

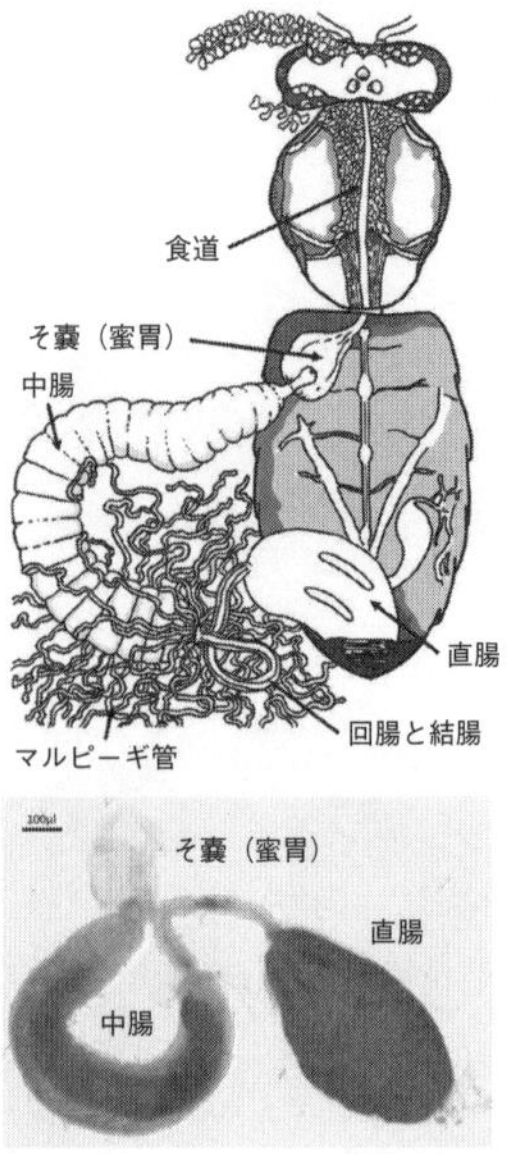

図46　セイヨウミツバチの働きバチ成虫の消化管
（写真：田中くるみ氏）➡口絵16（p. 7）

呼ばれています（図46）。

中腸は人間の胃にあたる部分で、食物の消化・分解を行っています。後腸は、結腸と直腸の2つに分かれます。マルピーギ管という中腸と後腸の間付近から体腔内に出ている細長い管は、体液から老廃物を吸収し、尿酸に変えて糞として排出します。

ミツバチの幼虫は、サナギになる前に一度だけ糞をします。これを蛹便《ようべん》（メコニウム）と呼びますが、蛹便はマルピーギ管から排出された糞が、後腸に蓄えられたものです。スズメバチやアシナガバチは昆虫を餌にしているので大きな固形の蛹便をしますが、ミツバチは餌が液体で吸収率が高いので少量で液体状の便しかしません（図47）。

花蜜を貯めるための蜜胃

蜜胃は花蜜を蓄える消化器官で、蜜がたまるとおなかいっぱいにふくれます。蜜胃と中腸の境には肉質の弁があり、蜜胃に蜜が溜まると弁が閉じるようになっています（図48）。セイヨウミツバチは、蜜胃に20～40㎎の花蜜を貯めることができます。ちなみに働きバチは空腹になっても集めた花蜜をつまみ食いしたりしません。

7 ミツバチの生殖器系

ミツバチのメスの生殖器は、一対の卵巣から側輪卵管を通じて中央輸卵管につながり、生殖口に開口しています。

中央輸卵管には、受精嚢（貯精嚢）がついています（図49）。働きバチも女王バチも基本的な構造は同じです。オスの生殖器は他の昆虫と同様に、一対の精巣から貯精嚢を通じて中央にある射精管につながる構造をしています。

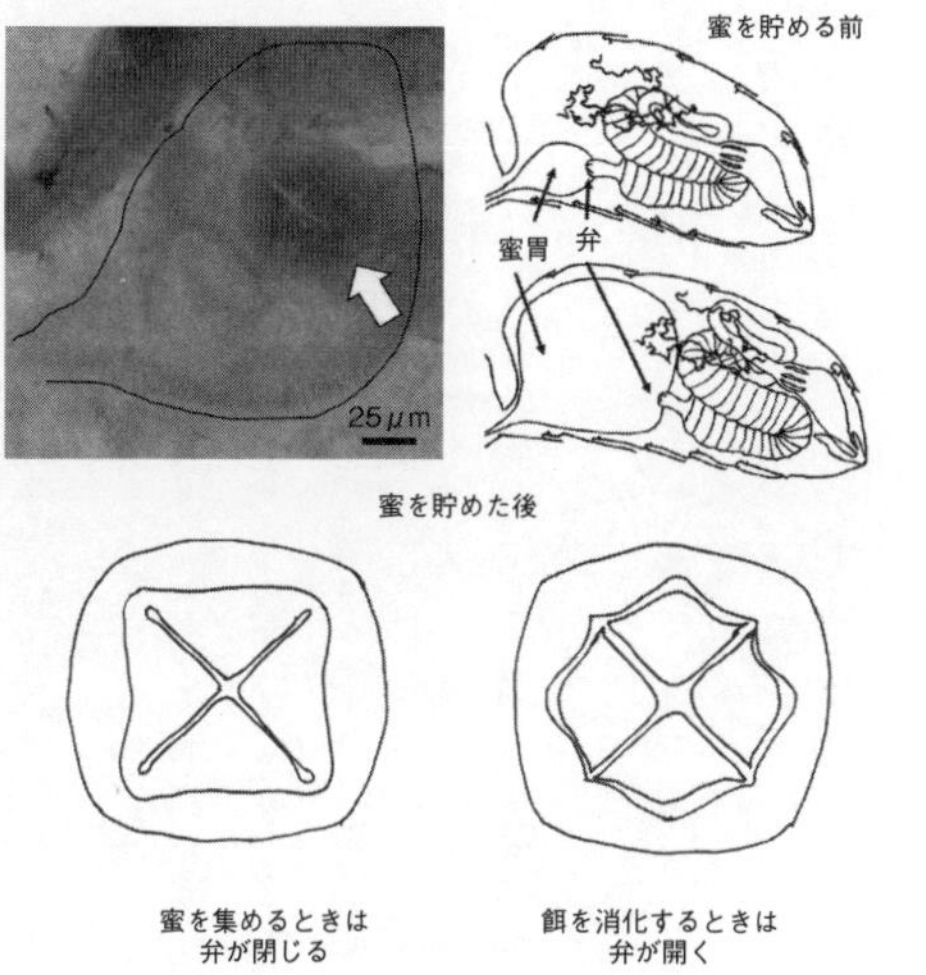

図48　蜜胃の変化と蜜胃側から見た弁の開閉の様子
写真の白色矢印は蜜を貯めた後の弁が閉じているところ。
黒線は膨らんだ蜜胃の輪郭をなぞっている。（写真：田中くるみ氏）➡口絵16（p. 7）

卵を生産する卵巣小管

女王バチの卵巣小管は交尾を終えるとすぐに発達を始めます。女王バチには左右合わせて120～150本の卵巣小管があります。分蜂や越冬のときには卵巣小管の発達が一時的に停止しますが、基本的に女王バチの卵管小管は常に発達した状態で、卵を生産し続けます（図50）。

一方、通常であれば産卵しない働きバチには、2～12本の未発達な卵巣小管があります。女王バチが死亡して無王群

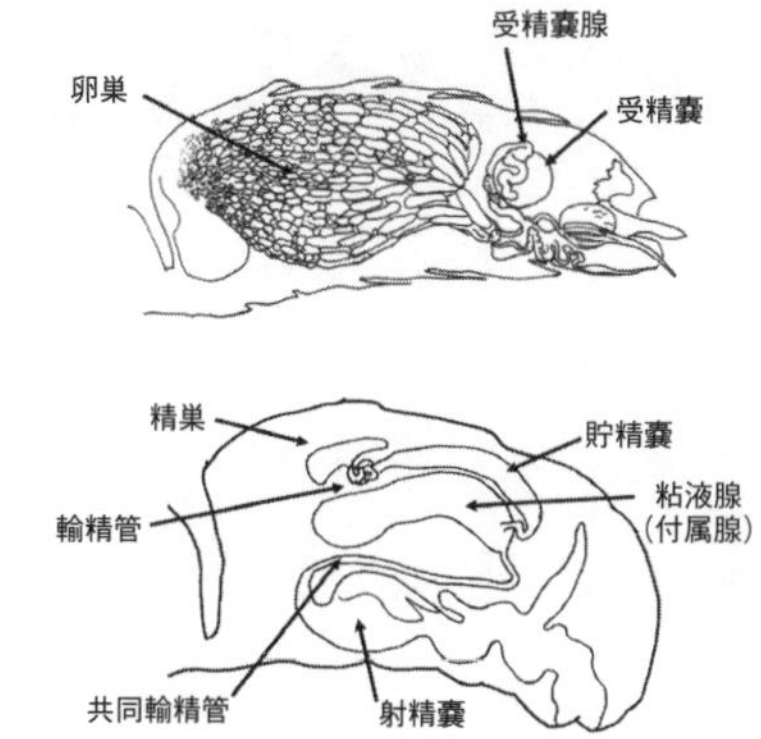

図50　セイヨウミツバチの女王バチ（上）とオスバチ（下）の生殖器官
女王バチは産卵数が多いため卵巣および貯精嚢が発達している。➡口絵17（p. 7）※口絵には写真を掲載。

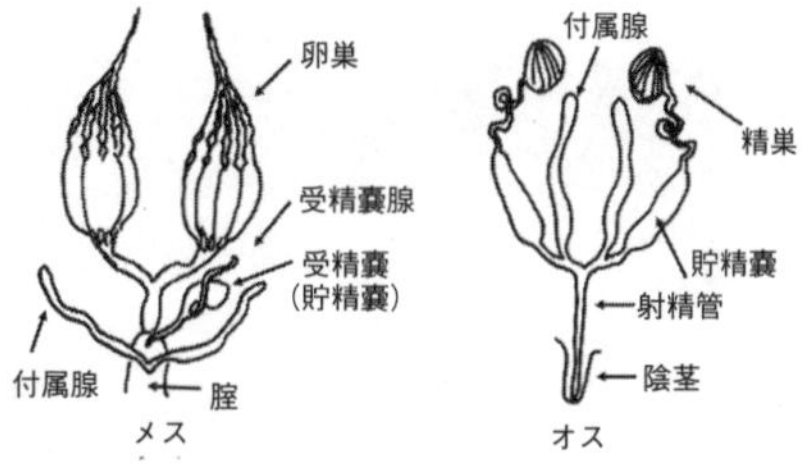

図49　昆虫の基本的な生殖器官

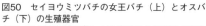

になった巣では、一部の働きバチの卵巣が発達し、産卵することもあります。ただし働きバチが生涯に産める卵はわずか十数個と言われています。

受精嚢

卵巣のちょうど間にある丸い袋状の器官が受精嚢です。受精嚢は未交尾の女王バチでは半透明で、交尾を終えた女王バチは乳白色に変化します。

ミツバチは交尾したオスバチの精子を直径1・3㎜、容積量約1㎖の受精嚢内に蓄えています。ここには、約1000万～800万個の精子が休眠化した状態で保存されています。

交尾のための結婚飛行に出た女王バチは、交尾したオスバチの精子を、一旦すべて輸卵管に貯めます。輸卵管は、交尾飛行に出てから20時間ほどすれば精子でいっぱいになります。輸卵管中の90％以上の精子は細い糸状になって外に排出され、残りの10％ほどの精子が受精嚢に貯蔵されます。

受精嚢内の精子はよく混じり合っていて、3～10束の精子が中央輸卵管に放出され、卵子との受精に使われます。受精嚢から放出された精子は、運動性を回復します。

貯精嚢と精巣、交尾器

オスバチは羽化してから7～10日ほどで性成熟します。性成熟したオスバチでは、精巣が発達し、精子が貯精嚢に蓄えられるようになります。精子数は個体差、種間差がありますが、多くは200万～1200万個ほどです。

また、オスバチの交尾器は、基部が太く、先端は狭くなっていてオレンジ色の粘着物質で覆われています。交尾器の構造は、ニホンミツバチとセイヨウミツバチで、外反させたときの陰茎角嚢背部と呼ばれる部分に違いがあります（図51）。ニホンミツバチでは突起状ですが、セイヨウミツバチはあっても痕跡程度です（図51白矢印）。また、ニホン

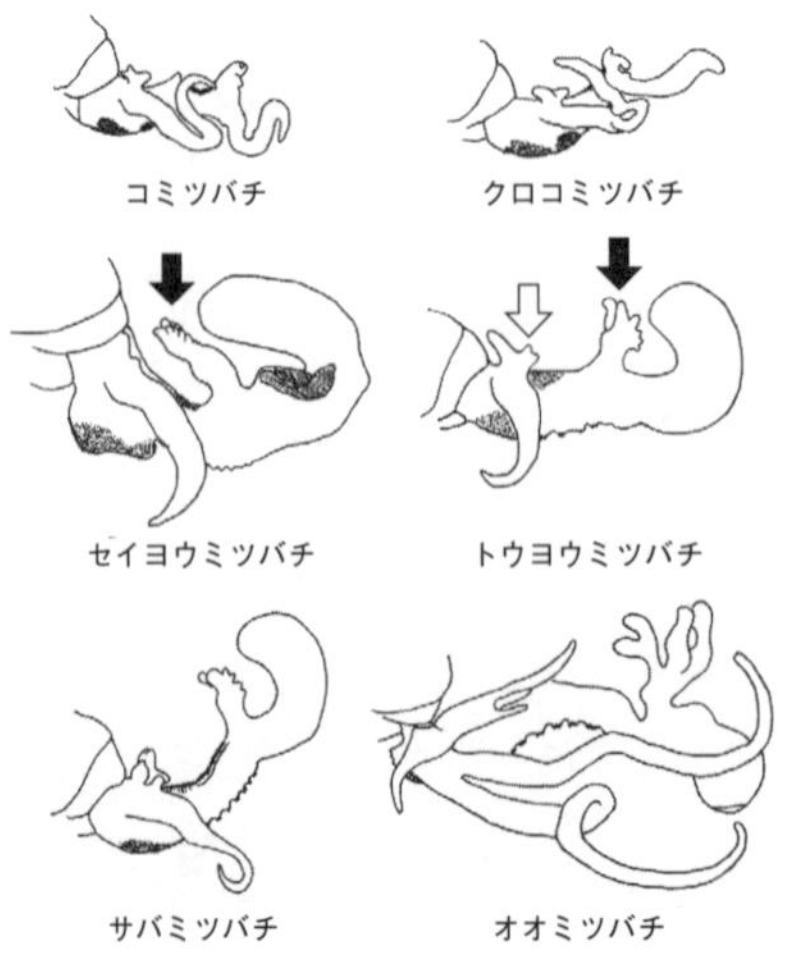

図51　オスバチの交尾器が外反したときの構造の比較
➡口絵17（p. 7）
※口絵には写真を掲載。

ミツバチの陰茎有緑毛葉片《いんけいゆうりょくもうようへん》は、人の手のように広がっていますが、セイヨウミツバチでは棒状です（図51黒矢印）。

8 コミツバチ・オオミツバチの体

さて、ここまではミツバチの中でも、日本で生息しているセイヨウミツバチとニホンミツバチの体について紹介しました。最後に、同じミツバチですが東南アジアに生息しているコミツバチ、クロコミツバチ、オオミツバチの体についても、種ごとの特徴を紹介します。

コミツバチ成虫の体の特徴

カースト間で体サイズが違う

コミツバチ亜属の体の特徴として、オスバチが働きバチに比べて相対的に大きいことが知られています。重さで見ると、女王バチは86mg、オスバチは約80mg、働きバチは約25mgです。このようにコミツバチでは、他のミツバチ種よりも、女王バチやオスバチと働きバチの間で、体サイズに大きな違いが見られます。クロコミツバチについては、まだ十分なデータがありませんが、同じ傾向があると言われています。なお、女王バチには働きバチで見られる花粉かごなどの形質はありません。

コミツバチとクロコミツバチの体の違い

コミツバチ亜属には、コミツバチとクロコミツバチの2種がいますが、働きバチは、腹部の体色で簡単に識別することができます。コミツバチの腹部は黄色で明るい色をしていますが、クロコミツバチの腹部末端は黒色と灰色の縞模様がはっきりとしていて、全体に赤茶から黒褐色です。

体の大きさはクロコミツバチの方が小さい傾向があります。

顕微鏡的にこの2種を識別する方法もあります（表4）。例えば翅脈です。この2種では肘脈指数a/b値が大きく異なり、コミツバチは平均

表4　コミツバチとクロコミツバチの働きバチ成虫の形質比較

形質	コミツバチ	クロコミツバチ
体長（mm）	7〜10	8〜9
体色	赤茶色	黒色
口吻（舌）の長さ（mm）	3.1〜3.4	2.8
前翅長（mm）	6.2〜6.7	6.4〜6.5
前翅幅（mm）	2.1〜2.3	2.2
Cubital vein A（mm）	0.5±0.04	0.51 から 0.52
Cubital vein B（mm）	0.2±0.03	0.1±0.08
肘脈指数（a/b）	2.9±3.5	6.3±6.4
後翅長（mm）	3.2〜4.8	3.2
後翅幅（mm）	1.36±0.44	1.3
翅鉤数	10.5〜13.2	10.4〜10.9

２・78、クロコミツバチは平均６・07です。また、口吻の長さも2種の間で大きな相違が見られます。クロコミツバチは約３・３㎜、コミツバチは約２・８㎜です。さらに刺針の形態も2種間で異なります。働きバチの毒針は、他種のミツバチと同じように1本の刺針を２つの刺針鞘が包み込む構造をしています。刺針軸は10本、返し鉤の数は４本で、２種間に差はありません。しかし、刺針の先端から刺針鞘での最初の返し鉤までの距離を見てみると、クロコミツバチは17・93㎛、コミツバチは25・39㎛と、長さが異なります。

　さらに、オスバチの脚と交尾器の形態で、２種を明瞭に識別できます。オスバチの後脚の第三ふ節には、「捕握器《ほあくき》」と呼ばれる二股の親指のような、特徴的な形態を備えています。この部分に筋肉などの組織はなく、殻状のキチン質からなっていて､内側は湾曲して巻き毛が密集しています。実際の交尾中の様子はこれまで観察されたことはありませんが、この構造は交尾をするときに女王バチを捕まえておく機能があると推定されています。このオスバチの特殊な脚の形態は、コミツバチ亜属特有のもので、クロコミツバチよりもコミツバチの方がより発達しています（図52）。

　オスバチの交尾器も、コミツバチやクロコミツバチは他のミツバチ種と大きな違いが見られます。交尾器を外反させると二対の角形をした嚢状の突起がありますが、クロコミツバチは外側に向かって曲がっているのに対して、コミツバチでは折れ曲がって内向きになっています。

カスート	形質	コミツバチ	クロコミツバチ
女王バチ	重量（mg）	86	112
オスバチ	重量（mg）	77.6±2.6	70.8±3.0
	後脚の捕握器の長さ	長い	短い

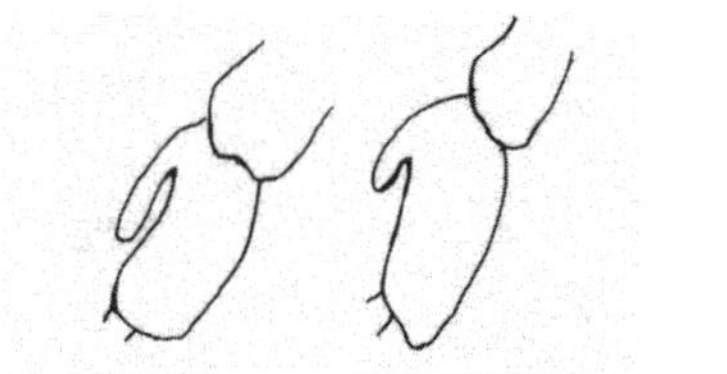

図52　コミツバチとクロコミツバチの女王バチとオスバチの比較（下は捕握器）

オオミツバチ成虫の体の特徴

カスート間での体サイズの差はほぼなし

　オオミツバチ亜属は、他のミツバチ亜属と比較してカースト間の体サイズにはほとんど差が見られません。体長は、女王バチが20㎜、働きバチが17㎜、オスバチは16㎜前後と、若干女王バチが大きいくらいの違いです。なお、オオミツバチの女王バチは、他種のミツバチと同じように花粉かごなどのような形質はみられません。ただし、ヒマラヤオオミツバチについては、これまで女王バチを観察した事例がないため、はっきりとしたことは言えません。

オオミツバチとヒマラヤオオミツバチの違い

オオミツバチとヒマラヤオオミツバチの働きバチは、腹部の体色で識別できます。オオミツバチは黄色からオレンジ色で明るい色をしています。ただし、スラウェシオオミツバチとフィリピンオオミツバチは体色が黒色で、腹部に灰色の縞模様があります。これらの2種とオオミツバチの働きバチにおいて体色以外の形態的な相違はまだ確認されておらず、今後の調査の進展が待たれるところです。それに対して、ヒマラヤオオミツバチの腹部末端は、黒色と灰色で縞模様がはっきりとしていて、全体的に黒褐色です。

そして、ヒマラヤオオミツバチの働きバチは、オオミツバチのそれよりも10%ほど大きいことも報告されています。細部の大きさについて説明を加えると、例えばオオミツバチの口吻の長さが4・5~6・7㎜であるのに対し、ヒマラヤオオミツバチのそれは6・1~7・1㎜です（表5）。前翅の長さもオオミツバチが9・8~13・2㎜で、ヒマラヤオオミツバチが13・0~14・5㎜です。毒針の長さもオオミツバチが平均0・76㎜、ヒマラヤオオミツバチが平均1・0㎜と、いずれもヒマラヤオオミツバチの方が大きいことがわかります。なお、翅脈形質である肘脈指数も前者が5・3~8・4、後者は8・5~9・8と、数値が大きいこともわかっています。

オオミツバチの交尾器

オスバチの交尾器は、オオミツバチ亜属内では変異が小さく、他種との識別点は確認されていません。ただし、亜属間では大きく異なるため、他亜属との交雑はないと考えられています。特に交尾器を外反させたときに出てくる二対の角形をした嚢状の突起の形質は、他亜属と比較して非常に長くて細いという特徴があります(図51)。また、亀頭はセイヨウミツバチやトウヨウミツバチに比べて小さく細いという特徴が見られます。

表5　オオミツバチとヒマラヤオオミツバチの働きバチ成虫の形質比較

形質	オオミツバチ	ヒマラヤオオミツバチ
口吻（舌）の長さ（mm）	4.5～6.7	6.7～7.1
前翅長（mm）	9.8～13.2	13.0～14.5
前翅幅（mm）	4.1～4.6	4.2～4.4
Cubital vein A（mm）	1.1±0.06	1.3±0.06
Cubital vein B（mm）	1.8±0.05	2.0±0.07
Cubital vein C（mm）	5.3±8.3	8.5±9.8
後翅長（mm）	7.8～9.8	9.2
後翅幅（mm）	2.5±2.77	2.5
翅鉤数	22.6～26.4	22.6

第3章
知ってた？ ミツバチの行動や習性

ミツバチは典型的な真社会性昆虫で、1匹の女王バチと数千匹の異父姉妹の働きバチからなるコロニー(巣)で生活しています。働きバチはみなメスなので普段巣にいるのはメスだけで、オスバチは繁殖期にのみ出現します。女王バチと働きバチの間にはカースト分化が見られ、女王バチは産卵以外の仕事を行うことはありません。その代わりに、働きバチが産卵以外の仕事のすべてを担います。数千匹の働きバチは役割分担をしながら巣の運営をしているわけですが、ダンスやフェロモンで情報を共有して、仲間との連携プレーをしています。役割も日齢によって決められ、とてもシステマティックです。

この章では、そんなミツバチの行動や習性について、ミツバチ亜属のセイヨウミツバチとニホンミツバチを中心に説明し、海外に生息するコミツバチ亜属やオオミツバチ亜属についても紹介します。

1 ミツバチのダンス

ダンスはミツバチの生得的行動

ミツバチがダンスをするのは知っていますか? 実は昆虫の行動の中でもミツバチの8の字ダンス(図1)は非常に有名で、高校生物の教科書にも記載されています。ミツバチのダンスは、誰かに教わることなく生来備わっている行動である生得的(本能)行動に分類されます。餌場を見つけた働きバチがダンスで花までの距離と方向を知らせ、その情報に基づいて仲間の働きバチが餌場にたどり着くのです。

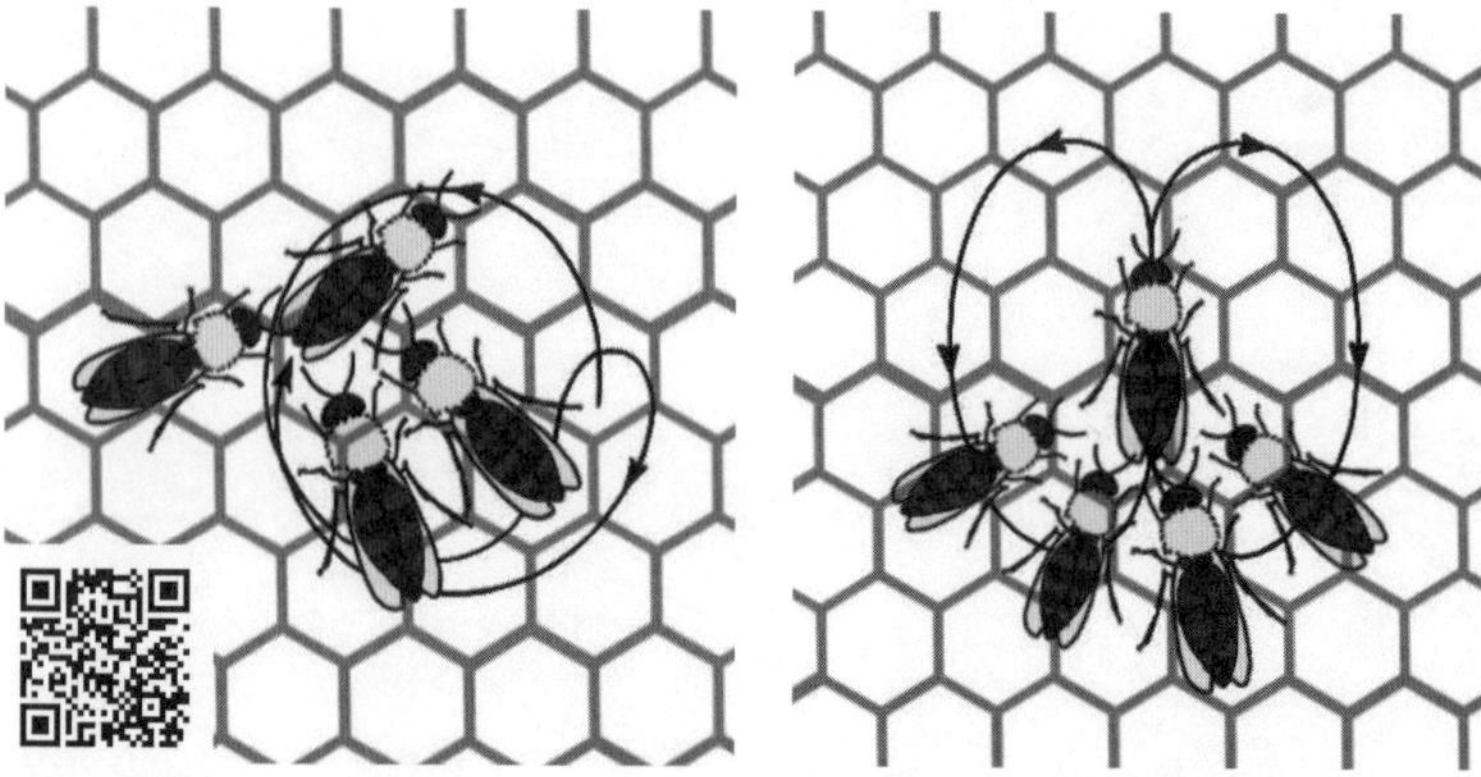

図1　ニホンミツバチの尻振りダンスの種類
円形ダンス(左)と8の字ダンス(右)。ミツバチ亜属は基本的に同じ形式のダンスをする(https://youtu.be/NcNKIzYoVkc)。

フリッシュによるダンス言語の発見

ミツバチのダンスを最初に発見したのは、オーストリアの動物学者カール・フォン・フリッシュです。彼はセイヨウミツバチを観察している過程で、ある働きバチが餌場を見つけると、間もなく同じ巣から多数の働きバチがやって来ることに気が付きました。その後、餌場から巣に戻った働きバチが、巣板の上で一定時間、腹部を左右に振動させながら規則的な行動を繰り返しているのを観察しました。これを見たフリッシュは、ミツバチがこの行動によって餌場を仲間に伝えていると考え、この行動を「ダンス」と名付けました。その後フリッシュは、このダンスがコード化された記号コミュニケーションであることを発見し、その解読に成功しました。

働きバチはダンスを使って同じ巣の仲間に巣から餌場の方角と距離、餌場の質を伝えています。昆虫であるミツバチが人と同じように言語を持っているという発見は、当時大きな反響があったそうです。その後、フリッシュは1973年に、ニコラス・ティンバーゲンやコンラート・ローレンツとともに、個体および社会行動様式の組織化とその誘発に関する発見の業績が認められ、ノーベル医学生理学賞を授与されました。

近くの餌場を伝える円ダンス

フリッシュは、餌場から戻ってきた働きバチが踊るダンスを「収穫ダンス」と呼びました。この収穫ダンスには、円ダンス（円舞）と8の字（尻振）ダンスがあります。

その違いは餌場から巣までの距離です。セイヨウミツバチは餌場と巣が約100m以内と近いときに、巣板を円形に移動する円ダンスを行います。円ダンスにおいて、セイヨウミツバチが腹部を振動させることはありません。単に「近くに花がたくさん咲いているよ」と仲間に教えています。一方でニホンミツバチは、餌場と巣の距離が70m以内のときに円ダンスをすることがわかっています。ニホンミツバチの円ダンスはセイヨウミツバチのように円を描くだけではありません。巣板の鉛直方向を太陽の方向と見立て、直進移動をしているときの顔の向きで餌場の方向を示し、腹部を震わせている時間で距離を伝えます。鉛直方向とは太陽の方向のことで、ダンスの方向は餌場の方向、太陽と餌場のなす角度が鉛直と直進ダンスのなす角度のことです。

なお、実はミツバチのダンスはこの2種類だけではなく、その後の研究で、分蜂《ぶんぽう》するときや新しい営巣場所を見つけたとき、巣を捨てて逃げ出すときなどの情報もダンスで伝達している可能性があると考えられるようになりました。

遠くの餌場を伝える8の字ダンス

巣から離れた場所に良い餌場を見つけた働きバチは、巣に戻って8の字ダンスをします。腹部を左右に激しく振動させながら直進して右回りで元の場所に戻り、再び腹部を振動させながら直進して今度は左回りで元の場所に戻ります。その動きが、アラビア数字の8を描いているように見えるため、8の字ダンスと名付けられました。

8の字ダンスでは、餌場の方向を顔の向きで示します（図2）。例えば餌場が巣から見て太陽と同じ方向にある場合は、巣板の上の向き（重力と反対方向）を太陽方向と見立て、餌場の方向を直進移動のときの顔の向きで示します。つまり、鉛直方向と腹部を振動させながら直進しているときの顔の向きの角度が、巣箱から太陽の方向と餌場の角度を表しているのです。餌場が太陽と反対方向にある場合は、下向き（重力と同じ向き）にダンスをします。

働きバチは餌場から巣に帰るとき、その周辺を数回旋回して、餌場の位置を記憶します。この旋回運動は定位飛行と呼ばれ、最初に巣の場所を覚えるときにも行われます（図3）。巣から餌場までの距離は、飛行時の景色の流れから積算されていることが、近年の研究で実験的に証明されました。働きバチは、ダンス中に直進移動するときの腹部を継続して震わせる時間（発音時間）で餌場までの距離を示しています。腹部を震わせるときに出る音信号は、ニホンミツバチ、セイヨウミツバチともに約250Hzです。セイヨウミツバチでは1・5秒間で約1200m、ニホンミツバチで

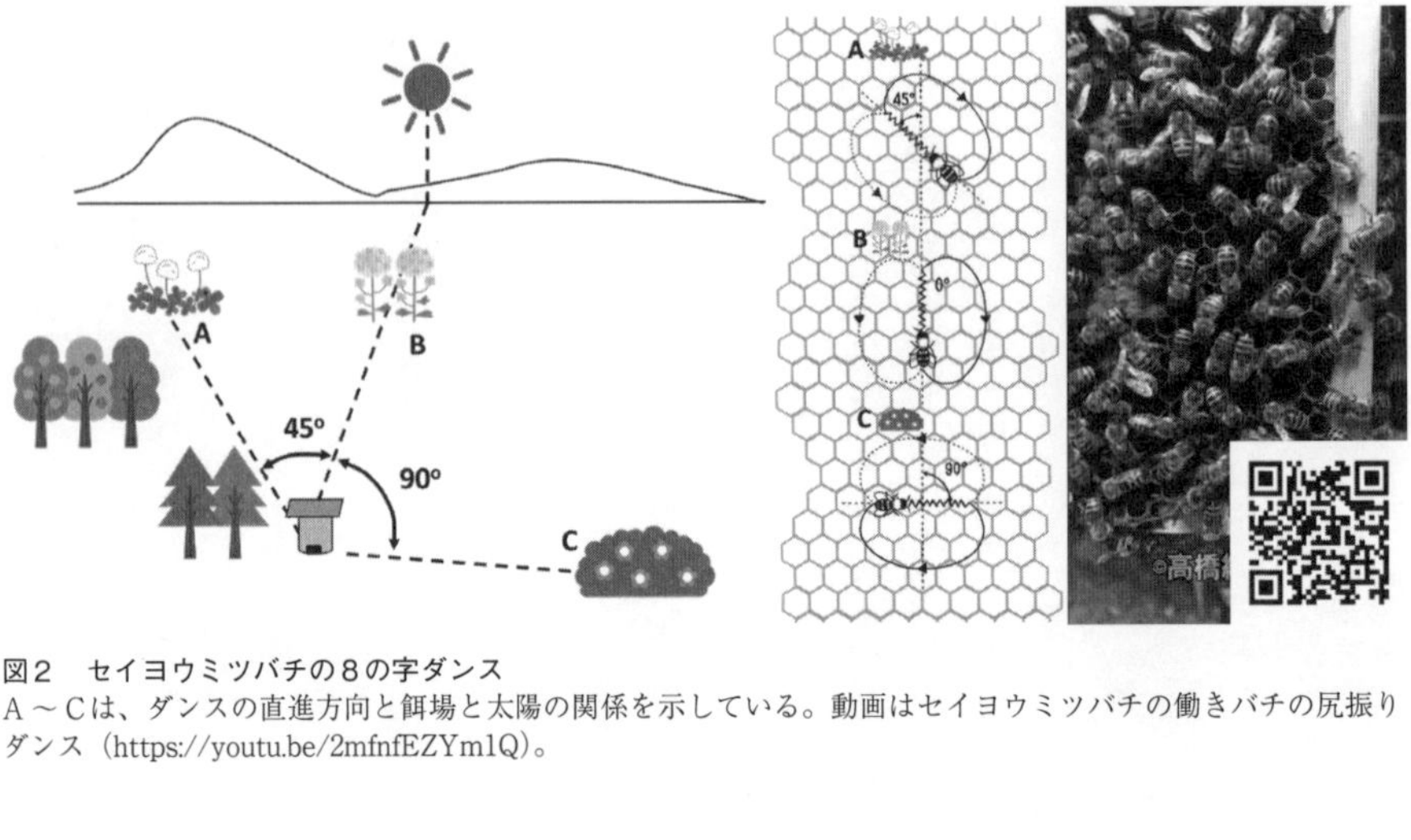

図2　セイヨウミツバチの8の字ダンス
A～Cは、ダンスの直進方向と餌場と太陽の関係を示している。動画はセイヨウミツバチの働きバチの尻振りダンス（https://youtu.be/2mfnfEZYm1Q）。

図3　エゾオオマルハナバチの定位飛行
巣の方向に頭部を向けて数秒間その場でホバリングをする（https://youtu.be/6TBzV960PBg）。

は同じ1・5秒間で約700mと、2種間でダンスの発音時間が表す距離は大きく異なります（図4）。また、同じミツバチ種でも地域によって発音時間が示す距離が異なることも報告されており、地域ごとに少しずつ違うところが方言のようだとも言われています。

なお、どの程度良い餌場であるかは、ダンスの継続時間に比例します。良い餌場を見つけた働きバチほど興奮して長時間ダンスを続けるため、ダンスの継続時間が長いほど良い餌場と言えるでしょう。

情報をコード化し、解読する能力

私がミツバチのダンスで感心するのは、ミツバチが仲間に直接場所を教えるのではなく、太陽の角度から見たダンスの方向を方角に、腹部を振動させながら直進移動する時間を距離に変換して仲間に伝えている点です。踊り手は一定のルールに基づいて情報をコード（符号）化し、仲間のミツバチが解読しています。情報を受け取る側の働きバチは、踊り手の働きバチの周りを追従しながら踊り手の腹部から発せられる音を触覚で感知し、距離情報を受け取っているのです。

このように方角と距離を暗号化させた情報として伝達することを、「記号的コミュニケーション」と呼びます。動物界でこのような能力を持っている生物は少なく、昆虫では

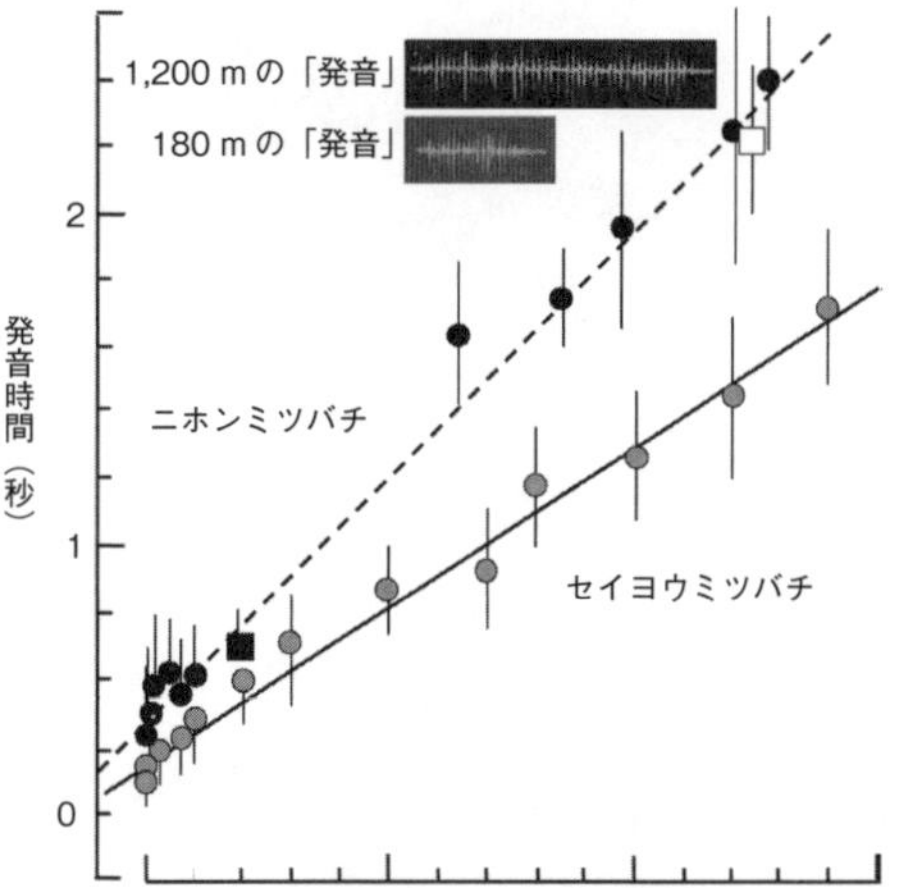

図4　ニホンミツバチとセイヨウミツバチのダンスの発音時間（秒）と餌場までの距離（m）
■は180 m、□は1,200 mでのニホンミツバチの発音。

今のところミツバチだけのようです。

どのように距離と方向を認識しているのか？

ところで踊り手の働きバチは、餌場の距離と方向をどうやって覚えているのでしょうか？　距離については、飛行中のオプティックフロー（視覚が捉えた風景の流れ）を利用して、自身の飛行速度と物体の流れから感知していると考えられています。ミツバチは飛行中に見える花や木などとの距離を計算し、飛行ルートにある木などの障害物を回避し、訪花するときのオプティックルフローを一定に保つよう減速することでスムーズに止まれると推定されています。

方向については、太陽コンパスと偏光コンパスの２つを利用しているようです。太陽が出ている日であれば、働きバチは餌場の方向を覚えるのに太陽コンパスを利用します。太陽コンパスは動物が方向を認識するときに使われるもので、太陽が見える位置が方向の基準になります。働きバチは太陽の見える角度を一定に保つことで巣の方向を定めており、太陽の位置さえわかれば巣の方向がわかるようにしています。とはいえ、時間が経つと太陽の位置は動くため、実際には太陽の光だけではなく体内時計も使い、太陽の運行軌道に対して常に一定の角度を保ちながら飛行しています。くもりや雨・夜間など、太陽が出ていない場合は太陽光に含まれる偏光の向きを利用して方向を認識しています（図５）。これは偏光コンパスと呼ばれるもので、偏光パターンはたとえ太陽が雲や大きな木や山にさえぎられても常に存在しており、長波長の光の方角に太陽があることが判断できます。偏光コンパスは太陽コンパスよりも汎用性が高く、太陽の移動を補償して位置を認識することができる優れものです。空の偏光パターンは人の眼では見ることができませんが、昆虫にはとてもよく見えるそうです。

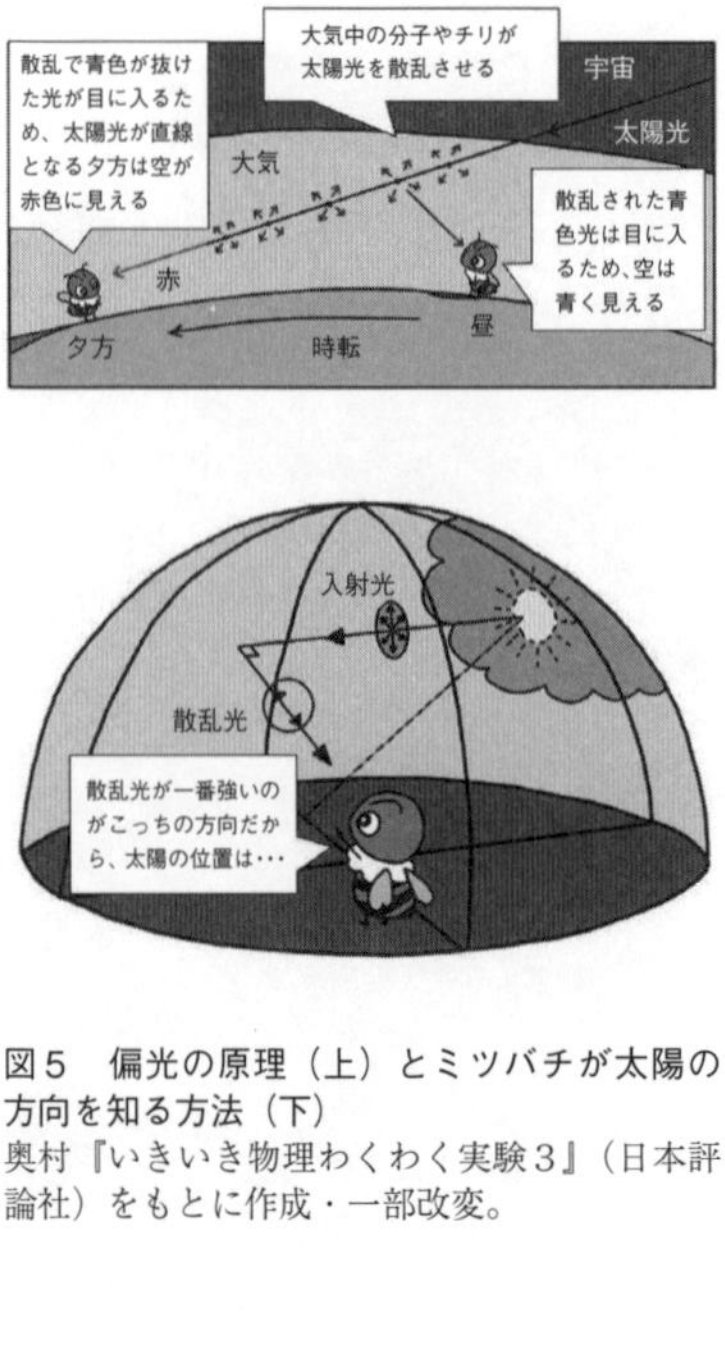

図５　偏光の原理（上）とミツバチが太陽の方向を知る方法（下）
奥村『いきいき物理わくわく実験３』（日本評論社）をもとに作成・一部改変。

2 ミツバチのフェロモン

フェロモンは生物が体外に分泌する化学物質で、一般的に同種間でのみ効果を発揮し、多くは微量で作用します。ミツバチからもたくさんのフェロモンが見つかっています。フェロモンには、他個体に特定の行動を引き起こさせる解発フェロモンと、生理作用にかかわる起動フェロモンがあります。前者には性フェロモン、集合フェロモン、警報フェロモンなどがあり、後者では女王フェロモン（階級維持フェロモン＝女王物質）などが知られています。

女王フェロモン

2章でも説明した通り、ミツバチの女王バチは頭部にある大顎腺から女王フェロモンを分泌しています。女王物質とも呼ばれ、9-ODA（9-オキソデセン酸）を主成分とする多数の制御物質の混合物と考えられています。巣の中では、女王バチと接触した働きバチを経由して、すべての働きバチにこのフェロモンが渡されます。フェロモンを渡され、女王バチが生きていることを認識した働きバチは、卵巣の発育を停止し、次の女王バチを育てる王台を形成しなくなります。また、女王フェロモンは働きバチへの誘引効果があるため、羽化した新女王バチが頭部の大顎腺から女王フェロモンを分泌すると、働きバチが新女王バチを取り囲みます。ミツバチの写真や動画などで女王バチの周りにたくさんの働きバチがいるのを見ることがありますが、これは女王フェロモンによるものです。

女王バチに群がる働きバチをよく見ると、触角で確認しながら女王バチの体に口吻を当て、フェロモンを舐めとっている様子が確認できます。これをローヤルコート（図6）と言います。また、女王フェロモンには性フェロモンとしてオスバチを誘引する効果もあり、交尾場所で利用するとたくさんのオスバチが集まります。

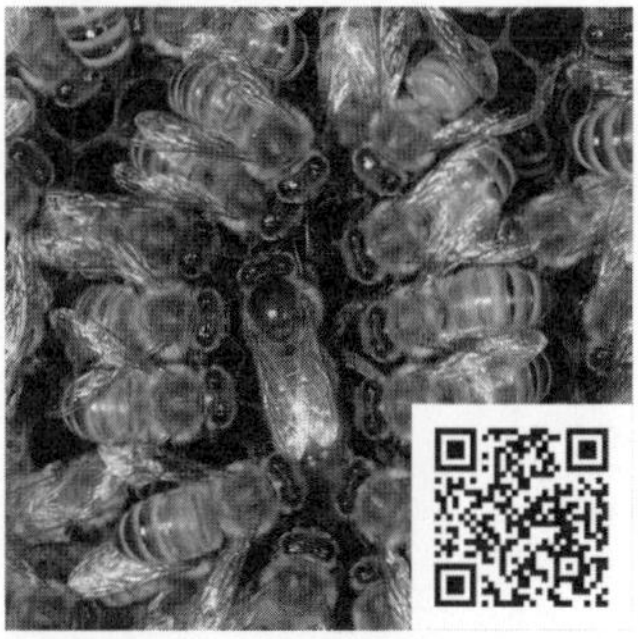

図6　セイヨウミツバチのローヤルコート
女王バチの周辺に働きバチが集まり女王フェロモンを感知している（https://youtu.be/XtDpmH_IaIM）。

この女王フェロモンですが、実は合成されたものが販売されています。テレビ番組などで体中にミツバチをまとったパフォーマーが映ることがありますが、彼らは女王フェロモンを身にまとっているのです。養蜂の現場では、分蜂群を捕獲するために人工的に合成された女王フェロモンを利用します。また、花粉交配用のミツバチの巣箱を出荷するときに、女王バチの代わりに女王フェロモンを入れて働きバチを錯覚させて落ち着かせることもあります。

後述するコミツバチ亜属では、女王バチの大顎腺から分泌される9-ODAがきわめて少ないことがわかっています。コミツバチ亜属はオスバチの9-ODA受容細胞も少なく、誘引活性が低いことから、9-ODAが女王フェロモンとして機能していないと考えられます。ミツバチの中では祖先的なコミツバチ亜属ですが、その他のフェロモンや巣仲間認識物質について、解明されていない点が多くあります。一方でオオミツバチの女王バチからは9-ODAが大量に検出されています。働きバチからは検出されていませんが、オスバチに9-ODAの受容体が存在することから、オオミツバチの女王フェロモンの成分は9-ODAと推定されています。

集合フェロモン

働きバチの腹部にあるナサノフ腺では、女王バチや働きバチを誘引する集合フェロモンが分泌されています。集合フェロモンはシトラール、ネロール、ゲラニオール、ゲラン酸、ネラン酸などの混合物です。働きバチは後述する結婚飛行を終えた新女王バチが無事に自分の巣に戻ってこれるように、巣の入口で腹部を外側に向け、集団で集合フェロモンを放出します。養蜂作業において、巣箱を移動させたり、巣板からハチを払い落としたりするときに、巣にいる働きバチが仲間に巣の位置を知らせるために集合フェロモンを放出することもあります。

ニホンミツバチの分蜂群を誘引する効果のある集合フェロモンは、3-ヒドロキシオクタン酸と10-ヒドロキシデセン酸から構成されています。分蜂群やオスバチを誘引するこのフェロモンは、ラン科のキンリョウヘンの花からも分泌されていることが1990年代にわかりました（図7）。キンリョウヘンが自生する中国雲南省では昔からこの現象が知られていたようで、巣箱の上にキンリョウヘンの鉢を置き、分蜂群を自分の巣箱に誘導していたそうです。日本に入ってきたのは江戸時代で、当初は観賞用の蘭として輸入されていました。今ではニホンミツバチの養蜂家が育てる蘭になっており、キンリョウヘンから作られた合成フェロモンが誘引剤として販売されています。

警報フェロモン

警報フェロモンはミツバチのような真社会性昆虫に見ら

れるフェロモンで、働きバチから分泌されます。ミツバチの場合、天敵のオオスズメバチやクマなどの捕食者を感知すると警報フェロモンが放出され、巣内が警戒態勢になったり、攻撃あるいは逃避行動を誘発したりします。拡散速度がほかのフェロモンよりも速く、短期間で消失するのも警報フェロモンの特徴です。警報フェロモンは、働きバチに刺されたときに毒腺やナサノフ腺から放出されるため、刺された動物がほかの働きバチから敵と認識されます。ミツバチに刺された人が患部を水で洗い流すのは、警報フェロモンを洗い流すためでもあるのです。

図７　キンリョウヘンが分蜂群を誘引することを国内で最初に報告した福田道弘氏（左）とニホンミツバチのオスバチが訪花する様子（右）
動画は分蜂群がキンリョウヘンに誘引される様子（動画：吉田忠晴教授、https://youtu.be/y77EOYh5_nU）。

　養蜂の現場では、巣箱に振動を与えすぎたり、働きバチを蓋でつぶしてしまったり、長時間巣箱を開けていたりすると、警報フェロモンが放出されます。作業に慣れていない養蜂家は無意識のうちにミツバチへ多くのストレスを与えてしまうため、たびたびミツバチから警報フェロモンが放出されてしまいます。そうなるとミツバチが非常に攻撃的になり、巣箱から30m離れた場所にいる人が攻撃されてしまうこともあります。逆に、丁寧にやさしく扱われたミツバチは非常に温和で扱いやすい性質になります。

　なお、セイヨウミツバチの警報フェロモンとして酢酸イソアミルが知られていますが、これがオオミツバチの針刺器官に多量に存在していることがわかっています。このことから、セイヨウミツバチとオオミツバチの警報フェロモンは同じであると予測されています。しかし、ヒマラヤオオミツバチではこの物質は見つかっておらず、また、オオミツバチ亜属の巣仲間認識に関する物質は不明です。どうやら、ミツバチは種間で共通の物質を使用する場合と、種ごとに異なる物質を使用する場合があるようです。

蜂児フェロモン

蜂児《ほうじ》フェロモンは幼虫から分泌されるフェロモンの総称で、感知した働きバチの育児や採餌行動の活動性を高める働きがあります。成分として10種類の脂肪酸エステルが特定されており、このうちパルミチン酸メチル、パルミチン酸エチル、リノレン酸メチルは、蓋がけされる前の幼虫から強く放出されます。困ったことに、これらの成分はミツバチヘギイタダニを誘引してしまうことが報告されています。また、オオスズメバチも蜂児フェロモンを探知して蜂児がたくさんいる巣を見つけ出し、集団攻撃をする巣を決めていると推測されています。

養蜂の現場では、この人工合成された蜂児フェロモンを花粉交配用の巣箱に入れて、働きバチの卵巣発達の抑制や採餌活動の活性を高める目的で利用しています。

3 働きバチの一生

日齢分業によるワークシェア

ニホンミツバチの働きバチの羽化までの生育日数は19日で、これはほかのトウヨウミツバチと変わりません。対して、セイヨウミツバチは21日で、ニホンミツバチは女王バチ、オスバチ、働きバチともにセイヨウミツバチよりも生育日数は短いようです。セイヨウミツバチやニホンミツバチの働きバチ成虫の寿命は約1カ月で、冬の非活動期にはやや寿命が長くなりますが、それでも2〜3カ月くらいです。働きバチは短い一生の間に、日齢に応じてさまざまな仕事を行うことが知られています（図8）。こうした性質を日齢分業と呼びますが、働きバチだけに見られる性質です。

日齢分業においては、働きバチは主に巣内で働く内勤バチと、巣外で働く外勤バチに分けられます。この決まりは厳密ではなく、何らかのアクシデントで内勤バチがいなくなってしまった場合は外勤バチが内勤バチになります。逆に外勤バチが減ってしまった場合には、内勤バチが外勤バチになることもあります。

0〜3日齢は巣内の掃除係

羽化したばかりの働きバチは、体毛がほかの働きバチよりも白いため、慣れている人であれば簡単に見分けることができます。この時期の働きバチはまだ毒針が固まっていないため、人がつまんでも刺されることはありません。働きバチは羽化から数時間もすれば、巣房の中にたまっているごみを取り除く掃除をはじめ、3日間ほど、この仕事を専門的に続けます。

3〜10日齢は育児係

羽化から3日が過ぎた働きバチは、頭部の下咽頭腺が発

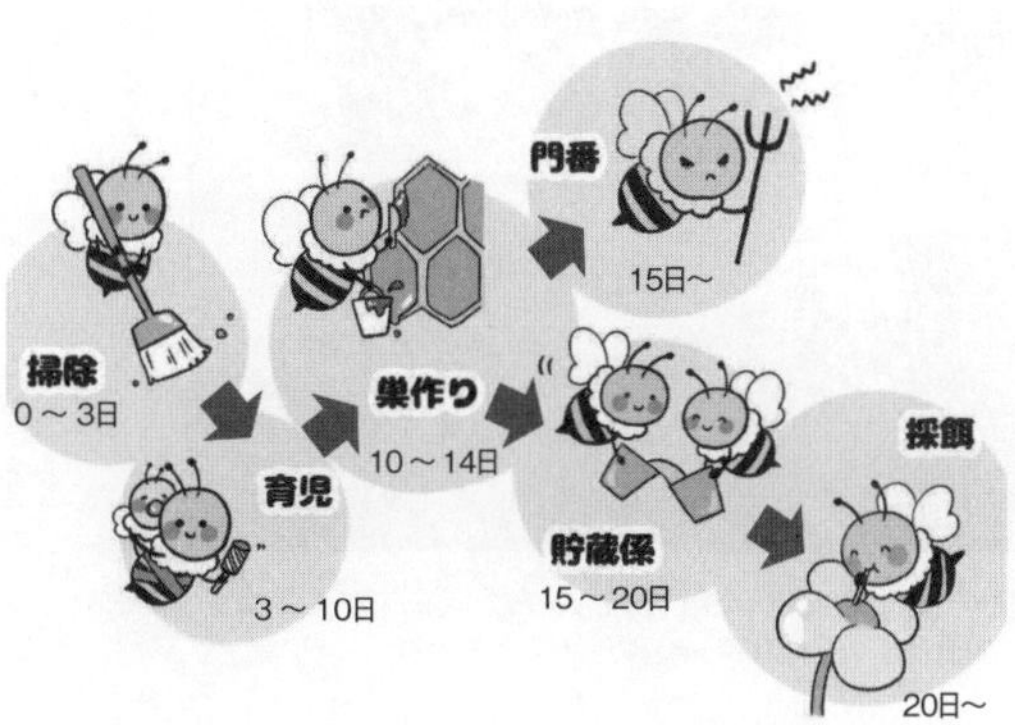

図8　セイヨウミツバチの働きバチにおける日齢分業

達し、幼虫の餌となるローヤルゼリーやワーカーゼリーを体内で合成できるようになります。この時期の働きバチは主に幼虫の世話を担当し、幼虫のいる巣房を見つけてはせっせと餌を与えてまわります。その後、羽化から6日を過ぎると下咽頭腺は徐々に退縮するため、10日を過ぎたあたりからは次の仕事に移行します。

10～14日齢は巣作り係

羽化から10日前後が経ち、腹部にあるワックス腺が発達した働きバチは、ワックス腺から分泌される蜂ろうで巣を作ったり、補修したり、サナギになる幼虫やハチミツの入った巣房に蓋がけを行ったりする仕事を担当します。

15～20日齢は貯蔵係

羽化から2週間ほど経つと、再び働きバチの下咽頭腺が発達します。3日齢で発達した下咽頭腺からは幼虫の餌が分泌されましたが、今度は糖を分解する酵素が分泌されるようになります。この時期の働きバチは、外勤バチが持ち帰った花蜜や花粉を巣内で受け取って貯蔵する作業を行います。外勤バチから花蜜を受け取ると、下咽頭腺から分泌された酵素を添加して巣房に入れます（図9）。翅で風を送って水分量を低下させ、ハチミツを作ります。また、外勤バチから受け取った花粉団子は巣房に押し込み、ハチミツや酵素を添加してハチパンに加工します。

図9　外勤で花蜜を集めてきた働きバチが、巣内にいる貯蜜係の働きバチに花蜜を受け渡し、酵素を添加して巣房に貯める様子
（https://youtu.be/VmpZyVJE_o8）

20日齢以降は外勤の採餌係

羽化から20日を超えると、いよいよ外に出て蜜源植物から花蜜や花粉を集める外勤バチになります。ダンスを踊れるようになるのもこの時期からです。こ

こから約10日間、寿命が来るまでの間、働きバチは巣の仲間のために採餌行動を行います。。

日齢の影響をあまり受けない仕事もある

このように、働きバチの仕事は日齢によって分担されていますが、日齢にあまり左右されない仕事もあります。例えば、巣の入口で天敵やハチミツを盗みにくる別の巣のハチを見張る仕事である門番は、主に10日齢以降の働きバチが行います。

また、猿や犬が互いに毛づくろいをするような行動であるグルーミング行動は、3~20日齢くらいまでの内勤バチが行っています。グルーミング行動はニホンミツバチの働きバチでよく見られる行動で、他個体の体に付着したごみを取り除くだけでなく、病原体やダニを排除する効果があると考えられています。グルーミング中のミツバチを観察すると、される側が翅を広げて気持ちよさそうにしている姿を見ることができます（図10）。

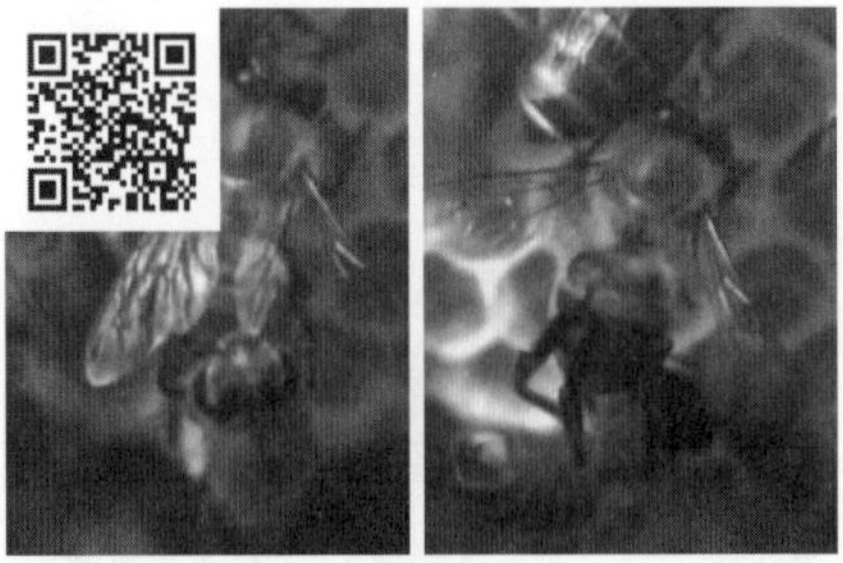

図10 ニホンミツバチの働きバチによるグルーミング
（https://youtu.be/gwaHTOqTwxc）

4 女王バチとオスバチの一生

女王の座を賭けたバトルロイヤル

1つのミツバチの巣にいる女王バチは1匹のみですが、年に1回、春になると巣では新しい女王バチが生まれます。ミツバチの巣に新しい女王バチが誕生すると、もといた女王バチは巣の働きバチを半数だけ連れて出て行き、ほかの場所に新しい巣を作り（これを分蜂と言います）、新女王バチと残された働きバチが巣を引き継ぎます。

巣に女王バチは1匹のみですが、新しく女王バチとなるために育てられる幼虫は1匹だけではありません。新女王バチの幼虫を育てる際、働きバチは、巣板の下面に王台と呼ばれる特別な巣房を作ります。セイヨウミツバチでは、この王台で10匹ほどの新女王バチ候補が同時に育てられます。同時に複数の新女王バチ候補を育てる理由は、1匹だけを育てていると、万が一、病気で死んでしまったり、栄養不足により不健康な状態で羽化しまったりした場合、巣の跡継ぎがいなくなってしまうからです。

ミツバチ亜属の女王バチの卵から羽化までの日数は、ニホンミツバチで約15日、インドミツバチで15日、セイヨウミツバチのイタリアンやカーニオランで16日と、種ごとに女王バチの発育日数がほぼ決まっています。また、女王バチは働きバチやオスバチよりも早く発育が進みます。巣の継承権は早く羽化した個体の方が有利であるため、発育日数は選択圧になっているのでしょう。

ほぼ同時に羽化した新女王バチ候補たちは、たった1つの女王の座を賭けた命懸けのバトルロイヤルをはじめます。まだ羽化していない新女王バチ候補のサナギを見つけたら、羽化する前に毒針で刺し殺し、巣板上でほかの新女王バチ候補に出会ったら、どちらかが死ぬまで噛みついたり、毒針を使ったりして、殺し合います。そして、最後まで勝ち残った1匹の新女王バチ候補だけが、新女王バチとして巣を引き継ぐことができるのです。新女王バチ候補の中でも身体が大きく、力の強い個体の方が生き残る確率が高いことがわかっています。

こうしたバトルロイヤルは、無事に成虫まで育った新女王バチ候補の中で最も強い個体に巣を引き継がせるためのシステムと考えられています。羽化した新女王バチ候補は「ピーピー」という高い音を発します。これを「クイーン・パイピング」と言い、働きバチたちに女王が羽化したことを伝えるものとされています。このクイーン・パイピングの時間は、セイヨウミツバチよりもニホンミツバチの方が長い傾向にあると言われています。

オスの生涯唯一の仕事は交尾

ドローンというと、多くの人はカメラ付きの小型ヘリコプターをイメージすると思います。しかし意外かもしれませんが、昔からミツバチのオスバチも「ドローン」と呼ばれてきました。実は「ドローン」には、「ふらふらしいている」「漂っている」「ろくでなし」「ごくつぶし」「よっぱらい」などの意味があり、人に対して使うときはあまり良い意味ではありません。ミツバチのオスバチは自分で花から餌を取ることができないため、働かずにただ巣の中でふらふらしながら、働きバチから餌を食べさせてもらっています。そんな様子を見て、昔の人が彼らを「ドローン」と呼ぶようになったそうです。

そんなオスバチが唯一活躍するのが新女王バチとの交尾です。普段は巣の中でふらふらしている彼らですが、このときばかりは非常に活発に飛び回り、女王バチを見つけると後を追いかけて交尾をします。オスバチの大きな複眼は

図11 セイヨウミツバチの交尾の様子
オスバチは死んでいる。

新女王バチを見つけるために発達しているのです。

ミツバチの交尾は、他の動物では見られない特徴があります。というのも、オスバチは新女王バチと交尾をした瞬間に即死します（図11）。交尾をするためだけに生まれてきたオスバチは、目的を果たすと即死する（寿命を終える）ように生得的にプログラムされていると考えられています。なお、交尾できずに戻って来たオスバチは次の機会に備えて巣の中で過ごしますが、繁殖の季節が終わる夏以降は働きバチによって巣から追い出されてしまいます。前述したようにオスバチは自分で餌を取ることができないため、追い出された後は野外で餓死してしまう、悲しい運命をたどります。

コロニーの命運をかけた結婚飛行

バトルロイヤルを制し、新しく巣を引き継いだからといって、新女王バチはまだ安心できません。巣の中にいるオスバチは、同じ女王バチから生まれた兄弟バチなので、子孫を残すためにはほかの巣で生まれたオスバチと交尾しなければならないのです。

新女王バチは羽化後、巣内で働きバチから餌をもらいながら性成熟（交尾や産卵が可能になること）を待ちます。羽化から6日ほど経つと、飛翔筋が発達し、性成熟も完了して、交尾の準備が整います。交尾の準備ができた新女王バチはまず定位飛行をして巣の場所を覚えます。その後、よく晴れた風のない午後に巣を飛び出して、高い木の樹冠周辺の空中で、ほかの巣から出てきた複数のオスバチと交尾をします。これを「一妻多夫」「複婚」「多回交尾」と言い、交尾のための飛行を「結婚飛行」と言います。

結婚飛行の時間帯については、ニホンミツバチの新女王バチとオスバチで、巣を出る時間帯が東京・神奈川で調査されています（図12）。13時15分～17時の間に巣から出ていた新女王バチのうち、交尾が成立した証拠となる交尾標識（図13）をつけて帰ってきたのは、14時15分～16時35分の間に外出していた個体でした。このとき、オスバチは13時15分～15時30分の間に飛行していました。同じ場所に生息していたセイヨウミツバチの外出時間は、新女王バチで12時15分～15時15分、オスバチで11時30分～15時30分でした。両種の間では交尾飛行の時間帯に不完全ながら相違があるようで、この時間差によって交雑リスクを防いでいる可能性があることがわかります。

　また、新女王バチが結婚飛行をする場所は、ミツバチの種ごと決まっています。結婚飛行の場所にはオスバチが先に集合することから、「オスバチの集合場所（DCA：Drone congregation area)」と呼ばれています。ニホンミツバチのDCAの多くは、巣の周辺で最も目立つ木の上空部分です。女王バチがこの場所に飛んで来ると、オスバチたちは後を追いかけ、次々に空中で交尾をします。交尾を終えると女王バチはすぐに巣に戻り、2～3日以内に産卵をはじめます。交尾を終えた女王バチは交尾標識と呼ばれるオスバチの生殖器の一部が腹部の末端に結合した状態で巣に帰ってきます。交尾標識は、女王バチが巣に戻る際に、働きバチによって引き抜かれます。

　結婚飛行の際、働きバチたちは女王バチが巣に戻りやすいように、巣門付近で腹部を上に上げて集合フェロモンを分泌します。その様子はまるでアイドルの出待ちをしているファンのようで、なんともほほえましい情景です。ミツバチを飼育している人はぜひ観察してみてください。

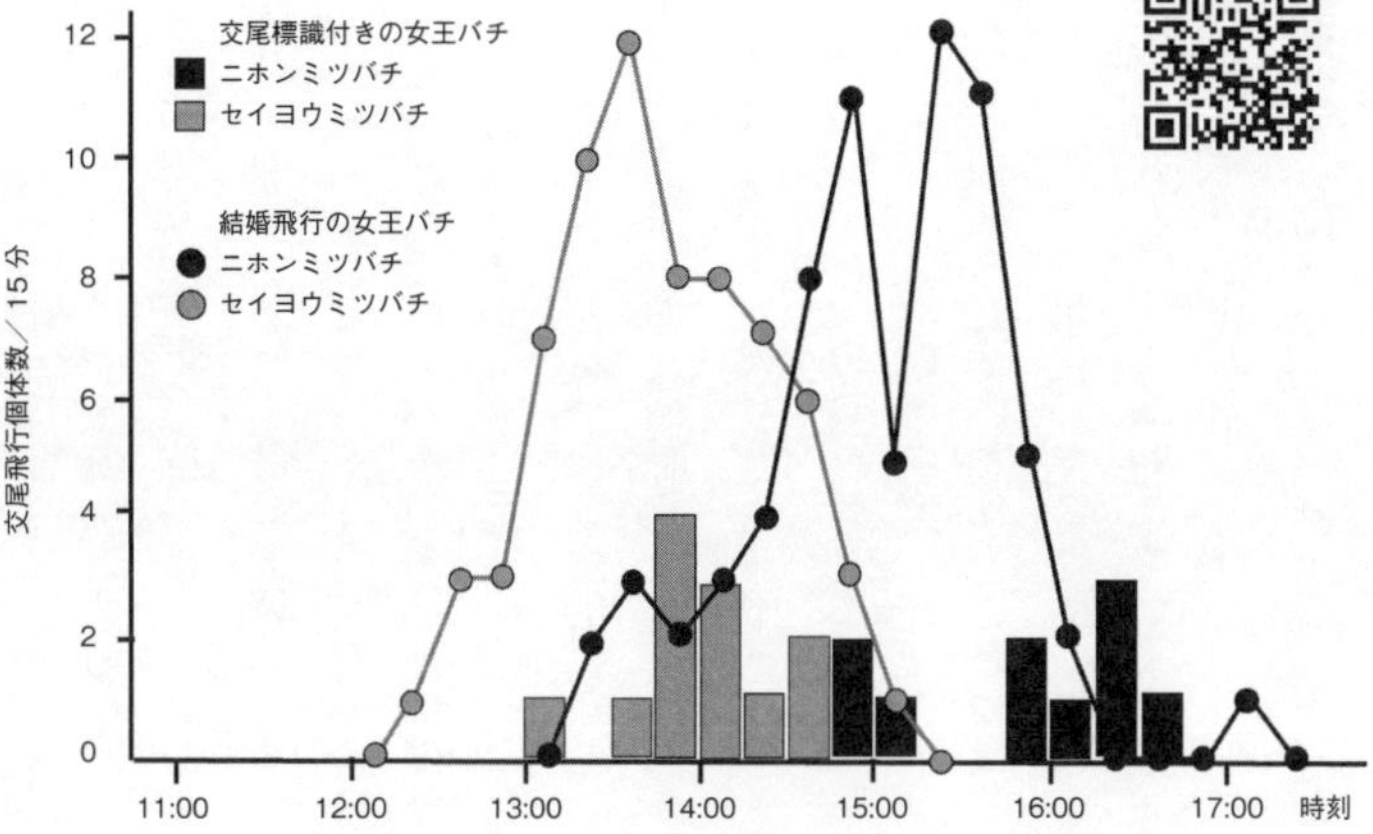

図12　ニホンミツバチとセイヨウミツバチの女王バチが結婚飛行に出た時刻と交尾標識を付けて帰巣した時刻
折れ線グラフは交尾飛行に出た女王バチ数、棒グラフは交尾をして帰巣した女王バチの数を示す。動画はセイヨウミツバチの女王バチが交尾標識を付けて帰巣した様子（動画：吉田忠晴教授、https://youtu.be/3znRa1X5zgw）。

図13　ニホンミツバチの交尾標識（左）とセイヨウミツバチの交尾標識（右）
（写真：吉田忠晴教授）

女王バチが結婚飛行に失敗するとどうなるのか

　ミツバチの女王バチにとって、さまざまな捕食者のいる巣外への外出は大変な危険を伴います。大きくて飛翔速度の遅い女王バチは、特に鳥類の格好の餌食。繁殖期である春先は、ミツバチを大好物とするツバメが、餌にありつこうと巣の周りを飛んで待ち構えていることもあります。女王バチが捕食されてしまった巣は、女王バチ不在の無王群となってしまいます。無王群では新たな働きバチが生まれないため、巣の働きバチ数が徐々に減り、1~2カ月ほどで巣が崩壊します。

無王群となった巣では緊急的に新しい女王バチが育てられます。通常であれば孵化後3日以内の幼虫がいる巣房10個ほどを改造して変成王台を作り、代わりとなる新女王バチを育てます。ただし、ニホンミツバチは別亜種のトウヨウミツバチやセイヨウミツバチと比べて変成王台ができにくいことが知られています。これには、無王群となったニホンミツバチの巣にいて産卵する働きバチが関係しているのかもしれないとも言われていますが、実際のところはよくわかっていません。

産卵する働きバチは、無王群になったニホンミツバチの巣で起こる変成王台以外の大きな変化です。セイヨウミツバチでは21日ほどかかる産卵する働きバチの出現が、ニホンミツバチではなんと3~5日以内で起こるのです。これは、セイヨウミツバチなどの働きバチでは退化している卵巣が、ニホンミツバチの働きバチの一部の個体では発達していて、女王バチがいなくなるようなアクシデントにいつでも対応して産卵できるようになっているからです。産卵する働きバチは、腹部にある黄色の縞模様が消失し、腹部が光沢のある黒色になります。このような数個体の働きバチが、無王群になった巣で巣房に卵を産み付けるのです。このような働きバチの変化は、セイヨウミツバチでは観察されていません。なお、働きバチの産む卵は未授精卵であるため、残念ながらやや小型のオスバチしか生まれません(詳しくは第4章で説明します)。このような現象を「同胞産卵」と呼び、いくら働きバチが卵を産んだとしても代わりの女王バチの育成に失敗すると、巣は崩壊してしまいます。ときどき1つの巣房に数個から数十個の卵が見られる場合がありますが、これは働きバチが産んだ卵です。

このように、女王バチは巣の存続に欠かせない存在なので、生涯で外出するのはただ一度、結婚飛行のときだけです。それでも無事に戻ってくることができる新女王バチは7割程度と言われています。私の観察では、結婚飛行に出かけたニホンミツバチの女王バチの約12%は巣に戻ってきませんでした。交尾に成功したとしても、帰る巣を間違えて、その巣の働きバチに刺殺されてしまう女王バチもいます(図14)。別の巣への迷い込みは自然界では起こりにくい現象ですが、多くの巣箱が並んでいる養蜂場では発生しうるトラブルです。このため、養蜂家は対策としてカラフルに巣箱を塗り分けたり、巣箱の入口に印をつけたりしています。

すごすぎる女王バチの産卵能力

前述したように、ミツバチ亜属の女王バチは巣内で産卵だけを行いますが、特に春から夏にかけてはたくさんの卵を産みます。セイヨウミツバチの女王バチは、1日で自分と同じ体重に相当する約1000〜2000個の卵を産むことができるそうです。これは120〜160本もある卵巣小管が常に次の卵を生産しているからこそなしえる能力です。人や鶏に置き換えて考えると本当に驚くべき能力で、栄養豊富なローヤルゼリーを食べているからこそと考えられています。

図14　巣に迷いん込んできたほかの巣の女王バチを、働きバチたちが噛みついて刺しているところ

ニホンミツバチの女王バチの卵巣小管数は約135本とセイヨウミツバチよりもやや少なめで、それに応じて産卵数も若干少なめです。卵巣小管数は卵生産能力に関係するため、この数がおおよその産卵能力の指標となります。卵巣小管数は体の大きさとも比例し、群の働きバチ数にも影響します。ただし、働きバチの卵管小管数はニホンミツバチの方が多く、前述のようにセイヨウミツバチよりも産卵する働きバチになりやすい傾向にあることがわかっています。

女王バチの寿命

女王バチの寿命は1〜5年ほどです。ニホンミツバチはセイヨウミツバチよりも女王バチの平均寿命が短く、通常は2年ほどで、3年目にはほとんどの個体が死亡してしまいます。女王バチの年齢は翅や背中の体毛の消耗具合でおおよそ推定できますが、今のところ完全に年齢を特定する方法はありません。養蜂現場では最初に印をつけたり、翅に切り込みを入れたりして、個体を識別して年齢を把握しています。

女王バチが寿命よりも早くに突発的に死んでしまった場合は、結婚飛行に失敗したときと同様に、緊急的に3日齢以前の幼虫の中から新女王バチ候補が育成されます。

5 ニホンミツバチの巣

ミツバチの巣は、亜属や種によって営巣場所や巣、巣房に特徴があります。みなさんが一般的にイメージするハチの巣はどんなものでしょうか。野生のハチの巣であれば、民家の軒や屋根裏に作られたスズメバチやアシナガバチの巣が、ミツバチの巣であれば養蜂場にある巣箱が連想されるかと思います。では、日本の在来種であるニホンミツバチは、野生環境ではどのような場所に、どのような巣を作っているのでしょうか。

営巣場所は樹洞などの閉鎖空間

野生のニホンミツバチの営巣場所は樹洞内などの閉鎖空間で、まれに石場の隙間にも営巣します。樹洞の出入り口は10m以下であることが多く、樹種についてもあまり選り好みはしないようです。重要なのは内部に雨水が入らず乾燥していることです。都市部でも公園や神社などの大きな木の樹洞に営巣していることがあり、人工物では、屋根裏、戸袋、壁、床下、排気口、墓石、神社の祠などによく営巣

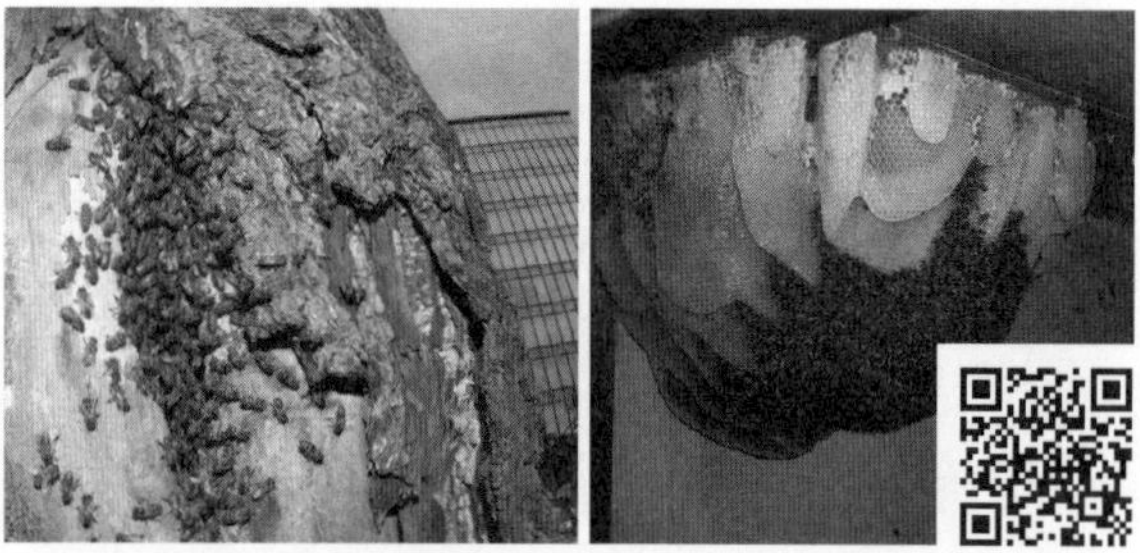

図15　ニホンミツバチの巣
左は御堂筋通の街路樹に営巣していたもの、右は民家の屋根裏。
（https://youtu.be/dpeXTagQoq4）

図16　セイヨウミツバチの珍しい開放空間への営巣（西表島）
（https://youtu.be/TmkrMyZvZQs）

しています（図15）。図16は私が西表島で見つけた開放空間に営巣していたセイヨウミツバチの巣ですが、これはとても珍しいものです。良好な営巣空間は、継続的に利用されるので、数年から十数年に渡って営巣が見られる場合もあります。

ニホンミツバチは、巣の上部から、食料であるハチミツを貯蔵する貯蜜圏、花粉を貯める花粉圏、幼虫を育てるための育児圏と、巣房をゾーン分けして利用しています。

巣の大きさと重さ

ニホンミツバチやセイヨウミツバチなどミツバチ亜属の巣は、複数の巣

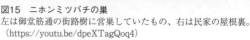

板から構成されているのが特徴です。養蜂では巣板と巣板の間隔を「ビースペース」と呼び、重要な管理ポイントになっています。ビースペースはニホンミツバチで約7〜9㎜、セイヨウミツバチで約10㎜です。働きバチの巣房の直径は、ニホンミツバチで4・7㎜、セイヨウミツバチで5・1㎜です。オスバチの幼虫の巣房は5・4㎜と6・5㎜とやや大型です。ニホンミツバチの王台とオスバチの巣房の中で幼虫が内側から繭を吐いて内蓋を作ると、働きバチが蜂ろうで外側から蓋をします。この外蓋は、ニホンミツバチでは羽化前に働きバチが齧り取って繭を露出させるのに対し、セイヨウミツバチでは羽化まで外蓋がかかったままです。

巣の大きさは、一般的な野生のニホンミツバチで、巣板1枚につき巣房が平均6600個、これが5枚前後で全体が3万3000巣房とされています。巣の重さは蜂児や貯蜜を含めると20〜40kgほどで、平均だと30kgほどです。ただし養蜂で飼養されている巣箱ではこれよりも規模が大きく、重くなることもあります。

巣房の成分は働きバチが分泌する蜂ろう

ミツバチの巣の成分は働きバチがワックス腺から分泌する蜂ろうです。ニホンミツバチの巣房に使われている蜂ろうは、炭化水素が38・2％、遊離脂肪酸が9・7％、遊離アルコールが1・9％、エステル49・6％で、これはセイヨウミツバチでも大きな違いはありません。ただし、セイヨウミツバチは巣にプロポリスを付着させることがあるため、巣の強度はニホンミツバチの巣よりもやや高いようです。なお、ニホンミツバチの巣房の融点（それ以上温度が上がると固体が溶けて液体になる温度）は63〜65℃なので、猛暑のときには巣が溶けて落下する場合もあります。

巣房は繰り返し使用されるため、はじめは白色ですが、徐々に黄色、茶色、黒茶色へと変色します。また、幼虫が何度も羽化した巣房は、幼虫が分泌した絹糸や糞などが乾いて張り付いて残るため、巣房壁が補強されていきます。巣の上部は、ハチミツを貯める巣房が集まる貯蜜圏のため、蜂ろうを多めに塗布したり、巣房の形状を変成させて付着面を増やしたりして、強度を上げています。古くなって劣化したプラスチックのようにポロポロと崩れやすくなった巣房は、働きバチがかじり取って除去します。

ニホンミツバチの巣作り

ニホンミツバチの働きバチでは、羽化から10日を過ぎるとワックス腺が発達します。ワックス腺は4つあり、そこから直径2・2㎜、短径1・4㎜ほどのうろこ状の薄いろう片が分泌されます。ろう片は働きバチの後脚の内側にあるブラシ状の毛を使って剝がし取られ、口元に運ばれ、大顎でかみ砕き塊にされてから、巣房の壁作りに利用されます。

ニホンミツバチでは越冬中に巣板をかじる行動が観察されており、巣の底部には巣くずの堆積が見られます。巣板かじりの理由にはいくつか仮説があり、1つは余分な巣板をかじることで球状に集まったハチの集団の形成場所を限定し、巣板による分断をなくして巣内の保温効果を高めている可能性です。もう1つは6章でも説明するミツバチの病害虫であるハチノスツヅリガの被害を低減するために、蜂球の中央部分にハチノスツヅリガの幼虫が来ないよう余分な巣板を巣の下に落下させている可能性です。さて、このように冬の間かじり取られた巣板ですが、越冬が終わるころになると、働きバチがかじり取られた部分に新しい巣房を作り、元の状態に戻します。

オスバチの巣房には空気孔が開いている

ニホンミツバチのオスバチは、ほかのトウヨウミツバチ種と同じく、羽化までには21日かかります。オスバチの幼虫の巣房は、蛹化《ようか》（幼虫がサナギになること）のときに働きバチにより蜂ろうで蓋掛けされた直後、中から幼虫が蓋に繭をはります。繭がはられた1～6日後に働きバチが蜂ろうの蓋を取り除き、繭が現れます。

ニホンミツバチのオスバチの巣蓋の特徴として、頂部中心に小さな孔が見られます（図17）。トウヨウミツバチやクロオビミツバチのオスバチの巣房は巣房面に密着するように蓋掛けされており、このような孔はありません。ニホンミツバチの巣蓋の小孔は空気の流通孔であると推定されています。ニホンミツバチの幼虫が、糸を吐きながら繭を作りますが、このときに小孔を開けていることが観察からわかっています。糸を吐き終わった幼虫は、ククナーゼという消化酵素を出すことで繭を溶かし、きれいな小孔を開けているようです。

サナギの時期を経たオスバチは、繭の蓋を噛み切って羽化します。ニ

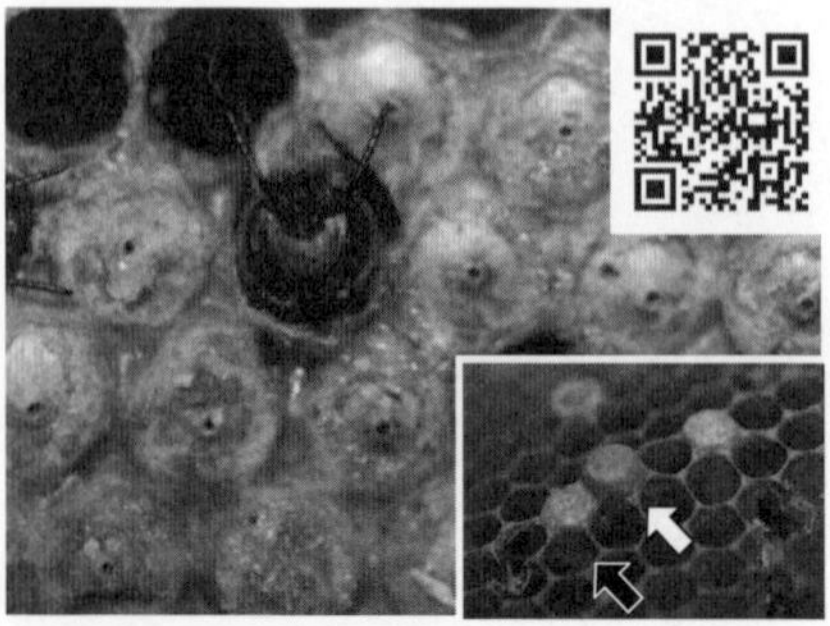

図17　ニホンミツバチのオスバチの繭に見られる中心部の小孔構造
側方から見るとオスバチの繭は突出している（白矢印）が、働きバチの繭は突出していない（黒矢印）。
（https://youtu.be/tflBo4WrCCw）

ホンミツバチのオスバチは、ほかのミツバチ同様に働きバチから餌を食べさせてもらいますが、セイヨウミツバチとは異なり、オスバチが自分で貯蜜巣房から餌をとる行動も観察されています。

ニホンミツバチのオスバチは、羽化後5日目以降から定位飛行をはじめます。性成熟するのは羽化後8～10日目で、このころになると多くのオスバチが結婚飛行に飛び立ちます。ニホンミツバチのオスバチが結婚飛行に出かけるのは13時15分ごろから、出巣のピークは14時30分～15時とされています。

6　ニホンミツバチの生活史

生活史とは、生物が生まれてから死亡するまでの過程を説明したものです。群（巣）単位で生活をしているミツバチの生活史を説明する際は、群単位で紹介することが一般的です。さて、ミツバチはどのような1年を過ごしているのでしょうか。ここからはニホンミツバチの生活史の1例として、京都にいる野生のニホンミツバチの春から次の年の春までの生活史を紹介します（図18）。

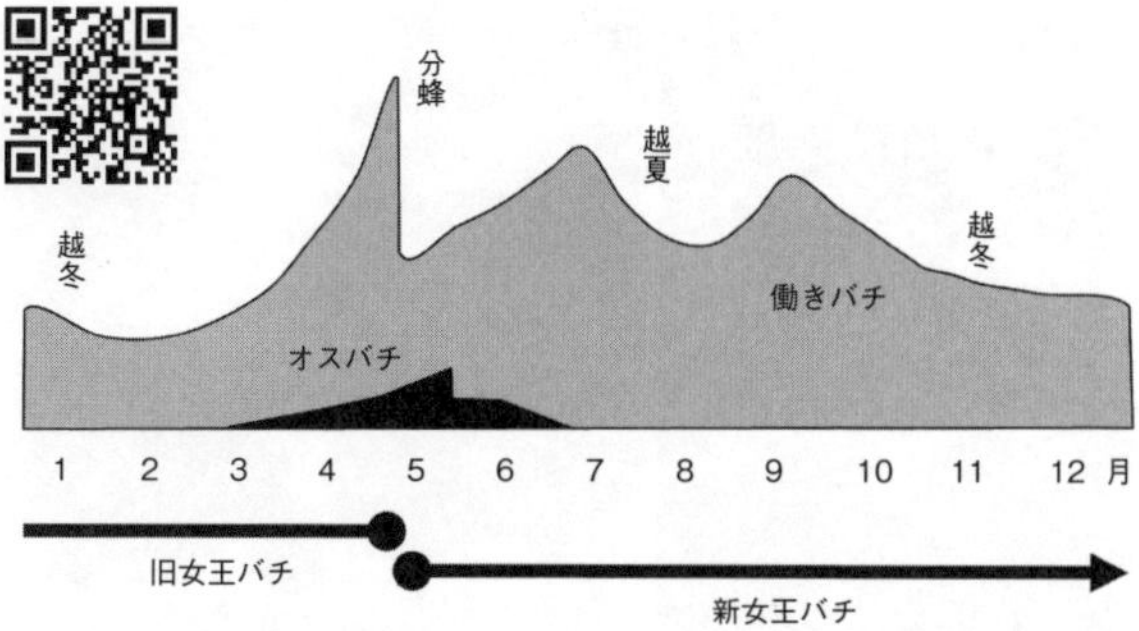

図18　日本（本州）におけるミツバチの1年間の生活史と蜂数の推移
灰色は働きバチの数、黒色はオスバチの数を示す。（『養蜂技術手引書』をもとに作成・一部改変）。動画はニホンミツバチのオスバチが交尾飛行に出る様子（https://youtu.be/sS_kf6crIWc）。

春は分蜂の季節

ニホンミツバチの分蜂は、本州では4～5月ごろから、九州南部や薩南諸島では3月ごろから始まります。群に余力があれば、一群から数回の分蜂が起こることもあります。分蜂の回数を含め、群の蜂量の推移は、蜂児を育てるための花資源の量に大きく左右されます。

分蜂はニホンミツバチにとって重要なイベントです。京都では3月中頃になると菜の花が咲きはじめます。この時期になると、ニホンミツバチの巣は活動を再開し、次から次へと働きバチが羽化します。4月になり、桜が満開になるころには、巣ではたくさんの働きバチと、普段は見られないオスバチが羽化します。巣の規模によりオスバチの数は数百から3000匹ほどと差があります。働きバチは、大きな巣では1万匹を越える規模にまで増殖します。巣板の下部には平均3（1～6）個の王台が見られ、中で新女王バチ候補となる幼虫が育っています。王台の先端が塞がれてから約3日後には、先端の蜂ろうが働きバチに齧り取られ、内蓋の茶褐色の繭が完全に露出します。このころになると、女王バチの周りにいる働きバチたちは、盛んに体を震わせる背板振動を繰り返し、女王バチの産卵を妨害して分蜂を促します。そして、繭の露出から5～6日目（新女王バチ候補が羽化する2～3日前）、季節で言うと4月上旬ごろの晴れた日の日中に、1回目の分蜂が起きます。女王バチと巣の約半分の働きバチとオスバチは、新女王バチの羽化を待たずに分蜂します。分蜂群の大きさは、もともとの巣にいた個体数に関係しており、ニホンミツバチでは数千～1万匹、最大でも2万匹ほどで、セイヨウミツバチでは3万匹前後、多くて5万匹ほどと言われています。

分蜂群は一旦近くの木の枝などに集合して、一時的に分蜂群の塊である分蜂球《ぶんぽうきゅう》を作ります。分蜂球では、中心の女王バチを周りの働きバチが守っています（図19）。偵察に出ていた働きバチが新しい営巣場所を見つけると、その働きバチの誘導により、集団で新居に引っ越します。分蜂群が一時的に付着する木には選好性があると考えられています。ニホンミツバチの分蜂群が好む樹種は、ウメ、カキ、サクラ、モモ、マツなどで、太い枝分かれをした樹皮の下にミツバチの群れが付着するようです。付着時、働きバチは頭部を上に向けてきれいに整列したように並んでいます。一方でセイヨウミツバチの場合、分蜂群は細い枝を包むように分蜂球を形成し、働きバチの頭の向きも不規則です。ニホンミツバチは、毎年同じ場所に分蜂球を作る傾向があります。養蜂家は狙った場所に分蜂球を作らせるために、サクラの皮などを板下面に張り付けて分蜂球がつかまることができるように枝に吊るした自作の分蜂誘導器を使用しています（図19）。

図19　ニホンミツバチの分蜂群（左）とサクラの皮を吊るした分蜂群誘導板（右）

寿命間近の女王バチは、春の繁殖期に新女王バチ候補の羽化の目途がつくと、ほとんどが分蜂せずに死んでしまいます。ニホンミツバチでは観察されていませんが、セイヨウミツバチでは産卵能力が落ちてきた女王バチが働きバチたちに殺されてしまう場合もあるようです。これを「母殺し行動」と言い、ミツバチだけでなく社会性ハチ目（膜翅目）の多くで確認されています。女王バチがいなくなった巣では、新しく羽化した新女王バチがそのまま巣を継承するため、分蜂は起きません。

集めて、貯めて、育てる…大忙しの4月、5月

女王バチが去った巣は、新女王バチと巣に残った働きバチが引き継ぎます。ニホンミツバチでは、結婚飛行を無事に終えた新女王バチが産卵を開始し、順調に育児が進むと、4月下旬～5月上旬ごろには巣の働きバチの数が元の規模まで増えます。このように巣の規模が大きくなると、さらに新たな女王バチを育成して、すでにいる新女王バチは約半数の働きバチを引き連れて分蜂をすることがあります（これを「第二分蜂」と言います）。第二分蜂群の新女王バチが未交尾のまま分蜂した場合は、十分な女王フェロモンが分泌されずに分蜂群の形状は不規則になることがあります。実際には第二分蜂が起きるほどに巣の規模が大きくなることはまれで、むしろ分蜂するほど巣が育たず働きバチだけを育てる巣もあれば、オスバチは育てるけれど新女王バチは育てない巣もあります。また、寿命が尽きそうな女王バチと新女王バチが入れ替わることもあります。

さて京都のニホンミツバチにとって、4月と5月は最良の季節です。春はたくさんの花が咲いているので、餌には困りません。この時期の働きバチは大忙しです。巣を拡張して、花蜜と花粉を集めて幼虫を育て、分蜂する、結婚飛行が終わった新女王バチが産卵をはじめると、再び幼虫を育て、花蜜と花粉を集め、それを貯めて、を繰り返します。花がたくさん咲いているこの時期に、いかに花蜜と花粉をたっぷり蓄えるかが、この後の季節に関わってきます。

餌の少ないつらい梅雨

6月に入り梅雨がはじまると、咲いている花が少なくなるため、梅雨明けまでは育てる幼虫の数を減らし、省エネ生活を送ります。この時期のニホンミツバチは、4月と5月に巣に貯めたハチミツや花粉、ハチミツを混ぜて発酵させた花粉の塊（ハチパン）を少しずつ食べながら生活をしています。餌が不足してくると雨の日でも花を探して飛ぶ場合もありますが、飢餓が深刻になると幼虫やサナギを捕食する様子も観察されます。なお、ニホンミツバチの繁殖

期は梅雨前までなので、巣の中にいたオスバチは働きバチによって巣外に追い出されて、死んでしまいます。

ミツバチがほかの巣に侵入してハチミツを盗むことがあります。これを「盗蜜《とうみつ》（盗蜂《とうほう》）」と言いますが、ニホンミツバチもほかのニホンミツバチの巣やセイヨウミツバチの巣から盗蜜を行うことがあります。ニホンミツバチでは働きバチが単独で盗蜜を行いますが、セイヨウミツバチは最初に侵入した個体がダンスで仲間を集め、集団で盗蜜します。この盗蜜は花の少ない梅雨や越冬明けに行われることが多く、セイヨウミツバチに集団で盗蜜されたニホンミツバチは、巣を捨てて逃げることがあります。なお、訪花しても受粉しないで花蜜だけ集める行動のことも同じく「盗蜜」と呼びますが、これはミツバチではあまり行われません。

越夏の季節は働きバチが巣内を換気

梅雨が明け、夏の花が咲きはじめると、ニホンミツバチは本格的な夏が来る前に再び活発に採餌活動を行います。また、減った働きバチの数を増やすために、たくさんの幼虫を育てるようになります。

京都では、梅雨が明けると気温が30℃を超える真夏日が増えます。ニホンミツバチは巣内の温度は33℃前後で保つために、気温が上がると働きバチたちが巣門で旋風行動をして巣内を換気します。ニホンミツバチの旋風運動は、巣門にいる働きバチたちが頭部を巣の外側に向け、翅を羽ばたかせて外の新しい空気を巣内に送り込む方式です（図20）。対してセイヨウミツバチのそれは、巣の内側に頭部を向けて旋風行動を行い、巣内の空気を排出するような空気

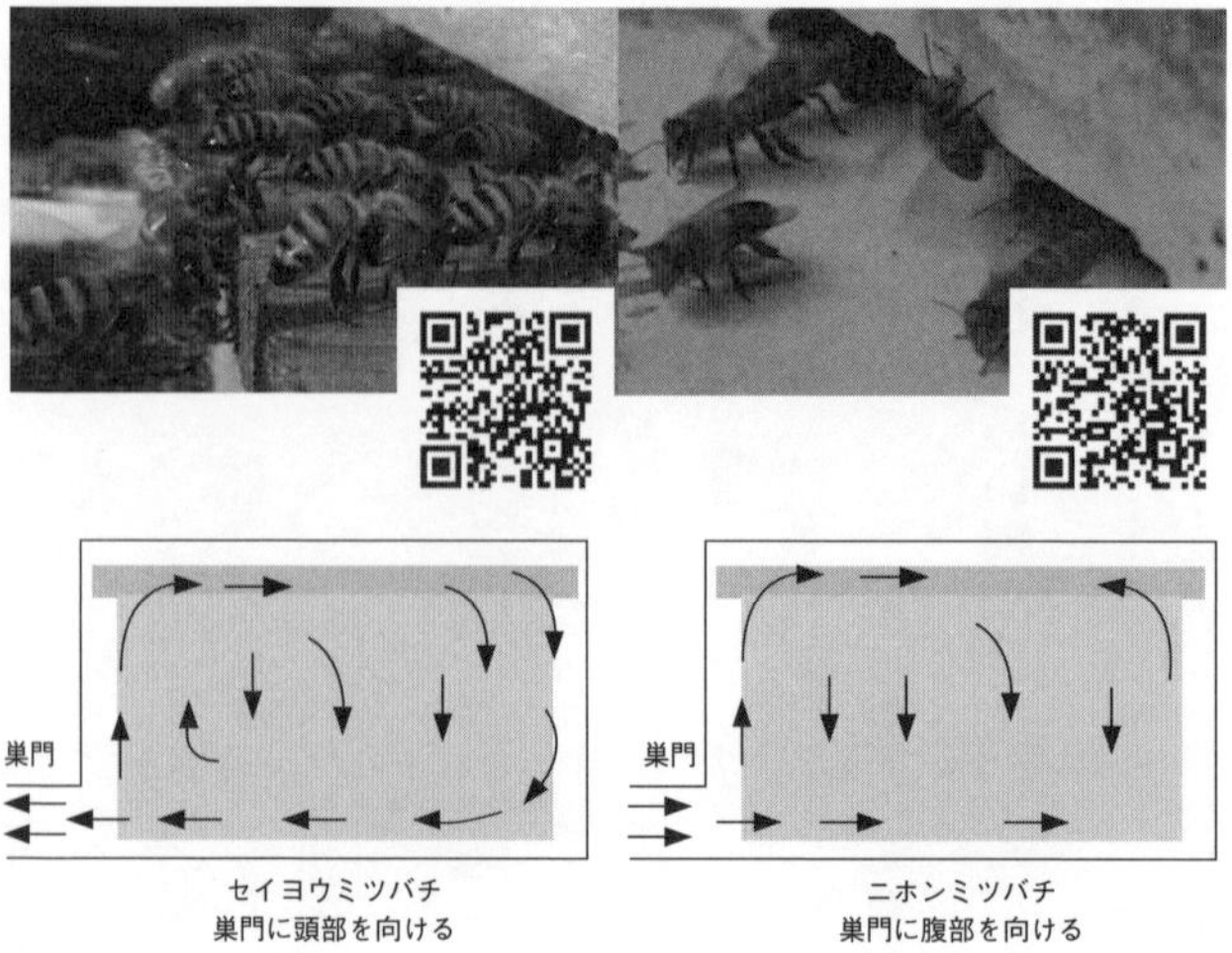

図20　ニホンミツバチとセイヨウミツバチの旋風行動の比較
セイヨウミツバチは巣門に頭部を向けて旋風する（https://youtu.be/XnoizwSNbMc）。ニホンミツバチは巣門に腹部を向けて旋風する（https://youtu.be/-Jbl1PFeQxE）。巣内への空気の循環（矢印）は異なるが換気することができる。

の流れを作っています。

再び蜜源植物が減る京都の8月

8月になると気温も高くなり、京都の山林では多くの幼虫を育てられるほどの蜜源植物が見られなくなるため、ニホンミツバチは少ない花蜜と花粉を集めて、なんとか群を維持しなければなりません。この時期は山林部よりも都市部の緑化が進んだ地域の方が蜜源植物が植栽されていたり、ジュースの空き缶から糖液が取れたりするので、ミツバチにとっては良好な環境です。京都市周辺の山林部は針葉樹が多いため、ニホンミツバチはさらに大変です。風で花粉を運ぶ針葉樹は、虫や鳥に花粉を運んでもらう必要がないので花蜜がなく、花粉も紅葉樹と比べて軽くて中身がないため、ミツバチの餌には向いていません。

　このように巣の周辺に餌が少ない場合、ニホンミツバチは巣を捨てて、群のミツバチ全員で花が多い場所を求めて移動します。これは野生ミツバチの適応行動です。ニホンミツバチの養蜂家はこれを「逃去」と言い、特に長梅雨や猛暑の年では、飼育しているミツバチがいなくなってしまわないかを心配しています。逃去を防ぐために餌となる砂糖液を巣門付近に置いてあげる養蜂家も多くいます。なお、移動した先で十分な餌を確保できなかったミツバチの巣は、最悪の場合、蜜切れを起こして全滅します。

お盆明けから襲来するオオスズメバチ

お盆を過ぎると気温が下がり、京都では秋の気配が感じられるようになります。花も少しずつ増えてきますが、ニホンミツバチは春の最盛期と比べて働きバチの数が半分くらいまで減った群も多く見られます。この時期になると、ニホンミツバチの巣では再び花蜜や花粉を集めて多くの幼虫を育てはじめるため、巣の働きバチ数は再び増加に向かいます。ミツバチにとっていい季節がきたと思ったらそうでもなく、この時期になると幼虫やサナギが増えたミツバチの巣を狙って、天敵であるオオスズメバチが飛来するようになります。オオスズメバチは仲間を呼んで集団でミツバチを襲います（集団攻撃、マス・アタック）。ニホンミツバチもやられているだけではありません。巣内にオオスズメバチが侵入すると、50匹以上の働きバチが一斉に取り付き、蜂球《ほうきゅう》を作ります。蜂球内の温度は、働きバチの飛翔筋による発熱、オオスズメバチの致死温度である47℃まで上昇します。この時期の巣内では、侵入したオオスズメバチが働きバチの集団に熱殺される様子が見られます。熱殺蜂《ねっさつほう》球《きゅう》と呼ばれるこの攻撃は、キイロスズメバチやメンガタスズメなどといった大型の昆虫に対しても行われています。

また、オオスズメバチが飛来したニホンミツバチの巣では、出入りをする働きバチが極端に減ります。このとき、巣内からは警戒音のシマリングが発せられるようになります（図21）。これはシマリング（振身）行動と呼ばれ、開放巣の場合はスズメバチが働きバチをうまく捕まえられないようにする効果があるようです。閉鎖空間であるニホンミツバチの巣内でのシマリング行動の意義はよくわかっていませんが、巣の外側の巣門付近で一部の働きバチが行うシマリング行動によって、働きバチを捕食しようとするスズメバチが目標を見失って失敗する例がよく観察されています。

図21　ニホンミツバチによるツマアカスズメバチに対するシマリング行動
白矢印が腹部を上げて左右に振りシマリングを行っている個体、黒矢印はツマアカスズメバチ。
（https://youtu.be/wHhPYkacQ-k）

このようにニホンミツバチは外敵に対しさまざまな手段で反撃しますが、撃退できないと判断した場合には、成虫だけが巣を放棄して別の場所に移動します。これを「逃去行動」と言い、このように巣を放棄した群が生き残る確率は、残念ながら低いとされています。

養蜂家たちによるスズメバチ対策としては、巣門に侵入防止柵を付けたり、植生ネットを巣箱に巻き付けたりしてスズメバチの巣内への侵入を防止する方法や、粘着シートを巣箱の頂上部に置くなどの方法があります。また、定期的に点検してスズメバチを捕獲することも重要です。ペットボトル式のスズメバチトラップを周辺に設置する方法も有効ですが、個人的にはほかの昆虫まで殺してしまうのでお勧めしていません。

秋の越冬準備と厳しい冬

オオスズメバチの攻撃から巣を守ることができた群は、秋に咲く蜜源植物から越冬用の花蜜と花粉を集めます。順調に成長した巣では、10月ごろに熟成したハチミツがたくさん貯まっているので、ニホンミツバチの養蜂家はこの時期に採蜜を行います。

冬はニホンミツバチにとって最も厳しい季節です。働きバチは、秋までに貯めていたハチミツを少しずつ利用して、発熱をしながら塊となって女王バチを守ります。外気が氷点下であっても、働きバチが巣の中心部を30℃に維持しています。厳冬や長冬の年は、越冬中にハチミツがなくなって全滅してしまう巣も少なくありません。冬は最も巣の死亡率が高い時期で、野生の群の越冬中の死滅率は平均すると20％ほどです。これは平均最低気温が低くなるにつれて上がっていきます。

私が野生のニホンミツバチの巣を観察してみても、3年以上、同じ場所で営巣し続ける巣はほとんどなく、自然は厳しいことを改めて実感させられます。

7 コミツバチ亜属の行動と習性

ここからはアジアに生息するコミツバチ亜属とオオミツバチ亜属について紹介します。まずはコミツバチ亜属のコミツバチとクロコミツバチについて、両者を比較しながら、その行動や習性を説明していきましょう。

営巣場所は低地。季節や棲み分けで引っ越しも

コミツバチはクロコミツバチよりも営巣場所に関する選好性の範囲が広く、都市部の人工物などにも営巣します。コミツバチの巣は標高500mほどの低地でよく見られますが、夏の高温期だけは通常よりも高地で営巣することが確認されています。例えば、イランやオマーンの低地では、夏季に50℃を超える酷暑日も多く、より涼しい標高1900m付近で営巣しているようです。同様に、南インドでは標高1800mで、ベトナムでは2000m付近での営巣例もあるようです。タイのコミツバチは、通常は標高1000m以下でよく見られますが、乾季の2カ月間と雨季の5カ月間は、1600m以上の高地での営巣例があるようです。これらの状況から、コミツバチは地域の気候に合わせて季節移動を行っていると考えられます。

クロコミツバチの巣も、一般的には低地にあります。例えばマレーシアやインドネシアでは標高0～500m付近で、インドネシアの中央スマトラでは標高200～500m付近でよく営巣しています。これらの地域では1000mを越える高地では営巣していないようですが、スマトラのランプラングで標高1400m、ベトナムで1200m、マレー半島のキャメロン高地で1600m、ボルネオ島のサラワクで1200mと、高地での営巣例も報告されており、コミツバチとの住みわけが予想されています。タイ東南部のチャンタブリでは、1～6月にクロコミツバチの営巣が確認されますが、それ以外の時期になると巣を見かけなくなります。また、タイ北部のチェンマイでは3～4月のみクロコミツバチの巣を見ることができるようですが、6～10月の雨季には巣が見られなくなります。これらの状

況から、東南アジアのクロコミツバチも季節によって移動している可能性があります。ただし、10年以上にわたって同じ場所に営巣し続けている例もあるため、移動には季節だけでなく蜜源植物や天敵など複数の外的環境が影響している可能性もあります。また、クロコミツバチでは、営巣場所によっては集団営巣する場合もあるようです。

営巣場所と巣の構造の違い

コミツバチもクロコミツバチも、低木や灌木《かんぼく》の比較的小さな枝に営巣し、まれに葉に巣を作ることもあるようです。営巣場所の高さは地面から30㎝~10ｍと幅があります。

閉鎖空間に複数枚の巣板を作るミツバチ亜属のミツバチとは異なり、野生のコミツバチ亜属の巣は1枚のみで、開放空間に作られます。形はニホンミツバチと同様、上（基部）が幅広く下に向かって狭くなる、舌のような形をしています。都市部ではビルなどの人工物の軒下や小さな横穴などの空間にも巣を作ります。中東では営巣に適当な木本類が少ないため、岸壁に営巣することが多いようです。また、タイのコミツバチはヤシやバナナなどの葉に営巣することもありますが、クロコミツバチではそのような様子は見られません。

巣の構造は、コミツバチとクロコミツバチで大きく異なります。巣全体の面積はクロコミツバチよりもコミツバチの方が大きく、巣房も同じようにコミツバチの方が25％ほど大きいです。両者の大きな相違点の1つは巣の頂上部にある貯蜜圏で、コミツバチの巣は上を向いているのに対して、クロコミツバチの巣は横向きで（図22）、この特徴が2種の巣を見分ける明瞭な特徴になっています。また、巣房と巣房が底を互いに寄せて作る構造（mid-rib構造）が、クロコミツバチでは巣全体で見られるのに対し、コミツバチでは支持している枝から見て下にある育児圏でしか見られません。新女王バチは分蜂前にセイヨウミツバチやニホンミツバチと同様に巣の一番下の部分に形成される下向きの王台で育ち、オスバチは育児圏の中でも下側で育てられます。

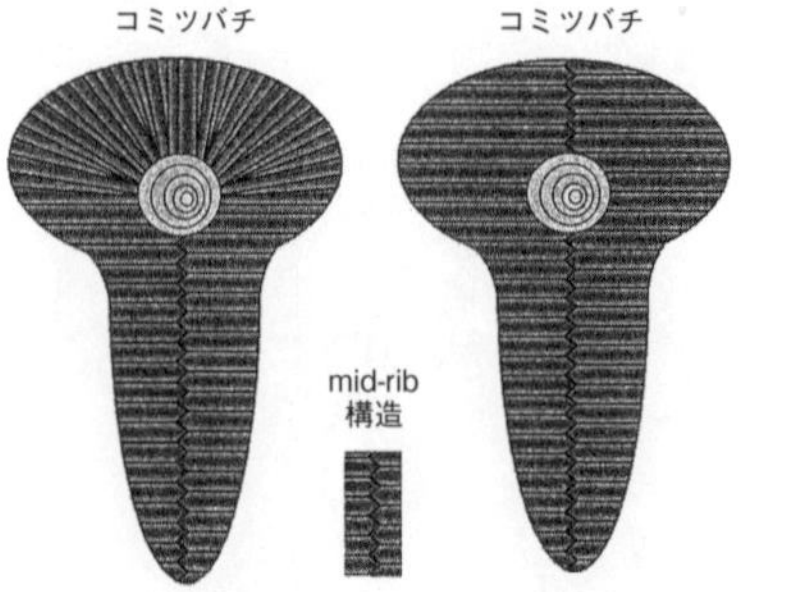

図22　コミツバチとクロコミツバチの巣構造（側面）

タイのコミツバチの巣房数は1100~1600個ほどです。働きバチの数は平均6271匹で、最大で約3万匹いる巣が記録されています。

クロコミツバチのデータ

は少ないですが、私がマレー半島で調査した結果では、巣の働きバチの数は平均で５９８５匹でした。

時間と場所で生殖隔離

コミツバチもクロコミツバチもミツバチ亜属と同様に繁殖期になると結婚飛行を行います。ＤＣＡ（オスバチの集合場所）についてはよくわかっていませんが、新女王バチとオスバチが巣を出て結婚飛行から戻る時間帯はわかっています。タイではコミツバチのオスバチが結婚飛行から巣に戻ってくる時間帯が14時〜16時45分、新女王バチが交尾に成功した時間は14時４分と14時25分であると記録されており、結婚飛行の適時は14時〜15時であることが予測されています（表1）。一方、ボルネオ島でのクロコミツバチの調査では、オスバチが巣から出たのは12時〜13時の間で、女王バチが巣から出たのが12時33分と12時50分であったことから、12時〜13時が結婚飛行の適時であることが予測されました。タイでは、コミツバチとクロコミツバチは同所的に生息しているため、結婚飛行の時刻を明確に分けることで生殖的に隔離していると考えられます。

表1　コミツバチ亜属におけるオスバチの交尾飛行時刻

種名	地域		
	スリランカ	タイ	ボルネオ
コミツバチ	12:30 ～ 14:30	14:00 ～ 16:45	
クロコミツバチ		12:15 ～ 13:45	12:00 ～ 13:45

表2　コミツバチ亜属における女王バチの受精嚢およびオスバチの貯精嚢内の精子数、女王バチの交尾回数、働きバチの血縁度

種名	受精嚢内精子数	貯精嚢内精子数	女王バチの交尾回数	働きバチ間の血縁度
コミツバチ	105 万	43 万	7.9	0.31
クロコミツバチ	78 万	13 万	10.5	0.30

　なお、オスバチの精子数はクロコミツバチが平均13万で、コミツバチは約43万ですので、コミツバチの方が3〜4倍と多いことがわかります。しかし、これでもほかのミツバチと比べると10分の1以下とごく少量で、交尾済みの女王バチが受精嚢に蓄えている精子数もほかのミツバチ種よりも少なく、クロコミツバチが平均78万個で、コミツバチは平均１０５万個とされています（表2）。

　コミツバチとクロコミツバチの女王バチは多回交尾をしていることが明らかになっています。マイクロサテライトＤＮＡマーカーによる解析では、タイのコミツバチの女王バチで平均12回、クロコミツバチで平均14回交尾していました。私がマレー半島のクロコミツバチを調べた結果も交尾回数は平均12回でした。どちらにしろ1回の結婚飛行で10匹以上のオスバチと交尾をしており、コミツバチもクロ

コミツバチも高レベルの一妻多夫であることがわかります。

オスもダンスするクロコミツバチ

コミツバチ亜属の働きバチも、セイヨウミツバチやニホンミツバチ同様に円ダンスや8の字ダンスで仲間に餌場や水場を教えます。ダンスは2種ともに巣の頂上部で行うことが特徴的ですが、コミツバチ亜属の巣は頂上部が平らになっているため、太陽の位置に関係なく直接餌場の方向に向かってダンスをして距離を伝えることができます(図23)。

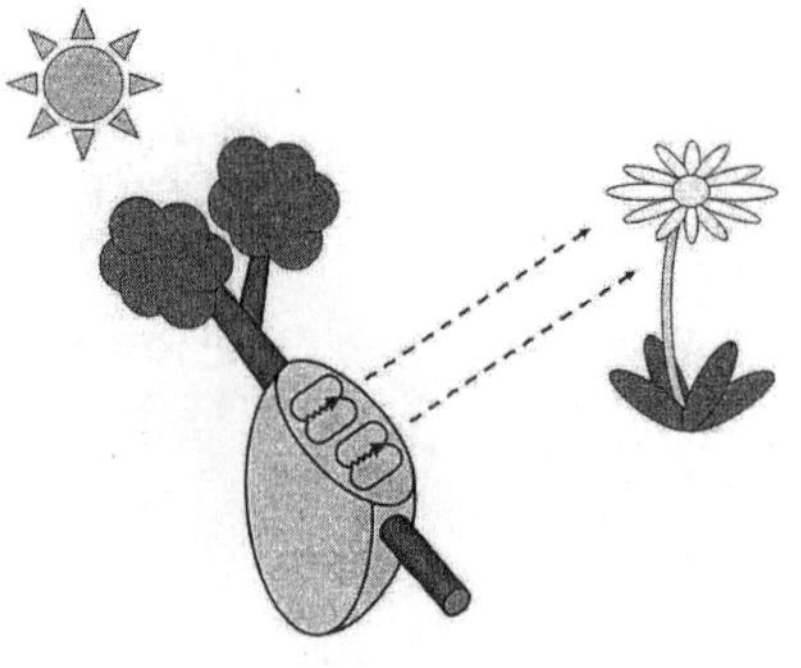

図23　コミツバチの尻振りダンスと餌場の関係
餌場の方向に向かって巣の頂上部でダンスをする。太陽は位置の補正に使う。

これまでミツバチで8の字ダンスをするのは働きバチだけと思われていましたが、なんとクロコミツバチではオスバチもダンスをすることが報告されています。クロコミツバチは結婚飛行の1時間くらい前になると、巣の頂上部に5～6匹のオスバチが集まります。このうち数匹がほかのオスバチに向かって働きバチと同じような8の字ダンスをするそうです。交尾飛行の時間になり、ダンスをしていたオスバチのうち1匹が飛び立つと、ほかのオスバチたちはそれに追従して飛行することが観察されています。このようなオスバチの行動は、ほかのミツバチ種では観察されていない大変興味深い性質です。

発育日数の違い

コミツバチの卵はメスもオスも平均3日で孵化します(表3)。幼虫期間は6～7日で、サナギの期間は働きバチが11・2日、オスバチが12・8日、女王バチが7・7日です。女王バチの発育日数が短いのは、ほかのミツバチ種と同様に新女王バチがデスマッチで選別されるからではないかと考えられています。コミツバチもクロコミツバチも、羽化した新女王バチ候補はクイーンパイピングを発します。そして、羽化から3日目くらいになると、新女王バチが巣の頂上部で歩きまわり、働きバチに対して体を振動させる行動をとるようになります。これは自

表3　コミツバチにおけるカースト別の発育日数

カースト	成長段階（日）		
	卵	幼虫	サナギ
働きバチ	3	6.3	11.2
オスバチ	3	6.7	12.8
女王バチ	3	6.8	7.7

身の存在と交尾の準備ができたことを周りに知らせるためなのかもしれません。羽化から6日目になると2分程度の定位飛行を行い、巣の位置を覚えます。そして、羽化から6～8日の間に結婚飛行に出かけます。新女王バチが結婚飛行で巣を離れる時間は15～30分ほどです。

働きバチは18日齢くらいから外勤活動を行うようになります。成虫の寿命は50日ほどで、セイヨウミツバチの1カ月よりも長いことがわかっています。

無王群に社会寄生する侵入者ミツバチ

コミツバチ亜属でも女王バチがいる巣では働きバチによる産卵が抑制されますが、女王バチがいない巣では働きバチが産卵するようになります。コミツバチでは、女王バチの死後4日程度で1～2％の働きバチで卵巣が発達します。これ以降の時期で卵巣を発達させる働きバチはいません。

女王バチの死亡率が他のミツバチ種よりも高く無王群が多い傾向があるコミツバチについて、最近の調査で次のことがわかりました。女王バチがいなくなってしまった巣では、数日のうちに一部の働きバチが逃去します。残った働きバチは変成王台を作り代わりとなる女王バチを育てますが、このときに巣の仲間認識が緩くなり、他巣由来の働きバチの侵入を許してしまうようです。このような巣では、働きバチの5％が他巣からの侵入者で、羽化したオスバチの30％はその侵入者の子でした。このような性質はセイヨウミツバチではみられないものです。

温和なコミツバチと警戒心の強いクロコミツバチ

巣に対する防衛行動は2種間で大きく異なります。コミツバチは非常に温和で、人間が巣に近づいても刺されることはほとんどありません。対してクロコミツバチは巣から1～2ｍ程度まで近づくと警戒して興奮した働きバチに刺されることがあります。

また、外敵に対しては、2種ともに、セイヨウミツバチやニホンミツバチと同様、シマリング（振身）行動を行います。腹部を高く背側に上げて左右に大きく振ることで、音とともにあたかも巣の表面が波打つような状態になります。シマリング行動は鳥やスズメバチなどの捕食者に対して防衛効果があると考えられています。働きバチは翅を振動させることにより385Hzもの高いピッチ音を出しています。

また、コミツバチ亜属はアリに捕食されることも多いため、植物からヤニ状の粘着物質を集めて巣を支えている枝に塗布し、アリからの侵入防止帯を作っています。

天敵や病害虫

鳥類、スズメバチ類、アリ類以外にもダニ、ほ乳類もコミツバチの捕食者になります。スズメバチ類の中では、ハチの巣から幼虫やサナギを専門的に捕食するネッタイヒメスズメバチが、コミツバチの巣の蜂児を捕食している様子がよく観察されています。コミツバチ亜属の巣はハチノスツヅリガの寄生率も高く、頻繁に逃去する原因とされています。アリ類では、タイでツムギアリによる被害が多いようで、ある研究では、観察した76巣のうち37％がこのアリに狙われていることがわかりました。ほ乳類ではアカゲザルやコモンツパイが巣を捕食している様子が観察されています。

人による影響も大きく、昆虫食が盛んな東南アジアでは、コミツバチの場合はハチミツではなく蜂児が主に食されています（私も食べたことがありますが、とっても美味しかったです。詳しくは第7章をご覧ください）。タイだけでも、年間4～5万個の巣が市場取引されていると言われています。また、中東のオマーンではコミツバチのハチミツに希少価値があり、ハニーハンターが岩崖の巣から採蜜しているようです。

ダニ類では、非寄生性の便乗性ダニである *Neocypholaelaps indida* と、*Suidasia pontifica* が見つかっています。前者はミツバチに一時的に付着して花間を移動して花粉を食べ、後者は巣内の花粉を食べていると考えられています。外部寄生性のダニは *Euvarroa* 属がコミツバチ亜属特有のもので、コミツバチでは *E. sinhai* が、クロコミツバチは *E. wongsirii* が種特異的に見つかっています。これらのダニは、後端部の長毛数（前者は39～40本、後者は47～54本）で種を判別することができます。また、これらのダニはどちらもミツバチへギイタダニと同じような生活史であることが推定されています。

ウイルスについては、コミツバチでBlack quuen cell virus（BQCV）、タイサックブルードウイルス（TSBV、第6章参照）が見つかっていますが、感染被害は不明です。細菌、真菌、原虫などの被害についてもコミツバチ亜属はよくわかっていません。

8 オオミツバチ亜属の生態

集団で営巣する性質

オオミツバチ亜属は、樹頂部にのみ樹冠が形成される高木の直径5～１００cmほどの枝や、斜度25～35度くらいの穏やかに上に反れた岩壁に営巣します。巣を作る木の高さは6～数十ｍと幅があります。オオミツバチはヒマラヤオオミツバチと比べて低地にも営巣するため、農村や都市部の建築物の軒下や貯水槽などにも営巣します。

一般的には標高１５００ｍ以下で良く見られますが、特定の地域では夏の間だけ、あるいは開花が少ない乾季の時期のみ、通常よりも高地で巣が確認されています。例えばネパールのオオミツバチは、4～6月の間のみ高地で営巣します。この時期は、ヒマラヤオオミツバチも同じ標高で営巣している場合がありますが、雨季になる7月以降、オオミツバチは平地へと戻ります。このような乾季と雨季に合わせた季節的な移動習性はオオミツバチ亜属の特徴で、スリランカでは１００～２００kmもの移動が確認されています（図24）。

スマトラでの調査によると、オオミツバチの営巣習性は大きく4つに分けられます。１つ目は、高さ30～60ｍの高木の、上部の直径20～40cm枝に営巣する習性です。木の種類はさまざまですが、共通点として、サルスベリのように木肌がすべすべしていることが挙げられています。タイでは、マメ科の*Kompassia alaccensis*によく営巣するようです。なお、このように高木に営巣すると風の影響を受けるため、風が当たりにくい木を選択しているようです。１本の木にたくさんの巣が見られることがよくあることで、スマトラでは１本の木に１～13巣ほど、ネパールやタイでは70巣もの大規模集団営巣がよく見られます。記録によると、最大で２００巣を越える巣が１本の木に作られたこともあるようです。

２つ目の営巣習性は藪の中の樹高１～５ｍ程度の木本類の、直径10～15cm程度の小枝に単独で営巣しているものです。そして３つ目は１００ｍを超す岩壁の中腹にオーバーハングしたもので、このような場所では数個～数十個の巣が集団で営巣しています。そして４つ目はビルなどの大きな建物の軒下や貯水槽などに単独から数十個の集団営巣するものです。マレーシアではオオミツバチが集団営巣するか単独営巣するのかは季節（花の資源量）によると考えられています。

図24　移動中のオオミツバチの分蜂群
（https://youtu.be/6jPByO7ziqs）

ヒマラヤオオミツバチは、標高２０００ｍ前後の崖に巣が集団で営巣します。ネパールのヒマラヤオオミツバチは夏と冬で営巣場所を変えており、夏は最高3500m付近で営巣していることが確認されています。冬は、越冬をするために標高の低い1200~2000m付近まで降りてきます。なお、越冬中は巣を作らず蜂球の状態で過ごします。オオミツバチとは営巣場所を棲み分けており、木本類には営巣しません。移動中に木に蜂球を形成する場合がありま す。営巣する岩崖の条件は、雨があたらないオーバーハングした場所や、風が当たりにくい場所です。ネパールでの調査では、1カ所の崖で平均23巣、最大76巣が営巣していた記録があります。

このようにオオミツバチ亜属には、1カ所に集団営巣する習性があります。これはほかのミツバチ亜属では見られない性質です。捕食者にとってハチミツと蜂児が豊富なオオミツバチ亜属の巣は魅力的な餌です。格好の標的となる大型で目立つオオミツバチ亜属の巣が熱帯の激しい捕食圧で生き残るために、集団営巣しているものと推定されています。

この集団営巣における巣間の血縁関係については、DNA鑑定法による調査が行われています。タイでの調査では、非血縁関係の女王バチの巣が1本の木に集まって集団営巣していることが明らかになりました。また、ネパールのヒマラヤオオミツバチについては、私たちの調査によって、巣間に血縁関係がないことがわかっています。

毎年決まった場所に営巣する回帰移動

オオミツバチ亜属は季節によって営巣場所を移動する性質がありますが、毎年、決まった時期に同じ木に集団営巣するようです（回帰移動）。このような木や場所（岩壁）は各地にあります。インドやマレーシアにおいて、複数年に渡ってこれらの集団営巣する巣の遺伝子型を調べた調査では、毎年同じ家系の群れが戻ってきていることが報告されています。渡り鳥であるツバメなども、毎年同じ場所に営巣することや、魚類でもサケが孵化した川に産卵しに戻って来ることがよく知られていますし、昆虫でも、チョウやトンボなどが長距離移動することがわかっています。しかし、毎年同じ場所に戻って営巣・繁殖していることがはっきりわかっている昆虫群はオオミツバチだけなのです。

そして、渡り鳥やサケの回帰移動は、同じ1個体の話です。季節移動が6~12カ月で行われるのに対して、オオミツバチの働きバチの寿命は3カ月程度のため、回帰移動は別個体が行っていますが、どのようなメカニズムでオオミツバチの群れが元の場所に正確に戻ってくるかは、わかっていません。

他の亜属とは異なる巣の構成

オオミツバチとヒマラヤオオミツバチの巣の構造には、基本的に違いは見られません。通常、1つの蜂群は1・5×1m程度の1枚の舌状の巣を開放空間に作ります。巣の大きさの最大値はヒマラヤオオミツバチの方が大きいのですが、群ごとにサイズが異なり、平均値で見るとオオミツバチの方が大きいようです。なお、巣房のサイズはヒマラヤオオミツバチの方が14％ほど大きくなっています。

オオミツバチ亜属の巣では育児圏と貯蜜圏の構成がほかの亜属と大きく異なります。というのも、貯蜜圏は巣の片側、枝などでは上方に偏った形で作られます。働きバチとオスバチの育児場所の区分は明瞭ではなく、繁殖期には両者の幼虫が不規則に並んでいて、巣房の大きさにも差は見られません。花粉を貯める巣房と育児巣房にも大きな違いはなく、巣の状態により両方を使い分けています。

オオミツバチ亜属は、巣に近づいたり、巣を採集したりするとほとんどの個体が飛んでしまうため、働きバチの個体数などを正確に調査することは困難です。推定によると、働きバチ数は最大で5万匹程度、平均では3万匹で、スマトラでオオミツバチの巣を調べた調査では、長さは1・2m、幅は58㎝、厚さは6㎝で、蜜蝋の重さは0・2kg、サナギ、ハチミツ、花粉などの重量は6・5kgだったそうです。また、この巣の巣房数は4万個で、巣には働きバチが4万匹、卵、幼虫、サナギが計8000匹、オスバチが1000匹、女王バチが1匹いたと記録されています。

ヒマラヤオオミツバチでは、2つの分蜂群の採集記録があり、1群当たりの働きバチ数は3138匹と2万1312匹でした。越冬中は低地に降りてくるため調査が比較的しやすいようで、記録によると、越冬群の蜂球の個体数は1万匹以下で、平均5000匹の蜂球を形成しているそうです。また、これらの記録から、活動期の巣では2万匹前後の働きバチがいることが推定されています。

動物界最大の一夫多妻

ボルネオ島では、オオミツバチのDCAについての調査が行われています。熱帯や亜熱帯の多雨林の森林では、木本類が階層構造を形成しています。ボルネオ島のオオミツバチのDCAは30mくらいの樹冠が見られる場所の、それよりも樹高が高い高木樹の樹冠の下にあることが報告されています。結婚飛行の時刻は、タイ、ボルネオ、スリランカ、マレーシア半島、スラウェシ島で共通しており、18時以降で日没直後の薄暗くなってきた時間帯とされています。同所的に他のミツバチ種が生息していたとしても、結婚飛行の時間帯が異なるため、種間での交雑は起きないと考えられます。ヒマラヤオオミツバチのDCAは不明ですが、オスバチが結婚飛行に出かける時間は観察されています。ネパールでは、オスバチは12時30分～14時30分に飛翔したという観察記録がありますが、排泄や、定位飛行の可能性もあるため、これが結婚飛行だとは確定していません。

表4　オオミツバチ亜属における女王バチの受精嚢およびオスバチの貯精嚢内の精子数、女王バチの交尾回数、働きバチの血縁度

種名	受精嚢内精子数	貯精嚢内精子数	女王バチの交尾回数	働きバチ間の血縁度
オオミツバチ	394万	246万	44.2	0.26
ヒマラヤオオミツバチ			19.9	0.28

オオミツバチのオスバチが持つ精子数は、平均で２４６万個です（表４）。これはセイヨウミツバチを除くほかのミツバチに比べ10倍くらい多いことになります。交尾済みの女王バチの受精嚢内に蓄えられている精子数も同様、セイヨウミツバチなどと比べると桁違いに多く、平均３４９万個とされています。ヒマラヤオオミツバチについては不明です。また、女王バチの交尾回数は、マイクロサテライトDNAマーカーによる解析により、ボルネオ島とタイのオオミツバチは平均59回でした。この値は、動物界最大の一妻多夫レベルです。なお、ネパールのヒマラヤオオミツバチも平均34・4回と、これまた高レベルな一妻多夫制であることがわかります。

ダンスの特徴

オオミツバチの働きバチは、他のミツバチと異なり、夜間でも採餌のために飛ぶことができます。オオミツバチは女王バチ、オスバチも夜間飛行ができるため、夜間でも太陽の位置を確認できる可能性があることが推測されています。この性質は、熱帯林では夜間に開花する木本類の植物が多いことが関係していると考えられており、ボルネオ島では、日の出の約1時間前に開花するフタバガキ科のリュウノウジュの花粉をオオミツバチが運んでいることが報告されています。オオミツバチはリュウノウジュの開花から30分程度ですべての花蜜と花粉を採餌するそうですが、このときに8の字ダンスをすることが報告されています。

オオミツバチの8の字ダンスは、巣の下層部の中央付近で行われます。太陽を垂直上方として、ダンスの走行時に示す太陽との角度が餌場の方角を、またダンスの継続時間で距離を、仲間の働きバチに教えます（図25）。

スリランカとタイでオオミツバチの働きバチのダンスを観察して推定された採餌範囲は、約４㎞圏内でした。これ

図25 オオミツバチの尻振りダンスと餌場の関係
太陽の位置と餌場の角度を示すために、尻振り方向と真上の垂直方向との間の角度で餌場の向きとダンスの時間で距離を教えている。動画（https://youtu.be/Wlx11SBnLxQ）ではダンスの様子が見られる。

はミツバチ属の中では最も広い採餌範囲です。飛行速度は、インドとタイのオオミツバチの働きバチで調べられていて、秒速7・2〜7・6mと、セイヨウミツバチと同じくらいだということがわかっています。

発育期間の違い

オオミツバチの卵の孵化までの日数は、働きバチとオスバチで平均2・9日です（表5）。両者で差がないのは、同じ巣房を利用していることが影響しているようです。対して、女王バチは平均2日で孵化し、王台で過ごす幼虫期間は4〜5日です。サナギの期間は働きバチが10・9日、オスバチが14・3日、女王バチが7日です。ほかのミツバチ亜属と同じくオオミツバチの女王バチの羽化日数が短いのは、バトルロイヤルによる女王バチの選択が影響していると思われます。働きバチ成虫の寿命は3カ月程度と言われていますが、オスバチや女王バチがどのくらい生きるのかはわかっていません。

執拗で激しい攻撃性

巣の防衛は、オオミツバチ亜属と他亜属との間で大きく異なります。オオミツバチとヒマラヤオオミツバチの防衛行動は社会性のハチ目の中でも最も執拗で激しいことが知られています。オオミツバチの巣に数mまで近づいた人間は刺されます。刺激された巣からは、すぐさま400〜800匹の働きバチが出てきて、集団で刺しにきます。恐ろしいことに、これらの働きバチは巣から数km以上離れても執拗に追いかけて刺してくることもあります。このため、オオミツバチの生息地域では、巣を決して刺激しないようにしています。

オオミツバチとヒマラヤオオミツバチもシマリング行動をとります。ほかのミツバチ種との違いは、巣全体で行う

表5　オオミツバチにおけるカースト別の発育日数

カースト	成長段階（日）		
	卵	幼虫	サナギ
働きバチ	2.9	4.6	10.9
オスバチ	2.9	4.6	14.3
女王バチ	2	4.5	7

ことです。働きバチは腹部を高く背側に上げて左右に大きく振り、発音とともに巣の表面に波紋状の大きな模様を作ります。これは鳥やスズメバチなどの捕食者に対して、視覚的な防衛効果があるとされています。

天敵や病害虫

熱帯におけるオオミツバチ亜属は、多くの鳥類から巣にいる蜂児が捕食対象にされています。ミドリハチクイは、働きバチの活動性が低い早朝の低温期に、オオミツバチやヒマラヤオオミツバチの巣を100羽以上が代わる代わる巣に近づいて捕食するそうです。また、アオムネハチクイやハチクマはオオミツバチの捕食に特化しており、巣を体当たりで落とし、巣房から蜂児を取り出して捕食します。地上に落下した巣は、スズメの仲間であるヒメオウチュウやシキチョウも食べることが観察されています。これらの鳥類の捕食圧は、オオミツバチが巣を放棄する原因にもなっています。ヒマラヤオオミツバチは越冬中の蜂球（成虫）が鳥類に捕食されることが観察されています。

ほ乳類では、マレーグマ、ナマケグマ、ツキノワグマなどのクマが巣を襲うことが知られています。バングラディシュでは、マングローブ林にオオミツバチが営巣していますが、ここに生息しているベンガルトラが低い位置に営巣したオオミツバチの巣を襲う様子が観察されています。

コミツバチ同様、東南アジア地域では、現在も人間にとって昆虫は重要なタンパク源として利用されています。このため、人もオオミツバチ亜属の主要な捕食者です。インドではハチミツの80％は野生のオオミツバチから採蜜されたものです。インドネシアでも90％のハチミツがオオミツバチ由来と言われています。ネパールの山岳地域では、ヒマラヤオオミツバチの蜂児やハチミツは貴重な食料となっています。古来からオオミツバチ亜属は、人間にとって重要な採集対象です。東南アジアでは年間20万個を超える蜂児巣板が市場取引されていますが、ほとんどはオオミツバチと言われています。

昆虫については、スズメバチによる捕食は観察されていませんが、オオミツバチも大型のスズメバチ類に捕食されていると推定されています。ほかには、ハチノスツヅリガが巣を食害します。ボルネオ島ではメンガタスズメが夜間にハチミツを盗蜜することが知られています。一方、ヒマラヤオオミツバチでは、寄生性のミツバチシラミバエ科の *Megabraula onerosa* と *M. antecessor* が高い頻度で寄生しています。これらのミバエ科の寄生は他のミツバチでは見つかっていません。また、ボルネオ島では、メバエ科の寄生性バエ *Physocephala parralleliventris* がオオミツバチの働きバチに寄生していることが報告されています。

ダニ類は、オオミツバチの巣からは非寄生性と寄生性の種類が見つかっています。オオミツバチの成虫体表には便乗性ダニの*Neocypholaelaps indica*が付着することがあります。また、アカリンダニが気管に入って吸血することがわかっています。オオミツバチとヒマラヤオオミツバチからは、ミツバチトゲダニとオオミツバチトゲダニの二種のトゲダニが見つかっています。このうちミツバチトゲダニの一部がセイヨウミツバチやトウヨウミツバチにも寄生するようになったと考えられています。

ウイルスは、タイのオオミツバチでTSBVが見つかっています。オオミツバチ亜属では、細菌、真菌、原虫などは不明で、今後の調査が必要です。

サンストーン（太陽石）

古代スカンジナビアに伝わる伝承では、曇天でも夜間でも太陽の位置を教えてくれる「サンストーン」と呼ばれる石があり、この地域のバイキングはこれを使用して空の偏光パターンを解析して、航海に利用していたそうです。

サンストーンはアイスランドでたくさん出土されている炭酸カルシウムの結晶した方解（氷柱）石です。太陽光に当てると紫外線が偏光して二重になることから、これを太陽羅針盤と合わせて位置を確認していたと考えられています。実際に11世紀ごろのバイキングが残した遺物や15世紀ごろのイギリスの沈没船からもサンストーンが見つかっています。

偏光はミツバチなど昆虫の目にはよく見えますが、人間の目には見えません。ということは、中世の人々は、人間の目には見えない偏光をうまく利用して船のナビゲーションをしていたということです。これはすごいことですね。

働きバチも過労死する

人間の社会で過労死が問題となったように、ミツバチの働きバチも仕事をしすぎると寿命が短くなることが報告されています。オーバーワークは人でもミツバチでもよくありません。中には生涯、何もしない働きバチもいて、このような個体は寿命が長くなる傾向にあります。実際のところ、何もしない働きバチが日々何をしているのかは不明で、本当に何もしていないのかはわかっていません。なお、勤労で知られている働きバチですが、どんなに働いても労働時間は1日8時間ほどで、我々人間よりはきちんと休息を取っているようです。

ハネムーンの語源は結婚飛行

今では「ハネムーン」といえば新婚旅行という意味ですが、昔の人は春から初夏の季節を「Honey moon（ハネムーン：

ミツバチの月)」と呼んでいました。この季節は、ミツバチが新女王バチを育てたり、交尾をしたり、分蜂したりする繁殖期間にあたります。昔の英語では、「Moon」には「1カ月」という意味がありました。18世紀にイギリスで新婚旅行がはじまり、新婚夫婦が2人だけで旅行に行く様子が、まるで新女王バチとオスバチが巣にいる家族と離れて外で2人きりになるミツバチの結婚飛行のようだとして、結婚記念の旅行を「ハネムーン(新婚旅行)」と呼ぶようになったそうです。

働きバチの体色はサナギ期の気温で変わる

ニホンミツバチの働きバチは、8~10月ごろに羽化した個体が黄色型に、10月下旬~翌年の5月ごろに羽化した個体が黒色型になる傾向があります。両者の違いが現れやすい部位は腹部の小楯板、腹部第三、四節の背節片節間膜、腹部腹面です。この違いは温度によるもので、サナギの時期の巣房の温度が34℃以上であれば黄色型に、それ以下であれば黒色型になることが実験で確認されています。

第4章

DNA解析でわかる繁殖生態と特殊能力

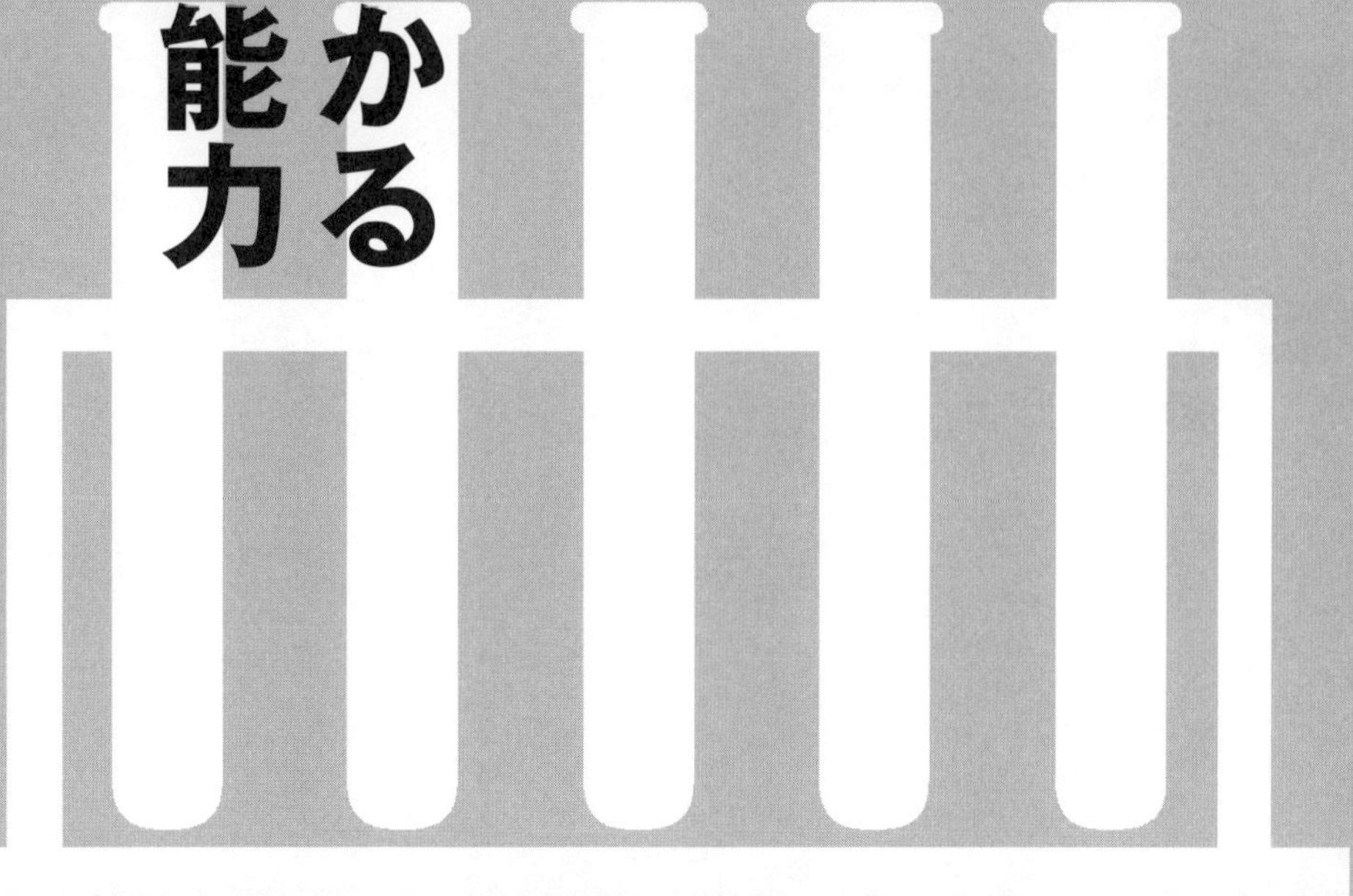

私はミツバチを研究していますが、研究分野は分子生態学や養蜂学（応用昆虫学）で、実験の専門技術はＤＮＡ鑑定法です。ＤＮＡの情報をもとに、従来の観察調査ではわからなかった問題を明らかにする研究をしています。

ＤＮＡ鑑定法というと、犯罪捜査での犯人特定や親子間の血縁関係の証明などをイメージする方が多いかもしれませんが、生物の進化や生態だけでなく、生物多様性や環境問題を探るうえでも、重要な分析手法です。ミツバチについては、ＤＮＡ鑑定法による解析で従来の常識を覆す驚くべき生態も解明されつつあります。

そこでこの章では、私が進めてきたＤＮＡ鑑定法と野外実験を組み合わせた繁殖生態に関する研究成果と、ミツバチが持つあっと驚く生態を紹介します。

1 女王バチはオスとメスを産み分けられる

オスとメスで核相が異なる特殊な性決定様式

生物の体を構成する体細胞の核には、同じ形・同じ大きさの染色体が2本ずつあります。1本は母親から、もう1本は父親から受け継いだもので、この対になる染色体を「相同染色体」と言います。人の体細胞には46本の染色体が含まれていて、23本は母親から、23本は父親から受け継いだものです。2本ずつ23本あるので、生物学の世界では「$2n=46$」と表します。このような生物の持つ染色体数を「核相」と言います。人では精子や卵は減数分裂（染色体数を半減させる分裂方式）をして作られ、「$n=23$」になります。この染色体数が半量になった精子と卵子は、受精によって「$2n=46$」に戻ります。受精によって母親と父親、両方の遺伝子を受け継いだ子が生まれる生殖様式を「有性生殖」と言い、本来は有性生殖で子をつくる動物が例外的に母親のみで子を生む生殖様式を「単為生殖」と言います。

人間はすべて有性生殖で生まれるため、男女ともに染色体数は変わりませんが、ハチの仲間では有性生殖をした受精卵からメスが、単為生殖の未受精卵からオスが産まれるため、メスとオスでは核相が異なります（メスが$2n=32$、オスが$n=16$）。このような性

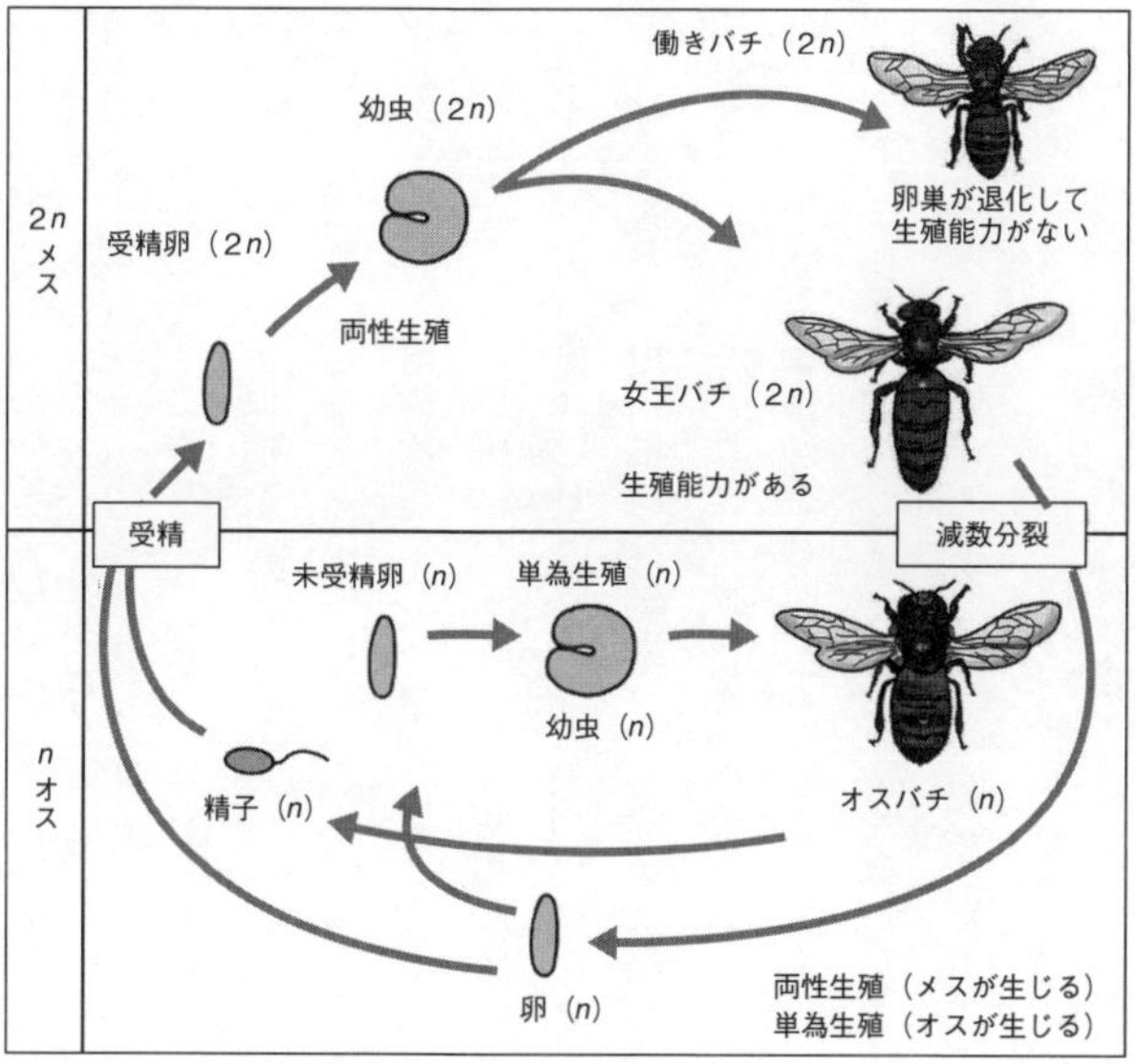

図１　ミツバチの生活環

別の決定様式を「半数倍数性」と言います。半数倍数性の性決定様式の生物では、オスの染色体数はメスの半数しかないため、精子をつくるときに人間のように減数分裂をせず、自分の体細胞と同じ染色体数の精子を作ります。

ハチの仲間が特殊な性決定様式をとる理由は、仮に有害遺伝子が発生しても、その遺伝子を持つオスが死亡することで、集団から有害遺伝子を排除しやすいからと推測されています。このような性決定様式は、ハチの社会性進化にとってきわめて重要であったと考えられています。

さて、このように性が決定されメスとして生まれた幼虫ですが、3日齢以降もローヤルゼリーを食べ続ければ女王バチになり、3日齢以降はハチミツとハチパンを与えられれば働きバチになります。女王バチは生殖能力があり卵を産むことができますが、働きバチの卵巣はサナギになるときに退化するため、同じメスでも働きバチ成虫には生殖能力がほとんどありません（図1）。

性別を決めるのは巣房の大きさ

ミツバチの性決定様式が私たち人間とは異なる特殊なものであることを説明しましたが、なんとミツバチの女王バチは、オスとメスを産み分ける特殊能力を持っています。

第3章で説明した通り、ミツバチの女王バチは結婚飛行時に複数のオスバチと交尾します。女王バチはこのときに受け取った精子の一部を受精嚢《じゅせいのう》という袋のような器官に貯蔵します（図2）。受精嚢内では、特殊な分泌液が精子の活性を抑制することで、数年間、精子の保存を可能にしています。そして女王バチは、受精卵（メスの卵）を産むときにだけ、受精嚢から精子を取り出して体内で受精します。受精嚢内に蓄えられている精子の数は、私がセイヨウミツバチで測定したところ、100万～400万個でした。

さて、女王バチは何を基準にオスとメスを産み分けているのでしょうか？ それは巣房の大きさです。セイヨウミツバチの場合、直径約5・1㎜の巣房は働きバチ用（メス）で、この大きさの巣房はハチミツや花粉の貯蔵にも利用されます。一方、直径約6・5㎜と大型の巣房はオスバチ用です。オスバチ用の巣房は巣板の中心部ではなく外側に作られます。どうやら女王バチは巣房の大きさでオス、メスのどちらの卵を産むかを判断しているようです。

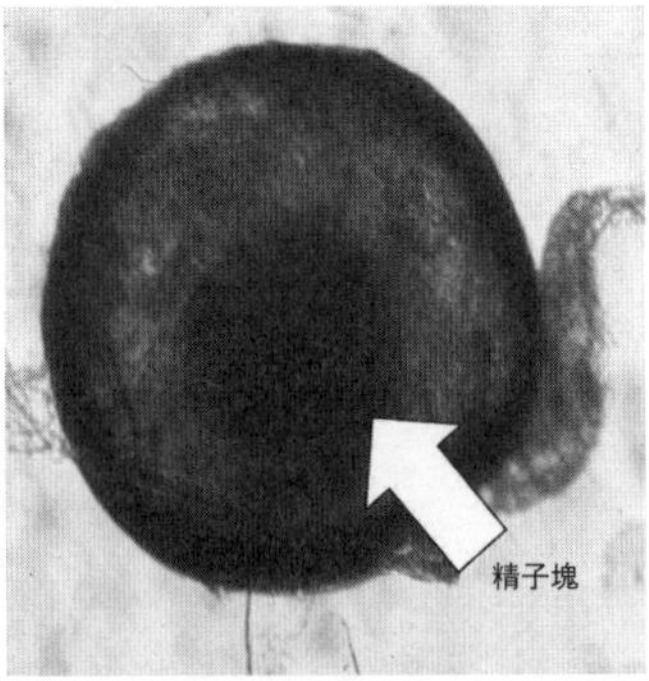

図2 セイヨウミツバチの女王バチの受精嚢
中央の塊がオスバチとの交尾時に得た精子。

女王バチは産卵前に必ず巣房の状態を確認します。あたかも、その巣房が働きバチ用なのかオスバチ用なのかを判断しているかのようです。この確認作業が終わると、女王バチは腹部を巣房の中に入れ、卵を奥に産み付けます。産卵の過程で、卵は女王バチの中央輸卵管という狭い管を通りますが、このときに卵にかかる圧が刺激となって、卵は発生（孵化に向けた成長）をはじめます。女王バチが巣房をオスバチ用と判断したときには精子の放出が抑制され、巣房には未受精卵（オスが生まれる卵）が産み付けられます。一方、働きバチや女王バチ用と判断したときは、受精嚢から精子が放出され、受精卵（メスが生まれる卵）が産み付けられるのです。

2 利他的行動をする働きバチの進化

ダーウィンを悩またせミツバチの進化

ミツバチは巣が外敵に襲われると、働きバチが毒針を使って戦います。毒針での攻撃は命懸けで、働きバチは一度でも毒針で刺せば死んでしまいます。このような行動は自らの命と引き換えに巣の仲間を守る利他的行動です。これ以外でも、働きバチはさまざまな自己犠牲的な行動を行います。その最も際立っている性質が不妊です。働きバチは自らの子を持たずに女王バチの子を育てます。自らを犠牲にして他個体を助ける行動は、人間から見れば一見うるわしく倫理的で、美徳に感じるかもしれません。しかし進化生物学では、このような利他的行動がどのように進化して維持されてきたのかが、非常に大きな問題となっています。

　生物のさまざまな遺伝的な性質の進化を説明したダーウィンの自然選択説を要約すると、「個体間に、ある性質の変異があり、ある変異を持つ個体が他の個体より子を多く残すなら、その性質のある変異は子孫に引き継がれ、集団中に広がっていくだろう」となります。もしすべての生物がこのような個体に働く自然淘汰で進化してきたのであれば、自ら繁殖をしない（次世代に子を残さない）働きバチのような性質は進化できないことになります。では、働きバチはどのように進化してきたのでしょうか？

　ダーウィン自身もこの社会性昆虫における不妊個体の存在は、自らの学説上の最大の矛盾と考えており、著書『種の起源』の中で「私にはとても克服できないもので、実際に私の全学説にとって致命的であると思われた」と記述しています。

血縁選択による真社会性昆虫の進化

このダーウィンを悩ませたミツバチの働きバチの進化の問題は、自然選択説の提唱からおよそ１００年後、ハミルトン博士が遺伝子を共有する確率に注目したことで初めて、定式化による説明を可能にしました。

　ミツバチを含めたハチ目（膜翅目）はオスとメスで核相が異なる半数倍数性という性決定様式を持っています。このような遺伝システムでは、兄弟姉妹間では、オスから見たメスの遺伝子共有率が０・５であるのに対して、メスから見たオスのそれは０・25と非対称になります（図３）。さ

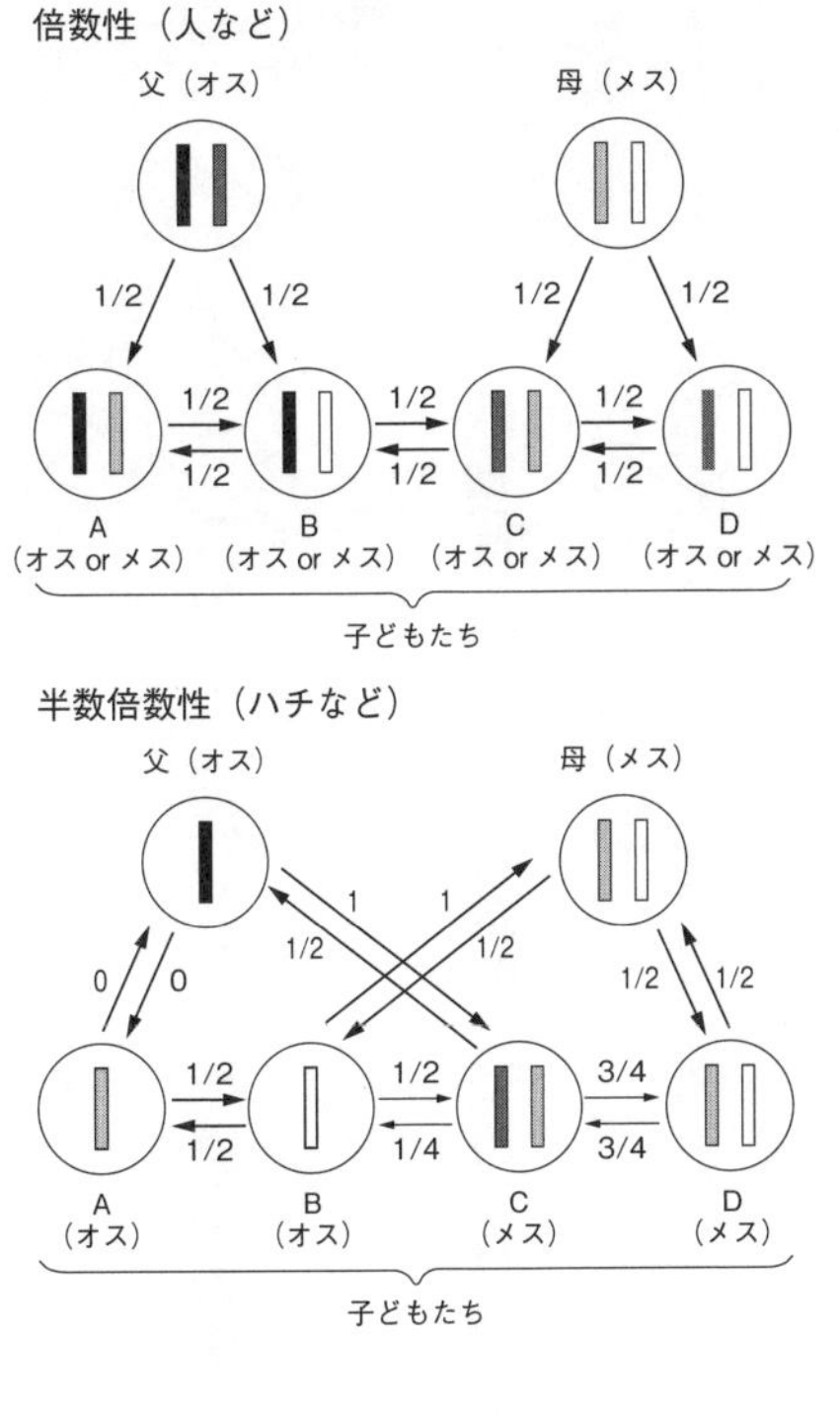

図３　倍数性と半数倍数性における親子および兄弟姉妹間の血縁度

らに、兄弟間の遺伝子共有率が0・5であるのに対して、姉妹間のそれは0・75という高い値を持ち、姉妹間で高い遺伝子共有率を有しています。

同祖性のある遺伝子の共有率を「血縁度」として定義したハミルトンは、一部の個体が自身の生存や繁殖の機会を犠牲にして同じ遺伝子を持つ他個体の繁殖を助けることが、同じ遺伝子を持つ個体の集団内での頻度を高めることを可能にすると考えました。そして、このような子ではなく血縁者の繁殖を通じてある性質が進化することを、自然選択と区別するために「血縁選択」と呼ぶようになりました。血縁選択では、働きバチのような利他的行動が親や兄弟姉妹などの近い血縁者に向けられたときに、進化が成立すると考えられています（図4）。

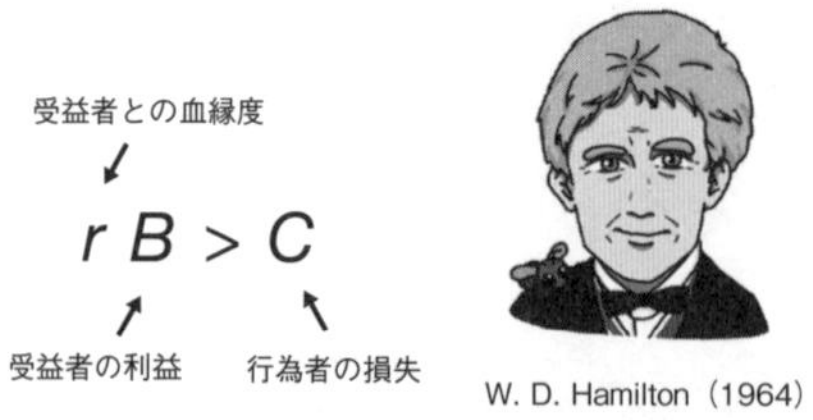

図4　ハミルトンの血縁選択説
血縁選択説では、利他行動の遺伝子は*rB>C*のとき進化・維持する。生物個体は高い血縁度のとき協力し、低い血縁度のとき対立する。ハチやアリの真社会性や利他行動の進化は、血縁選択説で理論的に説明可能であるが、当時は、血縁度を調べる方法がなかったため実証研究はDNA鑑定法が開発された1990年代後半になってから行われた。

3　DNA鑑定で探る一妻多夫制の謎

動物社会の調査を飛躍的に進めたDNA鑑定法

すでにミツバチが高度な一妻多夫制であると説明しましたが、このようなミツバチの社会構造の調査を語るためには、DNA鑑定法の発展の話は外せません。

1990年代、遺伝子解析技術の発展によって、DNAフィンガープリント法が開発されました。この解析手法は犯罪捜査などに使われたことから、「DNA鑑定」という言葉で一躍有名になりました。その後、ときをおかずにこの技術を利用して、これまで観察でしか得られなかった野生動物の繁殖生態が次々に明らかになりました。

1992年、私がちょうど高校生のころ、進路を決定づける研究結果が発表されました。それはニホンザルの研究です。それまでニホンザルのサル山では、ボスザルが群れのメスを独占しているというのが通説でした。しかし、実は群れの子ザルすべてがボスザルの子なわけではなかったことが、DNAフィンガープリント法により明らかになり

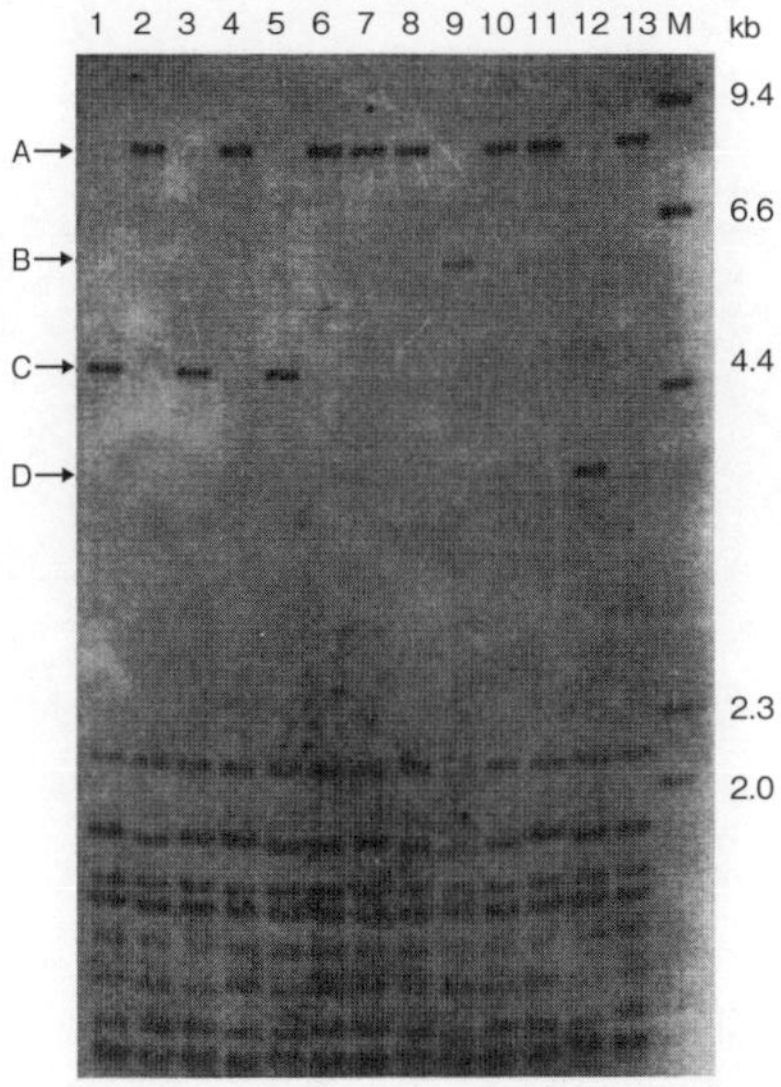
1 2 3 4 5 6 7 8 9 10 11 12 13 M
kb
9.4
6.6
4.4
2.3
2.0
A
B
C
D

図5　DNAフィンガープリント法の例
13個体のミツバチを解析したところ、4つの多型アレル座（A、B、C、D）が検出された。（写真：川添 穣氏）

ました。この結果を知って非常に大きな衝撃を受けた私は、「DNAフィンガープリント法ってすごい！　自分も大学に行ってこの技術でミツバチやスズメバチの分析がしたい！」と強く思うようになり、進学を決意しました。当時、昆虫ではショウジョウバエとミツバチでこの解析法が開発されており、ドイツや東京農工大学のグループが、セイヨウミツバチの調査に利用していました（図5）。その後、私が大学生になったころにはDNAフィンガープリント法はすでに過去のものとなり、新たに発見・開発されたPCR法や、マイクロサテライトDNA多型解析（STR法）、蛍光色素を検出するオートシーケンサーを組み合わせた新しいDNA鑑定法が主流になりました（図6）。

ミツバチの研究においては、フランスのグループがセイヨウミツバチからマイクロサテライトDNAマーカーを開発し、それを利用してミツバチの血縁関係の解析を精力的に進めていました。それまでも観察によってセイヨウミツバチの女王バチが複数のオスバチと交尾をしている可能性があることは知られていました。しかし、空中でしか女王バチとオスバチは交尾をしないため、はっきりとし

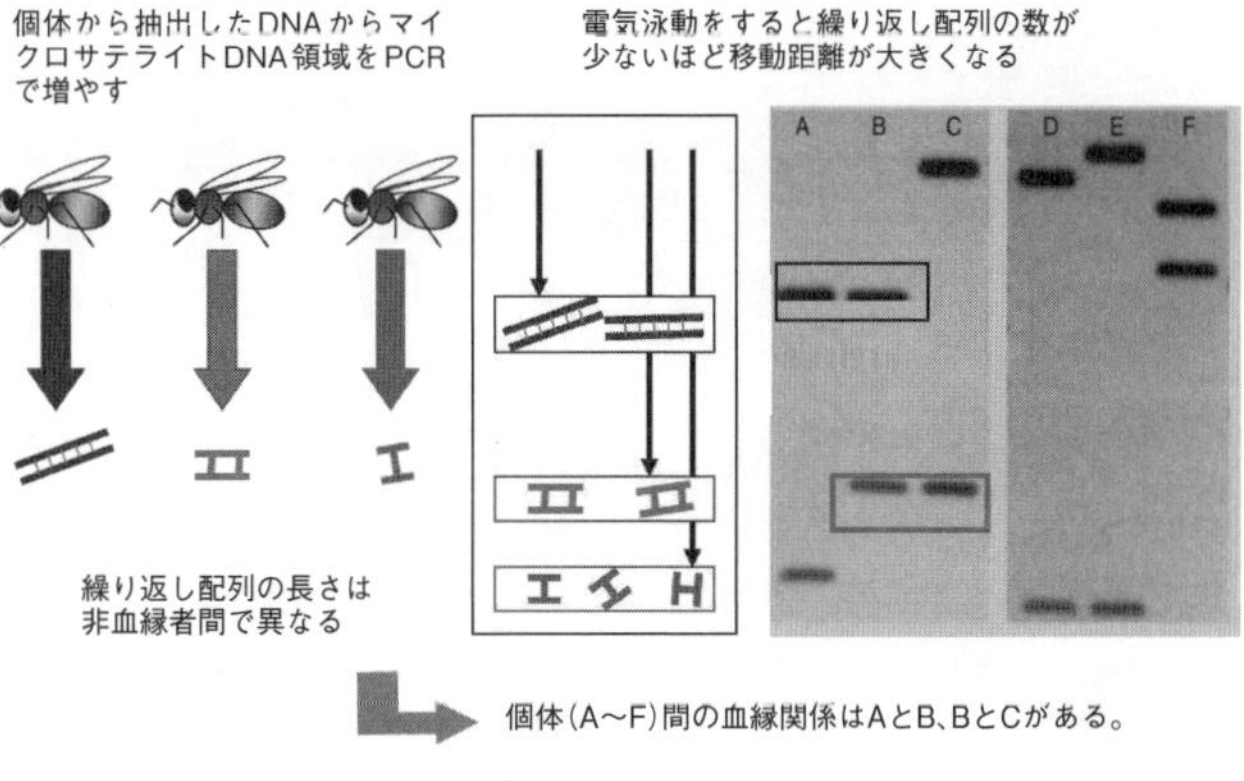
個体から抽出したDNAからマイクロサテライトDNA領域をPCRで増やす
電気泳動をすると繰り返し配列の数が少ないほど移動距離が大きくなる
A B C D E F
繰り返し配列の長さは非血縁者間で異なる
個体(A～F)間の血縁関係はAとB、BとCがある。

図6　マイクロサテライトDNA多型解析の例
PCRと電気泳動法により、個体間の血縁関係を調べることができる。

たことがわかっていませんでした。これに対してフランスのグループは、マイクロサテライトDNAマーカーにより、女王バチが何匹のオスバチと交尾をしたのかを、高い精度で分析しました（図7）。彼らの出した結果によると、セイヨウミツバチの女王バチは平均14匹のオスバチと交尾をしていました。それまでは研究者や養蜂家たちはせいぜい2〜3匹程度と考えていたため、予想をはるかに超える結果に大変驚かされました。この研究から、DNA鑑定法が個体間の遺伝的つながりを明らかにしてくれることがわかり、ミツバチ社会の研究におけるさまざまな可能性を示してくれました。

女王バチの産卵能力の差はどこからくるのか？

1998年、大学3年生になった私がミツバチの研究に取り組みはじめたころ、欧米豪ではセイヨウミツバチのマイクロサテライトDNAマーカーを使用したDNA鑑定法により、女王バチの交尾回数や働きバチの血縁関係を推定した研究論文が出はじめました。これに興味を持った私は、このマイクロサテライトDNAマーカーを使用したDNA鑑定法に挑戦してみることにしました。そして、研究テーマは、養蜂の知見に貢献できるようなものを考えました。

ちょうど当時、日本の養蜂現場では、同じ群から人為的

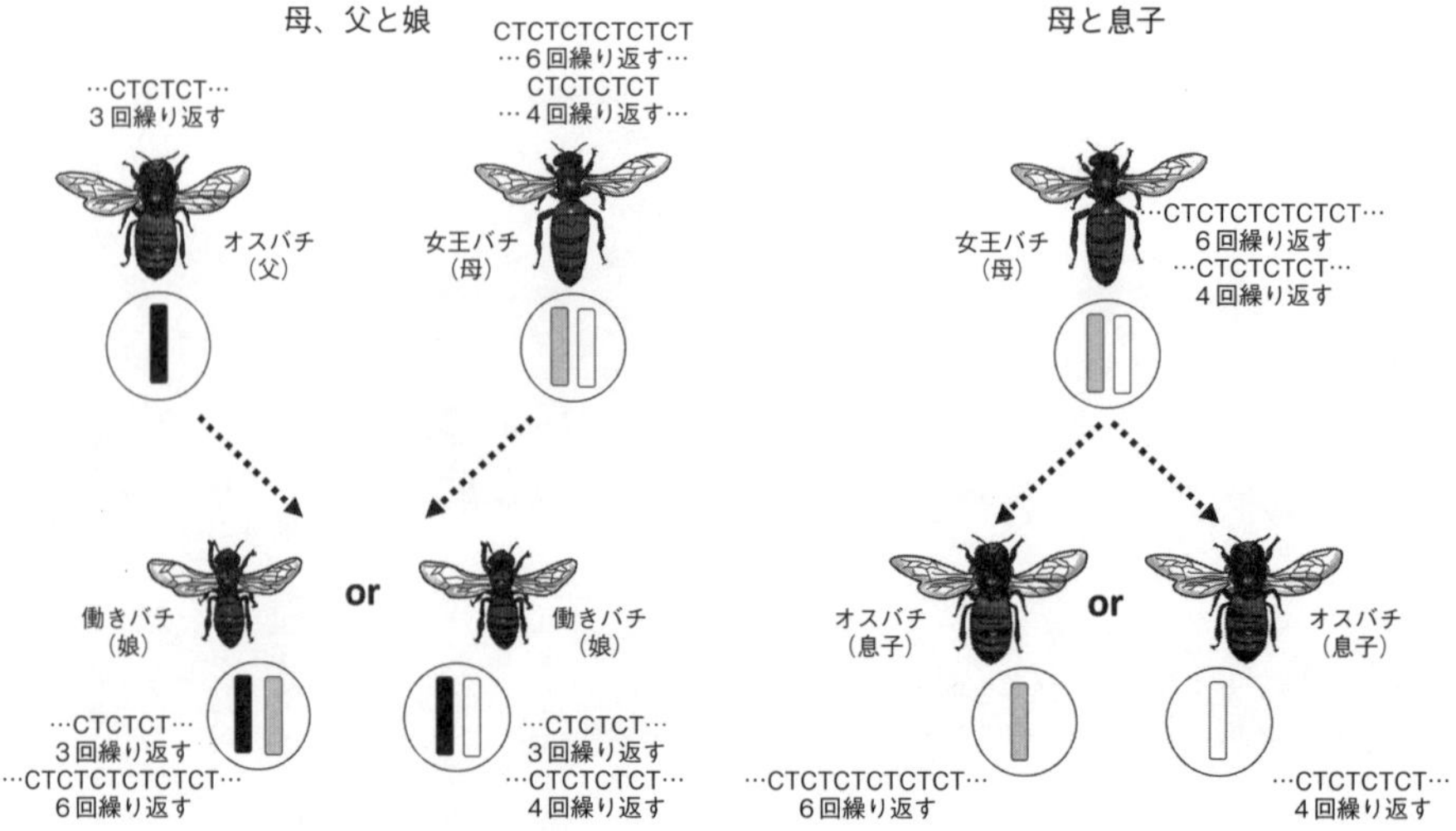

図7　マイクロサテライトDNAマーカーによる親子鑑定の仕組み
左が母、父と娘。娘にあたる働きバチや新女王バチは、オスバチ（父）からは1つの繰り返し配列を、女王バチ（母）からは2つのアレルのうちどちらか1つを受け継ぐ。右は母と息子。息子にあたるオスバチは、女王バチ（母）からは2つのアレルのうちどちらか1つを受け継ぐ。半数体の単為生殖で発生するオスバチに父は存在しない。

に大量養成した女王バチ（同じ母親）の個体間に、産卵能力に大きな差が見られていました。３年以上も産卵能力が衰えずに良好に受精卵を産み続ける女王バチもいれば、交尾後数カ月で受精卵を産まなくなって群を崩壊させる女王バチもいたのです。産卵能力の違いには古くからさまざまな仮説が立てられており、そのうちの１つに、「複数のオスバチと交尾をする理由は十分な精子を得るためである」というものがありました。セイヨウミツバチの女王バチは、受精嚢内に約４００万個の精子を貯蔵できます。この精子の量は、２～３匹のオスバチの精子数を超えています。ですが、前述のフランスのグループの研究でセイヨウミツバチの女王バチが平均14匹ものオスバチと交尾をしていることが明らかになり、十分な精子を得るために複数のオスバチと交尾をするという仮説は否定されたと思われていました。しかし私は、もしかしたら受精嚢内にまで到達し、４００万個もの精子を貯蔵するためには、２～３匹分の精子数では足りなくて、十数匹を超えるオスバチとの交尾が必要ではないかという仮説を立てました。

卒業研究では、セイヨウミツバチで、人工的に多数の女王バチを育成する移虫という処置で養成した女王バチと交尾箱を使って、交尾実験を行いました。交尾箱は養蜂の現場で開発された方法で、１０００匹程度の働きバチを入れた小型の巣箱を使用します。女王バチを生産・販売する養蜂場では、交尾箱で女王バチを育成し、交尾させています。私はこの交尾箱を用いて、多数の女王バチを交尾させ、交尾後の受精嚢内の精子数を測定してみました。すると、最小で15万個、最大で３６０万個、平均で２４０万個と、個体間で精子数に大きなばらつきが見られたのです。このとき、すでに1年で受精嚢内の精子数は約80万個減ることが先行研究からわかっていたので、15万個しか受精嚢内に精子がない女王バチでは、1年以内に精子不足になることが容易に想像できました。

女王バチの育成に適した季節はいつ？

私はこの大学3年生時の研究結果をもとに、卒業研究で女王バチの交尾回数をマイクロサテライトＤＮＡマーカーで推定し、さらに女王バチの受精嚢内の精子数について調べました。女王バチの交尾回数の推定には、働きバチのＤＮＡを解析し、母親と父親からそれぞれ受け継いだ一対のマイクロサテライトＤＮＡのアレル座を特定します。そして、父親から受け継いだアレル型の総数から交尾したオスバチ数を推定しました。

研究では、４～12月に、毎週20匹以上のセイヨウミツバチの女王バチを、交尾箱を使って交尾をさせました。そして、交尾した女王バチが産卵を開始してから1カ月経った時点で女王バチの受精嚢内の精子数を測定し、同時に働きバチのサナギのＤＮＡを鑑定しました。すると、大変おもしろいことがわかりました。なんと女王バチの交尾回数（平均値）は季節によって大きく変動していたのです。女王バチの交尾回数は、4～5月の梅雨前の時期で平均14回と最も多く、6月の梅雨期は平均4回と大幅に減少しました（図8）。その後、梅雨が明けた7月後半～8月には平均7回と徐々に増え、9月には再び平均10回を超えるようになりますが、10～12月になると極端に減少し、平均3回という結果でした。今回実験的に交尾させた女王バチは最低2回、最高18回、平均すると12回交尾をしていました。今回の結果はあくまで研究での話で、実際の自然の状態では6月や10～12月に新女王バチが羽化や交尾することはほとんどありません。しかしこの研究から、養蜂における女王バチの育成時期は4～5月と8～9月が最良であることがわかりました。

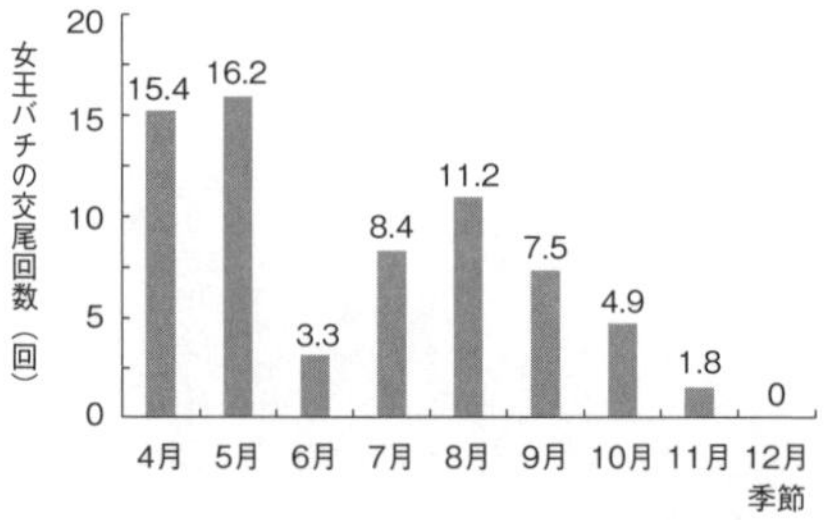

図８　セイヨウミツバチの女王バチの交尾回数と季節（月）

多回交尾の目的は十分量の精子を貯蔵するため？

私は結婚飛行に出向くオスバチ数も、受精嚢内の精子数に影響するのではないかと考えました。そこで、オスバチトラップを用いて、結婚飛行に出向けるオスバチの数を制限する実験を行いました。

オスバチトラップは養蜂現場で伝統的に用いられている器具で、優良な群れのオスバチのみを新女王バチと交尾させると群れの性質が良くなるという経験に基づいたものです。巣箱に設置する格子状の器具で、働きバチよりも頭部が大きいオスバチを巣箱から出られなくします。これを交尾させたいオスバチのいる巣箱以外に仕掛けることで、新女王バチと交尾できるオスを選抜します。

そこで私は実験で、新女王バチは自由に結婚飛行に出られるようにして、オスバチはオスバチトラップで結婚飛行に出向けるオスバチ数を制限しました。調査の結果、オスバチの数を減らすと、季節や天候に関係なく、女王バチの交尾回数が減ることと、交尾回数と受精嚢内の精子数が比例することがわかりました（図9）。要するに、女王バチの多回交尾の目的の1つは受精嚢内に蓄える十分な精子数を

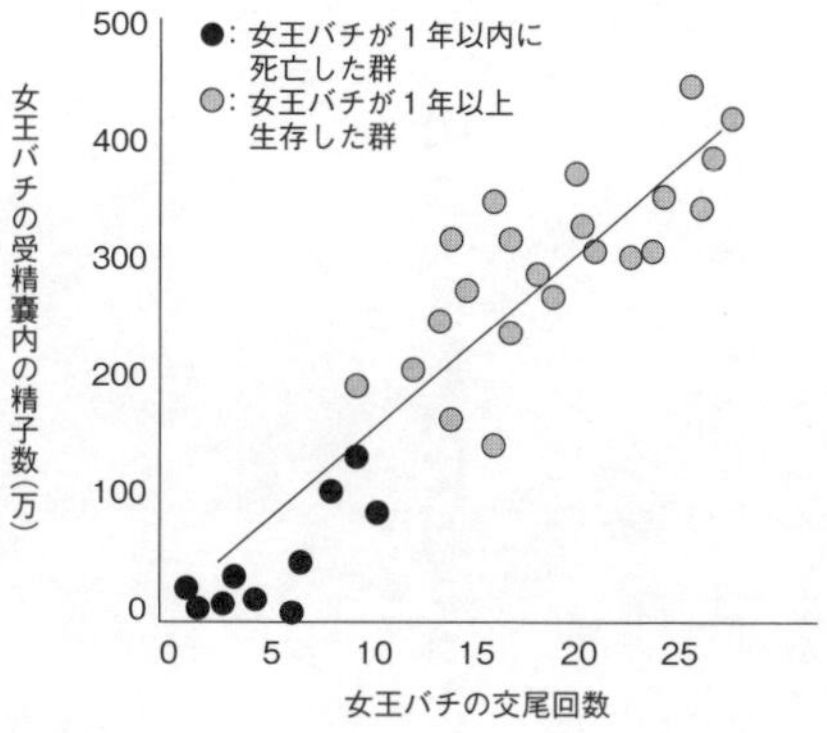

図９　セイヨウミツバチの女王バチの交尾回数と受精嚢内精子数（万）

獲得するためであることがわかりました。

このように私の卒業研究では、養蜂において優良な女王バチを作成するためには、育成に最良な季節と、十分なオスバチ数の確保が必要とわかりました。

動物界でも類を見ないハイレベルな一妻多夫制

卒業研究を終え、大学卒業後も、私はミツバチの研究を続けました。当時はセイヨウミツバチのマイクロサテライトＤＮＡマーカーは開発されていましたが、ニホンミツバチのそれはまだ開発されておらず、ニホンミツバチの交尾回数を調べる前に、ニホンミツバチのマイクロサテライトＤＮＡマーカーを開発する必要がありました（長い話になるので「ミツバチ博士のちょっとためになる話」に詳しく紹介しました）。ですので、まずこの開発を行い、その後、開発したマイクロサテライトＤＮＡマーカーでニホンミツバチの女王バチの交尾回数を調べました。すると、ニホンミツバチの女王バチは、最小7匹、最大22匹、平均16匹のオスバチと交尾していることがわかりました。さらに、アジア産のミツバチでも女王バチの交尾回数の分析を進めた結果、ミツバチ属の女王バチはすべて多回交尾をしていることがわかりました（表1）。これはつまり、ミツバチの群れは、すべて一妻多夫の社会から構成されているということです。特にオオミツバチの女王バチは約30匹ものオスバチと交尾をしていることがわかっています。ミツバチに限らず、ハキリアリやクロスズメバチなども多回交尾することが報告されていますが、多くて5匹程度です。鳥類や哺乳類でも、1頭のメスに対して2、3頭のオスが夫婦になる例は見られますが、ミツバチのような極端な一妻多夫は、動

表１　各ミツバチの一妻多夫レベル

種　名	交尾回数(平均)
クロコミツバチ	13.5回
コミツバチ	11.6回
オオミツバチ	54.9回
ヒマラヤオオミツバチ	34.4回
ニホンミツバチ	18.8回
サバミツバチ	16.2回
クロオビミツバチ	54.0回
セイヨウミツバチ(日本産)	12.0回

物界全般を見ても特異な性質です。

このようにミツバチの社会で、他の動物と大きく異なる特徴の1つは、群れの単位が一妻多夫であることです。これを「複婚」または「多回交尾」とも言います。このような社会は、群れにいる1匹の女王バチが複数のオスバチと交尾をして、それらの子どもが働きバチ（異父姉妹）として群れを構成するためです。一般的な動物では、メスが複数のオスと交尾をしても、通常は最後のオスが他のオスの精子を取り除きますが（精子置換）、ミツバチではそのようなことは起きません。1匹のオスバチでは女王バチが複数年に渡って産卵するのに十分な精子量を提供できませんし、受精嚢内にまで精子を到達させるには10匹以上分の精子が必要です。このため、交尾を終えた女王バチは、腹部の受精嚢に精子を保管し、受精卵を産むときはランダムに精子を放出します。生まれてくるメスの働きバチは異父姉妹となり、父親の異なる女系社会を形成しているのです。

一妻多夫は病気に対する抵抗性？

真社会性昆虫の進化には高い血縁関係が重要と考えられています。しかし、異父姉妹の働きバチから形成されているミツバチのような集団では、利他的行動をする働きバチ同士の血縁度は低下しています。その反面、巣内の遺伝的多様性は高くなります。さて、ミツバチの社会では一妻多夫により血縁度が低下するデメリットをしのぐメリットがあるのでしょうか？　これにはさまざまな仮説が立てられ、検証が進められてきました。その結果、精子量の確保のほかに、どうやら病原微生物や寄生者に対しての抵抗性獲得も理由の1つにあることが、長期的な野外調査とDNA鑑定法の組み合わせでわかってきました。

ミツバチのような数万匹の個体が密になる集団生活では、さまざまな寄生者や病原微生物によるリスクが高まります。というのも、寄生者や病原微生物が一度群れへの侵入を成功させると、その被害は一気に広がってしまいます。これは、1カ所にいる個体数が多いという理由だけでなく、同じ遺伝子を持つ個体は免疫システムが類似していて、同じ病気になりやすいことが原因です。このとき、もし異なる父親由来の遺伝子を持つ個体が共存していれば、中には病気に対して抵抗性のある遺伝子を持つ個体がいるかもしれません。そして、この病気に抵抗性のある個体の存在が、群れの中での病気の蔓延防止につながる可能性があるのです。つまり、群れの中の遺伝的多様性が高いほど、寄生者や病原微生物によって巣が死滅するリスクの回避が期待されます。

私はこのことに注目し、ニホンミツバチの野生巣にて、

20年以上にわたり調査を続けています。調査では、毎年、野生巣の女王バチの交尾回数（父親の数）と寄生者や病原微生物の感染状況、巣が死滅したどうかを調べています。女王バチの交尾回数は、巣の働きバチからDNAを抽出し、ニホンミツバチから開発したマイクロサテライトDNAの8個のアレル座で解析します。働きバチの寄生者および病原微生物は、アカリンダニとサックブルードウイルス病を選び、解剖とPCR法により推定しました。のべ85群の女王バチの交尾回数とそれぞれの寄生・感染状況をグラフにすると、女王バチの交尾回数が多い（群内の働きバチの遺伝的多様性が高い）ほど、群の寄生・感染率や死滅率は低くなることがわかりました（図10）。また、交尾回数と寄生・感染率には、負の相関関係がありました。つまり、働きバチの遺伝的多様性が高い群ほど生き残る確率が高くなることがわかりました。この結果は、ニホンミツバチの女王バチの交尾回数は、群れの生存率と病気への抵抗性に影響していることを示すものでした。

次に、セイヨウミツバチで人工授精法の技術を利用して、女王バチの交尾頻度を変えた群を作成してみました。実験では、同じ巣のオスバチ10匹と、違う10個の巣のオスバチ各1匹から採取した精子で人工授精した女王バチを作成し、それを飼育してチョーク病（真菌）と麻痺病（ウイルス）に対しての抵抗性を比較調査しました。その結果、遺伝的多様性が高いグループの方が、低いグループよりもダニ、細菌、真菌、ウイルスの寄生・感染率が低いという結果が出ました（図11）。つまり、遺伝的多様性が高いほど、これらの疾病に対して抵抗性があることが確認されました。群れで生活しているミツバチにとって、病害虫

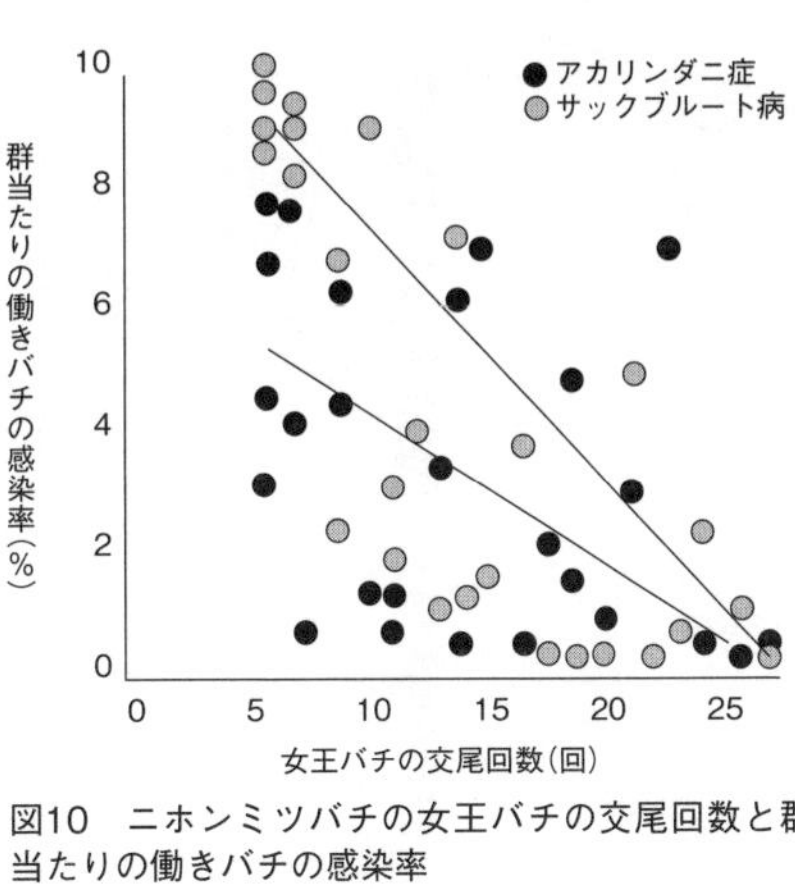

図10　ニホンミツバチの女王バチの交尾回数と群当たりの働きバチの感染率

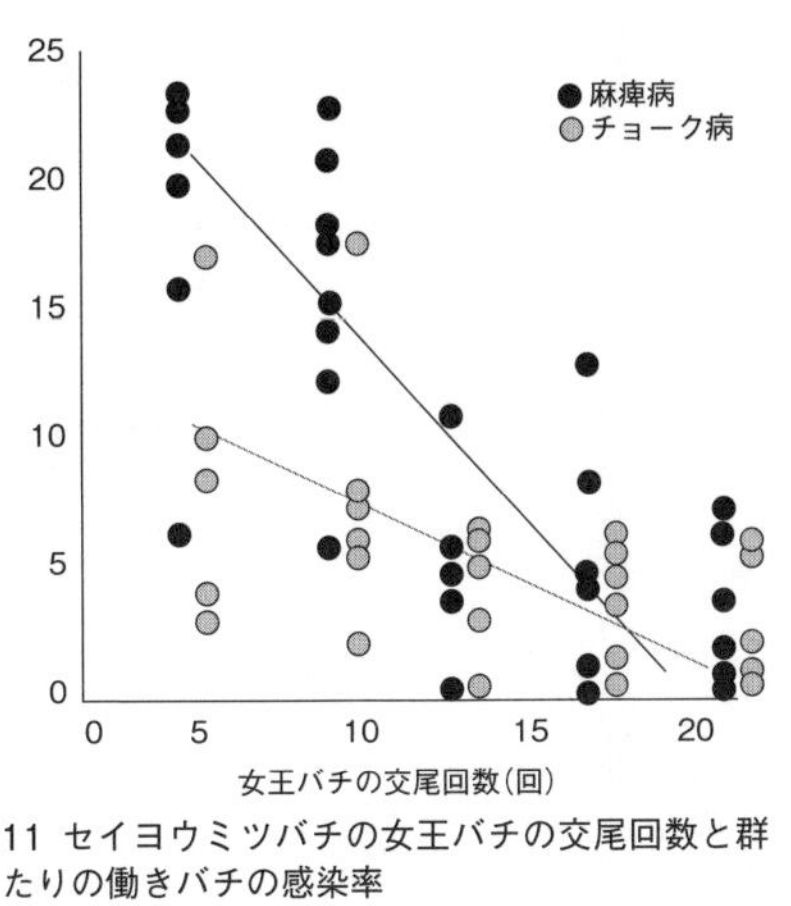

図11　セイヨウミツバチの女王バチの交尾回数と群あたりの働きバチの感染率

に対するリスクを低下させることは、群れの存続につながります。一妻多夫制は病気に対抗するために進化した性質であると思われます。

4 ミツバチの交尾行動を制御する遺伝子

行動制御遺伝子

ミツバチは繁殖を役目とする女王バチとオスバチ、それ以外の仕事をする働きバチにより、真社会性を維持して生活しています。第3章で紹介した通り、働きバチは日齢が進むにつれて仕事を内勤から外勤へと変化させます。この章ではＤＮＡ解析でわかった遺伝情報からミツバチの生態を紐解いていますが、ミツバチのカースト別の行動や日齢ごとの行動にも、遺伝子は深く関わっているのです。

私は、２００５年、玉川大学の大学院生であった野村祥吾氏らとミツバチの行動を制御する遺伝子について調査したことがあります。ほかの研究者たちの先行研究で、セイヨウミツバチの働きバチの脳内では*Amfor* 遺伝子の発現量が変化すると発表されていました。*Amfor* 遺伝子は、キイロショウジョウバエで初めて見つかった無脊椎動物の行動を制御する、*foraging*（*for*）遺伝子の相同遺伝子です。相同遺伝子とは、同じ起源に由来する遺伝子のことで、種によって進化の過程で遺伝子配列は類似したまま一部の変異により機能が異なっている場合があります。摂食行動の違いを制御する遺伝子が*for* 遺伝子と呼ばれるもので、cGMP依存性プロテインキナーゼ（ＰＫＧ）という酵素をコードしていることが明らかにされています。ＰＫＧの活性は、Rover がSitter よりも高く、この酵素活性が摂食行動と関係していることが示唆されました。つまり、ショウジョウバエにおいては、*for* 遺伝子はＰＫＧの発現量を調節することで摂食行動を制御している行動制御遺伝子であることが明らかになりました。単独で生活するショウジョウバエでは、自分の餌を自分で確保する必要があるため、このような行動多型が生活環境に適応して十分な食料を得て生き残るために重要と考えられています。

Amfor 遺伝子は採食以外の行動を制御するのか？

ミツバチの採餌行動と*Amfor* 遺伝子については、内勤バチと外勤バチで、その発現量を比較した研究があります。それによると、*Amfor* 遺伝子は外勤バチで発現量が内勤バチよりも有意に高いことが明らかになりました。このようにミツバチにおいて*Amfor*遺伝子が働きバチの外勤化と関わりがある可能性が先行研究により示されました。働きバチ、特に外勤バチの仕事はほぼ採餌行動と言えるため、*Amfor*遺伝子が制御しているのは日齢による仕事の変更ではなく、ショウジョウバエと同じく摂食行動の調節をしているに過ぎないという可能性も否定しきれません。そこで私たちは、採餌活動を行わない女王バチやオスバチにおける*Amfor*遺伝子の発現解析について調べてみました。

女王バチは巣の中で一生のほとんどを過ごします。交尾や分蜂の時期を除いて巣の外へは一切出ません。これは一度外勤化したならば通常死ぬまで巣の外で活動を続ける働きバチとは異なり、交尾のために巣の外へ出た後、再び巣の中にこもるという、行動の可塑性が必要になることを意味しています。つまり、*Amfor*遺伝子は行動の変化をもたらし、女王バチでも働きバチと同じように行動の変化に伴い*Amfor*遺伝子の発現量が変化している可能性が予測されます。働きバチでは採餌行動を伴う仕事の変化に関与していると考えられる*Amfor*遺伝子ですが、女王バチやオスバチは採餌行動を行わないので別の機能を持っている可能性があります。同じ遺伝子でもカーストや性によって他の行動を制御している可能性があるということです。そこで、私たちはミツバチの女王バチとオスバチの脳内における*Amfor*遺伝子の発現解析を行ってみることにしました。

女王バチの加齢と発現量の変化の調査

セイヨウミツバチの女王バチは、羽化から1週間以上経過すると性成熟が進み、交尾が可能となります。*Amfor*遺伝子は、働きバチの脳においては、巣の外に出て採餌を行う個体で発現量が上昇していることが確認されています。このため、女王バチの脳内で*Amfor*遺伝子に変化が起きるとしたら、結婚飛行を行う羽化7日後～10日後前後ではないかと考えられます。

そこで、この仮説を証明するために、女王バチの加齢による脳内の*Amfor*遺伝子の発現量の変化を調べてみました。

調査の結果、女王バチの*Amfor*遺伝子は羽化後1日目と5日目の個体に比べ、10日以降の個体で発現量が

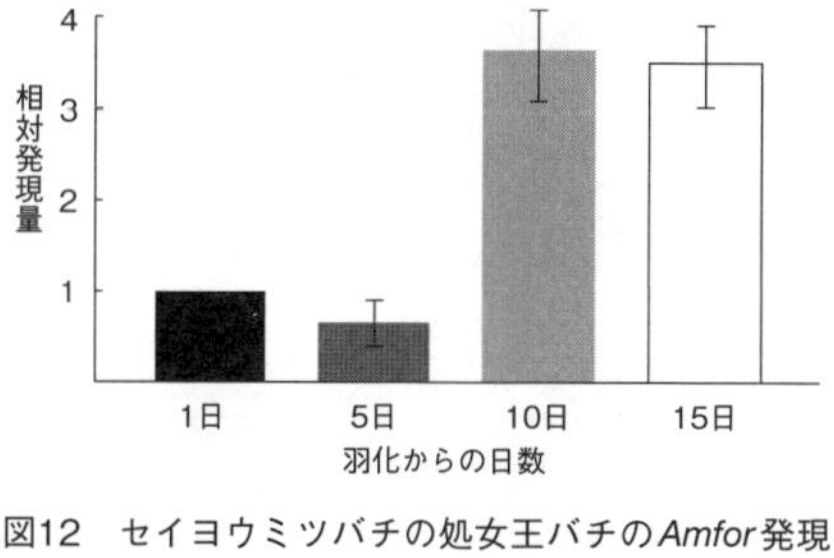

図12　セイヨウミツバチの処女王バチの*Amfor*発現量の平均

縦棒は標準偏差。10～15日は通常の交尾飛行期間。1日目の発現量を1としたときの相対発現量。

高くなることがわかりました（図12）。羽化から5日で低かった発現量が、10日では上昇していることから、羽化から6～10日で急激に*Amfor*遺伝子の発現量が高まることが予想されます。一般的に女王バチの結婚飛行が羽化から約1週間以降であることを考えると、結婚飛行を行う時期に*Amfor*遺伝子の発現量が高まると考えた私たちの予想は合っていました。10日以降については、羽化から10日と15日で発現量に差が見られませんでした。このことから、女王バチの*Amfor*遺伝子の発現量は、結婚飛行の時期に合わせて速やかに必要レベルまで上昇した後、その水準が維持されることが推測されました。また、羽化後15日の女王バチについて、それぞれ交尾と産卵を確認した個体と未交尾の個体を比較したところ、未交尾の女王バチで*Amfor*遺伝子の発現量が有意に高く、同じ日齢の女王バチでも交尾と産卵を経ている個体では*Amfor*遺伝子の発現量が有意に低下していました（図13）。この結果は、*Amfor*遺伝子は女王バチの飛翔行動と関連を持つことを示唆すると考えています。

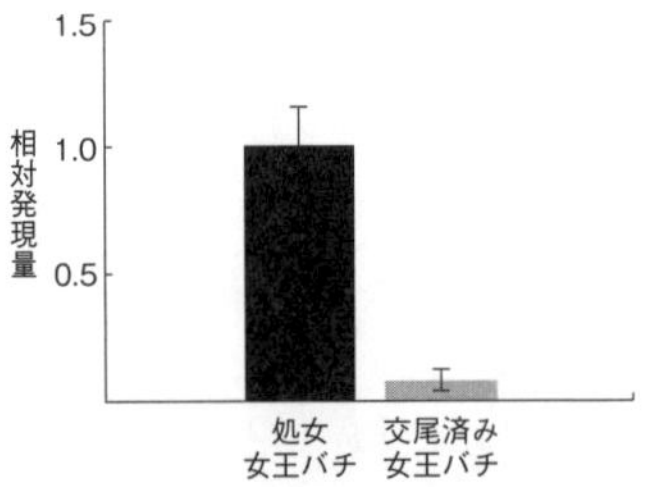

図13　セイヨウミツバチの処女女王バチと交尾済女王バチの*Amfor*発現量の平均
縦棒は標準偏差。処女女王バチの発現量を1としたときの相対発現量。

さて、交尾行動を終えた女王バチは、もう巣の外へ出る必要がありません。もし*Amfor*遺伝子が女王バチの飛翔行動に関連しているのであれば、交尾を終えた女王バチでは遺伝子の発現量が低下することが予測されます。そこで、産卵を開始した女王バチの*Amfor*遺伝子の発現量を調べてみました。すると、産卵を開始して3日目の女王バチでは、産卵を開始して1日目の女王バチよりも*Amfor*遺伝子の発現量が下がっていました。また、この産卵開始から3日目の女王バチでの発現量は、産卵を開始して1年以上経った女王バチと差がありませんでした。このことから、女王バチでは交尾から3日以内に*Amfor*遺伝子の発現量が速やかに必要最低限レベルまで低下することがわかりました。遺伝子発現量の急速な変化は、女王バチの飛翔行動を制御するうえで非常に合理的なものだと思われます。

オスバチの加齢と発現量の調査

さらに、セイヨウミツバチのオスバチでも日齢と*Amfor*遺伝子の発現量の関係について調べました。オスバチの遺伝子の解析には、巣内にいるオスバチのほかに、結婚飛行のために巣外に出ているオスバチを捕獲する必要があります。そこで、結婚飛行時の行動習性を利用して、セイヨウミツバチのオスバチを捕獲しました。ミツバチのオスバチは結婚飛行時にオスバチの集合場所（ＤＣＡ）に集まります。そして、そこに飛来した女王バチと交尾するために多数で追いかけます。この性質を利用して、私たちは、12ｍほどのポールの先端に女王バチを括り付けてモーターで回転させ、擬似的に飛んでいる女王バチを再現し、女王バチのフェロモンに誘引されたオスバチを捕虫網でまとめてつかまえました。

セイヨウミツバチのオスバチの性成熟は羽化から10～14日前後です。一般的にオスバチも女王バチと同じように、性成熟が終わるこの期間に結婚飛行に出ると考えられているので、*Amfor* 遺伝子の発現量も同様にこの期間に上昇することが予測されます。そこでまず、巣内のオスバチの羽化日を記録して、羽化から1日目、3日目、6日目の個体で脳内における *Amfor* 遺伝子の発現量を測定しました。すると、6日目以降の個体のみで、*Amfor* 遺伝子の発現量が上昇していることがわかりました（図14）。また、ＤＣＡで捕獲した個体と巣内にいる羽化から6日以降の個体の *Amfor* 遺伝子発現量を比較したところ、同程度であることがわかりました。一般的にオスバチが結婚飛行に出かけるのは羽化から10日以上経過してからと考えられており、この結果より、交尾行動の準備ができた個体で *Amfor* 遺伝子の発現量が上昇していることが推察されました。

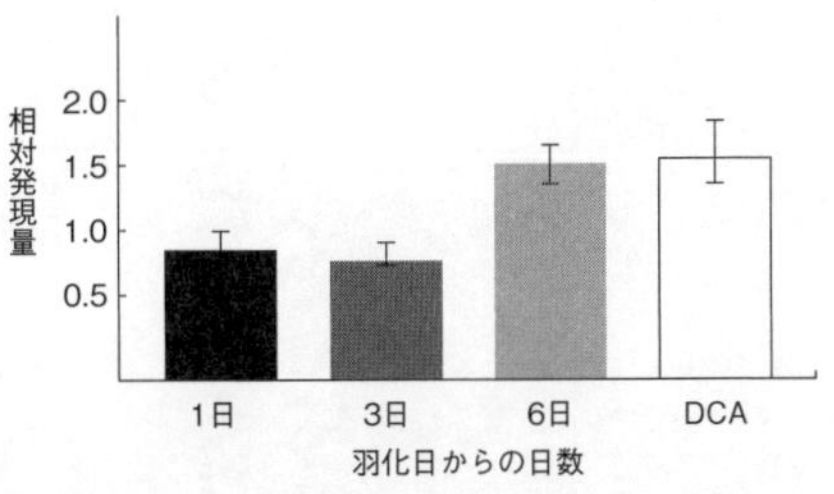

図14　セイヨウミツバチのオスバチの*Amfor*発現量の平均

縦棒は標準偏差。羽化1日目の発現量を1としたときの相対発現量。DCAはトラップを用いてDCAで捕獲した個体。

Amfor 遺伝子が制御するミツバチの行動

以上の調査から、*Amfor* 遺伝子の発現量は女王バチやオスバチでは定位飛行または結婚飛行を行う前後で上昇し、女王バチでは産卵行動によってその発現量が低下することがわかりました。働きバチでは、*Amfor* 遺伝子は内勤活動から外勤活動へ移行に関わるとされています。一方で女王バチとオスバチにおいては、結婚飛行と関わりがあることがわかりました。これらはいずれも巣の外に出る行動であり、*Amfor* 遺伝子が巣の外で行う行動を調節している上流の遺伝子であると推測されます。将来的には、行動制御遺伝子の発現量またはＰＫＧ量を操作することで、花粉交配における行動制御や分蜂抑制などの養蜂や農業分野で利用できるのではないかと、期待しているところです。

5 ニホンミツバチとセイヨウミツバチの交雑はあるのか？

セイヨウミツバチは明治時代に輸入によって日本に入ってきた外来種ですが、在来種であるニホンミツバチとの間に交雑（別の種同士で雑種を作ること）があるのかについては、長い間、不明のままでした。そもそも別種であるセイヨウミツバチとニホンミツバチの間で生殖が成立することとは理論的にありえませんが、実際には帰化した外来種と近縁の在来種との間に誕生した交雑種が、生物多様性の損失や遺伝子汚染といった環境問題を引き起こすことは、生物学上では起こりうる問題です。私は、この問題について、玉川大学の博士研究員だったときに、吉田忠晴教授と、セイヨウミツバチとニホンミツバチの間で交雑種が生まれてくるのかをＤＣＡでの交尾実験と遺伝子解析で検証しました。さて、ニホンミツバチとセイヨウミツバチの間には、交雑種はいるのでしょうか？

結婚飛行時刻は厳密には分かれていない

ミツバチのオスバチは、種ごとに特定の時間帯に集中して飛行することが知られています。セイヨウミツバチもニホンミツバチも、オスバチは羽化から10～16日で結婚飛行に出ます。交尾場所であるＤＣＡは種ごとに場所が決まっていて（図15）、さらにセイヨウミツバチではカーニオランとイタリアンの2亜種間でもＤＣＡでの交尾飛行の高度に違いがあることが海外で報告されています。

図15　ニホンミツバチとセイヨウミツバチのDCAの比較
（作図：清水創太氏）

私が実験をした横浜市では、セイヨウミツバチのオスバチは11時半～15時の間に結婚飛行のために巣外に出かけ、最も飛行に出るオスバチ数が多い時間帯は13時から13時半でした（図16）。一方、ニホンミツバチでは、オス

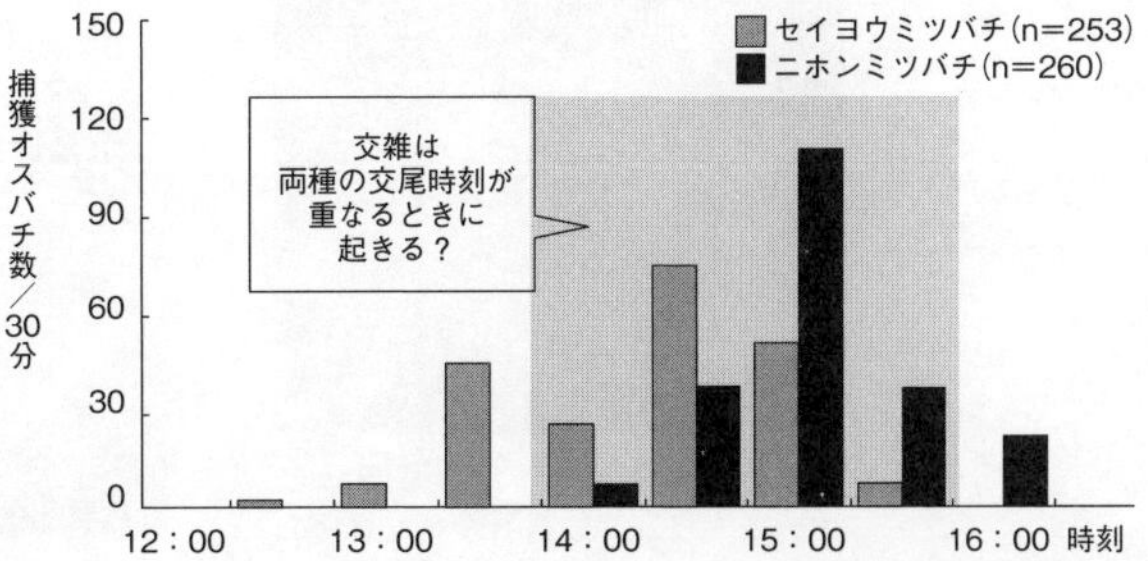

図16　ニホンミツバチとセイヨウミツバチのDCAでそれぞれ捕獲されたオスバチの個体数と時刻

バチが出かける時間帯は13時15分〜16時半で、ピークタイムは15時〜15時半でした。女王バチの交尾を確認できた時間帯は、セイヨウミツバチで13時〜14時40分、ニホンミツバチで13時15分〜17時でした。この結果から何がわかったかというと、2種のミツバチのピークタイムには約2時間の差があったものの、13〜15時の2時間は結婚飛行の時間帯がかぶっているということです。それまでは、ＤＣＡの違いに加え、結婚飛行の時刻を分けることで種間の交雑を防いでいると考えられていましたが、どうやらニホンミツバチとセイヨウミツバチでは結婚飛行の時間帯に厳密な差はないようです。そして、もしこの2種間で交雑が起きるとしたら、時間帯が被っている14〜15時の間に交尾をした女王バチで起こる可能性があると考えました。

国内のミツバチのＤＣＡには種特異性はあるのか？

ＤＣＡに女王バチが飛来すると、多数のオスバチが彗星状になって女王バチを追いかけます。これは女王バチの大顎腺で作られる女王物質の主成分、9-ＯＤＡ（9-オキソデセン酸）が性フェロモンとして機能するためです。ニホンミツバチもセイヨウミツバチも、女王バチはこの9-ＯＤＡを分泌してオスバチを引き寄せるので、フェロモンによる生殖隔離はありません。このため、私はオスバチはＤＣＡ周辺に飛来した女王バチが同種か別種かにかかわらず、交尾をするのではないかと考えました。

そこで、国内で確認されているセイヨウミツバチとニホンミツバチのＤＣＡのうち、横浜市にあるセイヨウミツバチのＤＣＡと、東京都町田市にあるニホンミツバチのＤＣＡで、オスバチの捕獲調査を行いました。まず、20ｍまで高度を上げることができるヘリウムガス入りの気球に網式トラップ取り付けたものを用意し、網の中に未交尾の女王バチを入れて、どちらの種のオスバチが交尾しにやってく

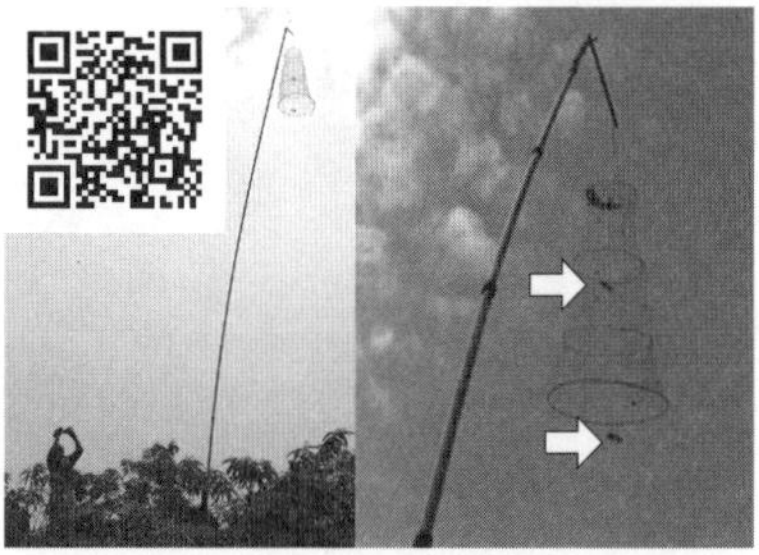

図17　DCAに設置した網トラップ
約12mの高さに網のトラップを吊るし、その中に処女女王バチを入れた籠（矢印）を取り付けてある。女王バチの性フェロモンに誘引されたオスバチが網トラップに捕獲される。
(https://youtu.be/hb5GBMNwPkw)

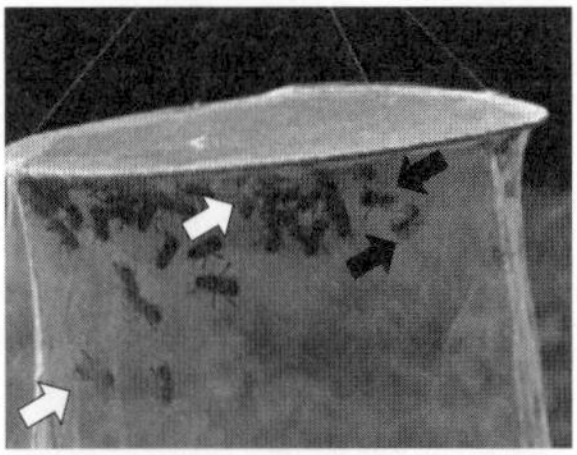

図18　セイヨウミツバチのDCAにおいてトラップに誘引された2種のオスバチ
黒矢印がニホンミツバチ、白矢印がセイヨウミツバチ。

るのかを、それぞれのＤＣＡで調査しました（図17）。その結果、2種のＤＣＡとされている場所で、異種のオスバチが5〜18％も捕獲されました（図18）。

この結果から、種特異的とされたＤＣＡで別種のオスバチが誘引されることが明らかになりました。

外来種は在来種とＤＣＡが被るのか

ここでいったん、ＤＣＡについて、ルットナーらの定義をもとにまとめてみましょう。女王バチがいてもいなくても、オスバチは毎年同じＤＣＡに集まります。オスバチが女王フェロモンに反応するのは、ＤＣＡ内を飛行しているときだけです。ＤＣＡから離れた女王バチが女王フェロモンを分泌していても、オスバチが追従することはありません。つまり、ミツバチはＤＣＡ内でしか交尾をしないということです。

セイヨウミツバチのＤＣＡは地上から約6〜10ｍにあり、条件のよいＤＣＡには毎日のように多くのオスバチが集まります。ＤＣＡは、直径にして約50〜200ｍの範囲に限定されます。同じ地域に複数種のミツバチが分布している場合は、基本的にＤＣＡが相違することが報告されています。しかし、セイヨウミツバチのように世界中で導入されているミツバチ種では、ＤＣＡや交尾飛行時刻が在来ミツバチ種と重複する可能性があるようです。実際に、ルットナーらはドイツにおいて輸入したトウヨウミツバチを使ってＤＣＡを調査し、セイヨウミツバチとトウヨウミツバチのＤＣＡが共通していたことを報告しています。

日本のセイヨウミツバチのＤＣＡでの調査

さて、別種の女王バチに群がるオスバチが一定の割合でいた調査結果に加えて、外来種と在来種でＤＣＡが重複することを示すルットナーの研究結果を見て、ニホンミツバチとセイヨウミツバチの間には明確な生殖隔離はないのかもしれないと考えるようになりました。

そこで、次にセイヨウミツバチのＤＣＡで交尾実験を試みました。実験には長さ10ｍの、グラスファイバー製の検《けん》測桿《そくかん》を改造したポールを使用しました。上端には小型モーターによる速度可変式（時速２・７㎞）旋回装置を取り付け、これに対して横向きに長さ２ｍほどの金属製の細い棒を取り付けました。小型モーターを水平に円回転させ、人為的に女王バチの飛行状況を再現しました。これに羽化から６～10日のセイヨウミツバチの未交尾女王バチをくくり付け、腹部を固定して交尾ができるようにしました。女王バチはモーターによってポールの周りをぐるぐると円回転します。これを、セイヨウミツバチとニホンミツバチの交尾飛行時刻が重なる14～15時に、地上から約10ｍ上空を旋回させ、ＤＣＡでの交尾を再現しました。

ポールの先端の女王バチを双眼鏡で観察したところ、女王バチのあとを追うようにオスバチたちが飛行しているのが見えました（図19）。約20～１００匹のオスバチが彗星の尾のように飛び、最も早く女王バチにたどり着いたオスバチが交尾をしていました。交尾の際、オスバチは女王バチの背面から腹部を６本の脚でとらえ、馬乗りのような体勢になります。その後すぐに腹部を曲げて交尾器を女王バチの開口した腹部先端の刺針室（女王バチの外部生殖器）に挿入していました。挿入後、オスバチの交尾器は反転した形で飛び出てきますが、半分ほどが反転した時点でオスバチは硬直状態になり、はばたきが停止し、のけぞるように後方に倒れました。このとき、腹部にある神経節のみが活動しています。この間、数秒ほどで、交尾をするためだけの存在であるオスバチは交尾に成功した瞬間に寿命が尽きるようにプログラムされているのがよくわかる光景でした。一方、交尾が終わった女王バチは、死んで硬直したオスバチと結合したままの状態です。オスバチは硬直しながらも交尾器を完全に反転させ、動いている神経節の働きで、精液を輸卵管に放出します。交尾器が完全に反転してすべてが露出すると、今度は生殖器がちぎれて女王バチの腹部に残り、オスバチの本体は

図19 セイヨウミツバチのDCAでポールの先端に処女女王バチをくくりつけた実験の様子
ポールを上げるとオスバチが誘引される。交尾をしたときにポールを下げると交尾したオスバチの種類を特定できる。
➡口絵17（p. 7）

地上に落下します。交尾器は次のオスバチが交尾するまでは女王バチの腹部にぶら下がった状態のままです。これが、交尾が済んだ証拠である交尾標識となります。交尾標識は、次のオスバチが交尾のために女王バチに取り付くときには取れて落下します。あとは、同じように繰り返し多数のオスバチと順番に交尾が行われます。セイヨウミツバチの結婚飛行では、このような交尾行動が十数匹のオスバチによって繰り返されます。

　実験後、観察や撮影した映像、落下したオスバチの確認により、実験に用いたセイヨウミツバチの女王バチが、セイヨウミツバチ、ニホンミツバチのどちらのオスバチと交尾したのかを調査しました。その結果、一部のオスバチはセイヨウミツバチではなくニホンミツバチであることが確認できました。振動を与えずにポールを静かに降ろすと、女王バチと結合したままの状態でいる最後に交尾したオスバチを見られることがありますが、なんとセイヨウミツバチの女王バチと交尾をしているニホンミツバチのオスバチを確認できました。この結果から、セイヨウミツバチの女王バチとニホンミツバチのオスバチは、交尾をする可能性があるとわかったのです。

ニホンミツバチのDCAでの調査

ニホンミツバチのDCAは地上から約20mとセイヨウミツバチよりも高い所にあるため、セイヨウミツバチと同じ装置で調査はできません。このため、ニホンミツバチのDCAの真下に観察塔を設置する方法で調査をしました（図20）。吉田教授らは、15mの高さの観察塔の上にオスバチ捕獲トラップを設置することで、ニホンミツバチのオスバチを多数捕獲することを可能にしました。そこで、観察塔から約8m上空でニホンミツバチの未交尾女王バチを、セイヨウミツバチのときと同じようにポールに取り付けて交尾実験を行いました。

　この観察塔では、ニホンミツバチの女王バチとオスバチの交尾が確認されました（図21）。つまり、ここはニホンミツバチのDCAです。そして、さらにニホンミツバチの女王バチとセイヨウミツバチのオスバチが交尾していることも確認できました。つまり、野外ではセイヨウミツバチとニホンミツバチの交雑

図20　交尾実験用に設置した観察塔
（写真：吉田忠晴教授）

図21　セイヨウミツバチ女王バチとニホンミツバチのオスバチ（左）とニホンミツバチの女王バチとセイヨウミツバチのオスバチ（右）の交尾
それぞれの種特有のDCAで女王バチを吊り上げると、別種のオスバチが飛来し、交尾をしていた。（写真右：吉田忠晴教授）

が起きていることを再び示唆する結果が得られたのです。DCAは種ごとに異なりますが、フェロモンに誘引された別種のオスバチが紛れ込んで交雑を起こしているようです。

種間交尾は意外と簡単に起きていた

ここまでのDCAでの一連の調査でわかったことは、セイヨウミツバチとニホンミツバチのオスバチは結婚飛行時刻が重複している時間帯に双方のDCAに飛来しており、それぞれのDCAで種間交雑が起きていることです。

ちなみに、私たちはニホンミツバチだけが生息している唯一の島である長崎県の対馬でセイヨウミツバチの未交尾女王バチのみを一時的に運び、交尾実験を行ったことがあります。もちろん島に病害虫を持ち込んではいけないので、事前に病気やダニなどの検疫は行いました。その結果、35匹のうち28匹がニホンミツバチのオスバチと交尾しており、交尾成功率は80％でした。これは、セイヨウミツバチの通常の交尾成功率と差がありません。この結果から、種間交尾は想像よりも容易に起きていることがわかりました。

雑種個体は誕生するのか？

さて、ここからが私の出番です。種間で交尾が生じていることまでは確認できましたが、この交尾により雑種個体は生まれるのでしょうか？　そこで、私は交尾をした女王バチが産卵した卵や幼虫、サナギ、成虫のDNAを分析し、交雑個体が産まれたのかを確認しました。

はじめに、セイヨウミツバチの女王バチの交雑個体を分析してみました。すると、ニホンミツバチのオスバチと交尾をしたセイヨウミツバチの女王バチが産む卵は、胚発育初期の段階で死亡していることがわかりました。ただし、対馬から持ち帰ったセイヨウミツバチの女王バチと、横浜市内で交雑を確認した女王バチの産んだ卵の２％は孵化し、１％は羽化して働きバチの成虫になりました。サナギまで発育した個体を分析してみると、なんと父親であるニホンミツバチの遺伝子配列は確認できず、母親である女王バチと同じ遺伝子配列のみを持つ個体になっていました。女王バチがある遺伝子座においてヘテロ型を持つ遺伝子については、働きバチもまったく同じヘテロ型の配列でした。通常はヘテロ型のとき、どちらか一方の対立遺伝子を母親から受け継ぎますが、複数の遺伝子座において母親とまっ

表2　セイヨウミツバチの女王バチとニホンミツバチのオスバチ間の交雑頻度と雌性単為生殖で産まれた働きバチの頻度

調査地	交雑頻度	雌性単為生殖により産まれた働きバチが存在する割合(群)	
		交雑あり	交雑なし
東京・神奈川	26.2%	0%	0%
京都・滋賀	23.1%	0%	0%
熊本・宮崎	25.0%	0%	0%

たく一緒であった場合、クローンであることになります。DNA鑑定からは、セイヨウミツバチの女王バチとニホンミツバチのオスバチの間では、雑種個体は女王バチと同じ遺伝子型でした。

セイヨウミツバチでは、まれに雌性単為生殖が起きることが報告されています。また、アフリカに生息するセイヨウミツバチ亜種ケープミツバチの働きバチも、未交尾で2倍体の働きバチを産卵することがわかっています。セイヨウミツバチでは、普段から非常に低頻度ではあるものの、雌性単為生殖でメスの卵が産卵されている可能性が高いことがわかりました（表2）。

雌性単為生殖をするニホンミツバチの女王バチ

ニホンミツバチの女王バチも、セイヨウミツバチの女王バチと同様に種間交尾が確認されたので、交雑個体が生まれていないかを調査しました。調査では、女王バチが産卵を開始した後に、受精嚢内の精子のDNA分析をしました（図22）。すると、一部の女王バチの受精嚢には、異種の精子しか存在しないことが確認されました。このような女王バチが産んだ卵を観察したところ、セイヨウミツバチではすべてが孵化前に死亡していましたが、ニホン

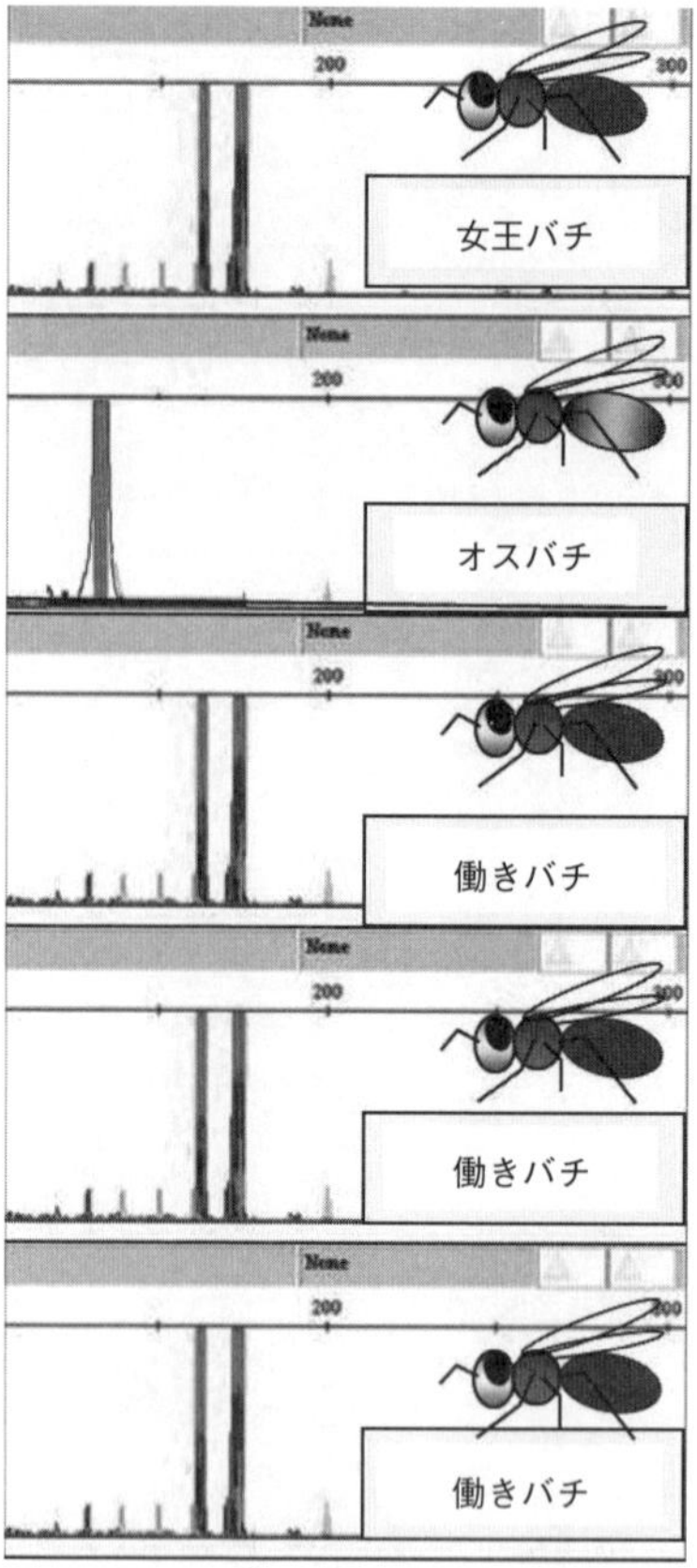

図22　マイクロサテライトDNAによる交雑解析の例
ニホンミツバチの女王バチとセイヨウミツバチのオスバチの交雑群から羽化した働きバチのアレル型。横軸のピークが同じ位置のとき同じアレル座となる。
働きバチは女王バチと同じアレル座を持つ。オスバチのアレル座を持っていない。

ミツバチでは一部が孵化して幼虫になっていました。もしかしたらこの幼虫は交雑個体かもしれません。そこで、私はＤＮＡ鑑定により、父親由来の遺伝子を特定してみました。すると父親の遺伝子が見つからず、子の遺伝子は母親の遺伝子と完全に一致しました。非常に驚くことに、どうやらニホンミツバチの女王バチも雌性単為生殖が可能のようです。

その後の調査で、同種の精子で受精した場合は雌性単為生殖をしないことがわかりました（表3）。つまり異種の精子が侵入すると、女王バチの生殖様式が両性生殖から雌性単為生殖に切り替わるようです。社会性昆虫では、アリやシロアリの一部の種で雌性単為生殖をしています。ニホンミツバチでは、受精嚢内に異種の精子が入った女王バチは、交雑個体の誕生を防ぐために雌性単為生殖に切り替えることがわかりました。

表3　ニホンミツバチの女王バチとセイヨウミツバチのオスバチ間の交雑頻度と雌性単為生殖で産まれた働きバチの頻度

調査地	交雑頻度	雌性単為生殖により産まれた働きバチが存在する割合（群）	
		交雑あり	交雑なし
東京・神奈川	30%	83%	0%
京都・滋賀	38%	100%	0%
熊本・宮崎	50%	70%	0%
対馬島	0%	−	0%

6 巣を守るミツバチのすごい防衛手段

オオスズメバチを熱で殺す熱殺蜂球

ミツバチの一番の天敵はなんといってもスズメバチです。中でもオオスズメバチによる集団攻撃は、ミツバチの巣が数時間で全滅するほど強力です。スズメバチは秋になると次世代の女王バチとオスバチを育てるために、大量のタンパク源を必要とします。彼女たちにとって、たくさんの幼虫やサナギがいるミツバチの巣は恰好の獲物です。しかしミツバチもただやられているわけにはいきません。第3章でも少し触れましたが、在来種のニホンミツバチは、巣を襲ってきたスズメバチに対して熱殺蜂球《ねっさつほうきゅう》で防衛を試みます。

ニホンミツバチの働きバチは、オオスズメバチが巣に近づくと巣の入口付近でオオスズメバチの侵入を待ち構え侵入してきたら、多数の働きバチが包み込むように取り囲み、熱殺蜂球を作ります（図23）。蜂球を形成する３００（１００〜５００）匹前後の働きバチは、飛翔筋の運動によって

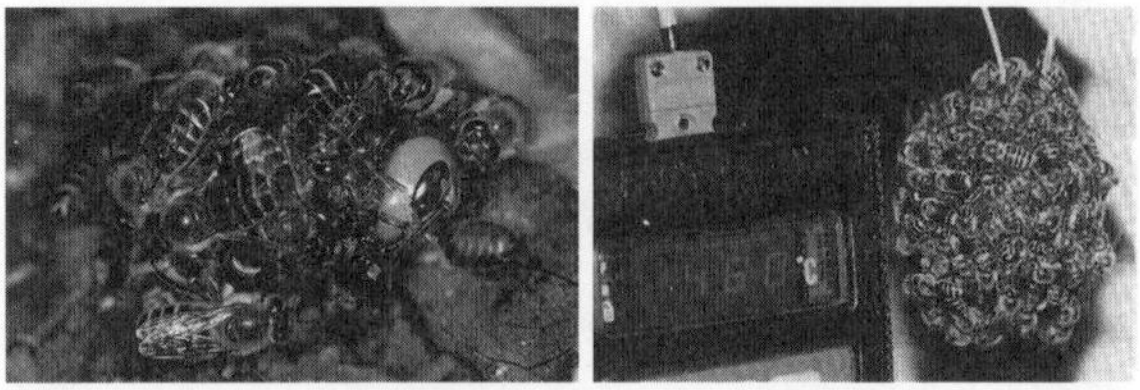

図23　ニホンミツバチの働きバチによるオオスズメバチに対する熱殺蜂球
（写真：小野正人教授）

発熱し、蜂球内の温度を46～47℃まで上昇させます。実は私、手の上に熱殺蜂球をのせてみたことがあるのですが、確かに温かく感じました（熱殺蜂球を形成している働きバチは興奮しているため、刺されることがあります。試してみたいと思った方はくれぐれもご注意ください）。さて、熱殺蜂球で20～40分間、熱をかけられると、さすがのオオスズメバチも熱死します。しかしニホンミツバチの働きバチは熱死しません。なぜかというと、オオスズメバチとニホンミツバチの致死温度には3℃の違いがあるからです。ニホンミツバチは、このわずかな差を利用して見事な防衛行動を行っています。

　このようにニホンミツバチはスズメバチに対して熱殺蜂球により巣の防衛を行いますが、必ずしも成功するわけではありません。複数のオオスズメバチの侵入を許してしまった巣では、女王バチと働きバチが巣の防衛をあきらめ、巣を放棄して引っ越し（逃去）してしまいますが、全滅を避けて再建に望みをかける適応的な行動であると思われます。

　一方、セイヨウミツバチは、どのスズメバチに対しても針刺行動をとります。セイヨウミツバチの原産地であるヨーロッパにはモンスズメバチがいますが、ミツバチの巣をおそうことはほとんどありません。そのため、セイヨウミツバチのスズメバチに対する防衛行動は、ニホンミツバチに比べて単純です。ただし、1、2匹のオオスズメバチを何とか刺し殺したころには、すでに巣は壊滅的な被害を受けているため、オオスズメバチの生息圏でセイヨウミツバチが生き残るのは困難でしょう。

動物の糞を使って天敵を追い払う

ニホンミツバチに比べて体が小さいトウヨウミツバチはニホンミツバチほどの発熱能力がないため、熱殺蜂球が苦手です。これは、トウヨウミツバチは普段から冬のない暖かい地域に住むため、ニホンミツバチのように発熱をする機会が少ないからと考えられています。では、トウヨウミツバチはどのようにスズメバチから巣を守っているのでしょうか？

　近年、東南アジアのトウヨウミツバチのスズメバチに対する新しい防衛行動が発見されました。それはなんと、動物の糞を巣の入口周りに塗るというものです。私がラオスのトウヨウミツバチの養蜂家を訪問した際、巣箱の入口だけが黒く光っていたので質問したところ、水牛の糞を塗っているという返事でした（図24）。あまりに驚いて、「何のために!?」と聞いたところ、スズメバチやツヅリガの侵入を防ぐために塗っているとのことでした。あまりに驚く私を見て、現地の養蜂家さんは「ラオスではみんな塗っているよ？　日本ではやらないの？」と不思議そうにしていました。

図24　トウヨウミツバチの巣箱（左）と巣の入口（右）に水牛の糞が塗ってある
ラオスで撮影した写真。黒く変色している部分に糞を塗ってある。
（https://youtu.be/KA05-gCqd-8）

そのような話を聞いて間もなく、ベトナムの研究グループから、トウヨウミツバチが動物の糞を集めて巣門周辺に塗ることでスズメバチの襲撃から忌避することに成功しているという報告がありました。そういえばニホンミツバチも、オオスズメバチが飛来すると粘性物質を巣門周辺にわずかに塗る行動をとっています。もしかしたら、見たことがある方もいるのではないでしょうか？　私はこの行動が何のためにしているのかを長らく不思議に思っていましたが、熱殺蜂球という防衛手段を習得したニホンミツバチも、かつては糞を塗るために粘性物質を分泌していたのかもしれません。今でも粘性物質を巣入口に付けようとするのは、もしかしたらその名残の行動なのかもしれませんね。

7 無王群の生き残り戦略

女王バチが突然死んでしまうと、その巣は緊急事態になり、働きバチたちはすぐさま3日齢前の幼虫を見つけ、変成王台を作って次の新女王バチを育てます。新女王バチがうまく羽化・交尾をして巣を引き継いでくれればよいのですが、うまくいかないこともあります。継承がうまくいかなかった巣には新しい働きバチは生まれてこないため、崩壊への道をたどることになります。

季節外れの交尾のためにオスバチを自家生産？

社会寄生とは、自分の子を非血縁者や別の種に育てさせることで、カッコウの托卵が有名です。社会寄生は社会性昆虫でも進化しています。ハチではチャイロスズメバチやヤドリマルハナバチが社会寄生をすることがわかっています。この2種のハチは、他種の巣に侵入してその巣の女王バチを殺して巣を乗っ取った女王バチが、自分の子どもをもともとその巣にいた働きバチに育てさせます。実はミツバチでも、DNA鑑定法で巣の個体間の血縁関係を調べた結果、働きバチの社会寄生が行われていることが明らかになっています。

女王バチがいなくなったコミツバチやクロコミツバチの巣では、数日のうちに1〜2％の働きバチで卵巣が発達します。一部の働きバチはいなくなってしまいますが、残った働きバチたちは、急いで変成王台を作り、代わりとなる女王バチを育てようとします。この時期は巣の仲間認識が低下するため、ほかの巣から来た働きバチの侵入を容易に受け入れてしまうそうです。一時的に無王状態になった巣では、変成王台で新女王バチとなる幼虫の育児をしていますが、一部の産卵働きバチがオスバチの卵を産むようになります。巣の仲間たちが必死に巣の命運をかけて新女王バチを育成しているなか、特に役に立たないオスバチを産むという一見すると裏切り行為のように見える産卵働きバチの行為ですが、DNA鑑定を行ったところ、約5％の個体はほかの巣から来た非血縁個体であることがわかりました。そして、産卵働きバチが産んだ卵から羽化したオスバチを調べたところ、約30％はこの非血縁個体の働きバチが産んだ子供だったのです。

ミツバチのように、オスバチしか産めない働きバチが社会寄生を行うことは、進化生物学から見て大変興味深い性質です。産まれてきた新女王バチは交尾をする必要があるため、繁殖期以外の時期にオスバチと出会う必要がありますこのとき、巣の中に非血縁者のオスバチがいることは有利に働くのではないでしょうか。もしかしたら、あえてほかの巣から産卵働きバチを受け入れて非血縁者のオスバチを育てるために、コミツバチやクロコミツバチではこのような性質が進化したのかもしれません。

トウヨウミツバチでは日常的に社会寄生が起こっている

ミツバチの社会では、女王バチのいない巣で働きバチが産卵することは比較的よく見られる現象です（図25）。これは同胞産卵とも呼ばれる、ニホンミツバチでも見られる性質です。ニホンミツバチを含め、トウヨウミツバチでは、女王バチのいる巣の働きバチを解剖すると、卵巣の発達した個体が見つかります。ニホンミツバチの養蜂家さんの中には、女王バチがいなくなってすぐに同胞産卵がはじまった巣を見た経験がある方も多いのではないでしょうか。トウヨウミツバチでは、いつでも産卵を始められるように、一部の働きバチが卵巣を発達させているようです。セイヨウミツバチではそのような個体はいないので、どうやらこれはトウヨウミツバチ特有の性質のようです。

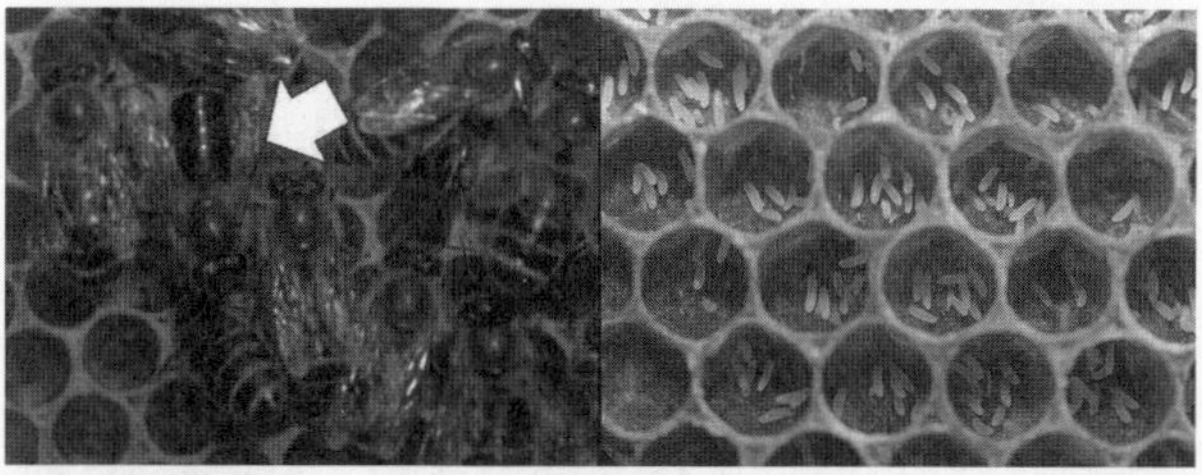

図25　産卵働きバチ（矢印）と同胞産卵群では巣房に複数の卵が無秩序に産卵される（右）
腹部の縞模様がなくなるのが産卵働きバチの特徴。　➡口絵13（p. 6）

繁殖期の巣から産まれてきたオスバチをＤＮＡ鑑定したところ、タイのトウヨウミツバチのオスバチの約40％は、女王バチではなく働きバチが産んだ個体であることがわかりました。同じようにニホンミツバチの巣でも調べてみたところ、約18～42％のオスバチは働きバチの産んだ個体でした。さらに、このオスバチを産んだ働きバチのうち、約３～７％はほかの巣から来た社会寄生個体であり、その子どもにあたるオスバチは、巣のオスバチの最大で８％ほどを占めていました。どうやらトウヨウミツバチは、女王バチのいる巣でも日常的に働きバチによる産卵があり、なおかつ社会寄生働きバチによる托卵が行われているようです。

女王バチにオスを産ませないアナーキーなミツバチがいる

女王バチが死亡して巣を引き継ぐ個体がいなくなった巣では、働きバチが最後の生き残り手段として産卵をします。しかし交尾をしていない働きバチは産卵をしても未受精卵、つまりオスバチしか生めません。セイヨウミツバチの巣では、女王バチがいる限り働きバチは産卵をしません。ＤＮＡ鑑定で調べてみても、オスバチはすべて女王バチが産んだ卵で、日常的に一定数の働きバチがオスバチの卵を産むトウヨウミツバチやニホンミツバチとは大きく異なります。

しかし、オーストラリアとイギリスで、ちょっと変わった習性のセイヨウミツバチが見つかっています。オーストラリアで見つかったミツバチの巣では、隔王板を入れて女王バチの移動を制限した巣箱を使用していたときに、驚くことに女王バチが入ることのできない巣板からオスバチが羽化したのです。隔王板は格子状の板で、働きバチは隙間を通過できますが、体の大きな女王バチは通過できません。これを2段に重ねた巣箱と巣箱の間に置くと女王バチの移動を制限できるため、ハチミツだけが入った巣板を作ることができます。このような処理をした巣板から産まれてきたオスバチのＤＮＡ鑑定をすると、すべて働きバチが産んだ個体であることがわかりました。さらにこのオスバチを使って人工授精したところ、産まれてきた働きバチも同じように女王バチがいるのに卵巣を発達させてオスバチを産むことがわかりました。このことから、働きバチによるオスバチの産卵は遺伝する性質であることも明らかになりました。

オーストラリアでの発見と同時期、イギリスでも同じように、女王バチがオスバチの卵を産まない巣があることがわかりました。こうした巣では、たとえ女王バチがオスバチの巣房に未受精卵を産んでも、働きバチが取り除いてしまうようです。このような個体は、研究者たちから無政府主義的ミツバチ（Anarchistic honeybee）と呼ばれ、見た目は普通の働きバチですが卵巣が発達しているという特徴があります。もしかしたら日本にもこうしたアナーキーなミツバチがいるかもしれません。興味がある方はぜひ探してみてください。

ケープミツバチの巧みな生き残り戦略

ミツバチは交尾をした女王バチが体に溜めたオスの精子を使って体内で受精させた受精卵から2倍体であるメスが生まれ、受精しなければ未受精卵から1倍体であるオスが生まれます。このため、結婚飛行をしない（受精できない）働きバチからはオスしか生まれてこないはずです。しかし、なんとも驚くことに、世界にはメスを産む働きバチもいるんです。

南アフリカの南東部のみに生息しているケープミツバチは、働きバチが雌性単為生殖によりメスの卵を産むことができます。交尾をしていない働きバチがどうやって二倍体のメスを産むのかというと、ケープミツバチではオートミクシス（central fusion）という、第二減数分裂で分離した2つの半数体の核（卵と極体）を融合させることで、単為生殖で二倍体の卵を作成しています。組み換えが起こらなかった子どもは母親と同じ遺伝子型を持ちますが、減数分裂時に組み換えが起こった場合には、母親の2つの対立遺伝子のうち1つを持つホモ接合体になります。組み換え率は遺伝子座ごとに異なり、子どもの遺伝子型のヘテロ接合度は維持される場合があります。

さてそんなケープミツバチでは、普段から一部の働きバチが産卵した卵から、働きバチが産まれます。ケープミツバチは生息数が少なく遺伝的多様性も低いため、働きバチがメスを生産することで巣内の遺伝的多様性を維持していると予測されています。雌性単為生殖は動物界ではときどき見られる現象ですが、働きバチが行うことはまれなため、この事実を知ったときには大変驚きました。

ケープミツバチにはさらに驚くべき事実があります。アフリカには中部から南部にかけてアフリカミツバチが広域に生息しています。南アフリカのケープミツバチとの分布域の境界では、これら2亜種が共存しています。ケープミツバチの働きバチは、行動圏にあるアフリカミツバチの巣に侵入するのですが、なんと侵入する巣の王台に自身のメスの卵を産む社会寄生を行うことが明らかになりました。侵入者であるケープミツバチの産卵働きバチは、アフリカミツバチの女王バチと同じフェロモンを分泌し、まるで自分がその巣の女王バチであるかのようにふるまうことができます。これにだまされたアフリカミツバチの働きバチたちは、王台にいるケープミツバチの幼虫をせっせと育てます。しばらくすると、ケープミツバチの新女王バチが誕生し、巣の主がいつのまにか入れ替わるのです。このような習性は、進化の過程で身に付けた巧みな生き残り戦略なのかもしれません。

8 ミツバチの認知能力と食性

ミツバチの学習能力と認知能力

8の字ダンスのように生まれながらに身に付けている生得的行動に対して、経験によって行動が変化することを学習、学習によって変化した行動様式を保持することを記憶と言います。ミツバチは、単純な色や形、模様を覚えられる以外にも、優れた学習・記憶能力を持っています。ミツバチの脳は小さく、脳を構成する神経細胞（ニューロン）の数も最大100万個と、千億個あるとされる人の1万分の1しかありません。しかし、巣や餌場の位置を覚えていることからも、脳は小さいけれども学習・記憶能力はあることがわかっています。さらに、ミツバチは風景や花の種類、さらには人間の顔までも識別することができるようです。このことは、複雑な視覚情報を処理する能力が高度に発達し、多くの点において動物と匹敵することを示唆しています。

また、ミツバチは「同じ」と「違う」という抽象的な概念を理解できることも確認されています。実験では、働きバチに2回色を選ばせて、2回とも同じ色を選べばご褒美に砂糖水を与える訓練を行うことで、学習・記憶させることに成功しました。その後、選択肢を色ではなく2種類の模様や匂いに変更しても、働きバチは2回とも同じ模様や色を選択することがわかっています。

ミツバチは画風で作者を見分けられる？

ミツバチは、我々人間が芸術的なスタイルによって区別する複雑な画像も識別できます。なんと、モネの印象派の絵画と、ピカソのキュビズムの絵画をちゃんと見分けることができるのです。この実験では、ミツバチに5種類のモネとピカソの絵画を見せて、モネの絵では報酬（砂糖水）が、ピカソの絵では罰（塩水）をそれぞれ提示して、訓練したところ、モネの絵の前では舌（口吻）を出し、ピカソの絵の前では舌を出さなくなったそうです。これだけでも十分すごいのですが、一度も見せていないモネとピカソの絵を提示しても、モネの絵のときだけ舌を出したそうです。これには正直びっくりです。この実験からは、ミツバチがモネの絵とピカソの絵を識別する際に、それぞれの絵画の様式に固有の視覚情報を抽出し、学習・記憶していることが示唆されました。芸術的スタイルの識別が人間特有の高次認知機能ではなく、ミツバチから人間に至るまで、動物が複雑なイメージの視覚的特徴を抽出し、分類する能力を持っている可能性が示されました。

ニホンミツバチが食べる謎のキノコ

ある天気がよい日、私が散策をしているときに、見たこともない珍しいキノコが目に入りました。見ていたら、なんとニホンミツバチの働きバチがいたので、しばらく観察してみることにしました。すると、そのニホンミツバチは、しきりにキノコのひだの部分に舌を入れていたのです（図26）。さらに観察を続けると、傘の部分もかじっていました。ニホンミツバチは1匹だけでなく、かわるがわる数個体がそのキノコに飛来し、同じように採餌をしていました。これは面白いと思い、翌日からも観察を続けたところ、1〜2日のうちにキノコの傘の部分がなくってしまいました。まだキノコは残っていたので持

図26　ニホンミツバチの働きバチがキノコを採餌する様子
（https://www.youtube.com/watch?v=qpO_pa4lAbg）

ち帰って研究室のセイヨウミツバチに与えてみましたが、見向きもしませんでした。しかし同じものをニホンミツバチの巣の前に置いたところ、喜んで食べてくれました。

私はニホンミツバチだけが食べるこのキノコの正体が知りたくなり、専門家に見てもらうことにしました。すると、そのキノコはポルチーニの1種であるものの、まだ学名はついていない、いわゆる未記載種であることがわかりました。ミツバチが美味しそうに食べるこのキノコを食べてみる決心はまだつきませんが、もしかするとすごい効能があるのかもしれないと、ひそかに思っています。

シダ植物の胞子も食べる

ミツバチの研究をしていると、どうしても花を咲かせる植物にばかり目が行きます。しかし、花を咲かせない植物を餌にしているケースもあることを発見しました。私が沖縄で、ミツバチがどのような熱帯植物を蜜源植物に利用しているのかを調査していたとき、大変面白い発見をしました。ある養蜂家さんが飼育していた巣箱から花粉を採集させてもらっていたら、珍しい花粉が巣房にある巣板を見つけました。よく見ると、それは花粉ではなく何かの胞子のようでした。そこでこの巣板を研究室に持ち帰り、DNAからこの胞子が何の植物かを特定してみました。DNA鑑定はDNAバーコーディング法という、生物の種類をDNAから特定する方法で行いました。結果、胞子はある種のシダ植物であることがわかりました。

シダ植物は、花や種子を作らない植物の総称で、種の代わりに胞子で繁殖を行います。花を咲かせる植物ではないのでミツバチとは無縁のものと思い込んでいましたが、たしかに胞子には栄養があり、それを食べている昆虫もいるため、ミツバチが食料にしてもおかしくはありません。人間もゼンマイやワラビといったシダ植物を食べています。私も京都の名物であるわらび餅は大好きですし、案外ミツバチと人間は味の好みが似ているのかもしれません。そう思うと、さきほどのキノコもとても美味しいのかもしれませんが、さすがに未知のキノコを食べる勇気はなかなか出ません。

ミツバチの人工授精

人工授精は、交尾をせずに人工的に受精させる手法で、ほ乳類で行われるものが一般的です。家畜では牛、豚などで一般的で、専門家もいます。昆虫で人工授精法が確立されているのは、ミツバチとカイコのみです。ミツバチの人工授精法では、専用の器具が開発されています。オスバチの精子を得る際は、性成熟したオスバチの腹部をつまんで、生殖器を外反させ、露出した精巣に細いガラス製の管を使って、精子を吸い取ります。一方、女王バチに対して、さかさまにして炭酸ガスで麻酔をかけます。顕微鏡下で鉗子を使って女王バチの腹部末端部を開き、採取した精子を受精嚢に注入することで人工授精が完了します。うまくいけば、数日後に産卵がはじまります。

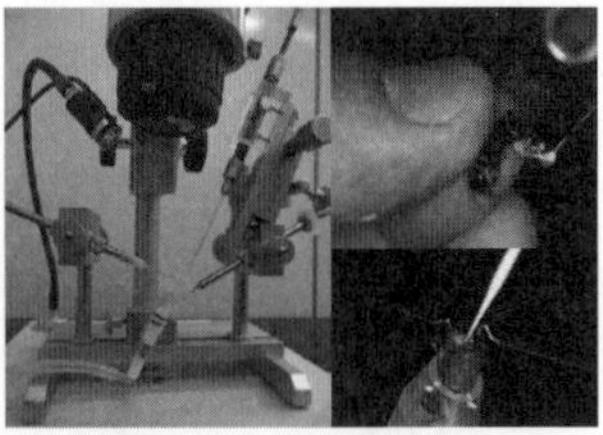

セイヨウミツバチの人工授精器（左）とオスバチから精子を採集するところ（右上）と女王バチに精子を注入するところ（右下）

ミツバチは血縁者をえこひいきするか？

新女王バチたちが新女王の座をかけて争うとき、働きバチたちはなにをしているのでしょうか？　私が働きバチなら、自分が育てた幼虫に次の女王バチになってもらいたいと思ってしまうかもしれません。あるいは、後継ぎは同じ父親由来の妹がよいと思うかも。進化生物学的には、異父姉妹の家族で構成されているミツバチの巣では、自分と同じ遺伝子を次世代により多く残すために、半姉妹（父親が異なる）の女王バチではなく、正姉妹（父親は同じ）の女王バチにあとを継がせるために、血縁者びいき行動をする可能性があると考えられます。

そこで私も、観察とDNA鑑定法により、育ての親である働きバチと新女王バチの血縁関係や、生き残った新女王バチと働きバチの血縁関係を調べてみました。東京農工大学の小山哲史博士の協力を得て、ニホンミツバチの王台における働きバチの血縁者びいき行動について調査しました。調査では、羽化して巣を引き継いだ女王バチと、その王台の世話をしていた働きバチの血縁関係をDNA鑑定法により調べました。すると、どうやら働きバチは幼虫が自身の正姉妹か半姉妹かに関係なく、ランダムに世話をしていることがわかりました。あとを継ぐ女王バチのなかには、遺伝子的に少数派（正姉妹が少ない）の働きバチと同じ父親を持つものもいました。この結果はセイヨウミツバチでも同じで、ミツバチにおいて、新女王バチの継承に際して働きバチが血縁者をひいきする様子は確認できませんでした。つまり、女王バチを決める戦いは真の強い個体を選ぶためのもので、働きバチたちは後継者争いには関与していないようです。

分蜂に際しても、女王バチの正姉妹の働きバチがついていく血縁者びいき行動が予測されましたが、そのようなことはないことが実際に確認されています。では、分蜂するときに、働きバチは何を基準に新旧どちらの女王バチを選んでいるのでしょうか？　分蜂について行った働きバチと巣に残った働きバチの、女王バチとの血縁関係をDNA鑑定法で調べてみましたが、血縁度との関連性はみられませんでした。つまり、働きバチが分蜂について行くか否かは、血縁度以外の要因で決めているようです。残念ながら今のところ、その選択方法はわかっていません。

ミツバチは「シンデレラ」のように異父姉は妹をいじめる？

マイクロサテライトDNAの原理とマーカーの開発

この本で紹介している研究成果の半分以上はDNAマーカーを利用した研究で、最も利用頻度の高い方法がマイクロサテライトDNAによるDNA鑑定法です。この方法でゲノム（遺伝情報）を解析するには、生物種独自のマイクロサテライトDNAマーカーが必要で、世界各国の研究者がその開発を行っています。私もニホンミツバチをはじめ、いくつかの生物のマイクロサテライトDNAマーカーの開発を行いました。少し難しい話ですが、外せない話と思いますので、マイクロサテライトDNAによるDNA鑑定法の原理とDNAマーカーの開発についてお話しします。

種の進化を掘り下げるマイクロサテライトDNA

生物のゲノムに見られる多様性は、進化と深く関係しています。遺伝子の多様性とは、ゲノム上に生じた突然変異の蓄積です。生物の進化は、偶発的に生じた突然変異が、中立的な遺伝的浮動（ある遺伝子型が偶然選ばれて後世に残ること）や自然選択により集団内に固定されることで、引き起こされます。つまり、現在の生物に観察される多様性は、突然変異による偶然の産物であることから、生物の進化の歴史を反映した指標になるというわけです。その変異を検出するためのマーカーがマイクロサテライトDNAマーカーです。

私が専門にしているマイクロサテライトDNAマーカーは超多型を示すことが知られている共優性の遺伝マーカーで、1990年代後半からいろいろな生物で利用されるようになりました。現在でもDNA鑑定法の主流の1つで、私たちが開発したいろいろな生物種のマイクロサテライトＤＮＡマーカーが、今も各国の研究者のＤＮＡ鑑定時に使用されています。

　マイクロサテライトＤＮＡマーカーは遺伝的多様性のほかにも、家系解析、分子系統、遺伝子の物理地図作成など多岐にわたる遺伝子解析のマーカーとして利用ができます。ゲノム内に多数存在するマイクロサテライトＤＮＡのアレル座は、(CT)n、(ATG)n、(ATCG)nなど、2～6塩基の単純繰り返し配列（STR: short tandem repeat）のことで、アレル座の繰り返し構造は、複製されるときの不安定さにより、他のゲノムに比べて突然変異を起こしやすいと言われています。

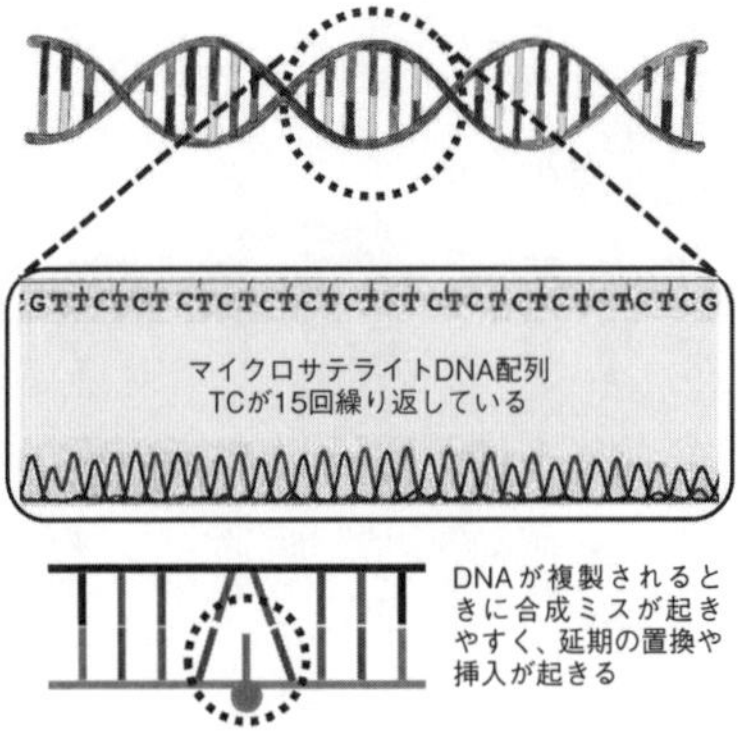
GTTCTCT CTCTCTCTCTCT CTCTCTCTCTCTCG
マイクロサテライトDNA配列
TCが15回繰り返している
DNAが複製されるときに合成ミスが起きやすく、延期の置換や挿入が起きる

マイクロサテライトDNAの塩基配列と突然変異により繰り返し配列が変化する様子

　このマイクロサテライトＤＮＡは真核生物のゲノムに普遍的に見られますが、生物種によりゲノム内の繰り返しのタイプも大きく異なることが知られています。例えば、人などではGTの繰り返しが多く、昆虫ではCTの密度が高いのが特徴です。植物でも比較的CTが多く見られますが、マイクロサテライトＤＮＡ自体の数が少ないことがわかっています。また、昆虫においては、ハチ目（膜翅目）や双翅目は、鱗翅目や甲虫目と比べてゲノム内での密度（数）が高いことが知られていますが、その理由はよくわかっていません。

マイクロサテライトＤＮＡの名前の由来

　遺伝子の解析を行う際に、分染法という方法で染色体を染め分けますが、これによってできる濃淡の縞模様を「バンド」と呼びます。ゲノムＤＮＡを密度勾配遠心法と呼ばれる方法で粒子の大きさや密度などで分離すると、ゲノムＤＮＡの大部分を含む大きなバンドから少し離れた場所に、サテライトバンドと呼ばれる複数の小さなバンドが分離されます。この染色体の末端部分に多く見られる数十～数百塩基対の繰り返し配列であるサテライトバンドは、「ミニサテライト（衛星という意味）」や「ＶＮＴＲ（variable number of tandem repeats）」と呼ばれ、ＤＮＡ鑑定法が登場した初期には有用な遺伝マーカーとして使われていました。

　ＤＮＡ鑑定法の開発者であるイギリスのジェフリーズ博士は、人のミオグロビン遺伝子内にある33塩基対をコアゲノムとして検出するプローブを作り、制限酵素（特定の塩基配列が並ぶ部分でDNAを切断する酵素）で作成したDNA断片を、電気泳動法とサザンブロット法という方法で33塩基の繰り返し配列を持つゲノムをバンド像として検出することに成功しました。このバンドには個人特有のパターンが示されており、親子間で遺伝性があり、各個人のバンドパターンに同じものはありません。これを利用したDNA鑑定法がDNAフィンガープリント法（DNA指紋法）で、ミニサテライトの長さの変化を検出しています。

マイクロサテライトDNAは、ミニサテライトよりもさらに小さい繰り返し配列であることから「マイクロ」と名づけられました。マイクロサテライトDNAによるDNA鑑定法は、PCR法とオートシーケンサー（蛍光標識された色素を検出する遺伝子検査法）の登場により、今ではDNA鑑定法の主流となっています。

ニホンミツバチにおけるマイクロサテライトDNAマーカーの開発

前述したように、マイクロサテライトDNAは遺伝的多様性、家系解析、分子系統、遺伝子の物理地図作成など、多岐に渡る遺伝子解析のマーカーとして利用することができます。ただし、実際に対象の生物で分析するためには、対象種専用のDNAマーカーを設計する必要があり、開発には手間と時間がかかります。私が研究に取り組んでいた当時、ミツバチでは、フランスのグループが開発したセイヨウミツバチ用のマイクロサテライトDNAマーカーだけでした。セイヨウミツバチ用のものはニホンミツバチの変異を検出できないため、研究にはニホンミツバチ独自のマイクロサテライトDNAマーカーの開発が必要でした。そこで、当時国内でアリやアシナガバチで先行してマイクロサテライトDNAマーカーの開発を進めていた、当時の東京都立大学の片田真一博士や北海道大学の長谷川英裕准教授の協力を受けながら、開発を進めました。

ミツバチのマイクロサテライトDNAマーカーは人と同じではないため、人やマウス用に開発されたマイクロサテライトDNAマーカーの方法をそのまま適用するのでは効率が非常に悪いことが、実験を進める過程でわかってきました。そこで、ミツバチのようにマイクロサテライトDNAの数が少ない生物種でも効率的にDNAマーカーを開発できる方法として、DNAの中からマイクロサテライトDNA領域を含むDNA断片をビオチン標識したプローブを用いて濃縮し、DNAライブラリーを作成する方法を試みたところ、ニホンミツバチでのDNAマーカーの開発に成功しました。

私たちは、ニホンミツバチのDNAマーカー開発の成功を機に、これまで開発が進んでいなかったスズメバチ、マルハナバチ、アリ、アシナガバチなど20種以上で、同じ方法を用いてDNAマーカーの開発に成功しました。私はこのとき、世界的に見ても片手に入るほど、多くの種でのマイクロサテライトDNAマーカーの開発に成功した研究者の1人に入っていたと思います。

さて、当時はマイクロサテライトDNAマーカーの開発には半年から1年ほどかかっていたのですが、次世代シーケンサーが普及した現在、次世代シーケンス解析によるDNA断片配列のデータさえあれば、専用アプリを使ってPCRプライマーの設計をわずか数日でできるようになりました。私がニホンミツバチをはじめマイクロサテライトDNAマーカーの開発をしていた当時と比べれば期間は10分の1、労力は5分の1程度にまで進歩しています。

マイクロサテライトDNAマーカーによる遺伝子解析の理論

マイクロサテライトDNAを遺伝マーカーとして利用するには、この領域をPCRで増幅するためのプライマーを設計する必要があります。マイクロサテライトの多型性は、主としてその中心配列部分における繰り返し数の違いがPCR産物の増幅サイズの相違として現れます（ただしマイクロサテライトDNAに隣接する領域でも変異がみられる場合もあります）。このとき、1つのマイクロサテライトDNAの領域だけを解析をしても、十分な情報を得ることはできません。

マイクロサテライトDNA領域のことをアレル座と呼び、それぞれ記号を付けて呼ぶのが一般的です。ニホンミツバチでは学名の略称「Ac」に、発見した順番に1から番号を振っていきます。私が発見したニホンミツバチのアレル座は201個なので、ニホンミツバチには「Ac1」から「Ac 201」のアレル座があります。実際にはすべてのアレル座が遺伝マーカーとして利用できるわけではなく、有効なDNAマーカーはわずか3割程度です。精度の高い血縁関係や個人特定には10個以上のアレル座が必要とされており、DNAマーカーの開発には労力と時間がかかります。

アレル座には短い繰り返し配列が含まれていて、DNA解析では繰り返し配列数の違いを検出して異なるアレルとします。血縁関係や遺伝距離は、アレルの比較で推定することができます。例えば人の場合、あるアレル座の繰り返し配列が、母親が5個と7個で父親が6個と8個であった場合、子どもは5個と6個、5個と8個、7個と6個、7個と8個の、いずれかの繰り返し配列数を受け継ぎます。ミツバチは半数倍数性のため、母（女王バチ）と娘（新女王バチ・働きバチ）の間ではアレル座の繰り返し配列数が必ず半分は一致します。これは、2倍体の有性生殖で生まれるメスは母親のゲノムの半分を受け継ぐからです。父親のゲノムはもともと半数なので、娘のゲノムの半分は父親であるオスバチのゲノムと一致します。また、母親（女王バチ）から息子（オスバチ）へ受け継がれるのは、母親のゲノムセットの半分です。アレル座における繰り返し配列が、母親である女王バチが10個と11個で、父親である女王バチと交尾したオスバチが12個の場合、娘である女王バチや働きバチは10個と12個または11個と12個の繰り返し配列を受け継ぎます。一方で息子であるオスバチが受け継ぐ繰り返し配列は、10個または11個です。

　このように、複数のアレル座の繰り返し配列数を比較することで、確率的に母娘関係にある場合は、この繰り返し数の一致率は50％以上になります。反対に50％以下または、あるアレル座の繰り返し配列数が娘では2個のうち母と父にそれぞれ1個、息子では母と1個が一致しない場合は、両者に血縁関係がないということになります。生物の血縁関係の推定は、このような原理で行っており、人の場合には11～12個のアレル座を比較することで、正確に個人や親子関係を特定できると、法医学分野では言われています。ミツバチの女王バチを推定する場合は、群れの中の50個体以上の働きバチから特定した女王バチ由来のアレルではない方のアレル数を検出することで、父親数を推定することができるのです。

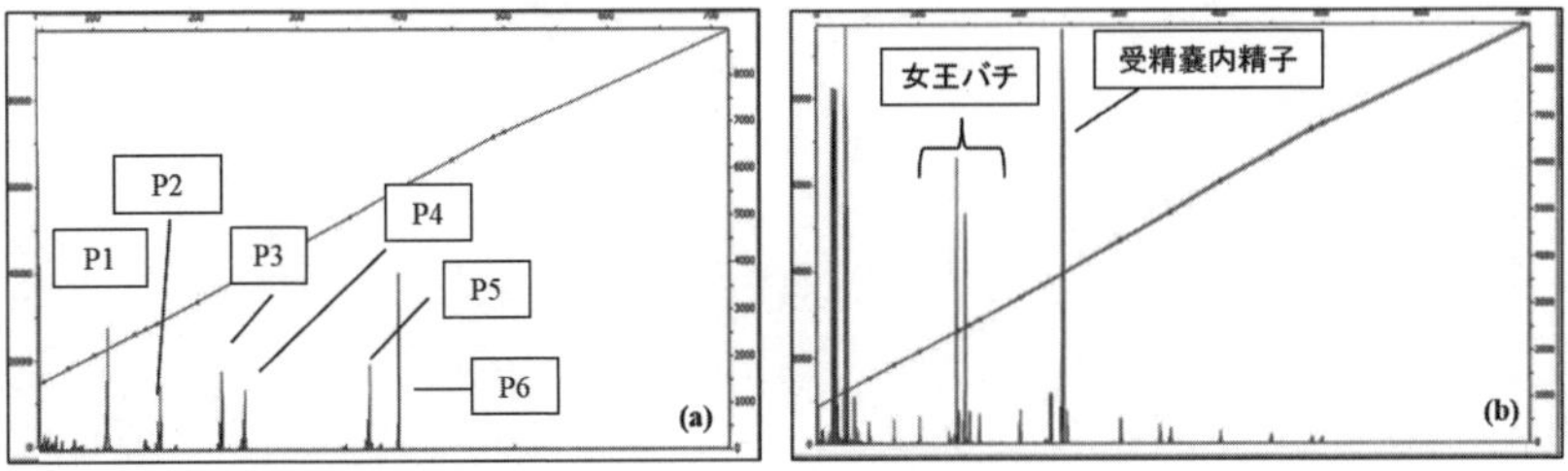

蛍光プライマーを用いたマイクロサテライトDNA多型解析
現在は蛍光標識の異なる6種類のアレル座（P 1～P6）をマルチプレックスPCRとオートシーケンサーで解析する方法が一般的である(a)。女王バチと女王バチの受精嚢内にある精子（オス）のDNAのピークに多型（相違）が検出されている（b)。

第5章
ミツバチからの8つの恵み

ミツバチは私たち人間にさまざまな恵みをもたらしてくれます。「有用昆虫」と呼ばれるミツバチが生産する資源のことを「養蜂生産物（蜂産品《ほうさんひん》）」と言います。この章では、そんなミツバチからの8つの恵について解説します（図1）。

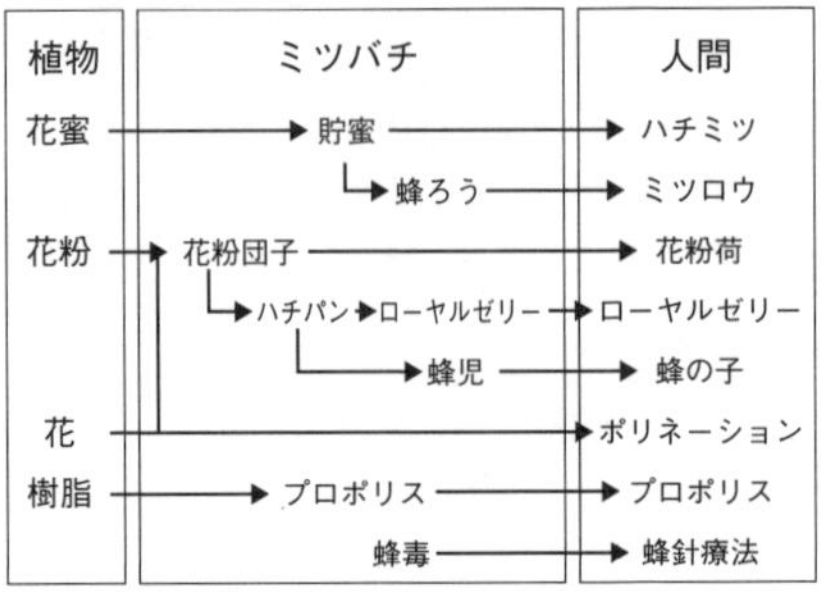

図1　ミツバチから得られる8つの恵
『ミツバチ利用の昔と今』（農山漁村文化協会）の図を引用・改変

1 ハチミツ

ハチミツは、花が分泌する花蜜をミツバチの働きバチが集め、それに巣房内で酵素を添加し、糖の転化、水分量の減少、熟成、の過程を経て生産されたものです。食品として売られているハチミツは、巣房に貯蔵されたハチミツを人間が採集し、そのまま加工をせずに密封したものです。

ハチミツは古くから人間が利用してきた貴重な天然の甘味料で、現在では糖質摂取の目的よりも健康維持や、自然食品として利用している方も多いかもしれません。

日本だけでなく世界的に見てもハチミツの需要は増している一方、近年、その生産量は減少傾向にあります。国内でも需要と供給のバランスが一致しておらず、増加する需要を補うためにセイヨウミツバチの生ハチミツが輸入されています。国産ハチミツは、養蜂従事者の高齢化や蜜源植物の減少により，生産量の増加は今後も困難と考えられています。

ハチミツの種類

公正競争規約（後述）が規制対象とする「はちみつ類」には、「はちみつ」「甘露はちみつ」「巣はちみつ」「巣はちみつ入りはちみつ」があります。このうち「はちみつ」は、その蜜源により百花蜜、単花蜜、甘露蜜に分けられます。

百花蜜（マルチフローラルハニー）

ミツバチが複数の花の蜜を集めてできたハチミツのことを「百花蜜」と言います。日本は南北に長く、周りを海に囲まれた起伏に富んだ地形をしており，年間降水量も多く、多様な植物が生育しています。このため、日本は世界から見ても、多種の花の蜜からできたハチミツを楽しむことができる、まれな国の1つです。

日本に生息しているニホンミツバチとセイヨウミツバチは、約200〜300種の植物に訪花すると考えられています。実際の種数は正確にはわかっていませんが、1つの巣が、ある季節に訪花する花の種類は多くて50〜80種程度で、実際には国内の百花蜜は10〜30種程度の花の蜜でできていると思われます。当然ながら、地域や季節によって花の種類が異なるため、同じ「百花蜜」でもハチミツの風味は製品により大きく異なります。百花蜜は、多様な花の風味が混ざっているため、単花蜜とはまた違った複雑な味わいを楽しめるのです。

ニホンミツバチは性質上、特定の開花期に特定の花のみに訪花させることができません。また貯蜜量が少なく年に1〜2回しか採蜜できないため、単花蜜を生産することは困難です。このため、ニホンミツバチのハチミツはすべて百花蜜です。

単花蜜（モノフローラルハニー）

単花蜜とは、1つの蜜源植物から作られたハチミツのことで、国内では約60種が販売されています。このうち国内で生産されている単花蜜は約30種で、海外と比べて非常に多いのが日本の特徴です。欧米では国当たり多くて10種類、少ないと3種類程度しか単花蜜を生産することができません。単花蜜は蜜源植物により風味や色が異なります。

日本で多種類の単花蜜が生産できる理由は、2つあります。1つは、南北に長い日本では、針葉樹林から亜熱帯多雨林、低地帯から高山帯のバイオームを有し、さまざまな生態系が存在する中で優占する植物種が異なるためです。もう1つは、日本の養蜂家が1つ1つの巣箱を丁寧に管理して採蜜をしていることです（図2）。我が国の養蜂家は、特定の植物の花が開花している場所に巣箱を移動させ、開花が終わるとすぐに採蜜して、ほかの花の蜜が混ざらないようにしています。このような作業は非常に手間と時間がかかるため、海外ではまず行われません。海外では、広大な土地にたくさんの巣箱を置いて、一度にまとめて採蜜をする大規模型の管理をしています。海外の安価なハチミツの中には、お湯に巣板ごとつけて比重で分けて機械的に搾る方法もあります。こうなると風味がなくなりただの砂糖液になるため、個人的にはハチミツとは言えないと思っています。それに対して、日本では小規模な養蜂場が各地に点在し、それぞれが採蜜をしているので、多様な単花蜜が生産されているのです。このような多様な単花蜜を味わえるのは日本のハチミツの特徴の1つです。

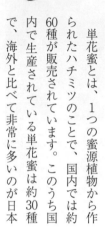

図2　ハチミツを採蜜する様子
熊本県八代市の福田養蜂場にて。日本では手作業でハチミツを搾るやり方が多い。海外では機械でハチミツを採る方法もあるが、熟練した養蜂家が手作業で1枚ずつ採蜜したハチミツは高品質でとても美味しい。蜜刃（下左）と蜜蓋掻き器（下右）で蜜蓋を取り除いている。動画は、ニホンミツバチの採蜜の様子（https://youtu.be/MoY3r7QAmiA、https://youtu.be/HEWw09DtQmw）。

甘露蜜（ハニーデュー）

甘露とは、アブラムシやカイガラムシが分泌する液体のことです。アブラムシやカイガラムシは植物の汁を餌として吸汁していますが、その過程で甘露を排出します。甘露には糖のほかにアミノ酸が豊富に含まれています。アリはこの甘露が大好きで、アブラムシやカイガラムシを天敵から守る代わりに、甘露を食料にしています。アブラムシやカイガラムシが大量に増えると甘露が植物の葉に付着します。これをミツバチが集めてきてできたハチミツが、甘露蜜です。甘露蜜には抱負なアミノ酸が含まれるのが特徴です。色は茶色から黒色で、花蜜からできるハチミツとはまた違った深い味わいのあるハチミツです。

甘露蜜は、広大な森林地帯が広がる場所でしか採ることができません。このため、今のところ日本産の甘露蜜はなく、日本では欧州やオーストラリア、ニュージーランド産の甘露蜜が流通しています。しかし最近、私の研究室の前田美都氏の卒業研究で、和歌山県のみなみ・田辺地区のハチミツが甘露蜜である可能性が出てきました。まだ調査の結果ははっきり出ていませんが、これが甘露蜜であれば国内初となるかもしれません（詳しくは第7章を読んでください）。

巣ハチミツ（コムハニー）

巣ハチミツは、「巣蜜」という名称で販売されていることが多いのではないでしょうか。最近になってSNSで人気が出ているようです。巣ハチミツは、新しく作られ幼虫のいない巣房に、ハチミツが貯えられたもので、巣全体か一部を封入したまま販売され、巣ごとそのまま食べることができます（図3）。

ハチミツに巣ハチミツを加えたものが「巣はちみつ入りはちみつ」で、瓶に詰められて販売されています。

図３　巣ハチミツ（巣蜜）

ハチミツの成分

日本食品標準成分表の基準では、ハチミツ１００gに炭水化物が81・９g（うち単糖当量が75・３g、水分は17・６g）、タンパク質が０・３g、灰分が０・１g含まれています（図４）。炭水化物のほとんどがブドウ糖と果糖で、わずかにショ糖、麦芽糖などが含まれています。そのほかの成分に、ビタミン類、アミノ酸、ミネラル、ポリフェノール、酵素、有機酸があります。

花蜜（ネクター）

ハチミツの素となる花の蜜を「花蜜（ネクター）」と言います。花蜜の主な成分は水分が約55％、糖分が約40％、タンパク質とミネラルが約５％です。花蜜の糖分の大部分はショ糖で、ほかにブドウ糖と果糖も含まれています。表１に花蜜とハチミツの成分の違いを示したので、参考にしてください。

糖組成

ハチミツの主な糖はブドウ糖と果糖で、この２つはほぼ等量含まれていますが、配合は蜜源植物の種類により異なります。ハチミツの糖度は約80度（78～85度）で、形状は糖分の結晶とハチミツの処理によって決まります。ブドウ糖を多く含んだハチミツは、水分が少なければすぐに粒の大きい結晶になります（図５）。一方、果糖は溶解度が高いので液体状で結晶化しにくいのが特徴です。

アカシア、クローバー、ミカンのハチミツは、果糖の割合が高くなっています。特に果糖を多く含むアカシアハチミツは、液体状のハチミツの代表格です。菜の花、レンゲ、ソバのハチミツはブドウ糖の割合が高く、これらの蜜源植

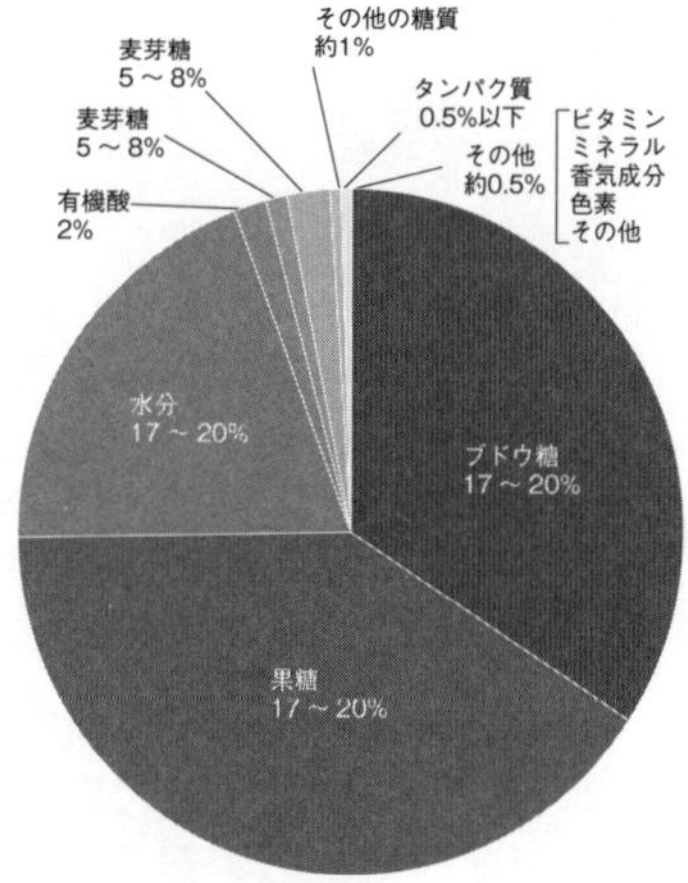

図4　ハチミツの成分
有機酸はグルコン酸が70％を占める。遊離アミノ酸はプロリンが50～80％、タンパク質は酵素が4～7種類（α-グルコシダーゼなど）含まれる。

図5　結晶化したはちみつ

表1　花蜜とハチミツの違い

	花蜜	ハチミツ
糖度	10～50%	80%
糖組成	主にショ糖（植物による）	果糖＋ブドウ糖
色	透明（植物による）	着色→濃色（蜜源による）
酸度	弱酸性～中性	酸性（pH3～5）
匂い	なし～弱い	強い（蜜源特異的）

物から作られたハチミツは特に結晶化しやすいことが知られています。

ハチミツに含まれるブドウ糖と果糖には、エネルギーとして代謝される速度が早いという特長があります。単糖類であるブドウ糖と果糖は、体に入ると数十分で吸収され、エネルギーに変換されます。これはミツバチ体内でもほとんど同じです。また、ブドウ糖は脳のエネルギー供給にも使われます。体の部位によってエネルギー源となる栄養素は異なりますが、骨を動かす骨格筋では、ブドウ糖が脂肪酸とともに使われます。

ミネラル・ビタミン・pH

ハチミツには、人間の健康維持に必要なミネラルがほぼ含まれています（表2）。また、ハチミツには約10種類のビタミンが含まれ、その量は花の種類によって異なります。ビタミンの量は熱処理、脱臭、脱色など加工工程でも減ります。ハチミツに含まれるビタミンには、ビタミンC、B1、B2、B6、ナイアシン、コリン、パントテン酸が挙げられます。ビタミンには活性型と不活性型がありますが、ハチミツに含まれるビタミンの約90％が活性型ビタミンとされています。

pHは3・3～4・9と酸性ですが、ハチミツは含有成分のミネラル（カリウム・マグネシウム・ナトリウム）の作用により、体内に入るとアルカリ性に転化するので、アルカリ性食品と呼ばれています。

遊離アミノ酸

人間の必須・非必須アミノ酸で見てみると、プロリン、フェニルアラニン、グルタミンが、ニホンミツバチおよびセイヨウミツバチのハチミツに多く含まれています。一方、ヒスチジン、トリプトファン、シスチンは含まれていません。遊離アミノ酸は蜜源植物の花粉の種類により大きく異なることが報告されています。

有機酸・酵素

ハチミツにはグルコン酸が共通して含まれています。こ

表2　ハチミツ100 gに含まれるミネラルの量

種類	量（mg）
カルシウム	4.9
鉄	0.24
銅	0.029
マンガン	0.03
リン	3.5
硫黄	5.8
カリウム	20.5
塩素	5.2
ナトリウム	7.6
ケイ素	0.89
マグネシウム	1.9
珪酸	2.2

れは、働きバチが分泌するグルコースオキシターゼがブドウ糖と反応してグルコン酸が生成されるからです。ほかにも、クエン酸、リンゴ酸、コハク酸、酢酸、酪酸、シュウ酸、乳酸などの有機酸がハチミツに含まれています。

ハチミツに含まれる酵素には、働きバチが分泌するグルコシダーゼ、アミラーゼ、カタラーゼなどがあります。

ハチミツの定義

普段みなさんが食べているハチミツをおおざっぱに説明すると、「ミツバチが植物の花蜜を採集し、巣房に貯え熟成した天然の甘味物質」となります。実はこのハチミツの定義は、場合によってさまざまです。例えば、国内でのハチミツの基準には、「はちみつ類品質表示基準実施要領」によるハチミツの定義のほかにも、「農林物資の規格化及び品質表示の適正化に関する法律（ＪＡＳ法）」に基づく加工食品品質表示基準（加工食品品質表示基準）など、他の法令に定めるもののほか、東京都消費生活条例（条例）では、市販されるハチミツには次の事項を表示する必要があります。

・原材料の割合または重量は、精製ハチミツを使用したハチミツ類においては精製ハチミツの、加糖ハチミツにおいては使用した糖類の、巣ハチミツ入りハチミツにおいては巣ハチミツの原材料に占める重量の割合を表示する。

・製品に占める重量割合で0・05％以上のローヤルゼリー、0・1％以上の花粉もしくは果汁を使用または添加したハチミツ類においてはローヤルゼリー、花粉もしくは果汁の原材料に占める重量または重量の割合を表示する。

・使用する単位は「％」または「g」とする。

条例の「はちみつ類」の適用範囲は、ハチミツ、精製ハチミツ、加糖ハチミツ、巣ハチミツおよび巣ハチミツ入りハチミツです。ハチミツと巣ハチミツは先ほど紹介した通りで、精製ハチミツは、ハチミツから匂いや色などを取り除いたもの、加糖ハチミツはハチミツに異性化液糖やその他の糖類を加えたものです、加糖ハチミツのハチミツ含有量は、重量百分比で60％以上のものとされています。

ハチミツの規格

国内で食されているハチミツには、いくつかの団体により規格が定められています（表3）。これは消費者に安全なハチミツを届けるためのものです。

全国はちみつ公正取引協議会の公正競争規約

国内で市販されているハチミツについては、全国はちみつ公正取引協議会がはちみつ類の表示に関する公正競争規約にて、水分、果糖とぶどう糖含有量、しょ糖、電気伝導度（灰分）、ヒドロキシメチルフルフラール（ＨＭＦ）、酸度（遊離酸）、澱粉デキストリンについての基準を設けています。この規約は２００２（平成14）年10月の公正取引規格改正によって、別表および同規約第7条に、組成基準とその試験方法が詳しく規定されていて、輸入ハチミツについても類似の基準が定められています。

少し説明を加えると、「糖度」はハチミツの甘さ、品質、基準を決める重要な数値です。この糖度は、屈折率を「ショ糖液１００g中に含まれるショ糖のg数」に換算したもので、その換算式は国際砂糖分析統一委員会（ＩＣＵＭＳＡ）で採択されています。サンプル中の可溶性固形分のほとんどが糖であるハチミツのような飲料においては、「糖度（糖分濃度）」と呼称することが多いようです。一般的にはＢｒｉｘ値は糖度として認識されています。Ｂｒｉｘは、ショ糖（いわゆる砂糖）、果糖、転化糖、ブドウ糖など、いわゆる糖の含有量を測るために糖度として用いられる物理量のことです。Ｂｒｉｘ値は、20度のショ糖溶液の質量百分率に相当する値で定められています。例えば、質量分率30％のショ糖溶液（１００g中に30gのショ糖が含まれている）では、Ｂｒｉｘ値は30％となります。

また、酸度は対象に含まれる酸の質量％濃度のことです。酸味を示す指標で、一般的には有機酸の濃度を示します。ハチミツ中の酵素によって生成されるグルコン酸に起因し、ミネラル同様にハチミツの味を決定づける重要な要素です。

そしてＨＭＦは、糖や炭水化物の熱分解により生成されるヒドロキシメチルフルフラールの有機化合物の略称です。牛乳やフルーツジュース、蒸留酒や蜂蜜などの食品を加熱すると微量ながら生成されることが知られています。ハチミツのＨＭＦ含量は、１００g当たり5・9mg以下ですが、熱帯地域を原産国としているハチミツでは8mg以下としています。

表３　ハチミツの規定

項目	全国はちみつ公正取引協議会の公正競争規約		日本養蜂協会の定める国産天然ハチミツ	コーデックス（CODEX）規格*
	海外産	国産		
水分**	20 %以下	22 %以下	22 %以下	20 %以下
果糖とブドウ糖含有量	60 g/100 g以上		60 g /100 g以上	
しょ糖***	5 g/100 g以下		5 g/100 g以下	
灰分（電気伝導度）	0.8 ms/cm以下		0.8 ms/cm以下	
HMF	8.0 mg/100 g以下	5.9 mg/100 g以下	5.9 mg/100 g以下	
酸度	1Nアルカリ4 mL以下		1Nアルカリ5 mL以下	
澱粉デキストリン****	陰性		陰性	
ジアスターゼ活性値	-		10以上	
抗生物質	-		陰性	

ハチミツ100 g当たりの含有量を示している。
*国際連合食糧農業機関（FAO）と世界保健機関（WHO）が合同で作成した国際的な食品規格。
**ハチミツの温度が摂氏20℃時の基準値（屈折糖度計76度以上）。
***ハチミツの採蜜源によって基準が、10g/100g以下、15g/100g以下のものある。
****澱粉デキストリンが陽性の場合は、ハチミツに水飴などが混入している疑いがある。

日本養蜂協会の定める国産天然ハチミツ

ハチミツの規格には、日本養蜂協会（日蜂協）が作成した規格もあります。日蜂協の規格と、全国はちみつ公正取引協議会の公正競争規約の主な違いは、国産の天然ハチミツ以外には「国産天然」という字句を使ってはならないとしていることです。

水分に関する規格は国際規格では20％、公正競争規約でも20％ですが、日蜂協は22％と定めています。これは、国内は海外と比べて湿度が高いため、欧米豪やニュージーランドなどの国と採蜜条件が異なるために設定された数値です。ニホンミツバチのハチミツは水分が高い傾向があるため、この規格は日本の養蜂現場の現状に合わせてあります。また、日蜂協の規格では、ジアスターゼ活性値も定めています。

なお、日蜂協の規格と国際規格の違いは水分率のみです。国際規格とは、国際連合食糧農業機関（ＦＡＯ）と世界保健機関（ＷＨＯ）が合同で作成した国際的な食品規格であるコーデックス（ＣＯＤＥＸ）規格（参加国：２０１３年現在１８５カ国）のことです。

さて、この日蜂協の「国産天然ハチミツ」の規格をまとめると、次のようになります。ハチミツの性状：ハチミツは淡黄色ないし暗褐色のシロップ状の液で、特有の香味があり早晩結晶を伴うものであること。水分はハチミツの温度が20℃で22％以下であること。ハチミツ１００g中の成分として、果糖およびブドウ糖の含有量（両者の合計）は60g以上、ショ糖は5g以下、灰分（電気伝導度）は0・8ms/cm以下、ＨＭＦは5・9mg以下、遊離酸度は１Ｎアルカリ5mL以下、澱粉粉デキストリンは陰性反応を示し、ジアスターゼ活性値は10以上、抗生物質は陰性反応であることです。

ハチミツの表示

ハチミツのラベルには、表示すべき項目がはちみつ類の表示に関する公正競争規約や食品表示基準によって決められています。その項目は、名称（品名）、原材料名、原料原産地名、内容量、賞味期限、保存方法、原産国名、製造者、栄養成分（たんぱく質、脂質、炭水化物およびナトリウム（食塩相当量に換算したもの））の量および熱量です。栄養成分の量及び熱量以外を表示したラベルの例を表4に示します。また、ハチミツは乳児ボツリヌス症の原因となる場合があるため、1歳未満の乳児は摂取を控えるよう指導の表示も必要になります。

このような表示の規格を守っているハチミツは、安全なハチミツを購入する際の1つの目安となるでしょう。

ハチミツの品質検査

国内では在来種のニホンミツバチと外来種のセイヨウミツバチからハチミツを採集しています。ただし、流通しているのは、セイヨウミツバチから生産されたハチミツがほとんどです。ニホンミツバチは野生の性質が強く、セイヨウミツバチと比較して巣箱当たりのハチミツの生産量が50分の1程度と少なく、現状では小規模や趣味的な養蜂家により少量が生産されているのみで、流通も限定的です。

近年、在来種のニホンミツバチにより生産されたハチミツは、消費者の環境問題への関心の高まりから需要が増しています。しかし、生産量が少なく入手が困難なニホンミツバチのハチミツは、国産のセイヨウミツバチのハチミツと比べて約2倍以上も高値で販売されています。1例を挙げると、2022年3月の京都市内のハチミツ専門店におけるg当たりの平均単価は、ニホンミツバチが27・1円だったのに対し、セイヨウミツバチは10・3円でした。

このような価格差は、過去から現在に至る偽ハチミツが存在する要因になります。これに対して、一般社団法人全国はちみつ公正取引協議会は「ハチミツの検査実施要領」を策定しています。しかし、この検査ではすべての偽ハチミツに対応できないため、最近では安定同位体分析法やDNA検査法などの新しい検査方法の開発が進められています。

これ以外にも、ハチミツとして販売する基準を満たすために、本来であればハチミツと認められない未熟なハチミツに、熱を加えて水分を減らしたり、水あめや砂糖で量を

表４　ハチミツの表示ラベル（例）

名称	はちみつ
原材料名	国産れんげはちみつ
内容量	140g
賞味期限	2023年12月31日
保存方法	直射日光を避け、常温で保存してください
製造者	株式会社　〇〇〇 住所：〇〇〇 TEL：〇〇〇—〇〇〇－〇〇〇
※体内で抵抗力が十分にできていない１歳未満の乳幼児には食べさせないでください。	

かさ増ししたりして作られた偽ハチミツが存在します。こうした偽ハチミツを市場に出回らせないためにも、ＨＭＦやジアスターゼ活性などのさまざまなハチミツの品質検査は重要です。

糖度・水分

　糖度と水分はハチミツの熟成度合いを確認するための重要な数値です。どちらも糖度計と呼ばれる機器で測定します。ミツバチが集めてきた花蜜は巣に戻った時点では水分が多いため、ハチミツの製造過程において、巣房で水分を蒸発させて熟成します。働きバチは、熟成させたハチミツの糖度が80度、水分が20％近くになると巣房に蓋（蜜蓋）をして保存します。この状態の巣から採蜜したハチミツは、「完熟蜜」と呼ばれます。

　ハチミツの中には、完熟蜜になる前の水分が多い状態で採集されるものもあります。こうした水分の多いハチミツは、人工的に加熱することで水分を蒸発させます。このようなハチミツは完熟蜜よりも熟成期間が少なく、また加熱によりハチミツ本来の風味も失われます。この未熟成のハチミツはＨＭＦの値で判別することができます。

ショ糖・果糖・ブドウ糖

　説明した通り、ハチミツの主成分はブドウ糖と果糖です。花蜜に含まれるショ糖はハチミツの生産段階でミツバチの酵素によりブドウ糖と果糖に分解されます。ショ糖が多く含まれるハチミツは、ショ糖液を後から添加して水増しした偽ハチミツである可能性が考えられます。ですので、ハチミツの品質検査ではハチミツ偽装のために砂糖が添加されていないか確認するために、ショ糖の含有量を確認します。

　日本産のハチミツ類のショ糖含有量は５％以下と定められていますが、日本貿易振興機構（ＪＥＴＲＯ）でも輸出入時の天然ハチミツのショ糖含有量は５％以下と定めています。

　なお、養蜂場では普段、ミツバチの餌として砂糖（ショ糖）を与えますが、これは巣からハチミツを採ってしまったことでミツバチが餌不足にならないように与えているものです。このため、偽装ハチミツでなくても、非意図的にショ糖が混入してしまうことがあります。ショ糖含有量の確認は、この給餌用の砂糖がハチミツに混ざってしまっていないかの確認も兼ねているのです。

さて、品質検査では果糖やブドウ糖の含有量も検査します。ブドウ糖と果糖が少ないハチミツは、水あめや砂糖などで作った偽ハチミツである可能性があります。ＪＥＴＲＯは、外国産の天然ハチミツについて、果糖の含有量が全重量の30％以上かつ全糖分中に占める割合が50％以上のものと定めています。

異性化糖

ハチミツは蜜源植物の花蜜から作られた天然の甘味料です。しかし、近年、中国では米由来のシロップを混入した偽ハチミツが問題になっています。米由来のシロップの混入を判別するために、ハチミツの品質検査では、異性化糖混和の検査をしています。

一般の蜜源植物をC3植物、偽ハチミツに使われるシロップの原料となるトウモロコシ、サトウキビ、米などをC4植物と言いますが、両者には光合成における炭素固定過程に違いがあります。品質検査ではこの違いに着目して、糖の炭素の同位体比を測定することで異性化糖の混和を検出します。

ジアスターゼ活性

ジアスターゼ活性の検査では、ハチミツが過度に加熱されていないかを確認します。ジアスターゼはハチミツに含まれる酵素で、熱に弱い性質があり、ＨＭＦ同様に加熱処理の指標となります。ハチミツは加熱しすぎると本来の風味や栄養素が失われてしまいます。このため、ジアスターゼ活性値が高いものほど加熱されていない「本物のハチミツ」であると言えます。ただし、新鮮でも酵素が少ない種類のハチミツもありますので、ジアスターゼ活性のみで本物かどうかを判断することはしません。

電気伝導度（灰分）（ms／cm）

本物のハチミツであることを確認するために、ハチミツに含まれるミネラル分を電気伝導率計で測定します。ハチミツの色相、味との関連性が高いミネラル分は、ハチミツらしさを特徴づける重要な要素です。電気伝導度を測ることで、ミネラル分が人為的に加えられていないかを確認することができます。

色相

ハチミツの色は単花蜜の純度を示す指標にもなっています（図6、図7）。光の三原色である赤、緑、青の組み合わせで色を表現するカラーコードでは、「はちみついろ（R231・G187・B94）」は「やわらかい黄みの橙」と表現されています（気になる方はネットで検索してみてください）。とれたての百花蜜がちょうどこの色に近いと思いますが、ハチミツの色は蜜源植物により実にさまざまです。

図6　ハチミツ用色見本カード
ハチミツの種類ごとに純度を表す指標になるので、養蜂家やハチミツのバイヤーが利用する。➡口絵19（p. 8）
※口絵はさまざまなハチミツの色の写真

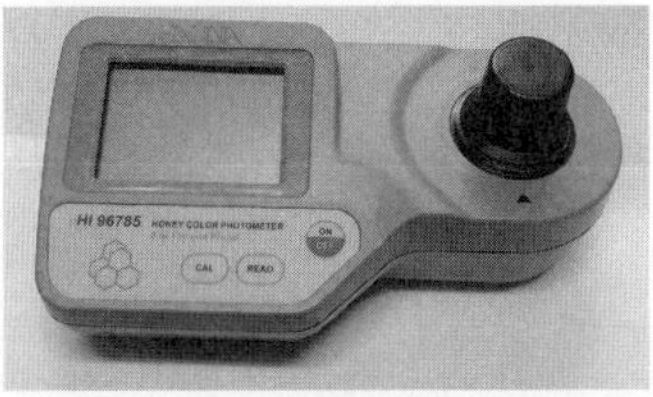

図7　ハチミツ用色度測定器
ハチミツの色をmm Pfundの単位で種類ごとに純度を確認するときに使用する。

ハチミツの色には、ハチミツに含まれるミネラル分、花粉、ポリフェノール、フラボノイドなどの植物性色素が影響しています。例えば、ソバのハチミツは真っ黒で、クリはこげ茶色から黒色、レンゲやアカシアなどは薄黄金色をしています。クローバーのハチミツは、上質なものではほぼ透明で、「water pure」と呼ばれています。ほかにもハワイやキルギスでは白色の、マレーシアでは赤色の、ニュージーランドではカヌカという植物の花から薄緑色のハチミツが採れます。ハチミツは酸化が進むと黒くなるため、3年以上経つと、ほとんどのハチミツは黒色になります。

農薬・抗生物質

ハチミツの品質検査では、そのほかにハチミツ中に残留農薬、抗生物質が含まれていないかの確認も行われています。農薬は、ミツバチが集めてきた花蜜や水から混入すると考えられています。農薬に曝露するとミツバチ自身への影響もあるため、養蜂家は農薬散布が行われている場所にミツバチ群を置かないよう、地元自治体や農業団体と情報交換をしています。それ以外には、ミツバチに寄生するダニ類を駆除する目的で使用した殺ダニ剤が残留することがあります。

抗生物質は、細菌感染症の予防のために投与したものが残留する場合があります。これらは、いずれにしても使用量や使用時期、方法を守っている限りは残留することはありません。

DNA検査による偽ハチミツの検出

ハチミツにおけるDNA検査は、2017年にニュージーランドの第一次産業省が、輸出用のマヌカハニーに関する試験および表示規制を定めたときに、初めて適用されました。この表示規制では、マヌカハニー特有の化学成分と花粉DNA量の定量解析によって、純粋な「マヌカハニー」と、マヌカハニー以外の（ほかの蜜源の）ハチミツが混入している「マルチフローラルマヌカハニー」、さらにマヌカハニーがまったく入っていない「ハニー（ハチミツ）」の3種類に区分しています。2018年以降は、それぞれのラベル表示の内容を定めています。

マヌカハニーの表示規制の検査においては、化学分析では液体クロマトグラフィー質量分析器（LC-MS/MS）を使用しています。この機器は、ハチミツの栄養成分や残留薬剤の検査にも使われています。検査ではマヌカハニーに含まれている4種類の含有量を定量します。

DNA検査については、リアルタイムPCR法が採用されています。ニュージーランドでは、検査キット(ManKan^{TM})が販売されており、マヌカハニーに含まれているマヌカの花粉由来の最低DNA量が提示されています。これはCq（Ct）値と呼ばれるもので、これが36サイクル未満に達すること（マヌカの初期鋳型DNAは最低約3fg/μL含まれていること）と定められています。Cq値はPCRにおける増殖曲線と閾値が交差する点のことでPCR増幅産物がある一定量（閾値）に達したときのサイクル数を表します。Cq値は初期鋳型DNA量が多いほど小さく、初期鋳型DNA量が少ないほど大きくなります。このようにCq値と初期鋳型DNA量の間には相関関係があります。検量線を作成することで、マヌカ花粉の定量を行うことができるのです。

マヌカハニー特有の化学成分と花粉DNA量のテストによって、純粋にマヌカの花蜜のみで作られた「マヌカハニー」か、マヌカ以外の蜜源のハチミツが混入している「マルチフローラルマヌカハニー」か、マヌカハニーがまったく含まれていないハチミツを区分し、それぞれのラベル表示を定めています（表5）。

さて、市販されている検査キットは、カヌカの花粉由来のDNAも測定できます。マヌカと同時期・同所的に咲くカヌカからもハチミツを採ることができます。ただし、カヌカはまったく別の種類の植物で、抗菌効果は確認されていませんが、マヌカと偽って販売する事例があるそうです。DNA以外にも花粉の形態でもマヌカとカヌカを簡易判別することができると報告されています（図8）。

LAMP法による国産ハチミツのミツバチ種判別法の開発

マヌカハニーは需要に対して供給が追い付かない状態が続いているため、ほかのハチミツとの価格差が50～100倍以上になることがあり、このことが偽装発生の要因になっていると考えられています。国内ではニホンミツバチとセイヨウミツバチのハチミツだけでなく、外国産（輸入）と国産のセイヨウミツバチのハチミツの間でも5倍以上の価格差が生じています。そのため、安価な外国産を「国産」と表示を偽装して販売したり、外国産と国産のハチミツを混ぜて「国産」として販売したりしている事例が報告されています。海外産と国産のハチミツについては、アカシアハチミツなどでは安定同位体での分析により海外産と国産の区別をし、産地偽装の摘発が行われています。一方、ニホンミツバチとセイヨウミツバチのハチミツの判別やセイヨウミツバチのハチミツの種類によっては、この方法では特定が困難です。このような状況において、ミツバチの種類や産地の偽装、外国産ハチミツの混入問題にDNA検査法が有効となる可能性があります。

実は、国産のハチミツにおいては国内での表示義務は国

表5　輸出用のマヌカハニーに関するテストおよびラベル規制の実施項目

検査項目	MONOFLORAL MANUKA HONEY	MULTIFLORAL MANUKA HONEY
検査 #1 化学検査		
3-Phenyllactic acid	400 mg/kg 以上	20 mg/kg 以上 400mg/kg 未満
2' -Methoxyacetophenone	5 mg/kg 以上	1 mg/kg 以上
3-Phenyllactic acid	1 mg/kg 以上	
4-Hydroxyphenyllactic acid	1 mg/kg 以上	
検査 #2 DNA 検査		
リアルタイム PCR	マヌカの花粉由来の DNA が Cq36 よりも低いこと（初期鋳型 DNA 量が最低約 3 fg/μL）であること	

検査＃1および検査＃2を満たしていない場合には、マヌカハニーと表示することはできない。

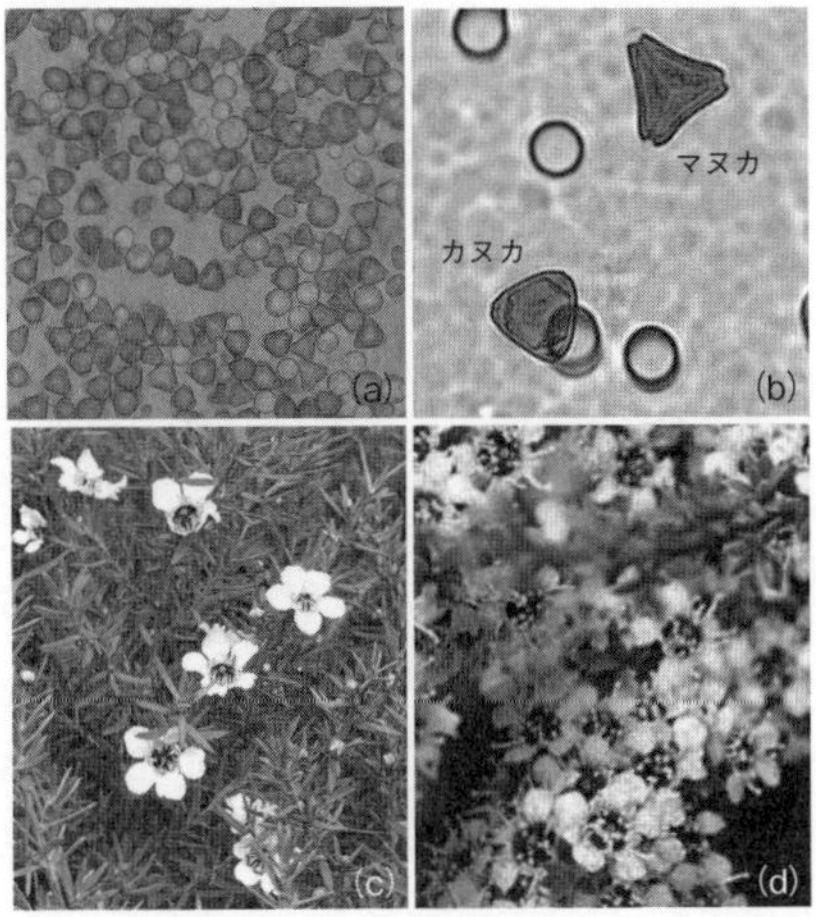

図8　マヌカハニーに含まれている花粉（a）、マヌカとカヌカの花粉（b）、マヌカの花（c）、カヌカの花（d）
（b）内の丸はろ過フィルターの孔。➡口絵18（p. 8）

産か海外産のみで、ニホンミツバチとセイヨウミツバチのどちらのハチミツかに関しては、表示を区別する規約などはありません。つまり、ミツバチの種についての表示は、生産者・販売者に判断が委ねられている状況で、国産ハチミツのミツバチ種が正しく表示されているかは性善説になっています。しかし、ハチミツの間で価格差が生じている状況はミツバチの種類に偽装問題が起きる潜在的な原因になりえます。そこで私はDNA検査法を用いて、ハチミツ中に存在するミツバチDNAから、ハチミツを生産したミツバチの種を判別する方法の開発を行いました。

ニホンミツバチが作ったハチミツか、セイヨウミツバチが作ったハチミツかの判別法の開発には、遺伝子増幅法の1つであるLAMP法というDNA検査法に着目しました。この方法は、検出感度や特異性がリアルタイムPCRと同等に高く、かつ低コストで反応時間も60分ほどと早いという利点があり、すでに一部の食品の品種判別検査で利用されています。しかし、LAMP法をはじめとするDNA検査法では、ハチミツを生産したミツバチの種を判別する方法はそれまで開発されていませんでした。

DNA検査で遺伝子を増幅する場合、増幅遺伝子のスタート地点であるプライマーを設計する必要があります。開発したLAMP法では、ミツバチの種間変異が見られるミトコンドリアDNAのCOXⅡ遺伝子に対してプライマーを設計しました。大学院生の新村友理氏らが開発した、このニホンミツバチとセイヨウミツバチの種判別用LAMPプライマーでは、国産ハチミツを生産したミツバチの種判別に利用することができました（図9）。

開発したLAMP法では、ハチミツを生産したミツバチの種同定を60分以内に精度100％で完了することができます。ハチミツは新鮮なものだけでなく、採蜜から室温で約1年間経過したハチミツであっても判定することができました。このDNA解析法は、2種のミツバチから生産されたハチミツを正確にかつ迅速に区別することができる初めての方法となりました。ニホンミツバチの養蜂家、ハチミツの販売者、消費者および養蜂産業に関連する団体にとって、2種のミツバチ由来のハチミツの真贋を判定する有効な方法として大変喜ばれています。

ハチミツの効能

ハチミツは古来より、国・地域を問わず薬として食されていました。日本でも中国から漢方が伝わって以来、ハチミツも薬として珍重されていたようです。現在でもハチミツは天然の甘味料で、健康維持のほかに創傷、風邪、皮膚炎の治療薬として世界で広く利用されています。

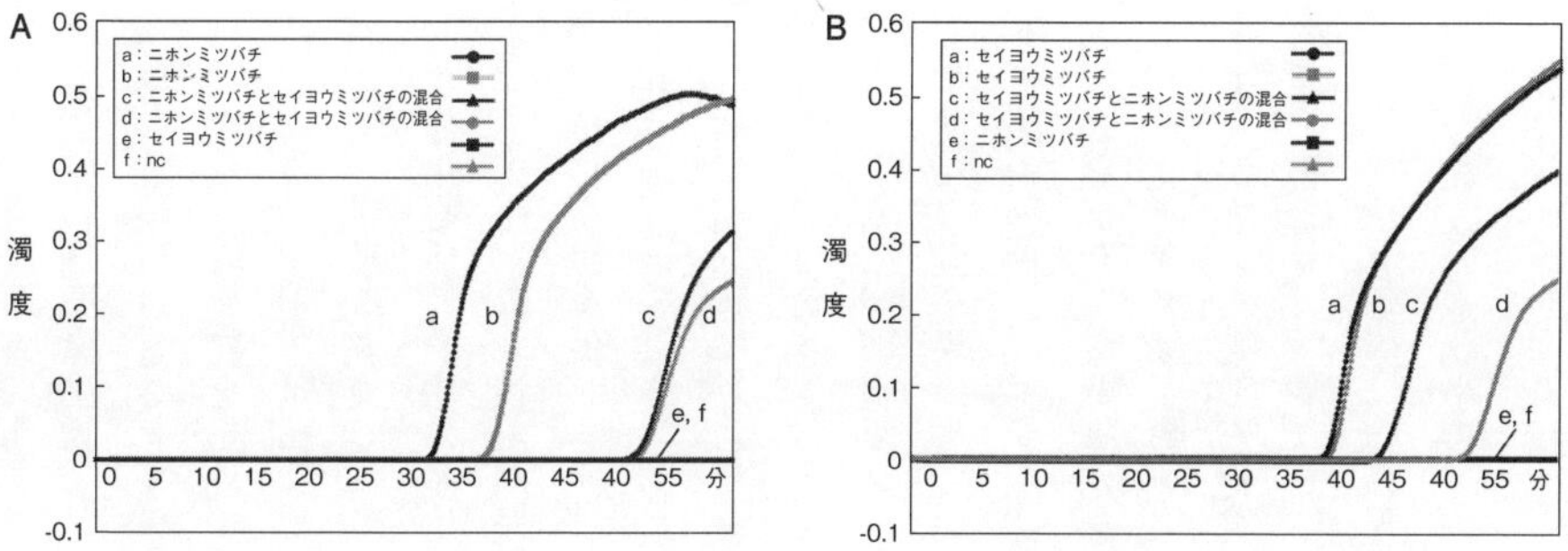

図９　LAMP法によるハチミツのミツバチ種判別検査
A：ニホンミツバチの種特異的プライマー。aとbはニホンミツバチのハチミツ由来DNA、cとdはニホンミツバチとセイヨウミツバチのハチミツ由来DNAの混合、eはセイヨウミツバチのハチミツ由来DNA。
B：セイヨウミツバチの種特異的プライマー。aとbはセイヨウミツバチのハチミツ由来DNA、cとdはセイヨウミツバチとニホンミツバチのハチミツ由来DNAの混合、eはニホンミツバチのハチミツ由来DNA。
ncはネガティブコントロール（超純水）。鋳型dsDNAは1 ngを使用。
AとBのプライマーを用いることでハチミツを生産したミツバチの種類を特定できる。

一般的なハチミツの作用としては抗菌作用が知られています。ハチミツの抗菌作用は、ハチミツの高い浸透圧、酸性の性質、ハチミツに含まれる過酸化水素や蜜源植物に由来する成分に由来すると考えられています。また、ハチミツに含まれるフラボノイド、フェノール酸が抗酸化作用を示すことも報告されています。

国産ハチミツの効能を調べる

ハチミツの抗菌作用はマヌカハニーで科学的に確認されていますが、国産ハチミツの健康維持・増進機能については、まだ十分な研究は進んでいません。そこで、私たちは、免疫学の専門家である竹内実教授らとともに、国産ハチミツの効能について調べてみました。

マヌカハニーはトール様レセプター（TRL4）という受容体を介してサイトカインの産生を活性化することが報告されています。サイトカインとは、主に免疫細胞から産生され、様々な免疫反応や炎症反応などに関わる糖タンパク質で、生体の免疫調節において重要な因子です。私は国産ハチミツの中にも、このサイトカインの産生を活性化する何かが存在するのでないかと考えました。

研究には肺胞マクロファージという、肺の感染防御に重要な役割を持つ免疫細胞を用いました。肺は感染防御の観点から見てとても重要な臓器です。というのも、肺は呼吸により大気中の病原微生物、有害粒子が取り込まれるため、常に感染の危険にさらされています。防疫の最前線である肺には、これらの異物を処理するために肺胞マクロファージという免疫細胞が常在しています。この肺胞マクロファージは、呼吸によって肺に取り込まれた外来物質に対して、食作用や活性酸素の産生を通して初期防御として機能します。また、取り込んだ異物を抗原処理と抗原提示を通して、抗体産生を促します。さらにサイトカインを放出することで免疫反応を調節しています。この肺胞マクロファージは、癌細胞に対しても直接的な細胞傷害作用があり、多種のサイトカイン放出を通して、抗腫瘍効果を示します。このように、肺胞マクロファージは、肺の免疫監視に大変重要な役割を果たしています。

私と竹内実教授らによる国産ハチミツの効能の調査では、国内のベテラン養蜂家が採蜜した上質なハチミツを使用しました。研究では、肺胞マクロファージの活性化に関わるサイトカインの遺伝子発現に、国産ハチミツがどのような影響を及ぼすかを調べました。研究は、免疫状態を正常の状態と、リポ多糖（ＬＰＳ）という炎症を誘発する物質を用いた免疫亢進状態の、両方の条件下で行いました。

国産ハチミツはサイトカインの遺伝子発現を増強するか？

国産ハチミツの効能の調査では、はじめに国産のソバ、クリ、白花豆、トチ、クロガネモチの単花蜜について検討しました。どれも国内の養蜂家が作った上質なハチミツです。

調査の結果、クロガネモチの単花蜜が、インターロイキン-1β（ＩＬ-1β）というサイトカインの遺伝子発現を最も増強させることがわかりました（図10）。ＩＬ-1βは、単球やマクロファージという免疫細胞から産生される内因性発熱物質です。マクロファージや好中球から産生されるＴＮＦ-αなどと合わせて、炎症性サイトカインと総称されています。

同じ炎症性サイトカインでも、ＴＮＦ-αについては、トチとクロガネモチの単花蜜で遺伝子発現が増強されていました（図11）。さらに、クロガネモチの単花蜜はＬＰＳ刺激によって免疫活性状態になった肺胞マクロファージでも、ＩＬ-1βの遺伝子発現をさらに増強させることがわかりました。

これらの結果から、国産ハチミツは肺胞マクロファージの免疫機能を増強させる可能性が示されました。また、蜜源植物の違いによりその活性は異なることが示唆されただけでなく、蜜源植物によってはＬＰＳ刺激によって増強されたサイトカインの遺伝子発現を増強もしくは抑制することも示されました。

国産ハチミツによる免疫機能への効果

続いて、国産ハチミツが肺胞マクロファージのサイトカインであるＩＬ−１β、ＣＸＣＬ１、ＣＸＣＬ２、ＴＮＦ−αの遺伝子発現を増加するかを確認しました。マクロファージは抗原刺激によりＩＬ−１β、ＴＮＦ−αなどの炎症性サイトカインや、好中球の走化性因子であるケモカイン、ＣＸＣＬ１、ＣＸＣＬ２を産生します。これらの炎症性サイトカインは、細菌感染時の生体の初期防御として働くことが知られています。

ＣＸＣＬ１、ＣＸＣＬ２は、炎症時に局所へ好中球を遊走させるケモカインの１つです。好中球は、細菌感染やウイルスなどの様々な刺激に対して末梢血から組織に浸潤し、貪食や殺菌を行う免疫細胞です。顆粒内の強力な殺菌能を有する細胞溶解酵素や活性酸素種（ＲＯＳ）を生成することで病原体の殺菌を行います。このＲＯＳは、直接的な抗菌活性ならびに免疫シグナル伝達および炎症活性化の誘導の誘導と同様に直接的な抗菌活性を持っています。このことにより、好中球の誘導

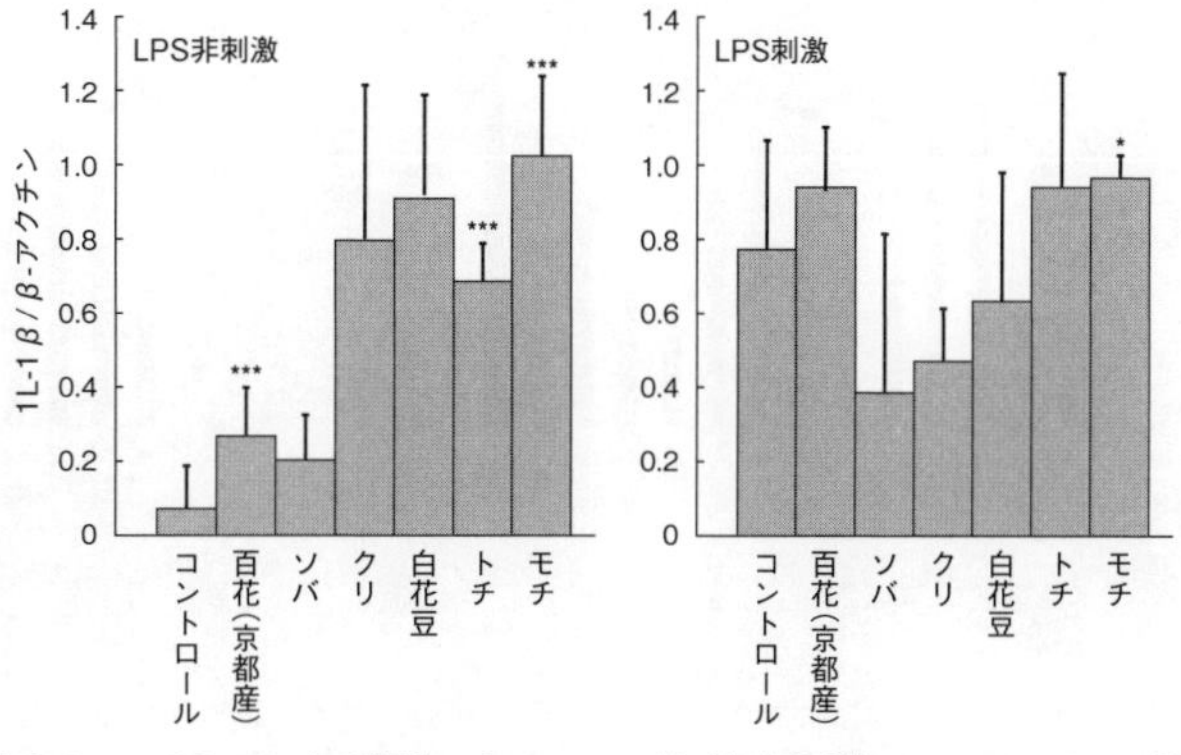

図10　ハチミツによる肺胞マクロファージ（免疫細胞）のIL-1β mRNA発現への影響
*p<0.05、***p<0.001。

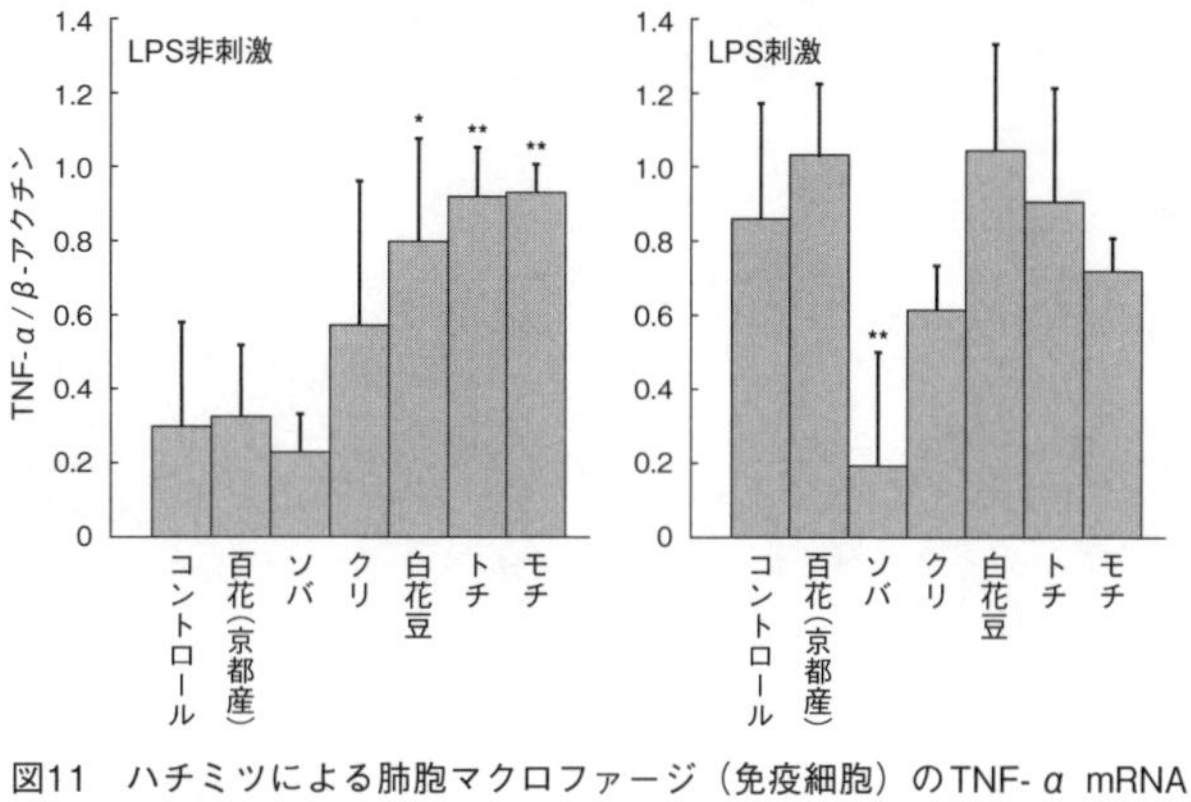

図11　ハチミツによる肺胞マクロファージ（免疫細胞）のTNF-α mRNA発現への影響
*p<0.05**、p<0.01。

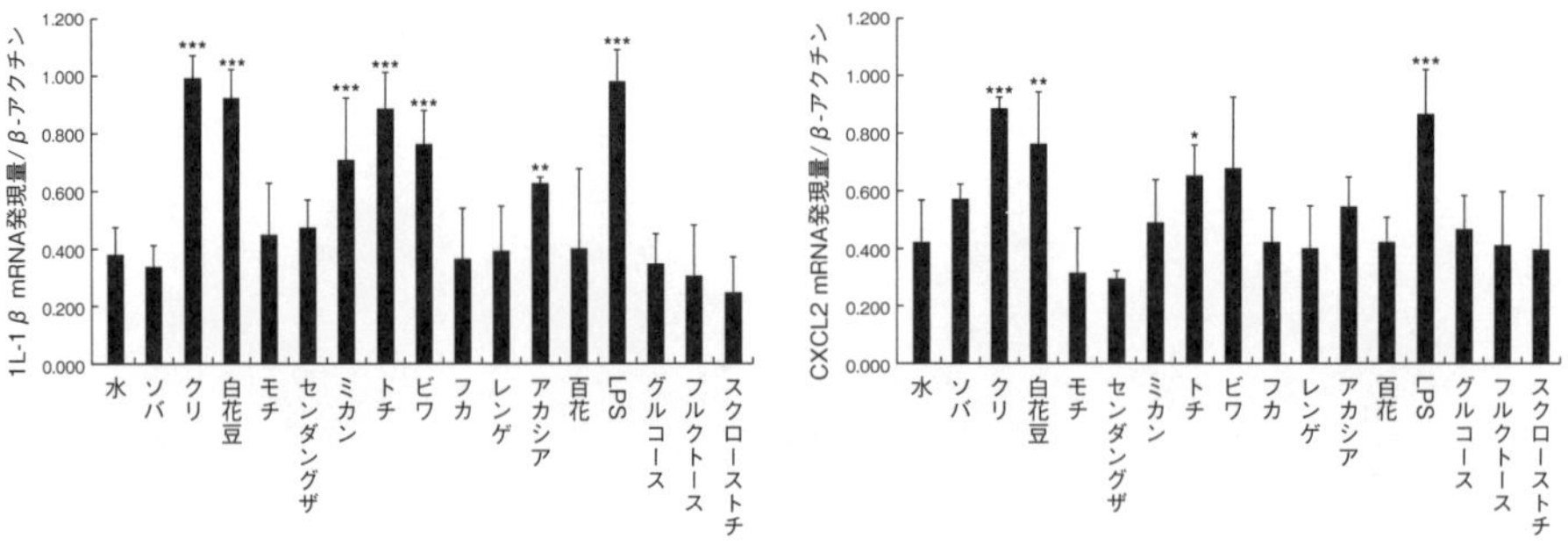

図12　ハチミツを添加したときのRaw264.7細胞のサイトカインmRNA発現への影響
使用したハチミツ濃度は2.5 mg/mL。*$p<0.05$、**$p<0.01$、***$p<0.001$。

は免疫機能の活性化につながると考えられます。そこで、国産ハチミツによる免疫機能への影響を、マクロファージと好中球について、試験管内での実験（*in vitro*系）と生体を用いた実験（*in vivo*系）で検討しました。

*in vitro*系の実験では、マクロファージ細胞に各単花蜜を投与しました。すると、ＩＬ-1βの遺伝子発現が、クリ、シロハナマメ、ミカン、トチ、ビワ、アカシアの単花蜜で増加することがわかりました（図12）。また、ＣＸＣＬ２の遺伝子発現は、クリ、シロハナマメ、トチの単花蜜において有意に増加していました。

*in vivo*系の調査では、マウスの腹腔内にクリ、シロハナマメ、トチの単花蜜を投与して、免疫細胞への影響を調べました。すると、クリ、シロハナマメの単花蜜を投与したマウスで腹腔総細胞数が、トチの単花蜜を投与したマウスで好中球の比率が増加していました（図13）。さらに、クリ、シロハナマメ、トチの単花蜜を投与したマウスにおいてGr-1、ＴＬＲ２抗原の増加、シロハナマメ、トチの単花蜜を投与したマウスでＣＤ11ｂ抗原の増加、クリの単花蜜を投与したマウスでＣＤ11ｂ抗原の増加が認められました。

以上の結果からわかったことは、一部の国産ハチミツはＴＬＲ２という受容体を介してマクロファージを活性化し、ＩＬ-1βを増強していることです。さらに、この研究では、一部の単花蜜によって好中球のケモカインであるＣＸＣＬ２が産生され、それが好中球を誘導していることも示されました。要するに、国産ハチミツには免疫機能を活性化する結果が得られたということで、特に抗炎症作用を持つことが考えられました。

国産ハチミツが好中球の走化活性に及ぼす影響

ここまでの研究で、国産ハチミツが免疫細胞の１つである好中球を誘導することを確認しました。好中球は細菌由来のペプチドという物質の刺激によって感染部位に遊走（移動すること）し、殺菌能を発揮します。好中球などの白血球を遊走させる活性を「走化活性」と呼びますが、この好中球の走化活性に及ぼす日本国産ハチミツの影響についての報告は、残念ながらまだされていません。そこで私たちは、次に日本国産ハチミツが好中球の走化活性へどのような影響を及ぼすかについて検討しました。

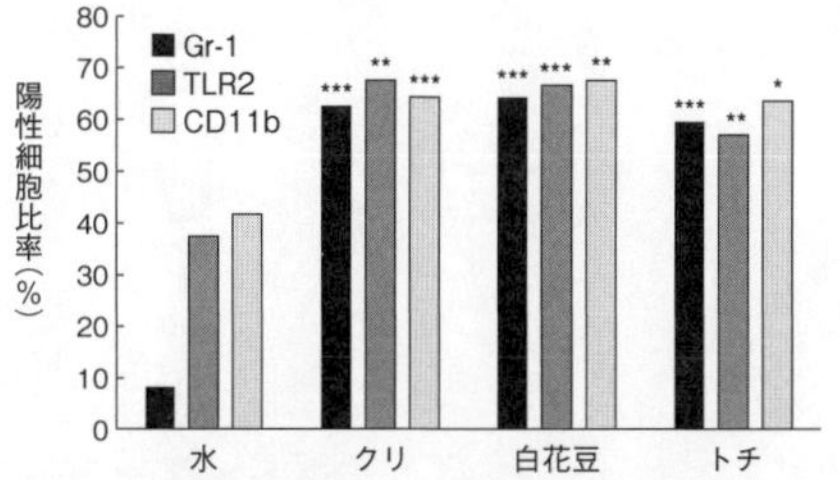

図13　３種類の国産ハチミツ投与による腹腔細胞の表面光源陽性細胞比率への影響
ハチミツは（100 mg/ 匹 ）。*p<0.05、**p<0.01、***p<0.001。

調査には、ソバ、クリ、シロハナマメ、ミカン、トチ、フカ、レンゲ、アカシアの単花蜜と、百花蜜を使用しました。走化活性の指標である方向性と移動速度について解析したところ、反応30分後に、ソバ、シロハナマメ、レンゲの単花蜜で方向性が、ソバ、アカシア、レンゲの単花蜜で移動速度が増強しました（図14）。これらの結果より、数種の国産ハチミツには好中球の走化活性を増強させる働きがあることが認められました。特にレンゲの単花蜜では多くの好中球の遊走が確認されました。レンゲの単花蜜は、好中球の運動性（走化性）を促進することから、細菌感染においてすばやく感染部位に好中球を誘導し、感染予防に効果があることが示唆される結果です。

以上のように、国産ハチミツの効能は、私たちの研究によって、人の健康維持や増進作用の可能性が期待される結果が出てきました。まだ研究途上ですが、今後の進展が非常に楽しみです。将来、マヌカハニーと同じように効能のあるハチミツが国内で見つかることを願いつつ、研究を続けています。

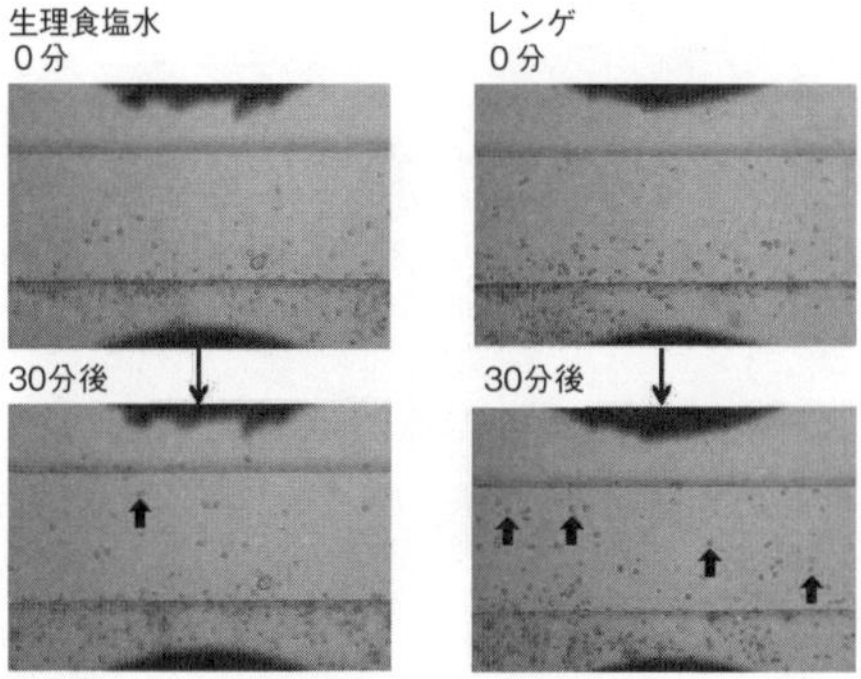

図14　レンゲハチミツの好中球に対する走化活性（ハチミツの濃度10 mg/mL）試験の様子
矢印は移動している好中球。ハチミツの成分には好中球の異物への反応を増強させる働きがあることを示している。

2 ローヤルゼリー

女王バチと新女王バチになる幼虫だけが口にすることを許されるローヤルゼリーは、女王バチの成長や産卵を支える豊富な栄養から、健康食品として注目されてきました。

ローヤルゼリーとは、3日齢前後の育児係の働きバチが食べた花粉やハチパンから作られ、下咽頭腺や大顎腺などから分泌される乳白色のゼリーです（図15）。ローヤルゼリーの成分はおよそ水分が65％で、タンパク質が13％、糖質が10％、そのほかに脂肪酸、ビタミン、アミノ酸、ミネラルなどが合わせて12％含まれています（図16）。

図15　生ローヤルゼリー
花粉源植物や生産地によって色味にも違いがある。写真ではわかりにくいが、右は薄黄色、左は乳白色をしている。

国内でローヤルゼリーを生産している養蜂家は非常に少なく、国産のローヤルゼリーの年間生産量は2〜3tしかありません。対して、海外からは年間約600〜1000tが輸入されています。国産ローヤルゼリーは、文字通り幻の養蜂生産物です。もし食べたいと思ったら、あらかじめ予約しておかない限り、入手は難しいでしょう。

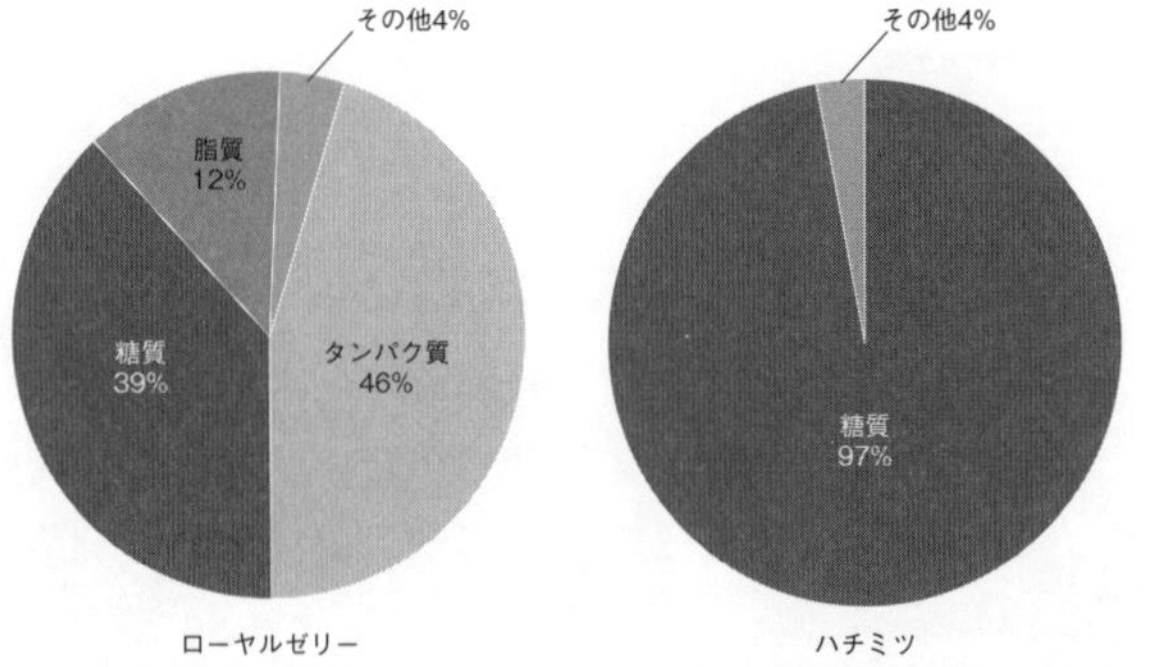

図16　ローヤルゼリーとハチミツの固形分を等量としたときの成分比率（水分は除く）

ローヤルゼリーの採集はすべて手作業で行われます（図17）。まず、王椀と呼ばれるプラスチック製の人工王台にローヤルゼリーを塗り、そこに孵化してから3日以内の幼虫を、移虫針という先端が平らなスプーン状の器具で移します。幼虫は傷つきやすく温度変化に弱いので、迅速に移す必要があり、移虫作業には熟練した技術が必要です。ベテランになると1、2秒で1個体の幼虫を移すことができるようになります（ちなみに初心者は1個体を移すのに1時間かかる人もいます。私は5～10秒くらいで、並の腕前です。）。移虫から約3日経過したら、働きバチが分泌したローヤルゼリーが王椀にたっぷりと貯まります。ローヤルゼリーが貯まったら、へらを使って幼虫を取り出し、ローヤルゼリーだけを採集します。1つの巣に対して、王椀は60個ほどしか設置できません。また、たっぷりと言っても、1個の王椀当たり採れるローヤルゼリーはせいぜい数滴（1～2mgほど）で、しかもすべて人の手で行う地道な作業です。ローヤルゼリーが希少で非常に高価な食品になってしまうのはこのためです。

ローヤルゼリーは酸味が強く、そのまま食べても美味しいとは言えません。私のおすすめの食べ方は、ハチミツに混ぜることです。サハリンにマルハナバチの調査に行ったときに訪れたハチミツ専門店（図18）で食べて以来、ハチミツローヤルゼリーの虜です。ハチミツの甘さとローヤルゼリーの酸味がうまく混ざり合って、とてもまろやかで美味しくなります。まずハチミツをクリーム状になるまでかき混ぜてからローヤルゼリーを混ぜるのがポイントです。特にクローバーやリンデンなどの単花蜜とは相性がいいので、一度試してみてください。美味です‼

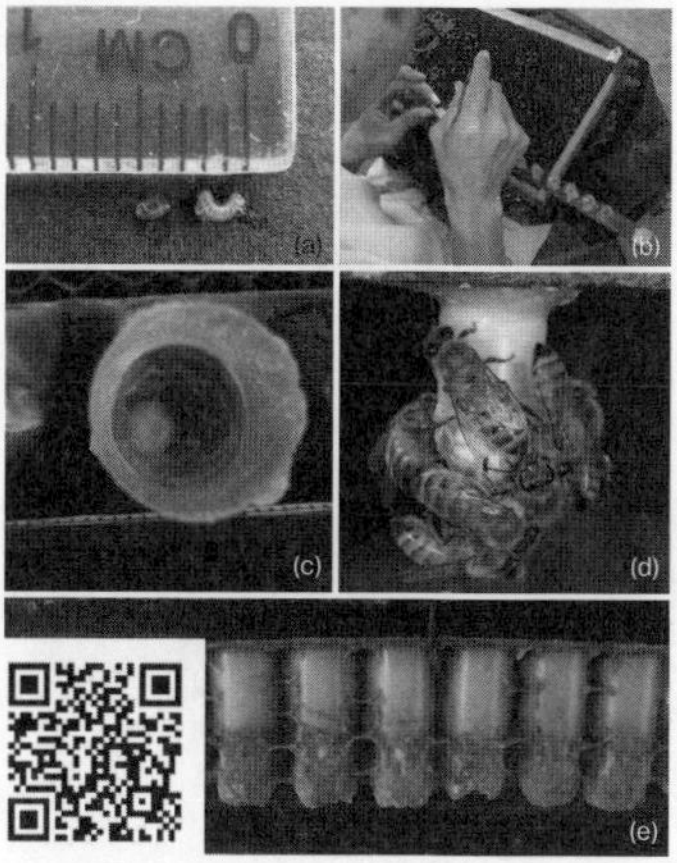

図17　ローヤルゼリーの生産の流れ
ふ化したばかりの幼虫（a）を細いスプーンで人工の王台（王椀）に移植する（b）。幼虫は小さくてやわからかいので熟練した技術が必要。移植に成功すると（c）、働きバチがローヤルゼリーを分泌して王台に貯める（d）。eはローヤルゼリーがたっぷりと貯められている人工王台で、白色部分がローヤルゼリー。動画は移虫作業の様子（https://youtu.be/cMONPBHdnQM）。

図18　サハリンのハチミツ専門店
ハチミツは量り売り（左）。寒さに強いセイヨウミツバチのコーカシアン亜種（右）。クリーム状にしたハチミツとローヤルゼリーを混ぜて食べやすくしたクリームハチミツロイヤルゼリー（下右）とサハリンの食品売り場で市販されていたハチミツロイヤルゼリー（下左）。

ローヤルゼリーの成分

ローヤルゼリーは、水分量が60～80％、炭水化物（ブドウ糖、果糖、ショ糖、オリゴ糖など）が7～18％、タンパク質が9～18％、脂質が3～8％、そのほかに核酸、アミノ酸、ミネラル、ビタミンなどが含まれています。また、デセン酸というミツバチが分泌する物質は、ローヤルゼリーにしか含まれていない特有の成分です（図19）。

ローヤルゼリー中に含まれているアミノ酸は、24種類が確認されています（図20）。ビタミン類はビタミンB群を中心に10種類、ほかにアセチルコリンなども含まれています（表6）。ミネラルは、主要ミネラルと微量ミネラルのうち8種類が含まれます。なお、流通しているローヤルゼリーはすべてセイヨウミツバチです。ただしその一部の成分は、採集する国（地域）によって含有率が異なっていたり、含まれていない微量成分などがあったりします。

共通するローヤルゼリーの特有成分として、10-ハイドロキシ-δ-2-デセン酸などが知られています。人におけるこれらの働きについては、血圧降下作用、抗炎症作用、コレステロール低下作用などの報告もあります。まだ不明な点が多く、有効性やメカニズムについて研究が進められています。

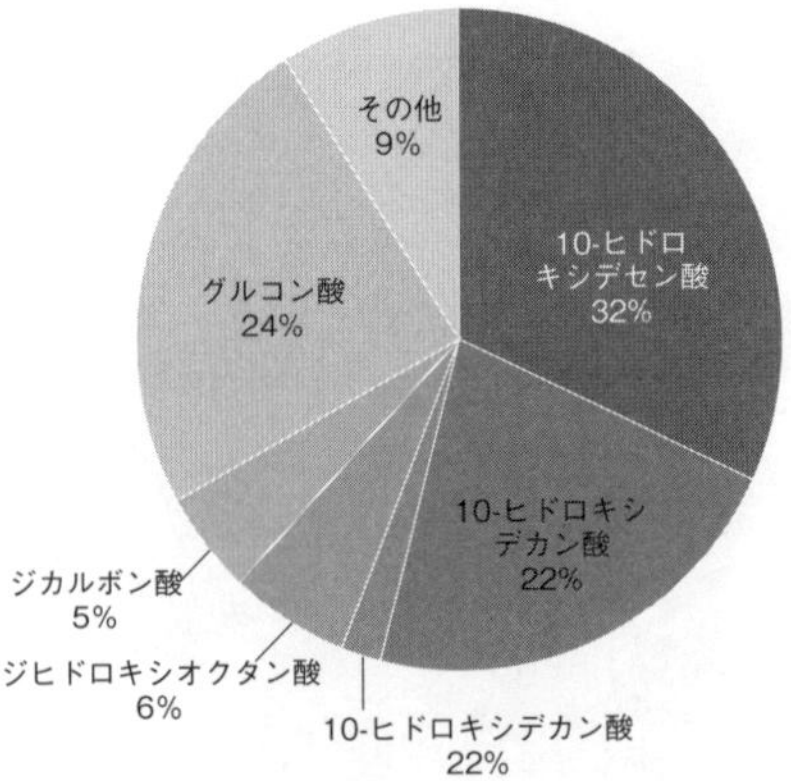

図19　ローヤルゼリー中のデセン酸とその他の特有成分の比率
そのほかにはパラヒドロキシ安息香酸、オクタン酸などが含まれる。

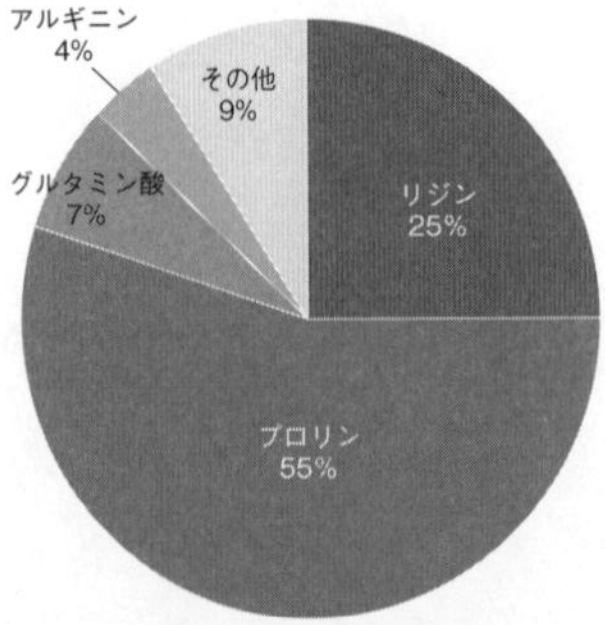

その他9%の内訳

必須アミノ酸
・メチオニン
・バリン
・ロイシン
・スレオニン
・イソロイシン
・トリプトファン
・ヒスチジン
・フェニールアラニン

アミノ酸
・セリン
・グルタミン
・チロシン
・タウリン
・β-アラニン
・アラニン
・シスチン
・グリシン
・アスパラギン酸
・アスパラギン
・オキシプロリン
・γ-アミノ酪酸

図20　ローヤルゼリー中のアミノ酸の構成比
4種類のアミノ酸で91％を占め、残りの9％に20種類のアミノ酸が含まれている。9種類の必須アミノ酸と、15種類のアミノ酸が見つかっている。

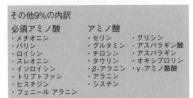

3 花粉荷とハチパン

働きバチが集めた花粉団子は「花粉荷（ビーポーレン）」呼ばれ、優れた健康食品として好まれています（表7）。食べ方はシンプルで、特に中華系の人たちは、お湯に入れて溶かした花粉湯として飲んでいるそうです（図21）。あくまで個人の感想ですが、味はいまいちです。欧米では花粉荷をそのままやサラダなどに入れて食べています。また最近はビーガン食のメニューでも使われているそうです。

花粉荷は、スペインの離島で採集しているものが薬剤汚染もなく、高品質で人気があります。日本でも国産・外国産が健康食品として販売されています。日本ではまだまだ認知度が低く、食べている人は少ないのが現状です。

花粉荷は巣房から採取するわけではなく、後脚の花粉かごに花粉団子を付けて戻ってきた外勤の働きバチが巣に入る前に回収します。花粉団子の回収のためには、巣の入り

表6　ローヤルゼリーに含まれているビタミンとミネラル

ビタミン

種類	mg/g
アセチルコリン	95.8
イノシトール	30.3
パントテン酸	30.3
ナイアシン	15.2
リボフラビン	2.7
チアミン	1.8
アスコルビン酸	1.2
ピリドキシン	0.9
ビオチン	0.5
葉酸	0.1

ミネラル

種類	mg/g
カリウム	529.0
ナトリウム	107.0
マグネシウム	59.0
カルシウム	27.0
亜鉛	19.6
鉄	3.8
銅	2.6

表７　花粉団子に含まれているビタミン類（左）と一般化学成分組成（右）

種類	%
イノシトール	24.3
ピリドキシン（B6）	24.6
ニコチン酸	-
パントテン酸	24.1
チアミン（B1）	4.9
葉酸	3.2
リボフラビン（B2）	14.1
ビオチン	4.8

項　目	%
水分	24.3
糖質	24.6
繊維	-
タンパク質	24.1
脂質	4.9
灰分	3.2
その他	14.1
pH	4.8

図21 花粉荷（左）とそれをお湯で煎じた花粉湯（右）

図22 花粉採集器を取り付けた巣箱（上）と回収箱の花粉（下）

口に花粉トラップという網状の器具をつけます（図22）。花粉トラップを働きバチが通過する際、網に引っかかって外れた後脚の花粉が下にある回収箱に落ちる仕掛けになっています。後肢に付けた花粉団子は10～30mgほどです。ミツバチ1群は、年間10～40kgの花粉荷を採集していて、そこから一部を食用やミツバチやマルハナバチの餌用に採集しています。

花粉からは巣の中にあるハチミツを練り込んで熟成させたハチパンも作られます。東欧やロシアでは巣房に貯蔵されているハチパンを乾燥させて、スナック菓子のように食べています（図23）。

図23 人食用の乾燥ハチパン

4 プロポリス

ミツバチが作る健康食品として、ローヤルゼリーと並んで注目されているプロポリスは、ミツバチが巣の補強や隙間を埋めるのに使用している、植物由来の固形天然物質です（図24）。ミツバチは、樹木の新芽や蕾および樹皮から採集したガム質、樹液、植物色素系の物質や香油などの集合体に、ミツバチ自身の分泌物、蜂ろうなどを混合して暗緑色や褐色から暗褐色を呈した粘着性のある樹脂状のプロポリスを作ります（図25）。

プロポリスは、すべての種類のミツバチが作るわけではなく、セイヨウミツバチのみが作ることができます。中でも、アフリカミツバチやアフリカ化ミツバチがよく生産しており、巣の防御（補強）のために使うと考えられています。プロポリスは防水、隙間の補修、微生物の繁殖抑制、巣門の大きさを縮めるなどの機能を持つと言われています。巣を1つの都市国家（ポリス、ｐｏｌｉｓ）とみて、その前（プロ、ｐｒｏ）に積み上げて防御するという意味の名称ｐｒｏｐｏｌｉｓが語源となっています。巣内に侵入して死んだネズミや大型の昆虫などは、働きバチが外に運んで捨てることができないので、死体に塗り込めて腐敗防止の効果もあるとされています。コミツバチは、プロポリスに似た粘着物質を巣を支えている木の枝の部分に塗り付けます。これはアリからの捕食を回避するために行われています。

図24　プロポリスの原塊
動画は空の巣箱に付いたプロポリスを再利用するために集めているセイヨウミツバチの働きバチ（https://youtu.be/5oXpMwEfJ3c）。（協力：石垣島はちみつ）

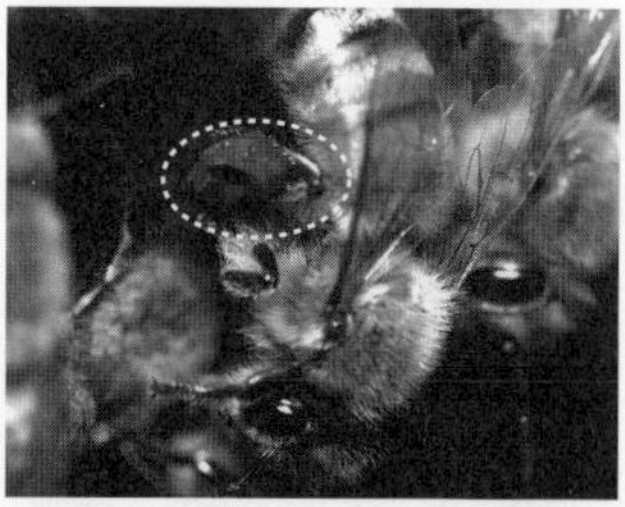

図25　プロポリス（点線）を後脚の花粉かごに付けて戻ってきたセイヨウミツバチの働きバチ ➡口絵18（p. 8）

プロポリスの有名な産地はブラジルで、ミナス・ジェライス州を中心に採集されています（図26）。この地域にはアレクリンという植物が自生していて、この植物からミツバチがプロポリスの原料を集めています。中でも緑色をしたグリーンプロポリスが最も良質であるとされています。通常であれば外部に分泌されている樹脂を集めてプロポリスが作られますが、グリーンプロポリスは新芽に含まれている樹脂を集めて作られるため、緑色になるのです。

図26　プロポリス採集ネットを取り付けている巣箱
日本に輸入されているブラジル産のプロポリスは、現地でアレクリンと呼ばれるキク科の植物の花芽から採集している。（写真：寺尾養蜂場）

プロポリスの効能と成分

ウルグアイでは、プロポリスが医薬品として認可されており、火傷などの外傷治療に利用されています。キューバやアルゼンチン、ブラジルなどでも、医薬品グレードのプロポリスを製造しています。ほかにも、プロポリス製品を薬剤として認可している国も増えてきています。

プロポリスの一般的な成分は、樹脂・バルサムが55%、ワックスが30%、油性物質が10%、花が5%です（表8）。物質群は、アルコール、アルデヒド、有機酸（エステル）、アミノ酸、芳香族酸，芳香族エステル、カルコン類、フラバノン、フラボンおよびフラボノール、炭化水素（エーテル他）など、脂肪酸、ケトン類、テルペノイド類などステロイド、糖など含有成分の種類は多様で、産地により大きく異なるのも特徴です。プロポリスは起源植物に大きく依存するためです。

プロポリスに共通する特有成分の1つは、フラボノイドです。例えばブラジル産プロポリスは100g当たり22gと、高濃度のフラボノイド（総フェノール80%）が含まれています。また、フラボノイドは配糖体ではなくアグリコンであることも、プロポリスの特徴となっています（グルコースなどの糖が結合しているものを配糖体、配糖体から糖が外れたものをアグリコンと呼びます）。配糖体が体内に吸収されるためには、一般的に配糖体からアグリコンに変換されることが重要と考えられています。プロポリス由来のフラボノイドは、すでにアグリコンの状態なので、吸収しやすい状態になっています。

人の健康に良い影響を与える植物由来の化合物のことを「ファイトケミカル」と言いますが、プロポリスはまさにミツバチが集めてきたファイトケミカルです。

プロポリスは、起源植物により、特有な成分が知られています（表9）。ブラジル産のアレクリンから採集されたプロポリスに含まれているアルテピリンCは生理活性物質で、抗酸化作用や抗ガン作用が報告されています。もう1つ、ポプラの芽から集められたプロポリスは、フラボノイドのアグリコンとしてピノセンブリンとガランギンが含まれていて、これらに抗菌活性があることが確認されています。

ただ、プロポリスの起源植物の特定はミツバチがプロポ

表8　プロポリスの一般化学成分

樹脂	45〜55%	フラボノイド，フェノール酸類とそのエステル
ろう質、脂質	25〜35%	蜂ろう、植物由来脂質、脂肪酸
精油分	10%	揮発性物質
花粉	5%	タンパク質、遊離アミノ酸
その他	5%	ミネラル１４種、ケトン類、ラクトン類、キノン類、ステロイド類、ビタミン類、糖質安息香酸とそのエステル

表9　プロポリスの特有成分

起源植物	アレクリン	ポプラ
生産国	ブラジル	ヨーロッパ 中国 ニュージーランド アルゼンチン 日本
有効成分	アルテピリンC	ピノセンブリン ガランギン

リスを集めているところを観察するしか方法がありませんでしたが、私たちが開発したプロポリス用のメタバーコーディング法によるＤＮＡ解析で、起源植物を同定することができるようになりました。

沖縄産のプロポリス

国内でプロポリスを生産できるのは、沖縄や南西諸島のみです。なぜこれらの地域のみかというと、この地域にはオオバギというトウダイグサ科の常緑樹木が生育しているからです。セイヨウミツバチはオオバギの果実表面の樹脂腺（腺鱗）から分泌されている物質を集めて、プロポリスを作ります。沖縄産のプロポリスには高い抗酸化・抗菌活性を有するプレニルフラボノイドが含まれています。

図27　オオバギの花と葉（上）とプロポリスを集めているセイヨウミツバチと巣箱の採集器に付着しているプロポリス（下）
（協力：（株）石垣島はちみつ）

私は毎年、沖縄本島や石垣島の際に、訪問させてもらっている新垣養蜂園や（株）石垣島はちみつで飼育されているセイヨウミツバチも、プロポリスを集めてきます（図27）。このプロポリスからＤＮＡを抽出して起源植物種を同定してみたところ、確かにオオバギが主要植物として検出されました。オオバギのプロポリスはまだ生産量が少ないため、流通していませんが、新しい養蜂産品になる可能性があると思っています。

5 ミツロウ・蜂ろう

働きバチが分泌して巣の材料とするワックス状のものを「蜂ろう」、ハチミツを搾ったあとに巣を溶かして固めた生産品を「ミツロウ」と呼び、どちらも古くからろうそくや医療用など、さまざまな用途で使われてきました（図28）。古代エジプトではミイラの保存に使われてい

図28　トウヨウミツバチのミツロウ
ラオスで撮影

たという記録もあります。働きバチが蜂ろう約1gを合成するには、ハチミツ50gに相当するカロリーが必要とされています。

世界のミツロウ生産は、エチオピア、タンザニア、ケニア、スペイン、中国で行われていますが、生産量自体は年々減少傾向にあります。特に国産のミツロウはほとんど手に入りません。これは、ミツロウの精製に非常に手間暇がかかり、作れば作るほど赤字になってしまうからです。そのため、現在、ろうのほとんどは石油から作ったパラフィンが主流になっています。

それでもミツロウは、天然の成分で安全性が高いとされ、化粧品や床や木製品に塗るワックスや、子供の使うクレヨンの材料など、さまざまな場面で利用されています(表10、図29)。国産のミツロウの中でも、ニホンミツバチから採れるミツロウはとても貴重で、入手は難しく、ニホンミツバチの養蜂家自身が新しく作った巣箱の内側に塗って分蜂群が営巣する確率を上げるために使われます。それ以外では、高級家具や木製楽器などの仕上げに使用される場合があります。

セイヨウミツバチとニホンミツバチの蜂ろうの化学成分は類似しています。蜂ろうの主成分は、炭化水素、エステル、遊離脂肪酸、遊離アルコールです。脂肪酸の含有率に

図29　ミツロウを用いたろうけつ染め
(写真：吉田忠晴教授)

表10　多様なミツロウの用途

項目	内容
化粧品・口紅	10～30%のワックスと70～90%のオイルクリーム、蜂ろうの乳化性、皮膚の閉塞
医薬品	軟膏：粘度の調節ができる軟膏類の基剤
文具	クレヨン、色鉛筆：芯はワックス、樹脂、オイル、顔料、蜂ろうによる強度のある芯
玩具	積み木：乳幼児の玩具、蜂ろうによる表面のコーティング
お菓子	グミキャンディーのべたつき、ブロッキング
ゴーダチーズ, エダムチーズ	酸化、ひび割れ、エダムは赤で区別
たい焼き等の 離型剤	こげ付きの防止、風味の向上
果実	蜂ろうによる柔軟で緻密な塗膜
靴クリーム, 皮革クリーム	光沢、柔軟性、表面保護剤
ホットメトル 接着剤	シロップ、クリーム、ソースなどの使い捨て 容器のシーリング
透明プラスチックの 潤滑剤	蜂ろうはプラスチックの強度が安定、 透明なプラスチックを得る
美術、工芸	ろうけつ染め

表11　セイヨウミツバチとニホンミツバチのミツロウ成分の比較

項　目	セイヨウミツバチ	ニホンミツバチ
主成分含量（%）		
炭化水素	23.0	36.2
エステル	55.1	49.6
遊離脂肪酸	17.5	9.7
遊離アルコール	0.9	1.9
製品規格値		
酸価	14～22	5～9
ケン化価	80～100	80～100
ヨウ素価	4～15	5～15
融点（℃）	60～67	60～67

ついて、ややセイヨウミツバチの蜂ろうが高い傾向があります（表11）。

6 ハチの子

ハチの子はハチの幼虫のことで、アジアでは有名な伝統食品としてスズメバチのサナギや幼虫が食べられています。私もラオスでコミツバチの蜂児巣板を焼いたものを食べたことがありますが、桜海老のような味わいでとても美味しかったです（詳しくは第7章を読んでください）。スズメバチとは違ってミツバチのうち、ミツバチ亜属（セイヨウミツバチやニホンミツバチ）やオオミツバチ亜属のハチの子は酸味が強く、そのまま食べるのには向いていません。しかし、「ドローンパウダー（雄蜂児粉末）」と呼ばれるセイヨウミツバチのオスバチの幼虫や蛹を乾燥させて粉末状にしたものは、日本でも健康食品として50年ほど前から利用されていて、動物の飼料にも使われています。

ハチの子は、タンパク質、脂肪、炭水化物が豊富で、そのうえビタミン、ミネラル、脂肪酸、必須アミノ酸が含まれています（図30）。近年は、食料・環境・健康などの問題に関心が高まっていることから、低カロリーで環境負荷の少ないドローンパウダーやミツバチのハチの子も生産・調理・加工方法の開発とともに、機能性の調査が進むことで、新しい食としての展開が広がることが期待されます。

オスバチは春から夏にかけて巣の中で大量に羽化しますが、養蜂家にとってはハチミツを消費する不要な存在なので、昔はオスバチがサナギの時期に巣房を切り取って捨てていました（図31）。実はミツバチに寄生するミツバチヘギイタダニはオスバチによく寄生するため、オスバチの巣房を切り取ることは、このダニの駆除も兼ねることができて一石二鳥だったのです。その後、オスバチの高い栄養価と

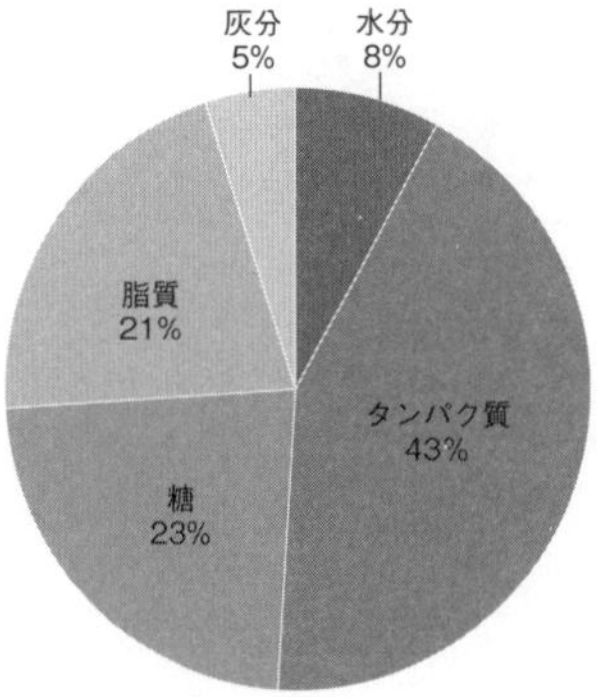

種　類	含有量 g/100g	種　類	含有量 g/100g
アルギニン	3.5	アラニン	4.4
リジン	3.4	グリシン	6.7
ヒスチジン	1.2	プロニン	5.0
フェニルアラニン	2.8	グルタミン酸	7.7
チロシン	2.2	セリン	2.8
ロイシン	4.1	スレオニン	2.1
イソロイシン	2.4	アスパラギン酸	5.1
メチオニン	1.1	トリプトファン	0.5
バリン	2.9	シスチン	0.5

図30　ドローンパウダーの栄養成分

未利用資源のまま廃棄されている点に目を付けた企業が、オスバチの食品化に成功させたことで、一石二鳥ならぬ、一石三鳥になりました。

ＦＡＯが昆虫食を推奨

昆虫食とは昆虫を食料として利用することで、近年、世界中で大きな注目を集めています。きっかけは２０１３年にＦＡＯが発表した『食用昆虫～食料と飼料の安全保障に向けた将来展望（邦訳）』と題した報告書と言われています。

この報告書に関連した調査により、全世界で人間は１９９０種類を超える昆虫類を食していることがわかりました。消費量が多いのは、甲虫類（31％）、鱗翅目の幼虫（18％）、ミツバチなどのハチやアリ（14％）、イナゴなど（13％）でした。

図31　オスバチの巣房を切り取る様子
（協力：瀬尾養蜂園）

森林生態系の地域に住む人々は、昆虫や野生動物が、主なタンパク源となることが多く、さらに葉、種子、キノコ、ハチミツ、果物は、ミネラルやビタミンを供給するため、栄養価の高い食事を世界の約20億人に提供する能力があるとしています。しかし今、それが森林伐採によって危機にあるそうです。

森林減少の主原因は家畜・農業のための土地改良で、世界中の人が牛や豚などの家畜の肉を食べるようになったためです。その需要に答えるには、新たに森林を開発して牧場にする必要があります。その結果、家畜を大量生産、大量消費の経済構造の中に組み込んだことで、さまざまな自然破壊を引き起こすことになってしまいました。例えば、

図32　SDGsの17の目標

家畜の飼料を作るために森林や原野を開墾して牧草地にすると、それによって多くの野生生物が生息地を奪われ、個体数の減少や最悪絶滅してしまいます。また、大量の畜産動物が出す糞尿は、河川や土壌を汚染します。さらに牛が出すメタンガスは、温室効果ガスの1つとなっています。それに対して、昆虫の生産は、環境負荷が圧倒的に低いとされています。例えば、タンパク質1kgを生産するのに、昆虫（コオロギ）は水4L、飼料は1・7kgですが、牛では水が2万2000L、飼料が10kg必要だと言われています。エネルギー効率で見ると、昆虫の圧勝です。いかに家畜は環境に負荷がかかっていることがわかります。今後、人口の増加が止まらない以上、環境負荷の少ない昆虫由来タンパク源が注目されているわけです。さらに昆虫は、約100万種が知られており、地球上でこれまでに分類された全生物の半分以上を占めています。ただし、食品として飼料としての可能性は、まだ開発されていない部分が多いとも言われています。

この報告書では、世界の人口増加により近い将来深刻な食糧危機が訪れるであろうと予測しています。そこで、栄養価が高く、環境負荷の少ない昆虫食が、地球の危機を救う「次世代フード」として注目を集めているのです。FAOが推奨する「昆虫食」への見直しは、国際連合が掲げるSDGs（持続可能な開発目標）の【2．飢餓をゼロに】【13．気候変動に具体的な対策を】【15．陸の豊かさも守ろう】とも重なり、次世代のタンパク源として期待されています（図32）。

7　蜂針療法

蜂針療法は働きバチの毒嚢にある毒液を利用した治療方法で、「アピセラピー（ミツバチ治療法）」とも呼ばれています。ミツバチの毒には、血行促進、抗炎症、疼痛緩和、

表11　多様なミツロウの用途

神経賦活、抗菌など、さまざまな作用があるとされています。古代エジプトやバビロニアでは、紀元前2000年ごろから行われていたとされています。日本で蜂針療法が始まったのは大正9年（1929年）ごろで、現在も専門家による治療が行われています。日本以外にもマレーシア、インドネシア、エジプト、ロシア、イギリス、ポーランド、ドイツ、アメリカ、ブルガリアなど世界各国で広く行われており、長い歴史を持つ代替療法として人の健康に役立てられています。特にドイツやロシアでは、古くから神経痛やリウマチの治療に用いられてきました。近年では、ハチ毒を美容に使用した商品が、韓国や中国などで販売されています。

蜂針療法では、セイヨウミツバチの働きバチを直接患部に当てて針を刺させたり、毒嚢がついたまま毒針をピンセットで抜き取りそれを患部（皮膚）に刺したりします（図33）。そうすることで、反射により毒針が皮下へ浸透し、毒液が注入されるのです。

ミツバチの蜂毒の成分には、ヒスタミン、ドーパミンなどのアミン類、メリチン、アパミンなどの活性ペプチドがあります（表12）。また、蜂針療法では、ヘルペスウイルスによる神経疾患（帯状疱疹）自律神経不調症状、リュウマチ性関節炎、ウイルス性イボなどの治療に用いられるのが一般的で、それ以外にも多数の疾患に用いられていることが報告されています（表13）。蜂毒の成分の中で多数含まれている外ペプチドホルモン、活性酵素、元素など微量有効成分が白血球増多作用、鎮痛消炎作用、

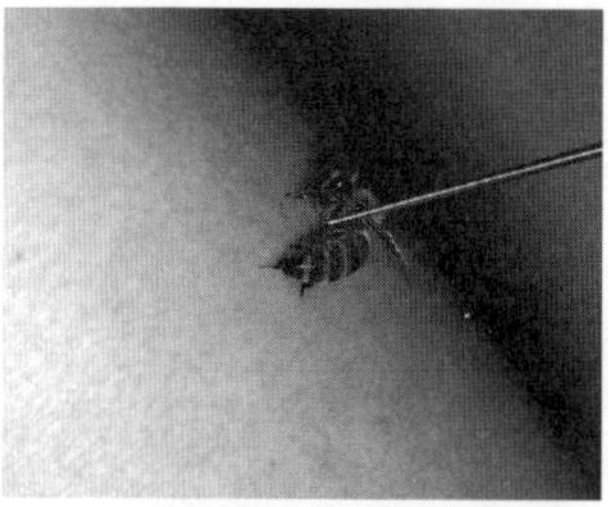

図33　蜂針療法を受けているところ
（協力：今村倫也氏）

表12　セイヨウミツバチの働きバチの毒液中に含まれる成分

物質群	名称	含量／毒嚢
揮発性成分		
	イソアミルアセテート	
アミン類		
	ヒスタミン	200～2000 ng
	セロトニン	10～20 ng
	ドーパミン	300～1000 ng
	ノルアドレナリン	100～600 ng
	プトレッシン	5～50 ng
	スペルミン	5～100 ng
活性ペプチド類		
	メリチン	200～400 µg
	アパミン	4～10 µg
	MCD ペプチド	3～7 µg
	ヒスタペプチド A	2～5 µg
酵素類		
	フォスフォリパーゼ A2	30～70 µg
	ヒアルウロニダーゼ	2～15 µg

細胞膜の界面活性作用、抗酸化作用などにより免疫力を高めていると考えられているそうです。

セイヨウミツバチの毒量は約0・1～0・2㎎であるのに対して、ニホンミツバチはその半分から3分の1程度と少なく、蜂針療法には不向きとされています。ミツバチの巣箱に取り付けるハチ毒採集器も開発されています。なお、治療には蜂毒を使うため、専門的に蜂針療法をしているところで、まずカウンセリングを受けるようにしてください。特に蜂毒に対するアレルギー反応の有無に注意が必要です。

表13　蜂針療法の適応疾患

各種神経痛	三叉神経痛・偏頭痛・常習頭痛・後頭部痛・歯痛・頚肩痛・五十肩・背背部痛・肋間神経痛・各種腰痛・ぎっくり腰・椎間板ヘルニア・坐骨神経痛・ヘルペス性疾患の後迫痛
炎症性疾患	痛み・ぎっくり腰・椎間板ヘルニア・坐骨神経痛・ヘルペス性疾患の後迫痛関節リウマチ・関節炎・膝の水たまり・蓄膿症・歯槽膿漏・腐桃腺炎・筋肉の炎症・腔鞠炎(バネ指)・神経性皮膚炎(帯状痛疹ヘルペス)・他の癒疹ヘルペス・耐性菌による中耳炎・スポーツによる筋痛め
各種こり症状	首すじのこり・肩こり・背背部のこり・腰部のこり・大腿部のこり・ふくらはぎのこり．その他のすじ腫れ・筋肉痛
血行不良性 疾患化膿性 ウイルス性疾患	顔面神経麻痔・手足のしびれ・めまい・むくみ・しもやけ・冷え性・痔疾患表在性のできもの・ニキビ・ヘルペス性口角炎・口内炎・ウイルス性各種イボ・神経性円形脱毛症・性器ヘルペス
自律神経失調症	常習不快感・ヒステリー・不眠症・イライラ・不安感・全身疲労倦怠感・生理不順・月経痛・神経性便秘・下痢・耳鳴り・冷熱感症・更年期障害・不定愁訴・性的不感症・乗り物酔い・頻尿・失禁・小便不刺
その他	パーキンソン病・メニエール病・むち打ち症(頚椎捻挫)・仮性近視・耳鳴り・鳴息・小児瑞息・寝小便・捻挫・打ち身打撲の黒血の浄化沈痛・寝ちがいの頚部痛・そら手・つき指・本態性高血圧・老化予防・精力増強・不妊症・神経性胃炎・胃下垂・痛風・脳障害後のリハビリ促進・思考力減

（太田 .1995 より）

8 ポリネーション（花粉交配）

ポリネーション（花粉交配）は主に被子植物の花粉を動物が運んで受精させることで、その運び手の動物を「ポリネーター（送粉者・花粉媒介者）」と呼びます。ポリネーターには哺乳類や鳥類もいますが、最も多いのは昆虫類で、中でもハチの仲間は自然界における主要なポリネーターです。

植物は餌となる花粉や花蜜をポリネーターである動物に提供し、ポリネーターが餌を求めて花から花に移動するときに体に付着した花粉がめしべ（胚珠）に着くことで授粉させます。受粉に際して動物と植物が互いに利益を得ることができる関係を「送粉共生関係」と言います。多くの植物と昆虫との間には、特定の種同士でこの関係が成立しています。中でも、植物の花粉や花蜜を餌として依存しているミツバチをはじめとするハナバチ類は、主なポリネーターとして植物の授粉に重要な役割を果たしています。ハナバチ類の仲間は、世界で約2万種が、日本で約4000種が生息しています。近年、環境開発や気候変動によりポリネーターとして重要であるこれらのハナバチ類の減少が世界各地で報告され、食糧生産や生態系の保全において大きな問題となっています。

農作物の授粉とミツバチ

日本では、ニホンミツバチとセイヨウミツバチの2種が、養蜂や農業に利用されています。2006年ごろから世界各地で農作物の授粉に利用されているセイヨウミツバチの減少が食料生産に大きな影響を与えるとして、大変な問題となりました。欧州や北米に続いて、日本では2009年ごろからミツバチが不足しているというニュースが全国的に流れたので、もしかしたら記憶に残っている方もいるのではないでしょうか。

こうしたニュースが流れるまでは、ミツバチが農作物の授粉に欠かすことのできない重要なポリネーターであることを理解していたのは、農家や養蜂家などの一部の関係者のみでした。多くの人にとってミツバチはハチミツやローヤルゼリーを生産する昆虫という認識しかなかったと思います。もちろん、ハチミツも貴重な生態系サービスの1つですし、植物とミツバチが生態系にいることで私たち人間は甘いハチミツを食べることができます。ただし、ミツバチの農業における評価を総産出額で示すとハチミツの産出額はわずか5%前後で、約95%は農作物の授粉によるものです。しかし、このようにミツバチが農作物の授粉に広く利用されており、人間の食糧の安定生産に欠かせない存在であることが広く一般に認知されるようになったのは、皮肉にもミツバチが足りなくなったことが世界的な食糧生産の問題として認識されるようになってからです。

現在、国内では少なくとも約20万群のセイヨウミツバチが飼養されており、そのうちの半数以上が授粉用です。日本では農業従事者が高齢化していることもあり、授粉作業はミツバチに頼っていて、農作物全体の35%がミツバチによる授粉で生産されています。もはやミツバチは農作物の授粉に欠かせない存在です。

ポリネーターは、生態系の中で植物の花粉を運び受粉を行っている重要な存在です。ミツバチなどの巣を作る種は、自分が食べる分だけでなく巣の中にいる幼虫、仲間、巣の材料のために餌を集めます。働きバチは1個体が多くの花に訪花するため、授粉効率が良いと考えられています。そのため社会性昆虫は優秀なポリネーターなのです。

このようにミツバチは農作物の授粉に利用されていて、農作物の対象範囲は年々増えています（図34）。国内では、冬季のイチゴハウスで使用するミツバチが足りなくなってしまうほどで、代替蜂としてクロマルハナバチが利用され

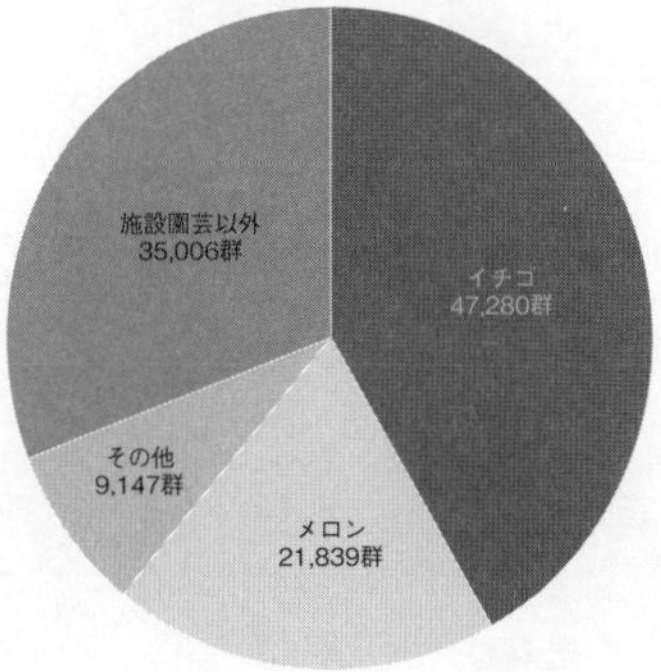

図34　花粉交配用ミツバチの利用状況

ています。よくベテランの養蜂家さんから、「昔は放っておいてもミツバチが勝手に増えて困るほどだった」と聞きますが、今は一生懸命に世話をしても増えるどころか減少する一方だそうです。以前のようにミツバチがたくさんいる環境に戻してやることが、まわりめぐって私たちの食料問題の解決にもつながるのではないでしょうか。

冬にイチゴが食べられるのはミツバチのおかげ

日本では、本来であれば春から初夏に実がなるイチゴが、冬でも生で食べることができます。これは実はミツバチが受粉をしているおかげです。毎年、9～10月になると全国でイチゴのハウス栽培が始まります。ハウスでイチゴの花が咲くのは11～3月ごろですが、季節が冬であるためイチゴの受粉をしてくれる昆虫がいません。人の手で1つ1つ手作業で受粉をするのでは労力がかかりすぎて、イチゴが大変な高級品になってしまいます。そこでミツバチたちの出番です。イチゴ農家の方たちは、イチゴの花が咲くころになると花粉を運んでもらうべくミツバチの巣箱を養蜂家から取り寄せて、ハウスに置きます（図35）。

また、ミツバチに受粉してもらうと、人の手で受粉するよりもきれいなイチゴができます。イチゴの花にたくさんの雌しべがあり、受粉した雌しべがイチゴの実の表面の小さな種（痩果《そうか》）になります。本来、イチゴの実はこの痩果で、私たちが食べている赤い部分は花托《かたく》または花床《かしょう》と呼ばれる、土台のようなものです。イチゴの花では、受粉した雌しべが痩果になり、その土台の花托が膨みます。受粉されなかった雌しべの花托は膨らまないため、雌しべに均一に受粉されていないと、きれいな形のイチゴになりません（図36）。このため、ミツバチたちには、イチゴの花の上を繰り返し歩いてもらい、受粉の確率を高めてもらわなければならないのです。

図35　イチゴハウスに設置されたセイヨウミツバチの巣箱
（協力：おさぜん農園）

ハウスの中とはいえ、やはり冬は気温が低く、10℃

図36 痩果と人の手による授粉でできる奇形果

を下回る日が続きます。ポリネーターとしてイチゴ農家に使用されているセイヨウミツバチのイタリアン亜種は、気温が20℃を下回ると活動性が低下して、それが受粉効率にマイナスの影響を及ぼすことがイチゴ農家の間で知られています。活動性が低下したミツバチは巣箱から外に出ようとしなくなるので、イチゴ農家はミツバチに仕事をしてもらうために、ハウスを暖房で暖めるなど、ミツバチの巣箱を温めるさまざまな工夫を凝らしています。

ミツバチの種類でイチゴの品質は変わるのか?

日本でイチゴの受粉に利用されているセイヨウミツバチは、イタリア原産亜種のイタリアンです。日本に生育している主なセイヨウミツバチには東欧原産のカーニオランもいますが、採蜜用として輸入されおり、ポリネーターとしてはほとんど利用されていません。ヨーロッパでは寒冷地にも生息しているカーニオランの方が、イタリアンに比べて低温耐性に優れていること（詳しくは第1章）が知られています（図37）。

これまでカーニオランはポリネーターとして利用されていませんでしたが、イタリアンよりも耐寒性が高いため、冬期の低温時や寒冷地での受粉用に導入することで、イチゴの生産性を改善できるのではないかと考え、おさぜん農園さんの協力を得て、上田康徳氏の卒業研究として、イチ

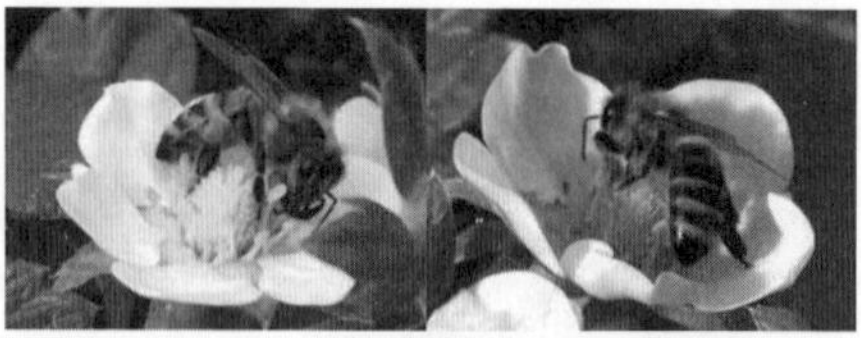

イタリアン	通称	カーニオラン
Apis mellifera ligustica	学名	*Apis mellifera carnica*
イタリア半島	原産地	アルプス南部
黄色	体色	黒っぽい
しにくい	分蜂	しやすい
普通	低温耐性	高い
普通	飛行能力	高い
高い	集蜜力	普通
よく集める	プロポリス	あまり集めない

図37　花粉交配に使われているセイヨウミツバチ2亜種の性質の比較
動画は、3パターンの訪花行動の様子（https://youtu.be/lse2Cl6Z3H0）。
（動画：上田康徳氏）

系統	観察個体数	時計回り	反時計回り	時計回り＋反時計回り	雌しべ上を横断	花に止まってすぐ飛び立つ
イタリアン	179	60(34%)	64(36%)	30(17%)	6(3%)	19(11%)
カーニオラン	376	116(31%)	124(33%)	55(15%)	17(5%)	64(17%)

図38　イチゴの花上でセイヨウミツバチの働きバチが行う５種類の授粉行動
（作図：上田康徳氏）

ゴハウスでミツバチ２亜種の比較調査をしてみました。

授粉行動に違いはあるのか?

手始めにミツバチがイチゴの花上でどのように受粉しているのか観察をしました。すると、ミツバチは個体ごとに授粉行動にクセがあり、授粉行動には「時計回り」「反時計回り」「時計回りから反時計回り、または逆」「めしべ上を横断」「花に止まってすぐ飛び立つ」と、大きく分けて５パターンが確認できました（図38）。最後のすぐに飛び立ったパターンは、その花に花粉がなかったためと考えられます。こうした行動の頻度には、カーニオランとイタリアンで差はみられませんでした。

低温期の活動性に違いはあるのか?

イタリアンは20℃を下回ると活動性が低下すると言いましたが、それよりも低温耐性の高いカーニオランではどうでしょうか。それを確かめるために、20℃以下の日に巣箱から飛び立つ働きバチの数を、イタリアンとカーニオランで比べてみました（図39）。すると、20℃以下の日ではカーニオランの方がイタリアンよりも外勤バチが多く観察できました。つまり、気温20℃以下においては、カーニオランの方がイタリアンよりも活動性が高いことがわかったのです。やはり低温耐性はカーニオランの方が高く、出身地の気候と低温での活動性は関連していることが予想されます。

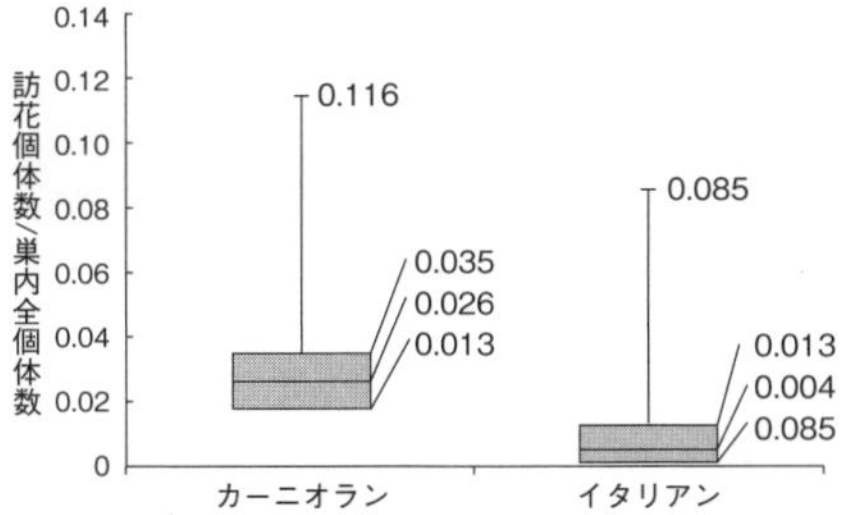

図39　セイヨウミツバチ２亜種間における低温期の活動性の比較

花の滞在時間についても調べてみましたが、花上にいる訪花時間はイタリアンがカーニオランよ

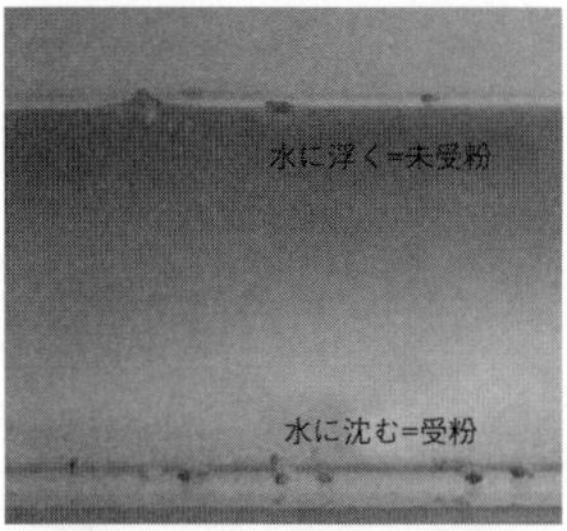

図40　イチゴの品質の調査方法

表14　セイヨウミツバチ2亜種間における訪花時間の比較

亜種（系統）	観察個体数	訪花時間平（秒）	標準偏差
カーニオラン	376	7.88	8.15
イタリアン	179	10.29	9.97

りも長いことがわかりました（表14）。イタリアンは寒いと活動性が低下するため、多くの花から花への移動性は低くなるようです。

どちらが受粉したイチゴが上質か

次にイタリアンとカーニオランで、イチゴの受粉率に違いがあるかを調べました。調査ではイチゴの実の表面にある痩果を取り出し、水に浮かんだ痩果数と沈んだ痩果数を数えました。受粉している痩果は水に沈み、受粉していない痩果は水に浮かぶため、水に沈んだ痩果数を総痩果数で割ることで受粉率を求めることができます（図41）。この受粉率は、イチゴの実がきれいに形成されることにも関係しています。受粉が不均一だと奇形果になりやすくなります。さて、調査の結果ですが、カーニオランとイタリアンの受粉成功率は同等であることがわかりました（表15）。

続いて、イチゴの糖度と酸度分析を行いました。甘い方がイチゴの付加価値は高まります。２亜種の受粉したイチゴを比較したところ、なんとカーニオランによって受粉されたイチゴの方が糖度も酸度も高くなることがわかりました（表16）。

そして最後に、多くの学生にイチゴを実際に試食してもらい、イタリアンとカーニオラン、どちらが受粉したイチゴが美味しいかの嗜好試験をしました。その結果、カーニオランが受粉したイチゴの方がイタリアンより美味しいと答える人が多

表15 セイヨウミツバチ２亜種における受粉成功率

亜種（系統）	調査果数	痩果受粉率（%）	標準偏差
カーニオラン	376	72.2	0.13
イタリアン	179	77.0	0.11

表16　セイヨウミツバチ２亜種が授粉したイチゴの糖度・酸度の比較

亜種（系統）	サンプル数	糖度（%）	酸度（%）
カーニオラン	3	10.3	0.6
イタリアン	3	9.9	0.5

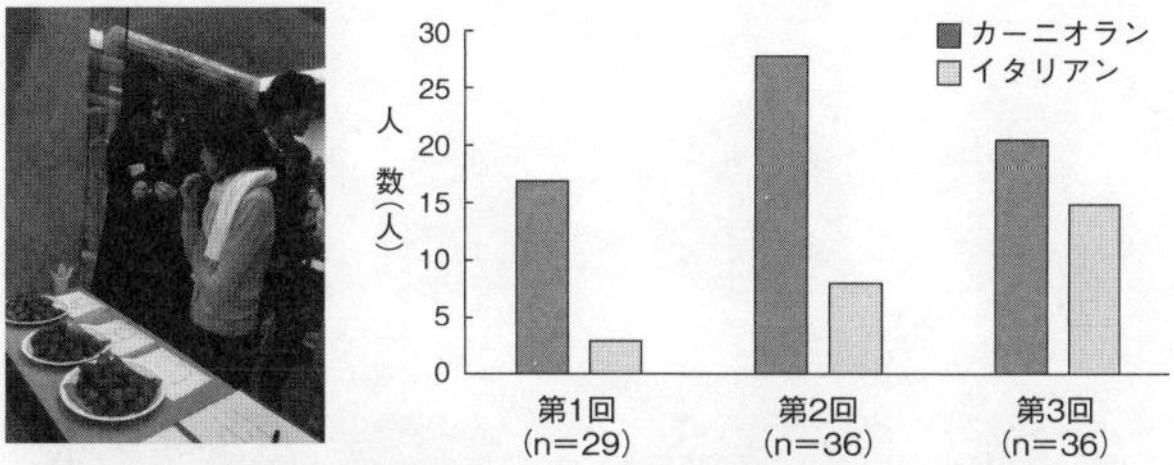

図41 イチゴの嗜好評価試験の様子（左）とその結果（右）

いことがわかりました（図41）。

ここで紹介した2亜種の比較試験では、冬期などの低温時のイチゴのハウス栽培では、ポリネーターとしてイタリアンよりもカーニオランを導入した方が、生産性が高く美味しいイチゴができるという結論になりました。もしかしたら、ほかの果物でもポリネーターの種類によって品質が向上する可能性があるかもしれません。

ハチミツの蜜源植物の特定方法

ハチミツの種類を特定するには、その蜜源となる植物の特定する必要があります。その方法は、ハチミツから取り出した花粉の形態から花の種を特定します。ハチミツを水で薄めたものを花粉よりも目の細かいフィルターでろ過すると、フィルターに花粉が残ります。これを顕微鏡で観察し、種類と数を測定して蜜源植物を特定するのです。花粉の形態は非常に似ているため、識別には専門的な知識が必要となりますが、代表的な単花蜜の蜜源植物であれば、花粉から蜜源植物を同定することが可能です。また、ある程度であれば花粉の種類数でハチミツの純度がわかります。海外では、養蜂家向けに蜜源植物を同定することができるようなハンドブックと顕微鏡が販売されています。なお、私たちの研究室では、ハチミツ中のＤＮＡから蜜源植物を同定する方法を開発しています。

国産単花ハチミツに含まれている蜜源植物の花粉
レンゲ(a)、ひまわり(b)、サクラ(c)、ミカン(d)、クロガネモチ(e)、カキ(f)、ハゼ(g)、クリ(h)、菜の花(i)、シナ(j)、ビワ(k)、クローバー(l)、アカシア(m)、ソヨゴ(n)、カラスサンショウ(o)、ウワミズザクラ(p)。
（写真：神原育穂氏、中川郁美氏、前田美都氏）

結晶化ハチミツは美味しい

「液状であることが本物のハチミツである証拠」という伝聞が過去に広まったこともあり、日本では結晶化したハチミツを忌避する傾向があります。しかし、海外の人たちは結晶化ハチミツを気にせず、普通に食べます。むしろ、液体よりも結晶化していた方がパンにつけるときに垂れない

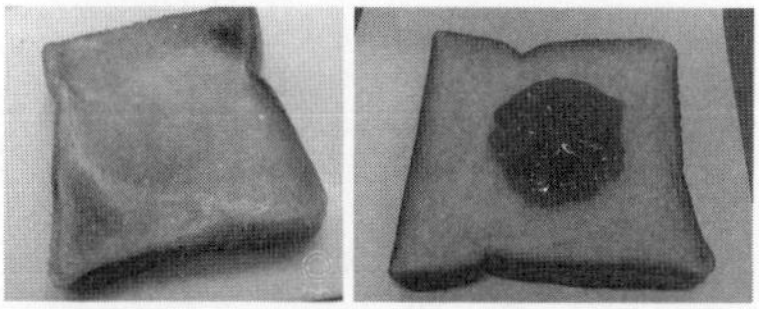

結晶化ハチミツをパンにのせてトースターで焼いたもの。オススメの食べ方！

ので、好まれていたりもします。

結晶化したままのハチミツは、パンにのせてトースターで温めると、完全に溶けた状態にできます。さらに、こだわる方は、トースト時間を調整することで、ハチミツが完全に溶けてパンに染み込んでいるところから、クリーム状、粒状の部分など、食べる場所ごとに味や舌触りの違いを楽しみます。私も英国の方から進められて試してみたのですが、「なるほど！」と思い、それ以来結晶化ハチミツを好んで食べるようになりました。トースターで焼いた結晶化ハチミツは、風味も増してとても美味しいので、一度お試しあれ。

古代のエナジードリンク「蜂蜜水」

台湾や中国の養蜂家さんのところに行くと、必ずと言っていいほど花粉湯か蜂蜜水を出してくれます。花粉湯は日本人の口にはなかなか合わないと思いますが、蜂蜜水は美味しく飲むことができます。作り方は簡単で、水や湯にハチミツを入れて溶かします。

スポーツドリンクや栄養補給にハチミツが使われますが、この蜂蜜水はまさに古代のエナジードリンクです。蜂蜜水の記録は、古代中国の文献に出てきます。『三國志演義』に出てくる袁術が、最後に蜂蜜水を飲みたいと言って亡くなったという逸話も残されています。今でも台湾や中国では、コンビニで普通に購入することができるほど、メジャーな飲み物です。

台湾の日系コンビニで販売されている蜂蜜水

ミツバチにも利き腕、利き脚がある⁉

通路が2つに分かれている場合、ミツバチの働きバチは左右のどちらの通路を選ぶかの選択行動を調査した実験があります。実験の結果、働きバチの55%がランダムに左右の通路を通過しましたが、45%の個体はどちらか一方を好んでいることがわかりました。中には絶対に右か左しか選ばない個体もいたそうです。この実験では、ミツバチにも左右のこだわ

ミツバチ博士のちょっとためになる話⑤

りに個体差があることがわかりました。

私の研究室でも、ミツバチが体に付いたごみを取り除く際に、左脚と右脚のどちらで取り除くか観察したことがあります。すると、先の実験と同じように左右の好みが見られ、右脚か左脚しか使わない個体と、左右どちらの脚も使う個体がいることがわかりました。

この章で紹介したイチゴの受粉行動でも花の上で右回転する個体、左回転する個体、左右をランダムに回転する個体がいました。どうやらミツバチも左右の選好性があるようです。

ミツバチの突然変異体

突然変異は、ミツバチでもまれに発生します。第4章のアナーキーミツバチもその1つです。ミツバチにおいて、サイクロプス（キュクロープス）は、古くから有名な変異体の1つです。そのサイクロプスとは、ギリシア神話に登場する1つ目の巨人のことです。生物学の分野では、眼が1つになった突然変異体の名称で良く用いられています。ミツバチのサイクロプス変異体は、基本的に頭部はオスバチのような丸い複眼が1つに融合した形態で、胸部および腹部は働きバチの形態（後脚に花粉かごや腹部に針を持っている）をしています。働きバチのサイクロプスは、いくつか変異があり、正面から見ると三日月状に見える1つの複眼タイプ、背面から見ると三角形の1つ目の複眼タイプ、複眼が額部分中央に1つの大きな眼として融合しているタイプ、などの形態変異が報告されています。

ミツバチの突然変異体
サイクロプス（左）とホワイトアイ（右）。
動画はサイクロプス変異体（https://youtu.be/FNyAyWYM7eU）。
➡口絵14（p.6）

また、頭部から腹部までオスバチ形態のタイプも存在します。働きバチのサイクロプス変異体は、上手く飛翔ができない、光の感受性が低い、などの行動欠損も報告されています。ほかには、オスバチの複眼が白色になるホワイトアイの変異体もしばしば見られます。

第6章

ミツバチの病害虫・天敵

1 ミツバチの病気は養蜂家にとっても死活問題！

ミツバチにも人間のようにさまざまな病気があります。また、自然界にはミツバチ、その巣にあるハチミツや幼虫を捕食する天敵も多数存在しています。この章では、そんなミツバチの生命を脅かす病害虫や天敵となる動物について紹介します。少し専門的で難しい話になるかもしれませんが、なるべくわかりやすく説明しますので、どうぞお付き合いください。

ミツバチは飼育によって家畜化された世界最古の昆虫と言われており、日本でも牛や豚などと同じく「家畜」に分類され、飼育には届出が必要です。そして、家畜の伝染性疾病の予防やまん延防止について定めた法律である家畜伝染病予防法にも、ミツバチの疾病は登録されています（表1）。登録されていない疾病以外にも、細菌、真菌、ウイルス、ダニ、線虫、寄生性節足動物、原生動物、アメーバなどを原因とする約20種類の疾病が確認されています。一部の疾病は国内では未確認ですが、アフリカ原産のケシキス

表1　国内におけるミツバチの家畜伝染予防法に該当する疾病と感受性

病名		原因	感受性*		法定区分
			ニホンミツバチ	セイヨウミツバチ	
細菌	アメリカ腐蛆病	アメリカ腐蛆病菌 *Paenibacillus larvae*	低	極高	家畜伝染病
	ヨーロッパ腐蛆病	ヨーロッパ腐蛆病菌 *Melissocossus plutonius*	無	高	
ダニ	バロア病	ミツバチヘギイタダニ *Varroa destructor*	低	極高	届出伝染病
	アカリンダニ症	アカリンダニ *Acarapis woodi*	高	無	
真菌	チョーク病	ハチノスカビ *Ascosphaera apis*	無	高	
微胞子虫	ノゼマ症	セイヨウミツバチノゼマ *Nosema apis*	無	低	
ウイルス	麻痺病	麻痺病ウイルス Paralysis virus	無	高	その他
	サックブルード病	サックブルードウイルス Iflaviridae: Iflavirus	高	低	
	チヂレバネウイルス病	チヂレバネウイルス Deformed wing virus	低	高	

*5段階（極高，高，中，低，無）で示す。

イや東南アジア原産のトゲダニなどは、海峡を越えて韓国やロシア沿海州まで被害の拡大が報告されているため、日本でも注意が必要です。

野生種であるニホンミツバチは病害虫に強いと言われていますが、養蜂種として品種改良されたセイヨウミツバチは病害虫に弱い傾向にあり、疾病が原因で全滅することもあります。養蜂家にとってミツバチの病気は死活問題ですので、日常的に対策が必要です。

病害虫への対策として、ミツバチ用の薬剤（動物用医薬品）もありますが、国内の養蜂産業は小規模であるため、限られた種類の薬剤しか流通していません。このため、養蜂家たちは、ミツバチを疾病から守るために、薬剤以外の対策を併用して対応する必要があります。

2 細菌が原因の病気

アメリカ腐《ふ》蛆《そ》病

アメリカ腐蛆病は、アメリカ腐蛆病菌という細菌が原因の、感染力の強い致死性の病気です。死亡した幼虫やサナギが腐るため、「腐」った「蛆」という意味で、腐蛆病と名付けられています。日本にはセイヨウミツバチの導入とともに侵入したと考えられ、セイヨウミツバチで重症化する、養蜂家にとって日常的に対応が必要な病気です。一方で、ニホンミツバチにはほとんど感染しないと言われています。

アメリカ腐蛆病は、孵化してすぐの幼虫が原因菌に汚染された餌を食べることで感染します。死亡した幼虫やサナギの体内には芽胞状態の原因菌が残るため、巣内に放置された死体が感染源となり、働きバチを介して巣内の幼虫に感染が広がります。養蜂場では、働きバチの減少した巣にほかの巣の働きバチが侵入してハチミツを盗む行動が見られます。侵入した働きバチが本病の病原菌を自分の巣に持ち帰ると、さらに感染が広がります。また、病気が発生した巣箱や巣板、ハチミツを再利用したり、原因菌のついた器具をほかの巣でも使用したりすると、他巣に病気を運んでしまう原因になります。

巣内の幼虫が死ぬと、働きバチは巣房の蓋に穴を開けるため、感染初期の巣では、巣房の蓋に小さな丸い穴がたくさん見られるようになります（図1）。アメリカ腐蛆病は、早いうちにに発見しないと感染が拡大して取り返しのつかないことになるため、養蜂家はこの段階で巣の異常に気づかなければなりません。感染が進んだ巣では、巣房の蓋が黒色から焦げ茶色に変色し、内側に凹んだような状態が散見されます。また、蓋がない巣房では、薄茶色から焦げ茶色に変色した幼虫の死体を確認できるようになります。

死亡した幼虫は、原因菌の出す酵素の働きで分解され、ネバネバした液状になります。病気の診断をする際は、この巣房の中の死体をつまようじなどでゆっくりと回転させながら引き抜きます。さらに感染が進むと、巣から刺激臭や腐敗臭が漂うようになります。最終的には巣房の中に多数の白色から暗褐色でミイラ状になった幼虫の死体が残ります。幼虫やサナギでこれだけの被害が出る本病ですが、働きバチの見た目には変化は起こりません。

アメリカ腐蛆病は春先から梅雨の時期に多い病気ですが、幼虫がいる巣であれば、冬でも発生することがあります。ミルクテストという診断法が最も簡単に診断できる方法ですが、抗体検査キットも販売されています。細菌検査や遺伝子検査では、感染してたとしても無症状の巣でも陽性反応になることがあるため、注意が必要です。

被害の大きいアメリカ腐蛆病に対しては、予防薬である抗生物質が動物用医薬品として承認されています。しかし、薬があるとはいえ、本病が一度発生したら深刻な状況を招くことに変わりありません。セイヨウミツバチを飼育する養蜂家は、常に腐蛆病を発生させないような予防措置と、発症初期の兆候を見逃さないことが重要です。

なお、次に紹介するヨーロッパ腐蛆病も含め、腐蛆病は家畜伝染病（法定伝染病）に指定されており、発生が確認された場合は家畜保健衛生所に届け出る必要があります。

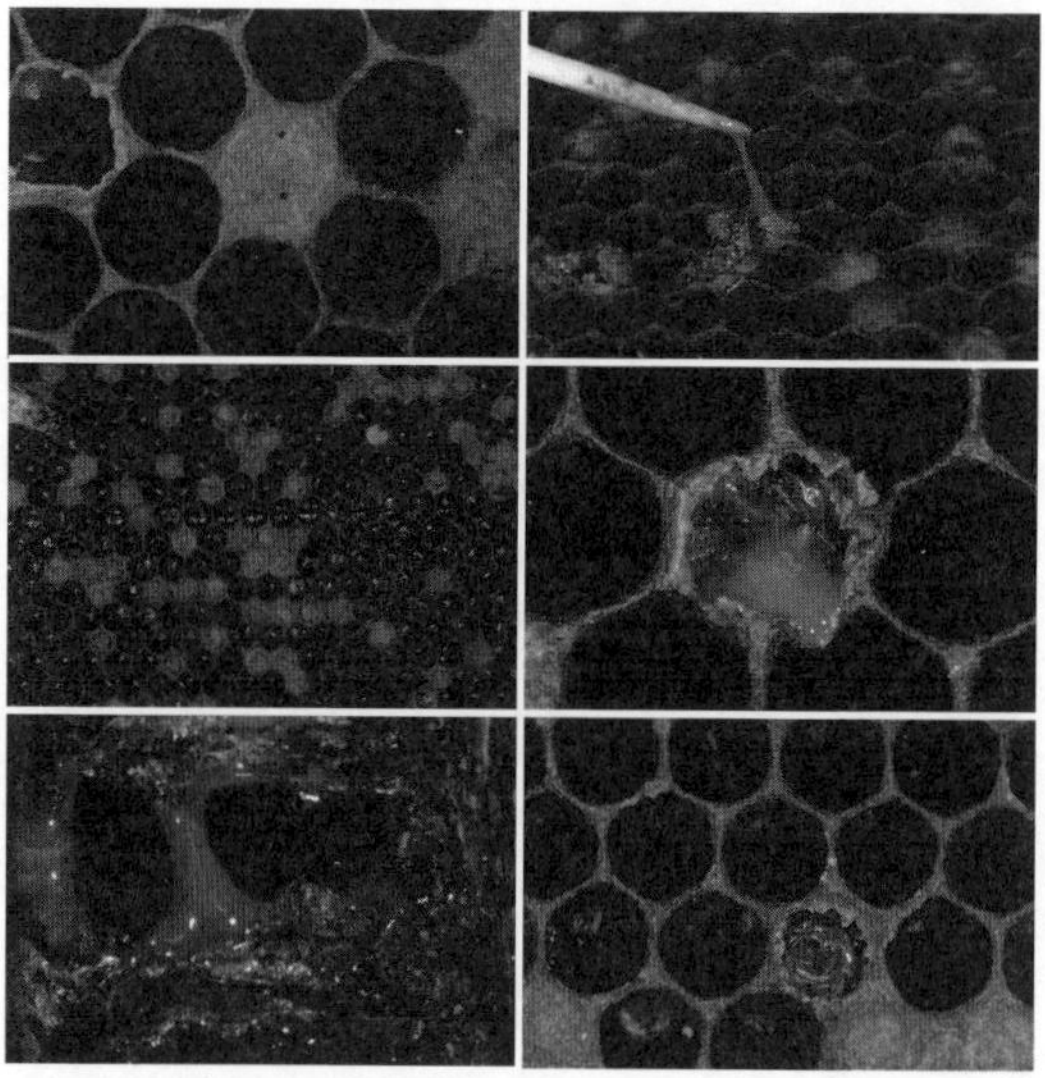

図1　アメリカ腐蛆病に感染したセイヨウミツバチの幼虫
「巣房の蓋に円形の小孔がある」「巣房の蓋（繭）がへこんだり、しわ状に変形する」「蓋がされている巣房をつまようじでつつくと、感染幼虫が破裂して粘性のある茶色の液体が付着する」「死亡した感染幼虫の巣房の蓋をはがすと、幼虫はすでに溶解し、液状となっている」などから感染が判断される。巣房の断面を見ると、中央の巣房ではすでに死亡した感染幼虫が溶解し、液状になっている。感染末期になると、乾燥した幼虫がミイラ状になる。

腐蛆病は治療法がなく、発生があった場合は蜂群の移動制限が課され、状況によっては近隣の養蜂家の蜂群も含めてすべて焼却処分になります。このため、腐蛆病の発生を早期に発見することは、すべての養蜂家にとって必須の技術なのです。

ヨーロッパ腐蛆病

ヨーロッパ腐蛆病も、アメリカ腐蛆病と同様に死亡した幼虫やサナギが腐るという特徴的な症状が見られます。ヨーロッパ腐蛆病菌を原因とし、アメリカ腐蛆病とは異なる病気です。この病気もセイヨウミツバチの導入とともに日本に侵入したと考えられています。ヨーロッパ腐蛆病は、アメリカ腐蛆病に比べて感染力は弱いのですが、セイヨウミツバチの養蜂場では一度発生すると巣間でまん延しやすく、重症化する疾病です。一方で、ニホンミツバチの感染例はこれまでのところありません。

アメリカ腐蛆病と同じく、幼虫が原因菌に汚染された餌を食べることで感染し、巣房内の死体が感染源となり、働きバチがほかの幼虫に感染を拡大させ、他巣に病原菌を持ち込みます。人間の手による他巣への感染拡大もアメリカ腐蛆病と同様の経路で起こりますが、ヨーロッパ腐蛆病はアメリカ腐蛆病とは異なり、死亡蜂児の数が少ない場合があるため、病気の発生を見逃した養蜂家が、働きバチの合同処理（2巣以上の働きバチを1つの巣にすること）によって、感染が拡大することがあります。

アメリカ腐蛆病とヨーロッパ腐蛆病は死亡した幼虫にも違いが見られます（図2、図3）。アメリカ腐蛆病で死亡した幼虫が頭部を外側に向けているのに対し、ヨーロッパ腐蛆病で死亡した幼虫のほとんどは、巣房内でC字型に体を曲げた状態で死亡していますので、判別は難しくありません。

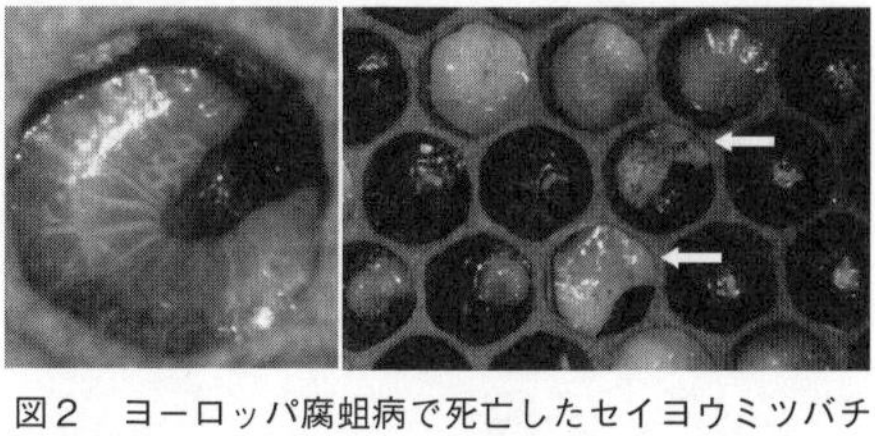

図2　ヨーロッパ腐蛆病で死亡したセイヨウミツバチの幼虫
アメリカ腐蛆病と異なり、アルファベットのC字型のまま死亡する（左）。半透明の薄い茶色に変色し、扁平状になる。まれに丸型に変形する（矢印）こともある。

感染初期の巣では、巣板当たり数匹、半透明から白色の状態で死亡している幼虫が散見されます。死亡した幼虫は、やがて半透明のまま茶色に変化します。ときどき、死亡幼虫が扁平状に変形することもあります。感染末期になると、巣の状態から他の疾病と区別するのは難しくなります。

国内では、アメリカ腐蛆病と同様に、梅雨の時

図3　アメリカ腐蛆病とヨーロッパ腐蛆病の見分け方
アメリカ腐蛆病罹患蜂児の変化（上）とヨーロッパ腐蛆病罹患幼虫の変化（下）。

期から初夏にかけて発生する傾向があります。特に採蜜時期と重なる場合が多いのも特徴で、働きバチは感染していても見た目に変化はありません。発症した巣に対しては、アメリカ腐蛆病同様に遺伝子検査や抗体検査キットが利用できますが、感染していたとしても無症状の巣が陽性反応になる場合があるので注意が必要です。しかし、ヨーロッパ腐蛆病に対しては利用できる動物用医薬品がありません。そのため感染初期の兆候を見逃さずに対処することが、唯一の感染まん延予防となります。ただし感染の初期段階では死亡幼虫が少ないため、熟練の養蜂家であっても見逃すことがあります。巣板当たり数十匹になると、急速に感染が拡大し、自然治癒する見込みが低くなります。なお、発生が確認された場合は、アメリカ腐蛆病同様、届出が必要です。

3 ダニが原因の病気

バロア病

バロア病は、外部寄生虫（体の外側に寄生する節足動物）であるミツバチヘギイタダニが原因となる病気です（図4、図5）。ミツバチヘギイタダニは、ミツバチの幼虫やサナギに寄生し、発育障害を起こします。世界で発見されている4種のミツバチヘギイタダニはすべてアジアに自然分布しており、アジア原産のミツバチに寄生します。このうち、特に、*V. destructor*が世界中でセイヨウミツバチに寄生し、重篤な被害を与えています。

もとはトウヨウミツバチの寄生虫

ミツバチヘギイタダニはもともとトウヨウミツバチの寄

図4　ミツバチヘギイタダニのメス成虫の正面（左）と背面（中）と腹面（右）
（https://youtu.be/Ofp0mPv1M6Q）

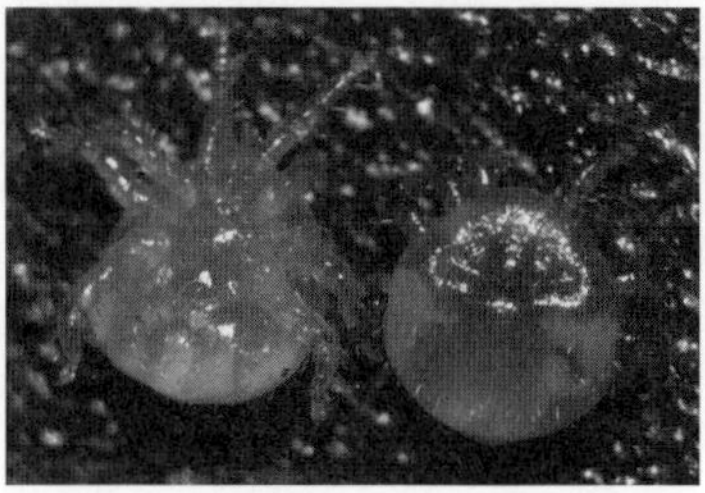

図5　ミツバチヘギイタダニのオス成虫
（写真：加藤 学氏）

生虫で、ここから養蜂のためアジア各地に導入されたセイヨウミツバチに感染しました。その後、アジアから欧米にセイヨウミツバチが逆輸出されるようになり、ミツバチヘギイタダニも随伴して世界各地に広がったと考えられています。

セイヨウミツバチはミツバチヘギイタダニに対して抵抗性がないため、対策を行わなければわずか1、2カ月で巣が全滅してしまいます。また、ミツバチヘギイタダニは少なくともミツバチに感染する5種のウイルスを運ぶため、このウイルスが巣に入ることでハチ群が死んでしまう場合もあります。現在、本病は北米で報告されているセイヨウミツバチの減少原因の1つともされており、経験豊富な養蜂家でも大きな被害を受けることがあります。そのため、養蜂家にとって、腐蛆病と同じく最も注意しなければならない疾病です。

一方、ニホンミツバチを含めたアジア原産のミツバチは、本病に抵抗性を持っています。私は、ニホンミツバチの巣でミツバチヘギイタダニの寄生率を調べたことがありますが、巣全体の働きバチにおける寄生率は0・3%でした。この低い寄生率は、ニホンミツバチの働きバチで見られるグルーミング行動に起因すると考えられています。ニホンミツバチの働きバチはお互いにグルーミングを行います。特にダニが寄生するような胸部背面、腹部柄部や翅の付け根は念入りにグルーミングをすることで、体表のダニが排除されていると考えられます。このように、ニホンミツバチはミツバチヘギイタダニに寄生される確率がきわめて低いため、ニホンミツバチの養蜂家では、本病への予防措置は必要ありません。

ミツバチの巣で生まれて、巣で一生を終える

ミツバチへギイタダニは、ミツバチの巣内で一生を完結することができます。母ダニはミツバチの幼虫がサナギになる10〜20時間前（終齢幼虫期から前蛹《ぜんよう》期）に巣房内に潜り込み、幼虫がサナギになるまで待機します。ミツバチの幼虫がサナギになると巣房に蓋がされるため、母ダニが働きバチ成虫に見つかることはありません。母ダニは蓋がかけられた巣房で活動を再開し、ミツバチのサナギの腹部に穴を空けて栄養を吸収します。これまでは、主に体液（血液）を摂取していると思われていましたが、最近の調査では脂肪体をより多く摂取していることが明らかになりました。母ダニは、はじめにオスの卵を1個、メスの卵を2、3個産み、40時間ほどで孵化した若虫は、母ダニが空けた吸血孔を使用して、ミツバチのサナギの体液を吸って成長します。5、6日で性成熟した若虫は、巣房内で近親交配をし、オスダニは死亡します。メスダニは、巣房内のミツバチが成虫になるとその体表に付着し、ミツバチが羽化して巣房から出た後もしばらくミツバチの体表に寄生します。その後、寄生したミツバチの成虫が巣の中で幼虫の巣房を通ったときに、ミツバチの体表から脱落し、母ダニとして幼虫のいる巣房に潜り込みます。母ダニの寿命は、はっきりとわかっていませんが、数回は繁殖を繰り返すと考えられています。

巣への侵入経路はどこか

ミツバチへギイタダニはどのようにしてセイヨウミツバチの巣に侵入するのでしょうか？　その経路は複数あると言われています。ミツバチ自身が巣に運び込んでしまうパターンとしては、ミツバチへギイタダニに寄生された働きバチが、帰る巣を間違えた際にダニを巣に入れてしまう場合があります。これはミツバチの「迷い込み行動」と呼ばれ、巣間の距離が近いほど発生しやすい事象です。養蜂場では複数の巣箱がまとまって1カ所にあるため、特に起こりやすいと考えられています。

また、ニホンミツバチとセイヨウミツバチのオスバチは、種間でも迷い込み行動が頻繁に起き、近くにニホンミツバチの自然巣や巣箱があると、セイヨウミツバチの巣箱にミツバチへギイタダニが持ち込まれやすくなります。人間がダニを巣に入れてしまうパターンとしては、巣箱の合同処理や分割処理の際に起きると思われます。ダニが侵入している巣から、寄生されていない巣に成虫や巣板を移すときに、感染が広まると考えられています。

診断は目視やシュガーロール法で行う

バロア病は、働きバチやオスバチの体表に寄生するミツバチへギイタダニの母ダニを目視で確認することで診断できます（図6）。特にミツバチの胸部背面に付着する母ダニは大型で赤色をしているため、慣れていれば簡単に見つけることができます。目視以外では、検査時にミツバチが死んでしまいますが、ミツバチの成虫を100匹入れたエタノール溶液を激しく混ぜ、体表から脱落した母ダニを数えることで寄生率を測定できます。また、ミツバチを死なせずに巣に戻せる方法として、粉砂糖とミツバチの成虫を混ぜ、体表から脱落し粉砂糖の中で死んだ母ダニを数えるシュガーロール法があります（図7）。働きバチで1匹以上、オスバチで3匹以上のミツバチへギイタダニが確認された場合、そのミツバチたちの巣にいるミツバチのサナギの5〜10%がダニに寄生されていると考えられます。この状態で放置すると1カ月後にはミツバチの巣は全滅してしまうため、すぐに駆除を行う必要があります。また、越冬前の巣の寄生率は5%以下にしておく必要があります。

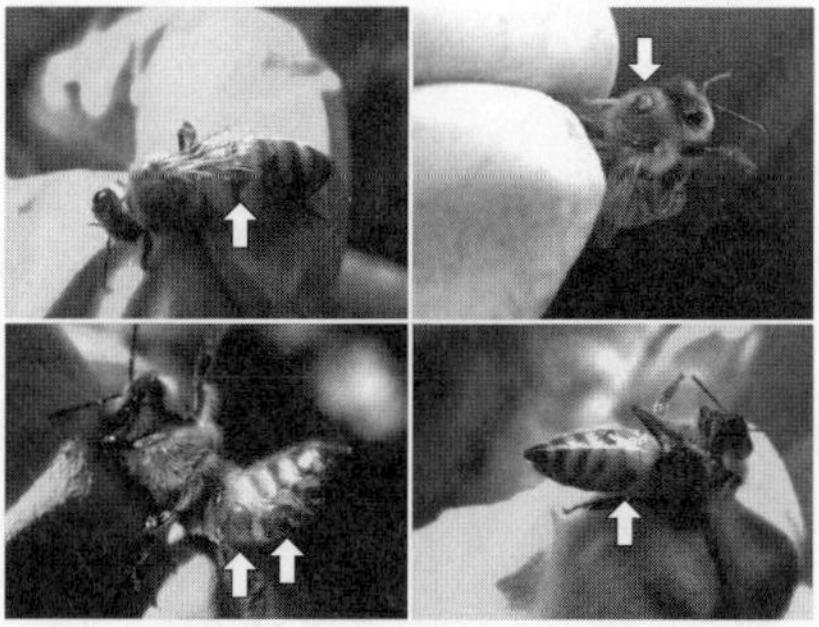

図6　ミツバチへギイタダニがセイヨウミツバチの働きバチ成虫に寄生する部位（矢印）
（写真：加藤 学氏）

図7　巣板にいるセイヨウミツバチの働きバチ成虫にシュガーロール法を行っている様子（冬季限定のやり方）

図8　ミツバチへギイタダニに寄生され、翅が縮んでしまった働きバチ（矢印）
脂肪体などの栄養も摂取されているため周りの働きバチと比べて小型化している。

　ミツバチの体についた母ダニを見つける以外の診断方法としては、翅が縮んでしまったミツバチ成虫の有無を目視で確認する方法があります（図8）。寄生率が高いミツバチの巣では、後述するチヂレバネウイルス病により翅の縮んだ個体が多数見られるようになるので、ある程度の診断の目安となります。また、ミツバチへギイタダニが重寄生状態になると、働きバチの小型化や翅の収縮した羽化不全の個体が散見されるようになります。

ミツバチヘギイタダニがいないセイヨウミツバチの巣はない？

ミツバチヘギイタダニは、国内ではほぼすべてのセイヨウミツバチの巣に寄生していると言われています。これは、ミツバチ自身がこのダニを巣に運び入れてしまうことや、合同処理や分割処理が養蜂において欠かせない技術であるためで、ミツバチヘギイタダニの根絶は現在の技術では困難だからです。離島などで隔離を続けていけばダニフリーの巣ができるかもしれませんが、少なくとも本土では難しいでしょう。

このため、本病の対策はダニの根絶ではなく、寄生率をいかに低く抑えるかです。予防には、ミツバチ用動物用医薬品として認可されているダニ駆除剤のアピスタン（フルバリネート）やアピバール（アミトラズ）、チモバール（チモール）を、春から秋の間に2、3回使用します。ただし、一部で薬剤抵抗性の出現が報告されているため、3種すべての薬剤を併用するのではなく、隔年で使用して薬剤の種類を変える方法が推奨されています。

物理的な駆除方法としては、寄生率の診断にも使用されているシュガーロール法があります。気温が低くなり、幼虫の少ない春や秋に行うのが非常に効果的です。なお、ミツバチヘギイタダニは働きバチよりもオスバチの幼虫に寄生することを好むため、多数のオスバチ巣房がサナギになったときに、巣板ごと取り除くか、オスバチのいる巣房を切り取って巣から排除する方法があります。

現在、ミツバチヘギイタダニは、セイヨウミツバチの輸出に伴い、世界中に年々分布を広げています。近年、中国東北部や朝鮮半島、ロシア沿海州において、自然分布しているミツバチヘギイタダニのほかに、2種のヘギイタダニ類（ジャワミツバチヘギイタダニとアンダーウッドヘギイタダニ）がセイヨウミツバチに寄生していることが、相次いで報告されました。養蜂業が盛んなこれらの地域には、ミツバチの輸出入に伴って、これらのミツバチヘギイタダニ類が侵入したと考えられています。過去には、これらの地域から日本に、正規および非正規（密輸）でのミツバチ導入もあったため、日本もこうしたダニの侵入に警戒する必要があるでしょう。

アカリンダニ症

アカリンダニ症は、アカリンダニという内部寄生性（体の中に寄生する）のダニ（図9）が、セイヨウミツバチとニホンミツバチの成虫に寄生して引き起こす病気です。国

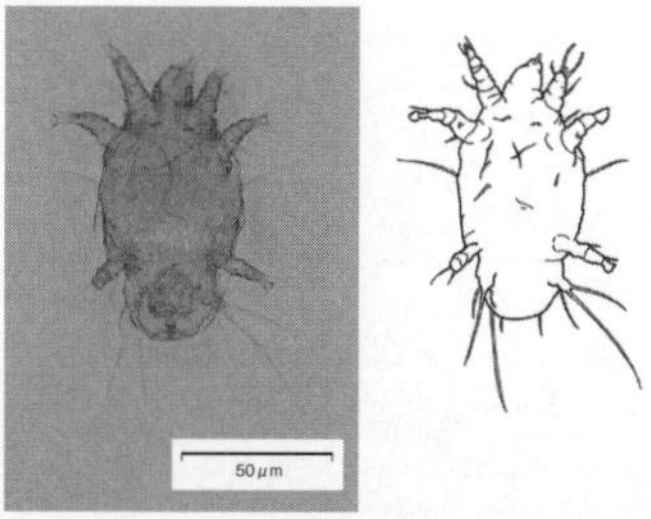

図9　ニホンミツバチの働きバチ成虫の胸部気管内から取り出したアカリンダニのメス成虫を腹部側から見たところ
（写真・作図：澁谷睦氏）

内でミツバチに寄生するアカリンダニは1種のみですが、国外にはほかに2種が生息しています。アカリンダニはミツバチの胸部にある気管の内壁から体液を吸汁し、寄生されたミツバチは短命化・不労化します。寄生するダニが増えると歩行や飛翔が正常にできなくなり、ひどい場合はアカリンダニやその卵に気管が塞がれて死亡したミツバチが、巣の底や入り口付近で死亡しているのが確認されます（図10）。

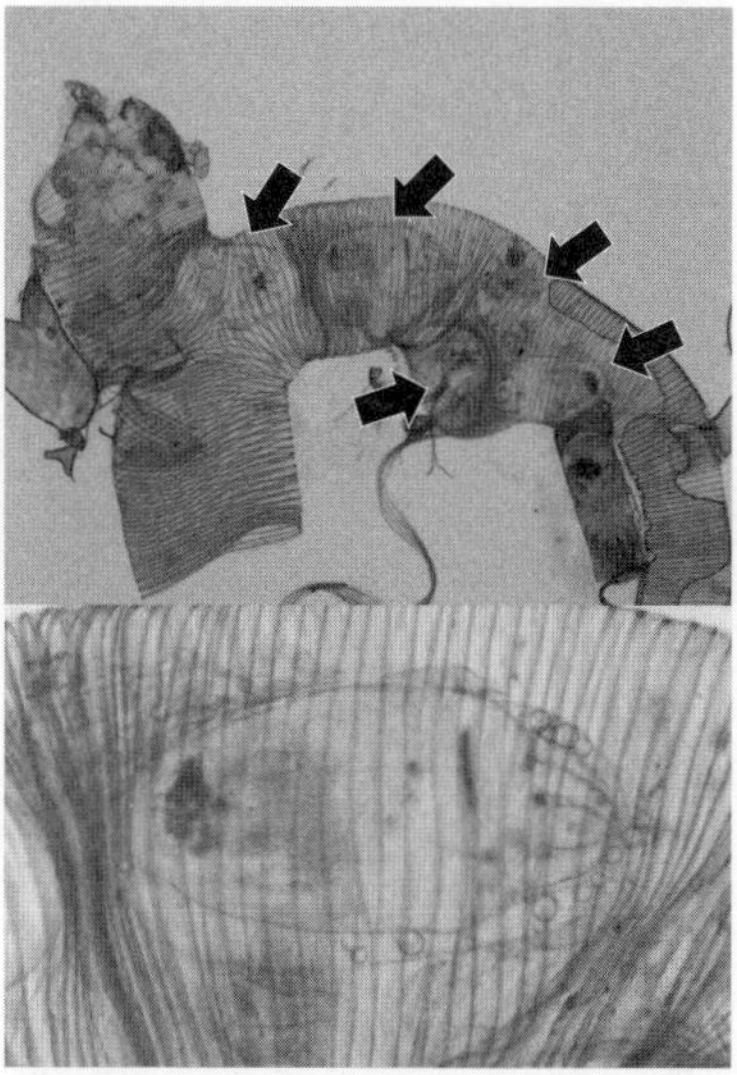

図10　ニホンミツバチの働きバチ成虫の胸部気管内で重寄生するアカリンダニ（矢印）
矢印部分を拡大すると気管内にダニ成虫が確認できる。（写真：新村友理氏）

国内で初めて確認されたのは2011年のセイヨウミツバチでの報告で、ニホンミツバチではその翌年に初めて報告されました。しかし、アカリンダニ自体は1950年ごろからミツバチに寄生していた可能性が指摘されており、国内ではそれ以前から自然分布していたと考えられています。現在問題となっているアカリンダニがセイヨウミツバチ経由で国内に侵入してきたのか、もともと在来していたのかは不明です。国外では、本種の寄生によりセイヨウミツバチの死亡被害が報告されていますが、国内ではそういった事例はまだありません。一方、ニホンミツバチでは、年々被害の報告が増えており、群が死滅するケースも少なくありません。

ミツバチの体内で一生を完結させる

アカリンダニはミツバチヘギイタダニと同様に、基本的にはミツバチの体内でその一生を完結することができます（図11）。アカリンダニのメスは、自身の体とほぼ同じ大きさの大型の卵を複数産卵します。巣内で寄生していたミツバチ成虫から脱出したアカリンダニは、羽化後間もない働きバチやオスバチの成虫の気管に侵入し、吸血や繁殖を行

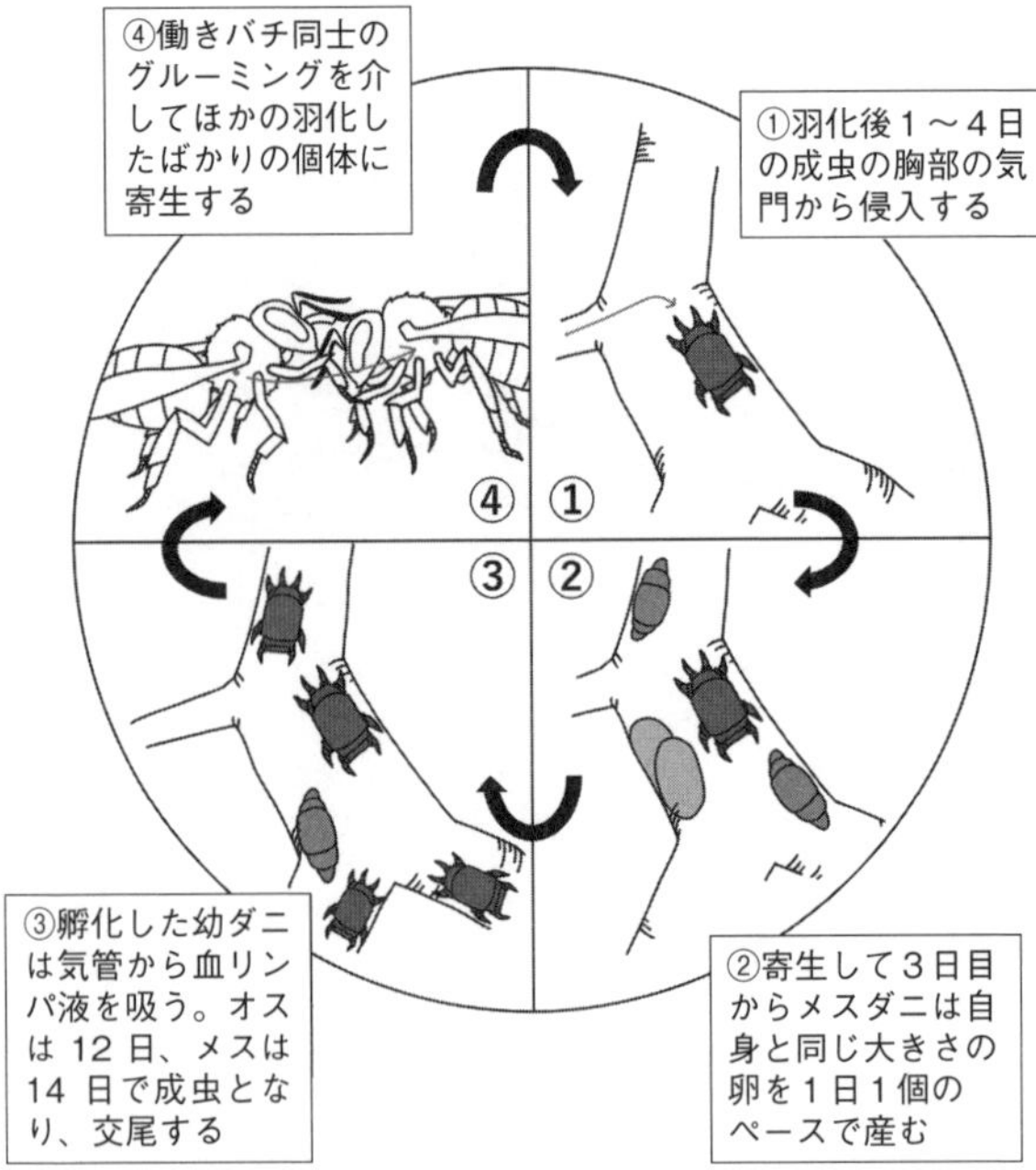
④働きバチ同士のグルーミングを介してほかの羽化したばかりの個体に寄生する
①羽化後１～４日の成虫の胸部の気門から侵入する
④
①
③
②
③孵化した幼ダニは気管から血リンパ液を吸う。オスは 12 日、メスは 14 日で成虫となり、交尾する
②寄生して３日目からメスダニは自身と同じ大きさの卵を１日１個のペースで産む

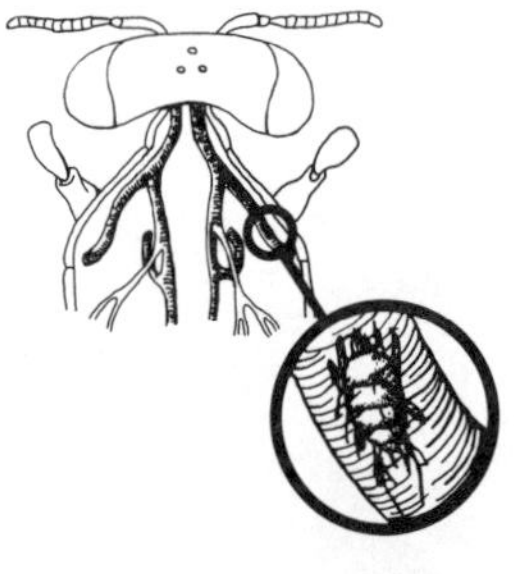

図11　アカリンダニの生活史（左）と働きバチ成虫の胸部気管内にアカリンダニが寄生している様子（右）
動　画（https://youtu.be/xUYUd0GcxFk）は気管内にいるアカリンダニの生体。
（作図：左・澁谷陸氏、右・大谷真由氏、動画：岩崎隆氏）

うと考えられています。アカリンダニの体長はメスが140〜180㎛、オスが100〜140㎛ほどで、オスの方が小型です。孵化してからおよそ3週間で成ダニになると考えられています。

通常は、巣内で感染している働きバチからアカリンダニが別の働きバチに移動することで感染が広がります。巣間での感染の広がりは、養蜂場での合同処理や、感染したミツバチが他巣に迷い込んだ際に、その巣に感染を広めると考えられています。ニホンミツバチでは不定期で局所的な地域での流行が見られます。対策が遅れると働きバチの成虫の数が減少し、巣の維持ができなくなるため、巣が崩壊します。地域での流行は、越冬前に起きやすい盗蜜行動（働きバチが他の巣にハチミツを盗みに入ること）に起因すると考えられています。

診断には顕微鏡が必要

アカリンダニはミツバチの気管内に寄生するとても小さいダニなので、外部観察で診断することはできません。診断には、感染が疑われる働きバチの成虫から取り出した気管を顕微鏡で観察する必要があります。ミツバチの気管は、正常であれば半透明ですが、アカリンダニに寄生された個体では、吸血部位が黒色になっており、その部分を観察することで、ダニの有無を確認することができます。ニホンミツバチでは、晩秋から早春の時期に毎日数十匹の働きバチが死亡し、巣の底に貯まっている場合があります（図12）。このような状態が観察された場合は、アカリンダニの寄生が疑われます。こうしたケースでは、死亡直後または生き残っている働きバチの成虫を10～20匹ほど解剖すれば、寄生の有無を判断することができます。

図12 巣箱の底でアカリンダニ寄生により死亡したニホンミツバチ働きバチ成虫
翅はアルファベットのKの字状にはならない。
（https://youtu.be/aYEgDpsMXqk）

ニホンミツバチで被害が拡大

国内のセイヨウミツバチでは、アカリンダニによる被害例は報告されていません。養蜂場でバロア病予防のため定期的に使用されているダニ駆除剤が効いている可能性が考えられます。また、欧米ではセイヨウミツバチで多くの被害があることから、日本と欧米でアカリンダニの病害性が異なる可能性もあります。一方、バロア病対策が必要ないニホンミツバチには、基本的に殺ダニ剤を使用することはないため、本病の被害が拡大しているのかもしれません。アカリンダニにはミツバチヘギイタダニ駆除用のチモール剤（チモバール）が効果を示しますが、ニホンミツバチはこれらの匂いの刺激に感受性が高く、使用量および使用期間には注意が必要です。メントールも効果が見られたという報告がありますが、これらの薬剤は遅効性のため、駆除ではなく予防薬として使用することが望ましく、秋の採蜜が終わった後に使用することで効果的な予防が期待できると思います。

ミツバチトゲダニ

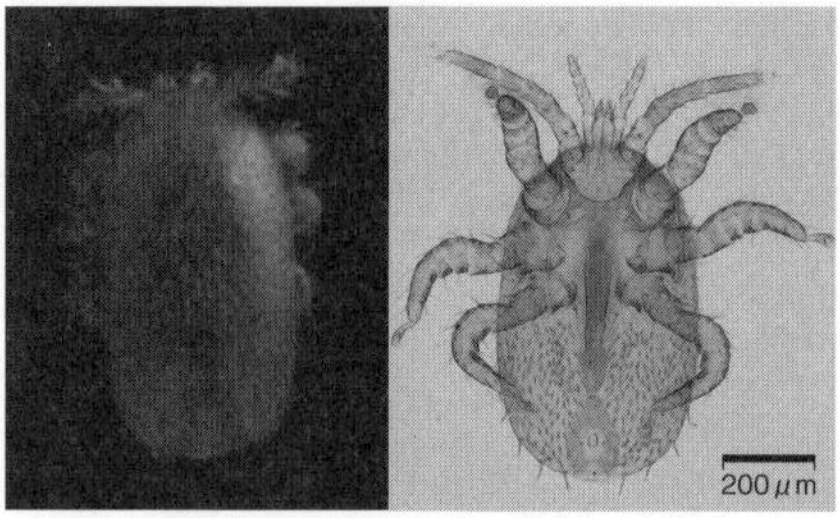

図13　オオミツバチの幼虫に寄生していたミツバチトゲダニのメス成虫（左）と、ミツバチトゲダニのメス成虫の腹面（右）
（写真右：澁谷 睦氏）

ミツバチトゲダニは、今後、日本への侵入が懸念されている東南アジア原産のダニです。成虫は赤色で、ミツバチヘギイタダニと似ていますが、ミツバチトゲダニは長方形なので簡単に見分けられます（図13）。東南アジアではオオミツバチで初めて寄生が確認されましたが、もともと同所的に分布する他のミツバチ種にも寄生していたようです。東アジア地域にセイヨウミツバチが輸入されるようになってからは、在来ミツバチからセイヨウミツバチにも感染が広まったと考えられています。現在は、ほぼアジア地域全域（アフガニスタンから韓国まで）のセイヨウミツバチの養蜂場で寄生が確認されています。今のところ、日本では一度も本種の寄生は確認されていません。

本種はミツバチヘギイタダニと同様に、幼虫の体表に寄生して体液を吸います。韓国や中国での研究によると、群当たりの寄生率はミツバチヘギイタダニと比べて低く、8％以下とされています。ただし、ミツバチトゲダニの寄生を受けると、ミツバチヘギイタダニと同じように個体数の減少だけでなく、重篤な病気を引き起こすウイルスを巣に運び入れる可能性が高いと予測されています。

4 真菌が原因の病気

チョーク病

チョーク病はハチノスカビという真菌がミツバチの幼虫に感染して起こる病気です。健康なミツバチの幼虫が半透明の乳白色をしているのに対し、本病で死亡したミツバチ幼虫の体表は不透明な白色の菌糸で覆われます（図14）。幼虫の死体がチョークに似ていることから、チョーク病と名付けられたようです。

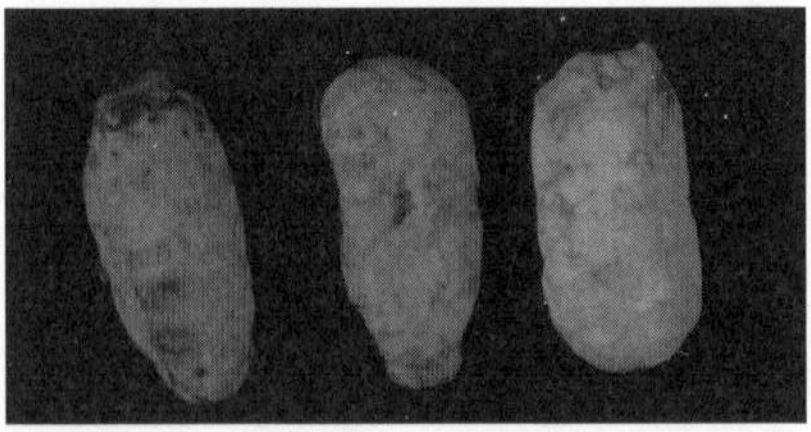

図14　チョーク病により死亡した幼虫
死体がチョークのように見える。

本病は、20世紀初頭にドイツで初めて報告され、その後、アメリカ、カナダ、ニュージーランドで発見されました。欧州原産のセイヨウミツバチが世界各地に輸出されるようになり、それに随伴して世界中に広がったと考えられています。ニホンミ

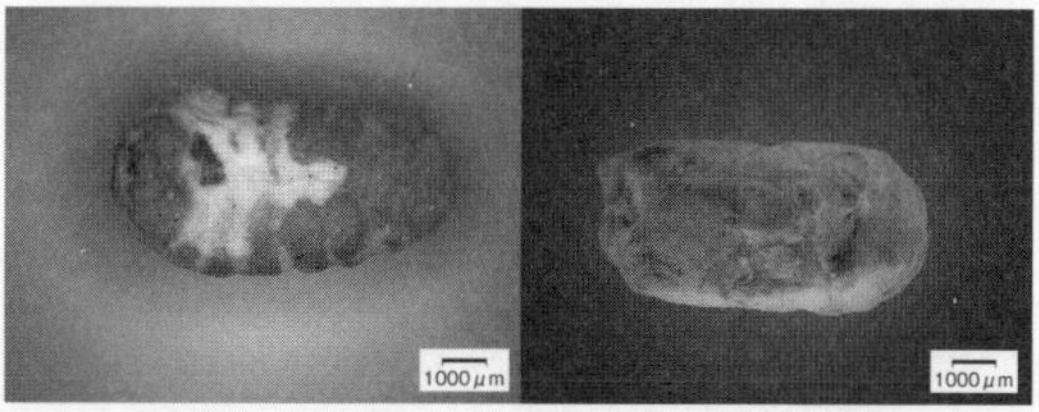

図15　ハチノスカビの菌糸が体表面を覆っている状態のセイヨウミツバチの働きバチの死亡幼虫（左）と乾燥・硬質化した状態の死亡幼虫（右）

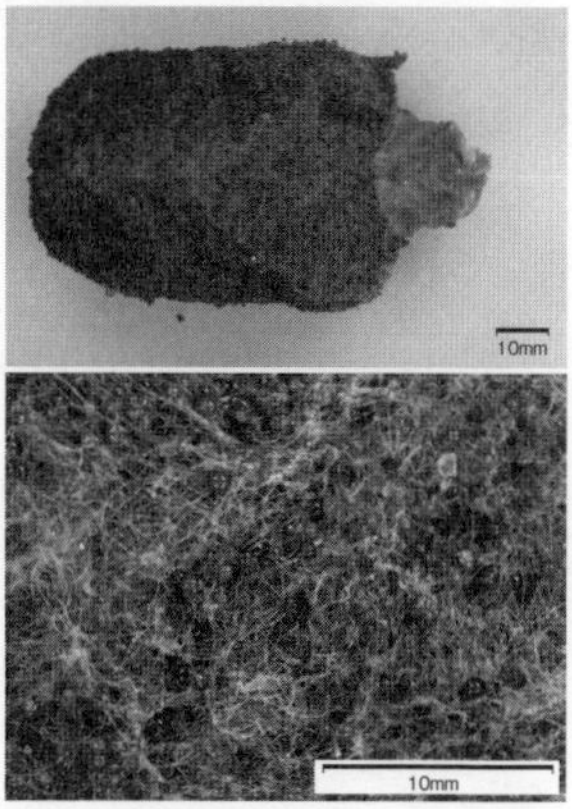

図16　黒色化した死亡幼虫（上）とその体表面の菌糸・胞子の拡大（下）

ツバチを含めたアジア産ミツバチへの感染例は皆無で、セイヨウミツバチ特有の疾病であることから、起源は不明ですが、セイヨウミツバチがハチノスカビの本来の宿主と考えられています。

チョーク病は、養蜂では注意しなければならない病気です。セイヨウミツバチへの感染は、幼虫が生まれて3日くらいまでにハチノスカビの胞子を含んだハチミツや花粉、水などを口にすることで起こると考えられています。幼虫に食べられたハチノスカビは幼虫の体内で増殖し、やがて体表面にまで菌糸が到達するほどに成長し、幼虫を死に至らしめます。白い糸状の菌糸で幼虫が全体を覆われた状態の幼虫は、乾燥し、かたくなります（図15）。巣への感染が進むと、死亡した幼虫の一部からハチノスカビの子実体が形成され、巣房が灰色から黒色に変化します（図16）。

ハチノスカビの胞子は10年以上も活性を有するとも言われており、一度でも本病が発生した巣板や巣箱を再利用しようものなら、本病が繰り返し発生してしまいます。また、チョーク病が発生した巣は、対策を行わないと1カ月ほどで働きバチの個体数が半分以下に減少し、巣が弱体化します。全滅することはほとんどありませんが、巣が弱体化すると、ハチミツの生産や花粉の運び手といった養蜂の目的が果たせなくなります。なお、ニホンミツバチはハチノスカビに対する抵抗性を持っていて、感染例の報告はありません。

早期に発見しないと急激に感染が広がる

チョーク病は、巣房内でチョークのような見た目で死亡している幼虫が散発的にみられる感染初期の段階で対処できれば、感染のまん延を予防できます。しかし、この段階で気づかずに放置してしまうと、感染個体が急激に増えます。感染が進むと、働きバチにより巣房から引き抜かれて巣箱の底や巣箱外に多数の死亡幼虫が捨てられるようになります（図17）。死亡した幼虫の一部が暗灰色や黒色化していたら、感染後期です。働きバチや幼虫の個体数はすでに半減しているため、巣を元の状態に回復させるのには数カ月を要します。

　チョーク病は、春秋季の気温の急激な低下や、ハチミツの採集、巣の分割処理や合同処理の作業時、長距離の輸送

図17　巣房内でチョーク病により死亡したセイヨウミツバチの働きバチの幼虫
左は中央付近の死亡幼虫は見やすいように巣房から取り出している。右は巣房内から取り出されて、巣箱の底に捨てられた死亡幼虫。

など、ミツバチがストレスを受けると発症しやすいことが知られています。このため、本病の予防にも、ミツバチになるべくストレスがかからないように管理する必要があります。

　現在、国内にチョーク病に使用できるミツバチ用の動物用医薬品はありません。効果的な対策は、養蜂道具や巣箱、巣板の使用前に火炎処理あるいはガンマ線を照射することです。また、本病が発生した巣のハチミツや花粉を他巣に給餌しないことも対策の1つです。さらに、幼虫が巣箱の入り口や底に貯まっていたら、すぐに除去することも大切です。このとき、巣板は巣箱から取り出して処分し、巣箱も感染が確認された時点で交換します。

　養蜂において、巣の維持のため働きバチの成虫や幼虫、サナギが含まれている巣板の交換、合同処理、分割処理は必須です。また、ミツバチは恒常的にハチノスカビの胞子を摂食する環境にあるため、感染源を根絶することはできません。ただし本病はミツバチ疾病の中で最も簡易に見つけることができます。感染初期に見つけ適切に対処することで予防が可能です。

5 微胞子虫が原因の病気

ノゼマ症

微胞子虫は、動物の体内に寄生する単細胞の真核生物で、ノゼマ症はその1種であるセイヨウミツバチノゼマ（図18）の感染によって起きる病気です。国内では1958年にセ

イヨウミツバチでの発生が報告されています。セイヨウミツバチノゼマに感染したセイヨウミツバチの女王バチ、働きバチ、オスバチの幼虫・成虫で発症します。ニホンミツバチを含めたアジア産ミツバチの感染例はなく、セイヨウミツバチ特有の病気です。欧州原産のセイヨウミツバチが、世界各地に輸出されるようになったことに伴い、世界中に広がったと考えられています。

ミツバチに感染する微胞子虫には、セイヨウミツバチノゼマのほかにトウヨウミツバチノゼマがいます。名前の通りトウヨウミツバチを宿主とし、国内ではセイヨウミツバチおよびニホンミツバチにも感染します。トウヨウミツバチノゼマは、近年中国から欧州に侵入し、野生のセイヨウミツバチやマルハナバチ類にまで寄生範囲を広げています。

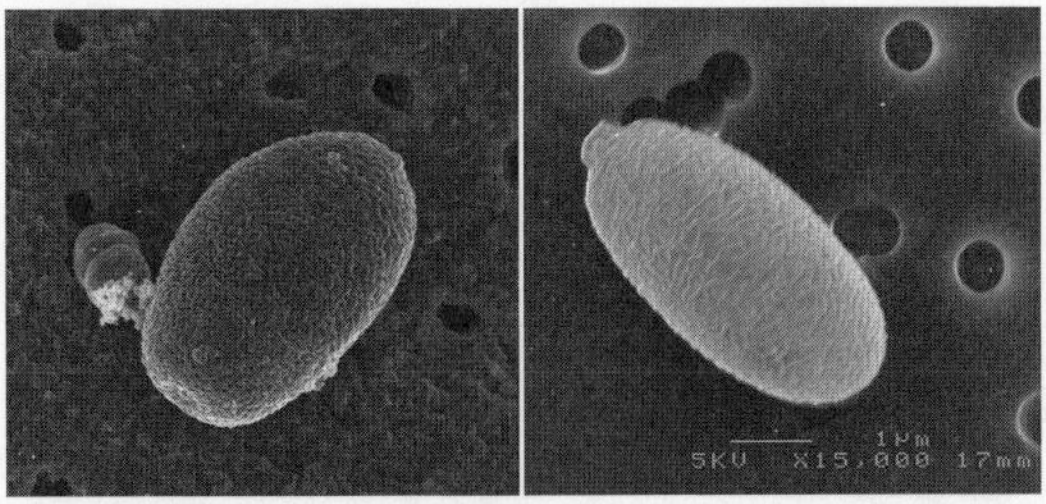

図18　セイヨウミツバチノゼマの胞子（左）と極糸を発芽させているところ（右）
電子顕微鏡撮影。（写真：近野真央氏）

ノゼマ症は、越冬中およびその前後の時期に発生しやすい傾向にあります。ミツバチの幼虫や成虫がセイヨウミツバチノゼマの胞子を含んだ餌や水などを食べることで感染すると考えられています。ミツバチ体内に入ったセイヨウミツバチノゼマは、腸の細胞内で増殖した後、糞便とともに体外に排出されます。感染したミツバチ成虫は巣箱内で排泄するため、これが巣内のハチミツや花粉などを汚染し、感染源となります。

ハチミツや花粉、巣箱に付着したセイヨウミツバチノゼマの胞子は、乾燥した糞便中で10カ月以上も活性を有すると言われています。このため、ノゼマ症が発生した巣の巣板や巣箱、ハチミツや花粉を再利用すると、繰り返し発生します。また、感染巣で生き残った働きバチ成虫と、未感染巣の働きバチを一緒にすると、感染を広げてしまいます。ノゼマ症が発生した巣では、対策を行わないと1カ月ほどで幼虫とサナギがいなくなり、働きバチの個体数が半減し、ハチミツの生産や花粉交配に利用できなくなります。晩秋から早春の間に本病が発生した巣は、ほとんどすべてが全滅します。ニホンミツバチは予防措置は不要です。

巣の内外で働きバチが死ぬ、サナギが羽化せず死ぬは病気の兆候

発生初期はほとんど目立った変化が見られないので、早期の発見は困難です。しかし、セイヨウミツバチノゼマに感染した数匹の働きバチ成虫が、下痢状の糞便を巣箱の内外面に排泄するため、巣が汚れるようになります（図19）。通常、働きバチは巣箱から十数m以上離れた場所で排泄する性質があるので、巣での排泄は異常行動です。ほかには、数十匹の働きバチ成虫が巣箱内外で1週間以上連続して死亡する、サナギが羽化しないまま巣房内で死亡するなどが散発的に見られる状態も、本病が疑われる状態です。この時期に発症した巣を処分すれば、養蜂場内の他巣へのまん延を予防できます。

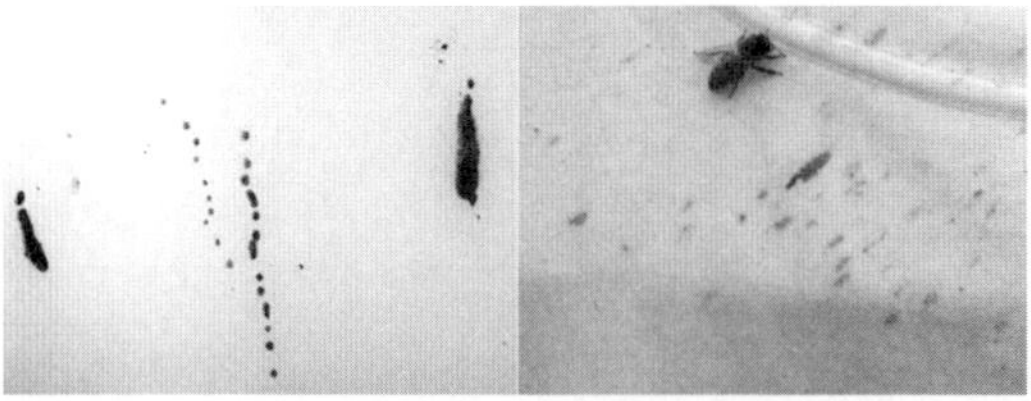

図19　セイヨウミツバチの働きバチ成虫の糞
左がノゼマ症を発症した個体、右が通常の個体の糞。

　発生中期になると、巣房に卵はあるが幼虫やサナギの個体数が著しく減少し、女王バチの死亡、働きバチ数の減少などの兆候があります。この時期になっても気づかずに放置すると、感染個体が急激に増え、働きバチ成虫の糞便により巣箱の汚れが目立つようになります。ただし、ほかの疾病でも糞便により汚れる場合があり、これだけでは判別できないので注意が必要です。また、死亡した働きバチ成虫が巣箱の内外で多数見られ、巣房はほとんど空の状態になります。感染後期では女王バチが死亡している場合が多く、働きバチ成虫は半減しているので、巣を元の状態に回復させることは不可能です。越冬中に働きバチ数が減ると保温が十分にできず、その巣は全滅します。そのほかには、働きバチの飛翔不能や腹部の肥大、寿命の短縮、ハチミツ生産量の減少といった状態になります。

診断には顕微鏡検査と遺伝子検査が必要

　ノゼマ症は、糞便内の胞子の有無を顕微鏡で観察することで診断できます（図20）。また、働きバチ成虫の腹部末端にある針刺器官をピンセットでつまんで腸を引き出して、腸の形状を確認することである程度の診断はできます（図21）。もし腸が肥大して、色がわずかに白色である場合は、ノゼマ症の可能性があります。ただし、診断に用いられたハチは確実に死んでしまうこと、誤判定しやすいこと、などの注意点があります。生きたまま女王バチの感染の有無を確認したい場合、女王バチの糞を採取すれば良いです。女王バチはプラスチック容器などに隔離し、1時間ほど放置すれば、糞をするので、これを顕微鏡で確認し、セイヨウミツバチノゼマの胞子が含まれているかを確認します。

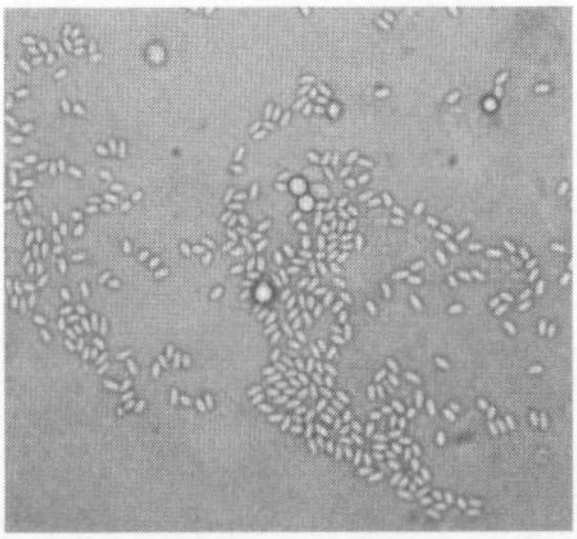

図20　セイヨウミツバチの働きバチ成虫の腸の粉砕液中に見られる胞子の光学顕微鏡写真

図21　ノゼマ症の簡易判定方法
セイヨウミツバチの働きバチ成虫の腸（上が非感染個体、下がノゼマ症感染個体）。感染個体はわずかに白色になっている。

確実に診断したいのであれば、働きバチの腸を緩衝液中で粉砕し、胞子の有無を顕微鏡で確認すれば良いでしょう。ただし、電子顕微鏡レベルであっても、セイヨウミツバチノゼマなのかトウヨウミツバチノゼマなのかの判別は困難です。両者の判別をしたいのであれば、遺伝子診断法を行うしかありません。

現在、日本にはノゼマ症に使用できるミツバチ用の動物用医薬品はありません。海外では抗生物質のフマギリンが使用され一定の効果が得られていますが、フマギリンはハチミツへの残留性が高いため、問題にもなっています。養蜂道具や巣箱、巣板に付着した胞子の除去には、チョーク病と同様に、火炎処理あるいはガンマ線の照射が行われます。また、ノゼマ症が発生した巣のハチミツや花粉は、餌として給餌しないことも対策の1つです。すでに女王バチや半数以上の働きバチが死亡した巣は回復が見込めないので、感染拡大を防ぐために処分します。

働きバチの中には無症状の感染個体がいるため、ミツバチは恒常的にノゼマの胞子を摂食しうる環境にいます。本病は、外観による診断が困難なため、初期症状の兆候を把握したら、すぐに顕微鏡または遺伝子診断を行う必要があります。

6 ウイルスが原因の病気

麻痺病

ミツバチに感染するウイルスの中で、異常行動を示した働きバチ成虫が死亡する病気を「麻痺病」と呼んでいます。麻痺病は100年以上前から欧州で報告され、国内ではセイヨウミツバチが輸入されたころから症例が報告されはじめ、20世紀後半にウイルスが原因とわかりました。現在は世界各地から複数種の麻痺病ウイルスが発見されています（表2）。ここでは、国内でのミツバチ巣の死滅や、ハワイでのミツバチ大量死の原因であるイスラエル急性麻痺病ウイルス（ＩＡＰＶ）についてお話しします。

　国内ではセイヨウミツバチにおいて、ＩＡＰＶによる麻痺病がよく見られています。ニホンミツバチやアジア産のミツバチでもＩＡＰＶは検出されますが、いずれも無症状です。近年、ミツバチヘギイタダニがウイルスの運び手（ベクター）であることがわかりました。セイヨウミツバチが、アジア・オセアニアを経由して世界各地に輸出されるようになった際に、ミツバチヘギイタダニとともに感染が拡大したと考えられています。アメリカでは、輸入されたセイヨウミツバチの働きバチ成虫やローヤルゼリーからＩＡＰＶが検出されています。

表2　代表的な麻痺病ウイルス

名称	略称
急性麻痺病ウイルス Acute paralysis virus	APV
イスラエル急性麻痺病ウイルス Israel acute paralysis virus	IAPV
カシミール蜂ウイルス Kashmir bee virus	KBV
遅発生麻痺ウイルス Slow paralysis virus	SPV
慢性麻痺ウイルス Chronic paralysis virus	CPV

　麻痺病は、当初ミツバチ成虫間での接触により感染すると考えられていました。その後、ミツバチヘギイタダニからも本ウイルスが検出され、ダニの吸血時に感染することがわかりました。ＩＡＰＶの発症率はミツバチヘギイタダニの寄生率と関連していることから、ミツバチヘギイタダニが主要なベクターであると考えられています。

　国内では春から夏にかけて多く見られる傾向がありますが、季節性は特にないと考えられています。また、ウイルスはハチミツや花粉、ローヤルゼリーの中でも活性を有するようです。幼虫やサナギにも感染しますが、目に見えた異常が見られるのは成虫になってからです。働きバチの他に女王バチやオスバチでも発症をすると考えられています。発症した巣は通常1カ月ほどで自然回復しますが、5〜10％の割合で重症化します。重症化すると働きバチの個体数が半減して巣が弱体化するため、その巣のミツバチはハチミツの生産やポリネーション（花粉交配）に利用できなくなります。

　麻痺病はあまり致死率の高い病気と考えられていませんでしたが、ハワイで２００５年ごろに発生したＩＡＰＶ変異型は、群の致死率が60％以上だったと報告されています。致死率の高い変異型もミツバチヘギイタダニが感染拡大に関係していたと推定されています。また、変異型は、ミツバチヘギイタダニ体内に存在していたチヂレバネウイルスとの遺伝子交換により発生したと考えられています。ニホンミツバチは、今のところ予防措置は不要です。

早期発見とミツバチヘギイタダニ対策が重要

本病では働きバチ成虫の体色変化や異常行動が生じるため、簡単に診断できます。しかし発生初期に症状が現れる働きバチはわずか数匹のあるため、早期の発見は困難です。ＩＡＰＶに感染した働きバチの外見に異常が見られるのは羽化から7日前後からで、体が黒色化したり、体毛が抜け落ちたり、油がついたように暗色化するなど、体の色に変化が見られます（図22）。なお、ほかのウイルスが原因となる麻痺病でも似たような状態が起こる場合があり、外見異常だけでＩＡＰＶと確定はできません。しかし、この時期に発症した個体を処分できれば、養蜂場内の他群へのまん延を防ぐことができます。ただし、養蜂場内の巣のミツバチヘギイタダニ寄生率が高い場合は、本病の発生が繰り返し起こります。

最初の発症から２週間以上経つと、感染している働きバチ成虫は、巣門の外で体を激しく振動させるようになります（図23）。正常な巣であれば、門番役の働きバチが、こうした異常行動を示す働きバチに誘引され、接触する行動が見られます。異常行動を示す働きバチは門番役の働きバチによって巣内に入ることが制限されるため、数日のうちに巣外で死亡します。このときに発症個体と門番役が接触して感染が広まる場合があると考えられています。

発症中期になると巣内の成虫の個体数が減少します。この時期になっても気づかずに放置すると、感染個体が急激に増え、巣内の働きバチ成虫の約10～20％に行動異常や体色の変化が見られるようになり、数百匹の働きバチ成虫の死体が巣箱の内外で目立つようになります。この時期になると、門番役の働きバチも本病に感染し、巣から門番役がいなくなります。

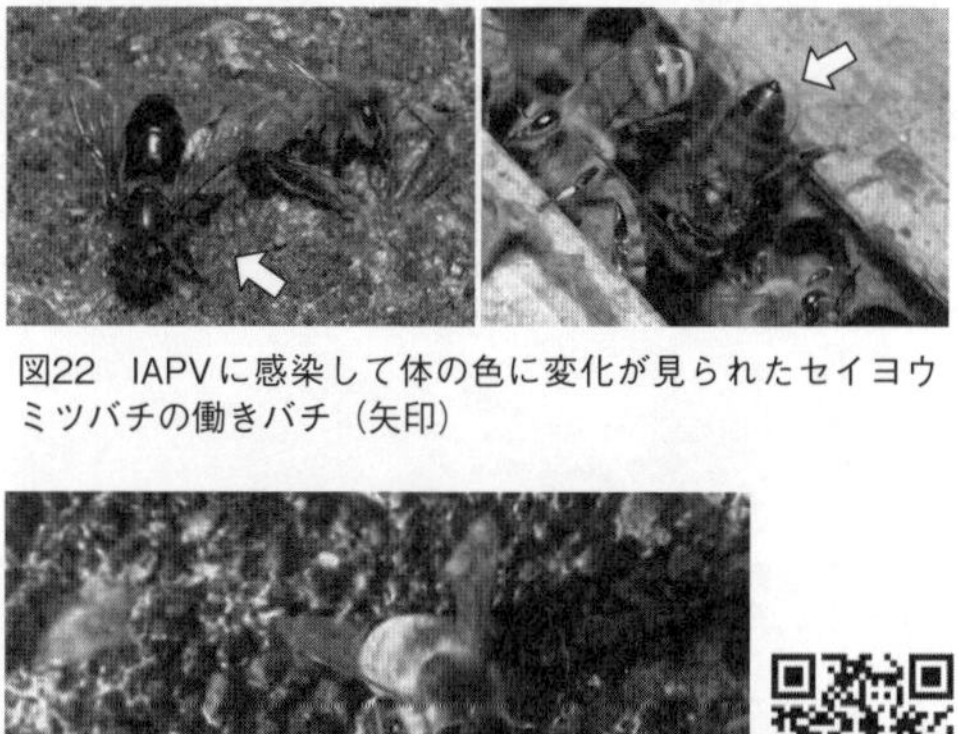

図22　IAPVに感染して体の色に変化が見られたセイヨウミツバチの働きバチ（矢印）

図23　IAPVに感染しているセイヨウミツバチの働きバチの異常行動
（https://www.youtube.com/watch?v=Vc1lIdqeLAM&t=38s、https://www.youtube.com/watch?v=b7SM28orF9w）

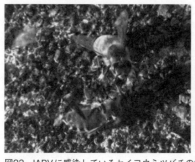

発症から4週間以上経った巣では、女王バチが死亡している場合が多く、働きバチ成虫も半減し、巣を元の状態に回復させることは不可能です。現在のところ、働きバチ成虫以外の巣内のハチの幼虫や成虫がＩＡＰＶに感染したらどうなるのかは、よくわかっていません。

ほかの病気と同様に、現在日本には、ＩＡＰＶに使用できるミツバチ用の動物用医薬品はありません。対策としては、ベクターであるミツバチヘギイタダニの駆除が重要になります。また、養蜂道具や巣箱、巣板に付着したウイルス粒子の除去は、洗浄あるいは火炎処理で十分です。また、ＩＡＰＶが発生した巣のハチミツや花粉、ローヤルゼリーは餌として給餌しないことも予防対策となります。女王バチや働きバチが巣の入り口周辺で大量に死亡している巣は、回復は見込めないので感染拡大を防ぐために処分します。

サックブルード病

サックブルード病は、サックブルードウイルス（ＳＢＶ）がミツバチの幼虫に感染することで起こる病気で、発症した幼虫はサナギになる前に死亡します。最も古い記録は1913年で、アメリカのセイヨウミツバチから本ウイルスが検出されています。その後、1976年にタイのトウヨウミツバチでも報告され、現在はセイヨウミツバチまたはトウヨウミツバチが分布している地域で普通にみられるウイルスです。

セイヨウミツバチのみに感染し重症化するＳＢＶと、アジアで多く、セイヨウミツバチとトウヨウミツバチの両方に感染するもののトウヨウミツバチでのみ重症化するタイサックブルードウイルス（ＴＳＢＶ）があります。国内ではこの2つウイルスを明確には区別しておらず、どちらも「サックブルード病」と呼んでいます。これまでの感染症状から国内には両方の系統が存在し、ＴＳＢＶが優占していることが推定されています。

国内のサックブルード病はほとんどがニホンミツバチでの発症例なので、主にＴＳＢＶが感染した際の症状を説明します。ＴＳＢＶは、ニホンミツバチにおいて感染力・致死性が非常に高く、発症した群の90％以上を死滅させます。また、同じ養蜂場内で隣接する巣だけでなく、地域内で流行する場合もあります。なお、春や秋に多く見られる傾向があり、ウイルスは働きバチ成虫を介して幼虫に感染すると考えられています。ニホンミツバチでは、働きバチ成虫がＳＢＶに感染した幼虫を巣房から取り出して巣外に捨てる「子捨て行動」をします（図24）。このとき働きバチ成虫が感染幼虫に接触して、働きバチ成虫が感染します。働きバチ成虫が発症することはありませんが、頭部にある下咽頭腺や大顎腺にウイルスが入りこみ、働きバチが幼虫にワーカーゼリーを給餌するときに一緒にウイルスが放出され、幼虫が感染すると考えられています。感染から発症までの期間は2～5日程度です。

セイヨウミツバチではニホンミツバチのような子捨て行動はほとんど見られません。セイヨウミツバチの働きバチは、巣房内で死亡した感染幼虫に触れたり、感染幼虫に給餌するときに感染し、ニホンミツバチと同じように未感染幼虫に餌をあげるときに感染を広げると考えられています。SBVは、ミツバチヘギイタダニや巣内の花粉からも検出されますが、感染性の有無については不明です。

図24　サックブルード病を発症して子捨て行動をするニホンミツバチの働きバチ
（https://www.youtube.com/watch?v=4TEO0ZgCy7A）（動画：村上修一氏）

ニホンミツバチでの発症に注意が必要

本病は、ニホンミツバチでのＴＳＢＶの感染に注意が必要です。働きバチ成虫による子捨て行動や、幼虫やサナギが巣箱の底で大量に死亡するため、比較的簡単に診断できます。発症初期には、感染した数匹～十数匹の幼虫やサナギが、働きバチによって箱の底に捨てられた状態を観察できます（図25）。発症中期になると、感染幼虫が増え、巣箱の底に数十匹が常に貯まり、巣箱に近づくと腐敗臭がするようになります。また、働きバチ成虫が感染した幼虫を巣の底や野外に運びだし、遺棄する行動が観察できます。死亡した感染幼虫やサナギは卵形やいびつな芋虫型に変形している場合が多く、さらに一部分が茶褐色化する場合があります。まれにＳＢＶと同じように組織が溶解する場合もありますが、部分的で溶解程度も弱いのがＴＳＢＶの特徴です。最初の発症から3週間前後で巣内の幼虫全体に感染が広まるため、新しく羽化する成虫がいなくなり、1～2カ月後に巣が死滅します。

セイヨウミツバチは、ＳＢＶ、ＴＳＢＶにも感染しますが、国内での感染例は少なく、巣が死滅する重症例はほとんどありません。このため、日

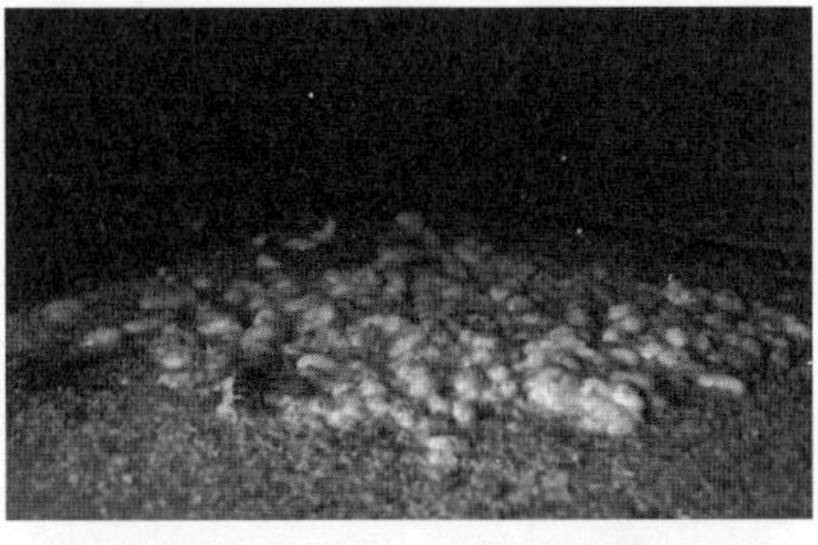

図25　働きバチ成虫によって巣箱の底に捨てられたサックブルード病で死亡したニホンミツバチの幼虫

本にはSBVはほとんど存在しないと考えられています。もし、SBVにセイヨウミツバチが感染した場合は、幼虫が巣房の中で黄色から茶色に変色した状態で死亡します。このときの幼虫やサナギは、体表皮を残して一部の組織が溶解し液状となるため、透明になった表皮が幼虫を包む袋のような状態になります。また、一部の死亡した幼虫は、巣房の入口に対して頭部を上方に向けています。ただし、これはヨーロッパ腐蛆病で死亡した状態と類似するため、外観だけで本病と識別できません。

現在、日本にはサックブルード病に使用できるミツバチ用の動物用医薬品はありません。ニホンミツバチでは、初期の発症を確認できれば幼虫をすべて取り除くことで予防することができます。SBVはRNAウイルスであるため、養蜂道具や巣箱、巣板に付着したウイルス粒子の除去は洗浄あるいは火炎処理で十分です。また、サックブルード病が発生した群の花粉は、餌として給餌しないことも予防対策となります。すでに巣箱の底や巣箱の野外周辺に大量に死亡した幼虫が見られる巣は、回復が見込めないので感染拡大を防ぐために処分します。

TSBVが国内でまん延した例はありませんが、仮に発生が確認された場合は、海外での事例を見る限り、感染性・致死性が高いため感染巣を速やかに処分する必要があるでしょう。TSBVについては、セイヨウミツバチでは重症化しないため、感染した幼虫が散発的に見られても通常1カ月ほどで自然回復する場合がほとんどです。韓国では近年、本病がまん延し、国内のトウヨウミツバチの70%以上が死滅したと報告されています。アジア地域では、TSBVが定期的に流行しているため、在来種の保全からも、日本も注視する必要があります。

チヂレバネウイルス病

チヂレバネウイルス病は、チヂレバネウイルス（DWV）が幼虫に感染することで起こる病気です。感染した幼虫は羽化時に翅が正常に伸展せず、翅が縮れたまま死亡します。世界で初めての報告はセイヨウミツバチでの症例ですが、ユーラシア大陸とアジアの島しょ部に自然分布するトウヨウミツバチでは古くから同様の症例があったと言われています。さらにエジプトや中東のセイヨウミツバチでも、古くから観察例があり、これらの地域では「エジプト蜂ウイルス」と呼ばれています。現在は、セイヨウミツバチとトウヨウミツバチが分布している地域で一般的にみられる病気です。DWVは、分子系統解析により、DWV-A、DWV-B、DWV-C7の3つに分類され、国内ではDWV-A型が優占であることが報告されています。

ＤＷＶはミツバチヘギイタダニと非常に親和性が高く、このダニが巣やミツバチにウイルスを運び、セイヨウミツバチとトウヨウミツバチ（ニホンミツバチ含む）両種の成虫の翅が縮む症状を示します。ミツバチヘギイタダニに抵抗性があるトウヨウミツバチは本ウイルスへの感染率が低く、発症しても巣が崩壊するほどの被害にはあいません。また、本来、セイヨウミツバチは本ウイルスを媒介する寄生者がいなかったため、本病が養蜂上の問題になることはありませんでした。しかし、20世紀にアジアからミツバチヘギイタダニに寄生されたセイヨウミツバチが欧米に逆輸入されるようになって以来、本病は世界でも重篤なミツバチの病気として認識されるようになりました。セイヨウミツバチはミツバチヘギイタダニに抵抗性がないため、巣内のミツバチの５％以上がこのダニに寄生されると、本ウイルスへの感染率が10～１０００倍程度まで急激に上昇します。このように感染率が上がると巣内の幼虫や成虫が大量に死亡し、巣が崩壊します。ミツバチヘギイタダニが増加する秋に発生が多く、感染した巣は冬に死滅する傾向が強いようです。

縮れた翅のミツバチを見つければ診断できる

診断は、ウイルスが原因となるミツバチの病気の中でも簡単です。ウイルスに感染した働きバチは、特徴的な縮れた翅を持ち、これが数匹～十数匹ほどの規模で観察できます。発症中期になると、翅の縮れた個体が数百を超える数でみられるようになり、巣箱の外に這い出して周辺を歩いたり、死亡した個体が散見されたりするようになります。さらに、本病に感染している巣では、働きバチの胸部にミツバチヘギイタダニが観察できるようになります（図26）。感染後期になると、一部の働きバチ成虫で、翅が縮むだけでなく、体色の茶褐色化や体サイズの極小化が起きます。このような状態になった巣は、ミツバチヘギイタダニの影響もあって、およそ１カ月程度で死滅します。

図26　DWVに感染したセイヨウミツバチの働きバチ
胸部に付着しているのは、ミツバチヘギイタダニ。（https://youtu.be/ZaGlvjuPA7k）

ほかの病気と同様に現在、チヂレバネウイルス病に使用できるミツバチ用の動物用医薬品はありません。ニホンミツバチの巣でミツバチヘギイタダニの寄生率が１％を超えることはないため、特に対策をする必要はありません。一方、セイヨウミツバチはミツバチヘギイタダニの防除が本病の予防に重要となります。セイヨウミツバチでは、ミツバチヘギイタダニの寄生率を常に5%以下に抑えることで、本病への感染増加を抑制すると言われています。ただし、巣箱周辺で翅の縮れた働きバチの死体が100匹以上観察された場合、その巣はすでにミツバチヘギイタダニの寄生率が10%を超えており、殺ダニ剤処理をしても回復が見込めず、感染拡大を防ぐために処分することが望ましいと考えられています。DWVはRNAウイルスであるため、養蜂道具や巣箱、巣板に付着したウイルス粒子の除去は洗浄あるいは火炎処理で十分です。

DWVは、セイヨウミツバチ群で病原性の高い変異型が頻繁に発生するため、今日の養蜂において大きな脅威となっています。本ウイルスの変異型の発生抑制には、ミツバチヘギイタダニの対策を万全に行うことが非常に重要と考えられています。

7 ミツバチを捕食する生き物

スズメバチ

日本にはミツバチを捕食するスズメバチ属が8種います。中でも、オオスズメバチは夏から秋にかけて、ミツバチの蜂児を狙って集団で巣を襲撃します（図27、図28）。攻撃を受けたセイヨウミツバチの巣は半日もたずに全滅してしまうので、オオスズメバチの生息地域の養蜂家はオオスズメバチを駆除する必要があります。巣箱の近くに偵察役のオオスズメバチが数匹飛来しているうちに駆除すれば、その後の集団攻撃を防ぐことができます。そのためにも、セイヨウミツバチの養蜂家は、日々巣箱の周りを見回りして、オオスズメバチの襲来に備える必要があります。見回りの強化以外では、巣箱の上に粘着シートを設置して、巣に近づくオオスズメバチを駆除する方法があります。ただし、これだけでは効果は不十分なので、スズメバチ捕獲器も設置すると良いでしょう。趣味レベルの養蜂であれば、法面に張る植生ネットでさらに巣箱または養蜂場を覆って

図27　ニホンミツバチの働きバチ（左）とオオスズメバチの女王バチ（右）の大きさの比較

図28　オオスズメバチによる集団攻撃
オオスズメバチにより巣門前一面にミツバチの死体の山ができている。（https://youtu.be/FvEFRiC--xM）

ください。ただし、ここまでしても完璧な対策とは言えないかもしれません。

第4章で紹介しましたが、ニホンミツバチはオオスズメバチをはじめとするスズメバチ類を熱殺蜂《ねっさつほう》球《きゅう》で返り討ちにすることができます。ただし、必ずしも撃退できるわけではなく、返り討ちの成功率は50％くらいです。また、ニホンミツバチはオオスズメバチが飛来するようになると、警戒して採餌活動性を低下させます。最悪の場合、オオスズメバチのいない新天地を求めて巣を捨てて逃げ出してしまう（逃去）ので、ニホンミツバチの養蜂家もオオスズメバチへの対策が必要です。ほとんどセイヨウミツバチの場合と同じで、巣箱の上に粘着シートを置き、巣門に金属製の網を付けます。さらに、植生ネットで巣箱を覆って、ミツバチだけが巣の出入りができる状態にします。

オオスズメバチがミツバチの巣を襲い、全滅させるまでには、一定の段階があります。最初は1、2匹のオオスズメバチが、ミツバチの巣の巣門の前でミツバチの働きバチを捕獲して、自分の巣に持ち帰ることを繰り返します。やがてオオスズメバチが誘引フェロモンを出し、多くの仲間をターゲットにしたミツバチの巣に呼び寄せます。呼び寄せられたオオスズメバチの集団は、ミツバチの働きバチを巣門の前でただ殺すようになります。数時間～半日程度でミツバチの働きバチ成虫をすべて殺したオオスズメバチは、巣の中にいる蜂児と一部のハチミツを自分たちの巣に持ち帰ります。襲われたミツバチの巣の中には昼夜関係なく複数のオオスズメバチが残り、すべての蜂児を持ち帰るまで見張っています。巣箱内外に複数のオオスズメバチがいる状態になると、人間も刺される可能性があるので、注意が必要です。

日本のミツバチを襲う外来スズメバチ

私は長崎県沖にある対馬島で25年以上にわたりミツバチの調査をしています。ある年、地元の人から見たことのないスズメバチがミツバチを襲いにくるようになったと連絡を受けました。そのスズメバチはツマアカスズメバチでした（図29）。ツマアカスズメバチは2003年ごろから韓国やヨーロッパで相次いで見つかった中国原産の外来種です。対馬島から韓国は40kmほどしか離れておらず、航路での物資の輸送も多いことから、韓国からツマアカスズメバチが侵入してくることが以前から懸念されていました。残念ながら、私が対馬島でツマアカスズメバチを実際に確認した翌年には、駆除ができないほどに増殖していることがわかりました（図30）。

図29　ニホンミツバチの巣を襲うツマアカスズメバチ
（https://youtu.be/E0Z33E56pmQ）

図30　対馬島で駆除されたツマアカスズメバチの巨大巣
私（右）は身長が176cmなので、この巣は2mを超えていた。

ツマアカスズメバチはオオスズメバチのように集団で巣の中に入って成虫を皆殺しにし、蜂児を食料として巣に持ち帰ることはしません。ただ厄介なのは、非常にしつこいことです。ツマアカスズメバチは外から戻ってきて巣の前でホバリングしているニホンミツバチの働きバチを襲います。このとき、例えばキイロスズメバチであれば、巣の前で何度か捕獲を試みてうまくいかないときは諦めて別の餌を探しに場所を移動します。しかし、ツマアカスズメバチは諦めずに捕獲できるまで延々と狙い続け、ニホンミツバチの巣の付近に滞在しています。そうなると警戒したニホンミツバチが巣の中に引きこもってしまいます。採餌に行く働きバチがいなくなるため、貯蜜量が減少し、越冬に失敗する巣が出てくることが予測されます。現に、対馬島では越冬に失敗して死滅する巣の増加や、貯蜜量が減少し、採蜜ができない巣が増えてしまうという問題が起きています。

その他の昆虫類

スズメバチ以外のミツバチを捕食する昆虫類としては、カマキリ、トンボ、アブ、クモ類などが知られています。

彼らは主に花の上などで待ちぶせをして採餌に来た働きバチを捕食します。また、アリは通常であれば巣箱周辺の死体のみ巣に持ち帰りますが、ミツバチの巣が弱くなると巣内に侵入します。その場合、ニホンミツバチは特に逃去することがあります。

オオヒキガエル

図31　オオヒキガエル
右写真は夜間に架台にのせられた巣箱の下で誤って落ちてくるミツバチを狙っている様子。

アメリカ大陸原産のオオヒキガエルは、サトウキビ畑の害虫駆除を目的に人為的に日本に移入された外来動物です。現在では、南西諸島、小笠原諸島、大東諸島に帰化しています。オオヒキガエルは体長が10㎝ほどある大型のカエルで、小笠原諸島および石垣島でミツバチの捕食被害が報告されています。夜行性で、夜に巣箱に近づいて巣門付近にいる個体を捕食します（図31）。大食漢のオオヒキガエルは一晩で１００匹ほど食べてしまいます。ミツバチに刺されても影響がないようで、小笠原諸島や石垣島では毎晩ミツバチを捕食しにやってくるため、養蜂家にとって軽視できない存在となっています。

養蜂家は対策として、巣箱の周りに高さ50㎝ほどのネットを張って近づけないようにするか、架台の上に巣箱を設置してオオヒキガエルが捕食できないようにしています。

ニホンザルとアカゲザル

ベテランの養蜂家さんから、ニホンザルかアカゲザルが巣箱を開けてハチミツの入った巣板を持ち去ったのを見たことがあると聞いたことがあります。この話を聞かせてくれた養蜂家さんは、人が巣箱を開けて作業する様子を見たサルが、それを覚えて犯行に及んだのではないかと言っていました。もしかしたら、養蜂場近くに捨てられたハチミツや蜂児が残っていた不要になった巣を食べて、味を覚えてしまったのかもしれません。

台湾でも2匹のアカゲザルが連携してスズメバチの巣を

枝から叩き落し、中の幼虫やサナギを食べる様子が観察されていますので、サルにとって蜂の子は食事メニューの1つなのでしょう。

イノシシ

知り合いの養蜂家さんから聞き、私も現場を見に行きましたが、秋にイノシシが巣箱を壊して蜂児を捕食する被害が出ています。現場では、壊れた巣箱のそばにはイノシシの足跡が残されていました。

テン

イタチの仲間であるテンによる被害も報告されています。私の聞いた被害報告では、ニホンミツバチの巣箱で、一部腐食してやわらかくなっていた部分を野生のテンがかじって穴をあけ、蜂児やハチミツを食べたそうです。

ツバメ

ツバメは野外で飛んでいるミツバチを捕食します。ツバメが多数で群れをなして飛んでミツバチを捕食した場合は、巣の働きバチの個体数が激減します。しかし、最近は日本でツバメの数が減っているため、ミツバチへの被害も少なくなっているようです。

春先に結婚飛行に出た女王バチがツバメに捕食されることもあるので、養蜂家は集団でツバメが飛翔しているようなところでは、女王バチを交尾させないようにしています。

ハチクマ

ハチクマはクマではなくタカの仲間で、東南アジアから日本に来る夏の渡り鳥です。ハチの巣から蜂児を捕食しますが、ハチクマ自身が巣箱を壊して中の巣板を盗ることはありません。ただし、養蜂場周辺に巣板が落ちていると、その中に残った蜂児を食べることがあるようです。

東南アジアでは、巣箱ではなく開放空間にミツバチが巣を作るため、ハチクマにとって最高の餌場となります。また、野生の巣でなくとも、底に隙間がある巣箱を使っているニホンミツバチの養蜂場では、まれに巣箱の中に頭を突っ込み、巣板を壊して持ち去るハチクマが見られます。

ハチクマがなぜ刺されないのかについてははっきりわかっていません。一説によると、タカの仲間の中でも体臭が強く、独特の匂いがすると言われています。ハチクマが巣に近づくと、ミツバチやスズメバチ

は大人しくなってしまうという観察例もありますので、もしかしたら匂いにハチを大人しくさせる秘密があるのかもしれません。

8 ハチミツやミツバチの巣が大好きな生き物たち

メンガタスズメ

図32　夜間に巣に侵入を試みるメンガタスズメ
（写真：吉田忠晴教授）
（https://youtu.be/nszD9cU00nU）

メンガタスズメは、ミツバチの巣に入りこみハチミツを吸うことが知られている、アジアに生息する大型のスズメガです。日本では、メンガタスズメ属3種のうちの1種がハチミツを食べることが知られています。年々分布域が北上し、関東地方でも見られるようになりました。夜間にミツバチの巣に潜り込み、ハチミツを食べてしまいます（図32）。なぜ巣への侵入者として働きバチに刺されないのかは、匂い、発音、発熱などの仮説が立てられていますが、よくわかっていません。「ピーピー」と女王バチが羽化したときに鳴くクイーンパイピングに似た音を出すと言われていますので、これも理由の1つかもしれません。とはいえ、いつも侵入に成功するわけではないようで、ときどき侵入に気づかれた個体がミツバチに攻撃されて巣箱の底で死んでいることもあります。

クマ

クマがハチミツ好きというのはよく聞く話ですが、実際にはほとんどの野生動物はハチミツが好きです。日本には、本州の日本海側を中心にツキノワグマが、北海道にヒグマが生息しています。本来クマは雑食性で、野生下でも昆虫類をよく捕食しています。このため、本州ではニホンミツバチもツキノワグマの食事メニューに含まれていると思われます。

ミツバチの巣には栄養価の高いハチミツや蜂児がいるため、クマの活動圏内に存在する養蜂場は非常に魅力的な餌場になりえます。クマは侵入した養蜂場で巣箱を破壊する

図33　クマによって破壊された巣箱
（協力：西澤養蜂場）

ため、壊滅的な被害が起きます（図33）。養蜂家にも危険が及ぶことがあるので、クマの生息地域で養蜂を行う場合は対策が必要です。

対策の1つとして、地元の自治体や猟友会とともに捕獲用の罠を仕掛け、養蜂場に近づくことや人間が恐ろしいことを学習させ、クマを山の奥地に戻すことをしています。また、農業用に開発された対獣畜用電気柵（農業資材会社にて購入可能）による防除も効果的です。しかしツキノワグマの中には頭が良い個体もいて、絶縁体（電気を通さない）のブルーシートをどこから持ってきて電気柵にかぶせて乗り越えてしまう個体もいるそうです。これには驚きますよね。

近年、山林では餌不足のためクマの出没箇所が人の活動圏まで拡大していると言われています。実際に目撃情報も増加傾向にあり、今までクマが侵入してこなかった地域でも注意が必要です。

ラーテルとミツオシエ

この2つの動物は日本にはいませんが、ミツバチをめぐって共生関係を結ぶ珍しい動物たちなので、紹介したいと思います。

ラーテルはイタチの仲間で、別名「ミツアナグマ」と言います。中型犬くらいの大きさで、かたい皮膚と鋭い爪を持ち、サバンナでは天敵がいない最恐動物とされ、ライオンでさえも怖がらずに向かっていくほどです。食いしん坊でなんでもよく食べますが、ミツバチの作るハチミツに目がなく、ミツバチの巣を見つけると一心不乱に突進し、巣穴に頭を突っ込みます。当然、ミツバチはラーテルの顔を刺しますが、おかまいなしにハチミツを舐め続けます。ラーテルに見つかったら、ミツバチたちは諦めるしかありません。しかしこのラーテル、肢が短く四足歩行のため、顔を上げて木の洞の中にあるミツバチの巣を見つけることは苦手で、ミツオシエという鳥と共生関係を結び、巣の場所を教えてもらっています。

ミツオシエは小型の鳥類で、「ハニーガイド」とも呼ばれます。ハチミツが大好き

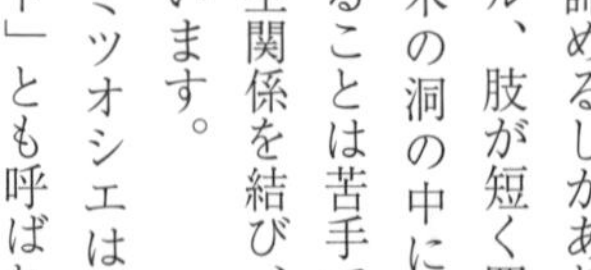

ですが、かたい皮膚もクチバシもなく、巣を見つけても巣穴から巣板を取り出せません。しかしこのミツオシエ、空を飛びながら働きバチを見つけ、その後を追いかけて巣を見つけることができます。このとき、独特の鳴き声でラーテルに巣の場所を知らせます。その鳴き声を聞いたラーテルは、ミツオシエのいる木の洞に営巣したミツバチの巣から巣板を取り出し、ハチミツを舐めます。そしてミツオシエは、ラーテルが食べ散らかした巣（ハチミツや幼虫）にありつくことができるというわけなのです。

　最近の研究では、ミツオシエは人の声を聞きとり、その意味を理解できることが確認されました。また、アフリカのモザンピークのある地域では、ヤニ族のハニーハンターが声を震わせて特殊な音を出すと、それに気が付いたノドグロミツオシエが近くに飛んでくるようです。人に呼ばれたノドグロミツオシエは、ミツバチの巣を探しに行き、巣を見つけたノドグロミツオシエはハニーハンターのところへ戻り、鳴きながら移動してハニーハンターを巣まで案内します。その後、ハニーハンターが木の洞からミツバチの巣を取り出します。ハニーハンターたちはミツバチが全滅しないよう、すべて取りつくさないようにし、もちろん巣を見つけてくれたミツオシエに取り出したハチミツや幼虫の入った巣板を与えます。このようなお互いにメリットのある相利共生関係はアフリカ各地で確認されており、人とミツオシエのハチミツハントは、少なくとも数千年にわたり続いていると考えられています。

ミツオシエ

ツヅリガ（スムシ）

　ツヅリガは蛾の仲間で、ミツバチの巣に卵を産みつけることで、その幼虫がミツバチの巣を食害します（図34）。日本にはニホンミツバチの巣に多いスグロツヅリガと、セイヨウミツバチの巣に多いハチノスツヅリガの2種類が生息しています。巣箱や巣板に産み付けられたツヅリガの卵が孵化すると、幼虫が巣板に穴を開けて蜂ろうを食べ、育ちます。幼虫が蜂児やサナギも食べることもあるようです。通常の健康な巣であればツヅリガによる影響はほとんど出ませんが、何らかの理由で働きバチが減少してしまった巣はツヅリガによる食害を受けやすいので、注意が必要です。食害がひどいと、ニホンミツバチは巣を捨てて逃げ出します。ツヅリガは保管されている巣板も食害するので、養蜂家は巣板を密閉容器に入れたり、低温室で保管したりして、ツヅリガの被害を予防しています。なお、巣板を冷凍処理することで、ツヅリガの卵や幼虫を駆除することができます。

ハチノスツヅリガの幼虫は、木製やプラスチック製の巣箱や巣板をかじって穴をあけてしまいますが、最近の研究で、プラスチックも分解してしまう強力な微生物が腸内にいることがわかりました。現在、プラスチックごみが世界的な環境問題となっています。そこで、ツヅリガの幼虫にプラスチックゴミを食べさせて分解する試みがはじまっています。もしかしたら、養蜂害虫のツヅリガが地球ゴミ問題を解決してくれるようになるかもしれません。

図34　ハチノスツヅリガの幼虫と巣板の食害

「微生物」と呼ばれる細菌、真菌、ウイルスの違いは？

私たちは普段、熱や咳が出ると病院でお医者さんに「風邪をひいたみたいです」と伝えます。しかし、ただ「風邪」と言っても、その原因となる病原体はさまざまです。風邪のほとんどは、目に見えない小さな微生物が体内に入り、細胞や臓器で増殖することが原因になります。原因となる主な微生物は、生物学的には細菌、真菌、ウイルスに分類されます。

・細菌

細菌は、英語では「バクテリア」と言います。その大きさは1〜5㎛ほどで、光学顕微鏡で観察できます。細菌は1つの細胞からできている「単細胞生物」で、単純な構造をしていて、細胞分裂で増えます。

実はこの細菌は私たちの体の中にもたくさん住みついていて、多くは動物と「共生」しています。共生している細菌としては腸内細菌や大腸菌が有名ですが、中には特定の臓器で増殖して毒素を分泌したり、組織を侵食して病気の原因となったりして、体に悪さをするものもいます。通常、細菌は単一の臓器に感染し、増殖します。

・真菌

同じ「菌」という呼び方が使われていますが、細菌とはまったく別の進化を辿ってきた生物です。大きさは約5㎛以上と、細菌よりも大型です。また、単細胞ではなく多細胞で、細菌よりも複雑な構造をしています。最近の遺伝子解明では、真菌は細菌よりも植物と動物に近いことが明らかになりました。

私たちは普段の生活でも真菌を目にしています。例えばキノコやカビ、酵母などが、その代表です。真菌は細菌と異なり、普段私たちの体にはいませんが、免疫力が低下したときなどに感染して病気を起こします。

・ウイルス

細菌よりも構造は単純で、タンパク質でできた殻と、その内部にある核酸（DNAやRNA）から構成されます。細菌よりもさらに小さく（50分の1）、光学顕微鏡では観察できず、電子顕微鏡が必要です。

ウイルスがほかの生物と違うのは、細胞小器官がないためほかの生物の細胞に依存しないと増殖できないところです。ウイルスはほかの生物の細胞内で増殖すると、その細胞を壊して、さらにほかの細胞に再び感染して増えていきます。このように次々に細胞内で増殖するため、感染した生物は次第に体調に異常をきたします。コロナ、インフルエンザ、ノロなどたくさんのウイルスが病気の原因になっています。

微生物の分類

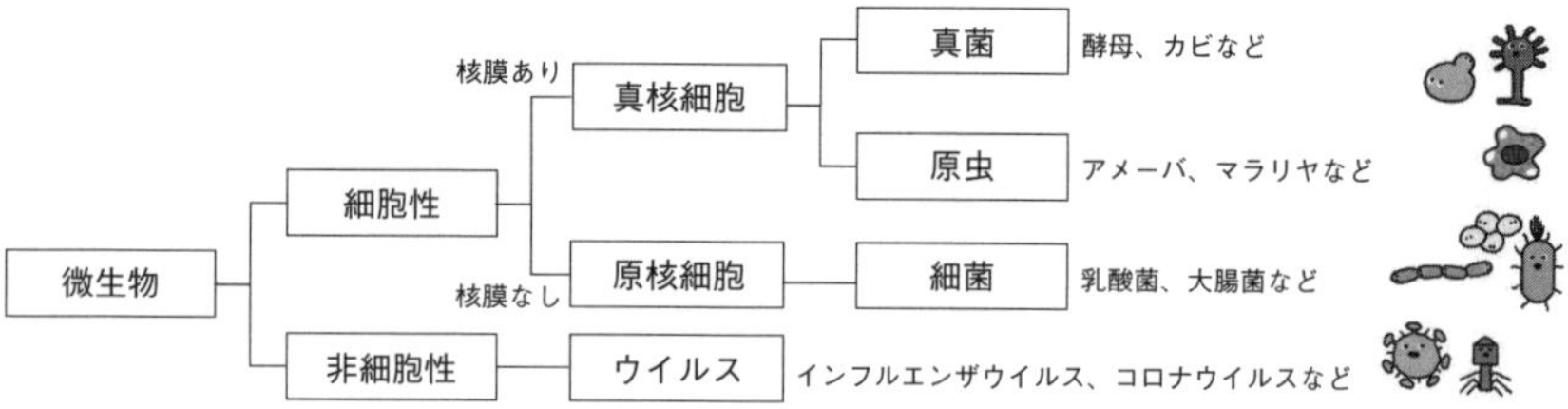

微生物の大きさ

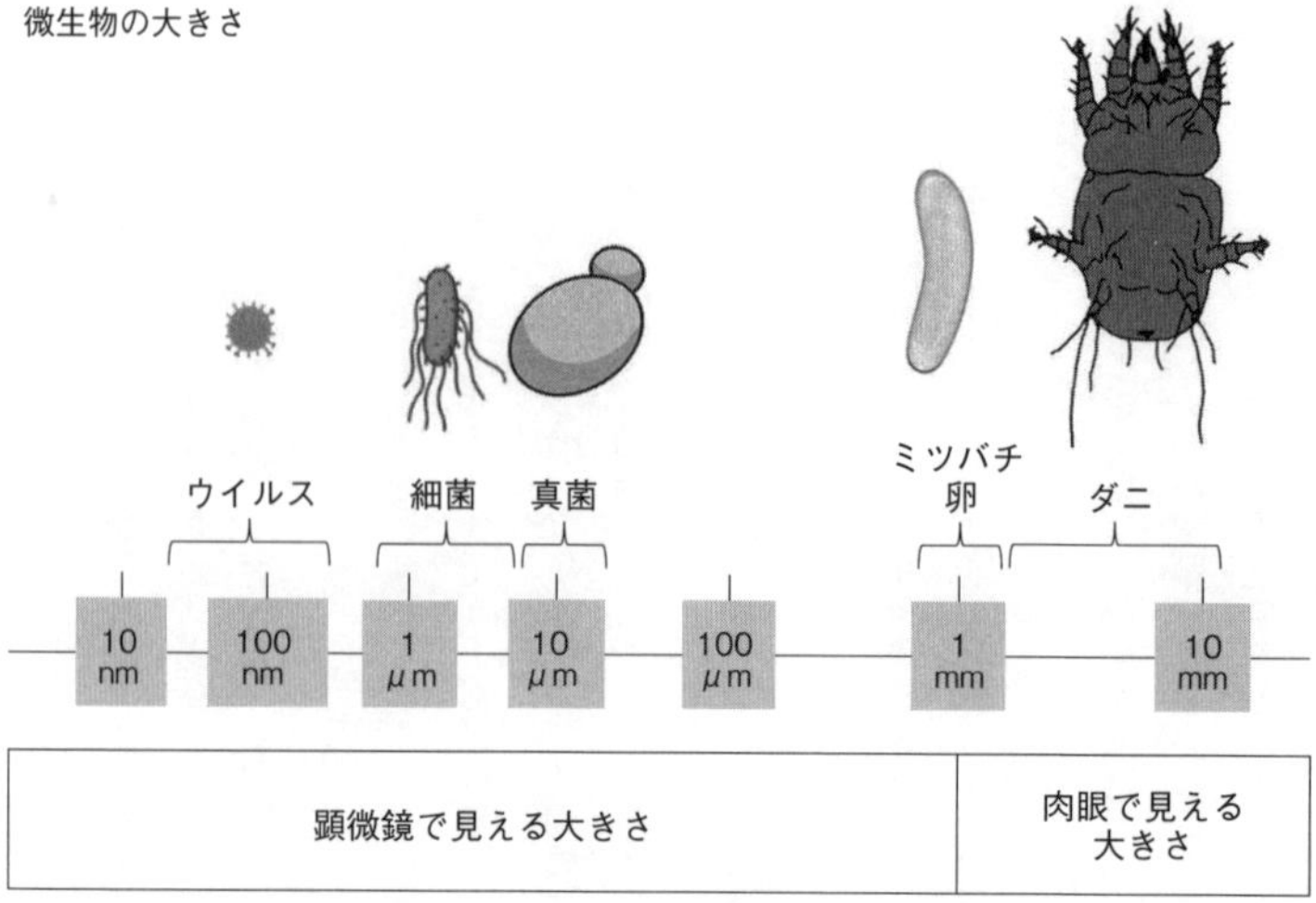

第7章
ミツバチ博士のフィールド・レポート

私は学生時代から国内外でミツバチの調査をしています。もともと旅行が好きなこともあり、遠方まで出かけることは苦ではありません。調査旅行ではその地域でしか見られない珍しい自然や生き物（もちろんミツバチ）などを見ることができます。さらに養蜂は、地元の人々の文化と深く結びついているので、地元の方たちから話を聞くことは、知的好奇心を大いに満たしてくれます。地元の養蜂家や大学、研究機関の方たちとの出会いは一期一会で、あとで振り返ってみても大変良い思い出です。

この章では、私がこれまでにミツバチ研究で訪れた土地の中でも印象深い8カ所の野外調査について、紀行文形式でまとめてみました（図1）。

図1　この章で紹介する私の調査旅行先

1 国境の島・対馬の伝統養蜂

蜂洞による伝統養蜂と蜂洞神

みなさんは対馬にどのようなイメージを持っていますか？　ツシマヤマネコ？　国境の島？　元寇？　防人？　最近だと「ゴースト・オブ・ツシマ」というゲームが話題になりました（映画化もされるようです）。実は、対馬はニホンミツバチの伝統養蜂が盛んな地域で、ハチミツ好きならぜひ食べたい超入手困難なプレミアハチミツの採れる島なのです（図2）。江戸時代に編纂された文書には、507〜531年ごろには対馬でニホンミツバチによる養蜂が行われていたという記録が残っています。私が対馬に初めて訪れたのは大学院生のときで、玉川大学の吉田忠晴教授の調査に同行させていただきました。それ以来、この島の養蜂文化や自

図2　長崎県沖にある対馬

然に魅せられて、かれこれ25年近く毎年ニホンミツバチの調査に伺っています。

対馬では、ニホンミツバチの飼育に「蜂洞《はちどう》」と呼ばれる巣箱を伝統的に使用しています（図３）。蜂洞に使われる木材は、対馬に多いヒノキやスギ、クロマツ、ハゼノキ、ヤマザクラ、ケヤキなどです。伝統的にはハゼノキが一番丈夫でミツバチにも良いとされますが、対馬では南部でスギの植林が行われていることもあり、入手・加工が容易なヒノキやスギがよく使われています。これらの木材を直径30～50cm、長さ55～１００cmほどの丸太材にして樹皮をはがして中をくり抜いた状態が基本の蜂洞で、この上部に蓋を載せて下部にミツバチが出入りできるよう小さな穴や溝を掘ります。こうして作った蜂洞を、見晴らしの良い高い崖に置くのが対馬では一般的です。

図３　対馬で使用されている伝統的な巣箱の蜂洞
一般的な蜂洞（左上）は崖に置く（右上）、蜂洞の内部の様子（中段）、朝鮮半島（旧百済圏）で使われているトウヨウミツバチの巣箱（下左）と多群飼育の様子（下右）。韓国のトウヨウミツバチは、１カ所で多数の群を飼育できるが、ニホンミツバチは性質的に大変難しい。

蜂洞は本土では洞と呼ばれていますが、朝鮮半島ではヤマト王権時代に日本と親交のあった旧百済地域では今も蜂洞によるミツバチ飼育が行われており、これは文化的にとても興味深いと思います。

このように養蜂が盛んな対馬では、飼養されているミツバチの供養祭が峰町にある小牧宿禰《おひらすくね》神社で行われています（図４）。ここには蜂洞が蜂洞神《はちどうがみ》として祭られています。このようにミツバチの巣箱が御神体として祭られている地域は国内外でも聞いたことがなく、非常に興味深い文化だと思います。このことからも、養蜂が長きに渡って対馬の人たちに根付いていることがうかがえます。

美味しくて栄養満点な対馬の発酵ハチミツ

対馬に住む人たちは、古くからニホンミツバチが作るハチミツを好んで食べていました。江戸時代には藩の名産品となり、献上品として扱われ、美味しいと評判だったようです。今でも島民の方のほとん

図４　対馬の小牧宿禰神社で蜂洞神を祭る様子
（写真：吉田忠晴教授）

どは島外産のハチミツを食べません。対馬産のハチミツはよく発酵するのが特徴で、どちらかというと一般的なハチミツよりもさらさらしています。美味しさの秘密を調べるために、私が対馬産ハチミツの栄養成分について調べたところ、面白いことがわかりました。なんと、セイヨウミツバチの生ハチミツと比べ、対馬産の発酵したハチミツは遊離アミノ酸の含量が多かったのです（表1）。含有量の多い遊離アミノ酸は、人では旨味を感じ、ミツバチでは性成熟や飛翔に必要な種類のアミノ酸であることもわかりました。

対馬産に限らずニホンミツバチのハチミツは良く発酵しますが、その発酵状態はさまざまで、中には発酵しすぎて食べられないほど臭くなる場合もあります。しかし不思議なことに、対馬で採れるハチミツはどれも美味しく発酵するのです。食べ物が発酵すると、栄養価が高まるだけでなく、風味もよくなることがあります。もしかしたら、ニホンミツバチは体に必要なアミノ酸量を増やすために、ハチミツをあえて発酵させているのかもしれないと考えています。

美味しさの秘密はハチミツ酵母？

では、どうして対馬産の発酵ハチミツでは特定の遊離アミノ酸の含量が増えるのでしょうか？　これは発酵に関与した微生物の仕業に違いありません。この発酵に関わる微生物を大学院生の近野真央氏が調べたところ、美味しく発酵した対馬産のハチミツには、チゴサッカロミセス・シアメンシスという酵母が大量に含まれていることがわかりました（図5）。この酵母は、最近タイで発見された新種で、現在では中国でもトウヨウミツバチのハチミツから検出されています。国内では今のところニホンミツバチのハチミツからしか見つかっていません。なんとも面白いことに、この酵母は美味しく発酵しなかったニホンミツバチやセイヨウミツバチのハチミツにはほとんど存在していないのです。ということは、ニホンミツバチのハチミツを美味しく発酵させているのはチゴサッカロミセス・シアメンシスの仕業かもしれないのです。

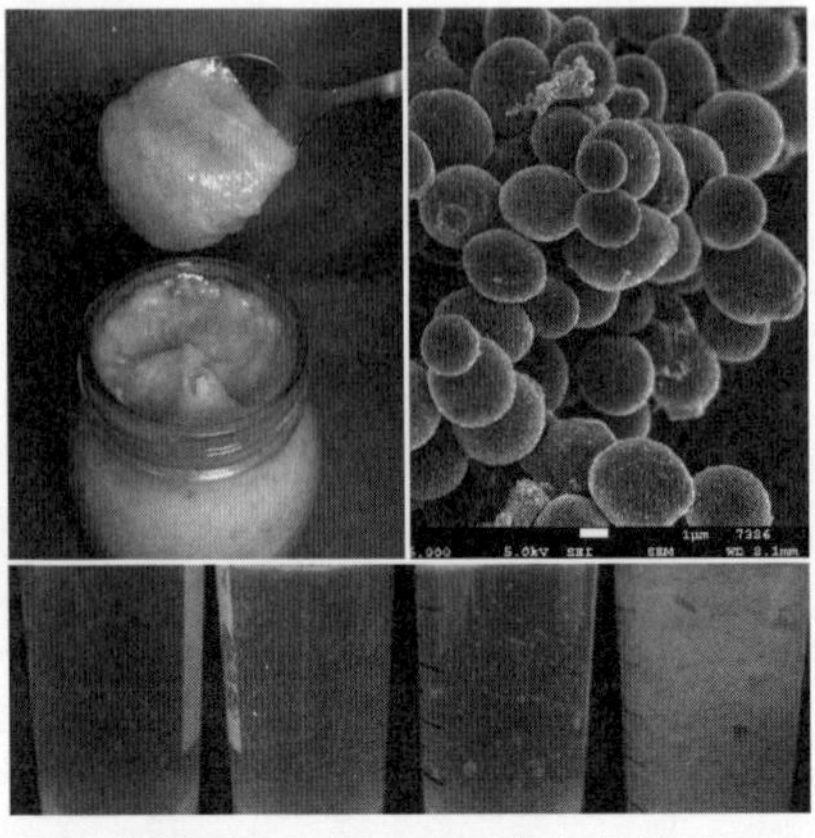

図5　発酵ハチミツとハチミツ酵母(上段）とハチミツが発酵していく過程（下段）
（写真：近野真央氏）

その後の調査では、対馬だけで

表1　発酵したハチミツの遊離アミノ酸

項目	発酵前（n=15）	発酵後（n=15）	未発酵（n=5）
	平均（mg/kg）± 標準偏差	平均（mg/kg）± 標準偏差	平均（mg/kg）± 標準偏差
アスパラギン酸	2.9±0.25^{b}	6.1±0.23^{a}	3.0±0.15^{b}
グルタミン酸	2.6±0.32^{b}	7.4±0.38^{a}	2.3±0.17^{b}
アスパラギン	8.0±0.54^{b}	16.3±0.33^{a}	8.4±0.33^{b}
セリン	4.0±0.28a	4.1±0.17^{a}	3.4±0.20^{b}
グルタミン酸	13.6±0.81^{b}	40.1±2.67^{a}	14.6±0.37^{b}
ヒスチジン	未検出 1,^{b}	2.9±0.14^{a}	未検出 1,^{b}
グリシン	1.3±0.17^{b}	3.1±0.15^{a}	1.5±0.10^{c}
トレオニン	2.2±0.28^{b}	2.8±0.15^{a}	2.6±0.15^{a}
シトルリン	未検出 1,^{b}	2.1±0.15^{a}	未検出 1,^{b}
アルギニン	3.9±0.25^{b}	8.8±0.15^{a}	4.0±0.17^{c}
βアラニン	2.3±0.45^{b}	3.6±0.26^{a}	2.6±0.12^{c}
アラニン	5.1±0.81^{b}	8.1±0.35^{a}	5.8±0.10^{b}
タウリン	0.5±0.41^{b}	3.6±0.27^{a}	1.8±0.17^{b}
テアニン	未検出 1,^{b}	2.1±0.15^{a}	未検出 1,^{b}
GABA	2.2±0.61^{b}	14.7±0.61^{a}	2.5±0.16^{b}
チロシン	4.6±0.34^{a}	4.8±0.30^{a}	6.5±0.29^{b}
シスチン	未検出 2,^{b}	20.7±0.59^{a}	未検出 2,^{b}
バリン	3.9±0.49	4.3±0.60	3.7±0.27
メチオニン	未検出 1,^{b}	2.2±0.26^{a}	未検出 1,^{b}
トリプトファン	未検出 1,^{b}	2.1±0.19^{a}	未検出 1,^{b}
フェニルアラニン	45.9±5.92^{b}	75.8±1.24^{a}	44.8±1.36^{b}
イソロイシン	2.9±0.81	2.3±0.21	2.4±0.17
ロイシン	3.8±0.75	3.4±0.30	3.6±0.19
リジン	6.6±0.68^{b}	12.5±1.08^{a}	6.0±0.23^{b}
プロリン	70.6±10.36^{b}	154.7±4.19^{a}	68.3±0.70^{b}

未検出は検出限界濃度以下を示す（1：2.0 mg/kg 未満、2：20 mg/kg 未満）。
異英記号間（a-b、b-c、c-d）に有意差あり（$P<0.01$）。

なく伝統養蜂が盛んな地域においても、ニホンミツバチの発酵ハチミツからこの酵母が見つかることもわかりました。チゴサッカロミセス・シアメンシスはニホンミツバチと強い共生関係にあるようです。ここまで読んでくださった方は、対馬の発酵ハチミツを食べたくなったのではないでしょうか？

甘党揃いの対馬島民

伝統養蜂が盛んな対馬では、さまざまな方法でハチミツが食べられています。対馬では晩秋に一度だけ採蜜をするのが一般的で、採れたハチミツは秋祭りで出される「みつもち」や「だんつけもち」の味付けに使われます。

図6は、対馬の方が伝統的なみつもちの作り方を再現したときの様子です。土中に埋めた臼の中にせいろで蒸したもち米を入れ、足踏

みで杵を上下させて餅をつきます。この餅つき機は「埋め臼」もしくは「踏み臼」とも呼ばれています。できた餅は一口サイズにちぎり、ハチミツを入れてよく絡ませたらできあがりです。作り方はとても簡単で、対馬産のニホンミツバチのハチミツと餅がよくマッチしてとても美味しいです。みなさんにも一度食べていただきたい、とてもオススメの食べ方です。

また、対馬では元寇で全滅した当主と家臣団の魂を鎮めるために、秋になると小茂田浜《こもだはま》神社で大祭が行われます。その前日には各家庭でだんつけもちを作ります。作り方はみつもちと変わりませんが、餅の表面に塩ゆでしたメナガアズキ（小豆）をまぶし、最後にハチミツをかけるところが違います。要するに豆もちで作ったみつもちです。

図6　伝統的な方法でミツモチを作る様子（対馬）

対馬の人は本当にハチミツが好きで、甘党の方がたくさんいます。中には、お酒に混ぜて飲む人もいるそうです。

遺伝子から対馬のニホンミツバチの由来を探る

さて、最後に私が行った調査について紹介します。対馬は日本列島由来と大陸由来の生物が混在している地域なので、日本列島に生息する生物相の形成を理解するうえで、大変重要な場所です。私は、対馬に生息しているニホンミツバチと、日本列島やアジア大陸のトウヨウミツバチの間における遺伝的なつながりについて、ミトコンドリアDNAと呼ばれる遺伝子を解析しています（第4章参照）。

私が、当時大学院生だった若宮健氏らとともに調査したところ、対馬や京都のニホンミツバチは、中国（雲南・上海）のトウヨウミツバチと比較すると、対馬のニホンミツバチのみに遺伝子変異が起きている部位や、京都と対馬のニホンミツバチで共通して見られる、中国のトウヨウミツバチと異なる遺伝子配列が見つかりました。

さらに、分子時計という、生物の遺伝子がいつ変化をしたのか年代を推定する解析をしたところ、対馬と中国のミツバチが遺伝的分化をしたのが約13万年前で、対馬と京都では約2万年前に分かれたことがわかりました。

地理学的な研究では、朝鮮半島とつながっていた対馬が大陸から切り離されたのが約10万年前とされており、これを機に、大陸と日本でミツバチの遺伝的交流が途絶えたと考えられています。その後、最終氷期が終わる約2万年前に対馬は九州から切り離されたことで、対馬の生物は日本列島の生物から遺伝的に隔離され、独自の生態系が生まれたと考えられています。私たちの調査では、こうした対馬の生態系に関する地理学的な予測が正しかったことを、分子情報から明らかにできました。

私たちはさらに、日本各地と韓国やロシアの沿海地域、台湾などのトウヨウミツバチについても調べましたが、ニホンミツバチは、系統的に大陸のミツバチとは亜種レベルの遺伝的分化があり、同一祖先からなる単系統性であることがわかりました。また、対馬のニホンミツバチは大陸由来のトウヨウミツバチ亜種ではなく、ニホンミツバチのグループに含まれることが明らかになりました。

保全したい高い遺伝的多様性と固有性

生物多様性の保全には、遺伝子レベルの多様性も含まれています。たとえ同種であったとしても、地域ごとに固有の進化が起きています。同じメダカでも、産まれた河川ごとに遺伝子が異なります。別の地域から人為的に同種のメダカを保全のために連れてきて放流し、交配させることは、遺伝子の汚染（人為的改変）につながるため、避けるべきだと考えられています。

保全生態学では、ある生物を保全するときに、種を保全単位としてみるのではなく、遺伝的交流のある集団を1つの保全単位として保護するという考え方があります。例えば、対馬のニホンミツバチのミトコンドリアＤＮＡのハプロタイプ変異からは、高い多様性があることがわかります（第4章参照）。ニホンミツバチのハプロタイプ変異について、同じ離島で世界自然遺産に指定されている屋久島と対馬を比較したところ、対馬の方が高い多様性がみられました（図7）。また、九州のニホンミツバチと比較しても、対馬のニホンミツバチの方が遺伝的多様性を示すハプロタイプ変異が多く見られました。

離島である対馬において、高い遺伝的多様性が維持されていることは、ニホンミツバチだけでなく生物全体的に見ても非常に驚くべき結果です。古くから養蜂が盛んであった対馬では、多くの蜂洞を設置していたことから、営巣場所の競争低下、スズメバチの捕食回避、冬季の保温性などの効果から、ミツバチの死亡率が低下し、高い個体群密度による遺伝的多様性の維持が実現されてきたのかもしれま

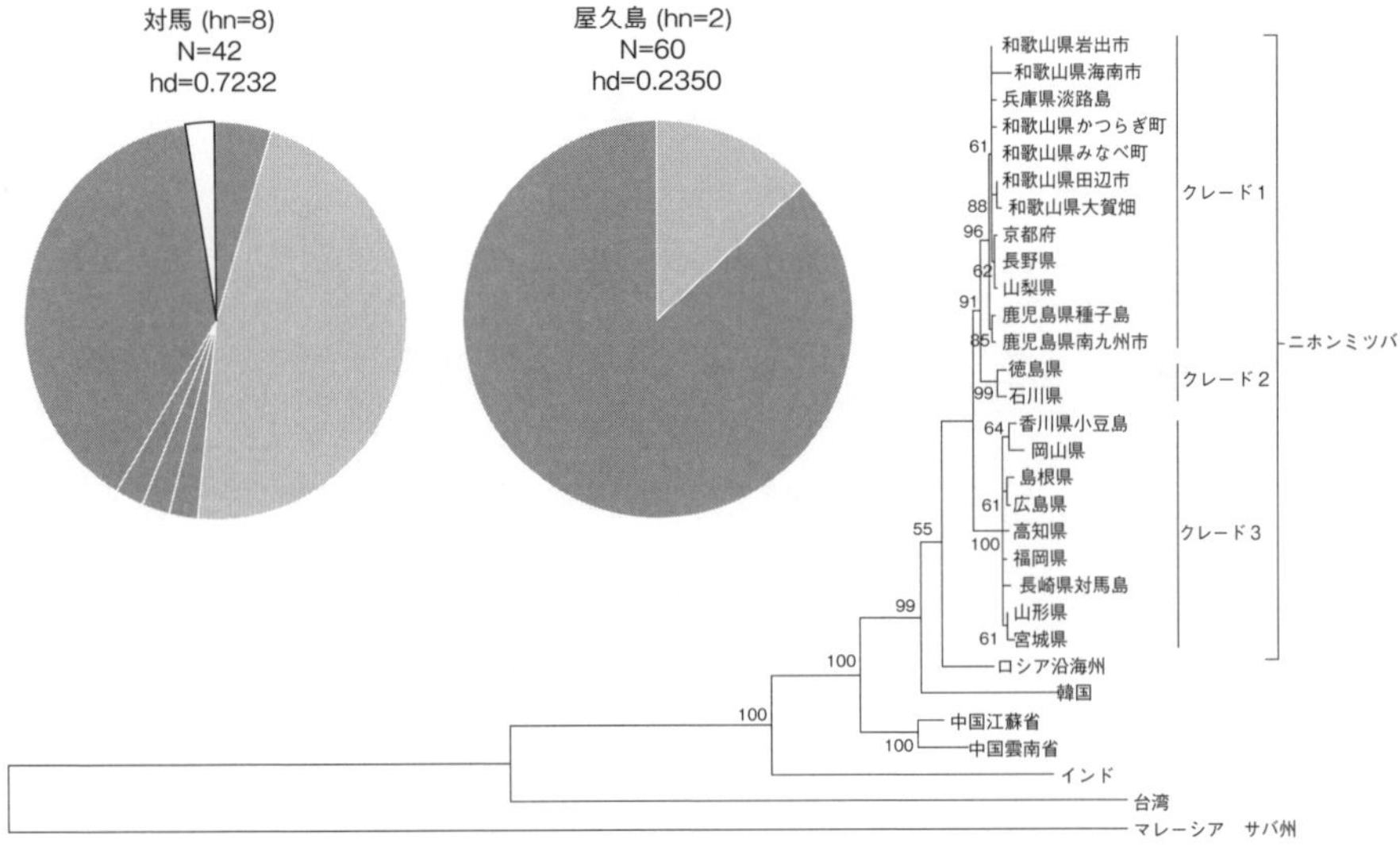

図7　ニホンミツバチの分子系統樹と、対馬と屋久島のハプロタイプ多様度（hd）の比較
屋久島は2つのハプロタイプ（hn）に対して、対馬は8個のハプロタイプ（hn）を持っている。

せん。しかし近年、この対馬でも、針葉樹の植林、鹿の増加による食害、外来生物の帰化などにより生態系が変化し、ミツバチが減少していると言われています。対馬のニホンミツバチは高い遺伝的多様性と固有性を持つことから、1つの保全単位として、養蜂文化とともに保護計画を進めてもらいたいと思っています。

2　和歌山が誇る熊野蜜と南高梅

南高梅・紀州備長炭とニホンミツバチ

梅の産地として有名な和歌山県は、対馬や四国と並んで古くから伝統的養蜂が盛んな地域で、日本養蜂の発祥の地とも言われています。また、ニホンミツバチの飼養人数が都道府県単位では多い地域の1つです。特に熊野で採れたハチミツは熊野蜜と呼ばれています。今でもこの養蜂が盛んで、セイヨウミツバチのみかんハチミツの産地の1つです。

県南部のみなべ・田辺地域（図8）は南高梅の生産地として有名で、その受粉にはニホンミツバチが活躍しています。この地域での梅の栽培は、約４００年前に養分が乏しい礫質土《れきしつど》の山林部で始まりました。現在では山頂部に薪炭林としてウバメガシの森が保全されており、その少し下に梅林があり、梅林に接した薪炭林にミツバチの巣箱が設置されています（図9）。

この地域ではミツバチの巣箱を「ゴーラ」や「オケ」と呼びます（図10）。巣箱を「ゴーラ」と呼ぶ地域はここだけで、その由来ははっきりとわかっていません。私の個人的な仮説では、サンスクリット語に由来すると考えています。ゴーラはサンスクリット語で、六角形を意味します。ミツバチの巣は六角形であることから、当時、仏教に関係している人たちがミツバチの巣や巣箱を「ゴーラ」と呼んだのが始まりかもしれないと考えています。

図８　みなべ・田辺地域

さて、和歌山のみなべ・田辺地区では梅の花は2月下旬に咲き始めます。この時期に活動している昆虫は少ないため、主にミツバチが梅の花の受粉を行います（図11）。その代わりに梅は、花の少ない早春に貴重な花粉や花蜜をミツバチに提供します。地元の人たちは、この共生関係をうまく利用して、梅生産と養蜂の仕組みを構築してきました。さらに薪炭林では、ウバメガシを原木とした最高級の木炭とされる紀州備長炭の生産もしています。このような持続可能な農業様式が評価され、みなべ・田辺の梅システム（UME system）として２０１５年に世界農業遺産に認定されました。

図９　世界農業遺産に認定されたみなべ・田辺の梅システムの概略
（提供：みなべ・田辺地域世界農業遺産推進協議会）
https://youtu.be/HzHjL_XKbEk）

南高梅の花粉は誰が運んでいるのか？

私の研究室では、みなべ・田辺地域世界農業遺産推進協議会から依頼を受け、梅システムの中でのミツバチの役割を科学的に評価するための調査をしています。まず梅の花にはどの

図11　梅林に設置されたセイヨウミツバチの巣箱

図10　薪炭林に設置されたゴーラ（巣箱）とニホンミツバチの巣から採蜜する様子
（https://youtu.be/l71wkVZvYNw）

ような生物がやってくるのかをビデオカメラで撮影し記録をしたところ、梅の花にはミツバチのほかにも多種の生物が来ていることがわかりました。どうやら梅にはこの地域の生物多様性を維持する重要な生産者としての役割がありそうです。私たちの調査では、この多種の生物から、特に梅の花粉を運んで受粉に貢献している生物を特定しています。

南高梅は、同じ品種の花粉では受粉しても実がならない自家不結実性の梅で、南高梅の実をとるには別の品種の梅の花粉が必要となります。このため、南高梅の梅林には、花粉生産用の受粉樹が植えられています。花粉の運び手となる生物をポリネーターと呼びますが、南高梅のポリネーターには受粉樹で花粉を集めそれを南高梅の花まで運ぶ性質が必要です。調査では生物がどの花からどの花に移動するのかを追跡しました。これは古典的な方法で、調査をする人間は、花を訪れた生物が次にどの花に移動するのかを予測し、見失うことがないよう準備しておかなければならないため、調査に経験を要します。私も最初は上手く追いかけられず見失うことが多かったのですが、徐々に長時間の追跡ができるようになりました。また、確実にポリネーターを特定するために、南高梅の花に飛来した個体についた花粉のDNAを解析して、どの品種の梅の木から飛来してきたのかを特定しました。これらの結果を合わせることで、ポリネーターを特定することができました。

調査の結果、南高梅のポリネーターのほとんどはニホンミツバチとセイヨウミツバチであることがわかりました（図12）。気温が低いときはニホンミツバチ、気温が高いときはセイヨウミツバチと、気温によって活躍する種が異なることがわかりました。このように寒暖差の激しい春先に、寒い日担当と暖かい日担当で、2種のポリネーターがいることは、受粉の安定化につながっていると考えられます。さらに、ニホンミツバチは、花から花へ移動する距離がセイヨウミツバチよりも長い傾向が見られました。ニホンミツバチは遠い花に、セイヨウミツバチは近い花に花粉を運んでいるようです。この地域の養蜂は、江戸時代はニホンミツバチのみでしたが、現在はセイヨウミツバチとニホンミツバチが共存しながら南高梅の受粉を行うことで、生産性の安定化と向上が図られているようです。

余談ですが、梅は英語で「Ume」と表現するのが最も適切です。ときどき「Plum」と英訳する方もいますが、「Plum」は西洋のスモモのことで梅ではありません。

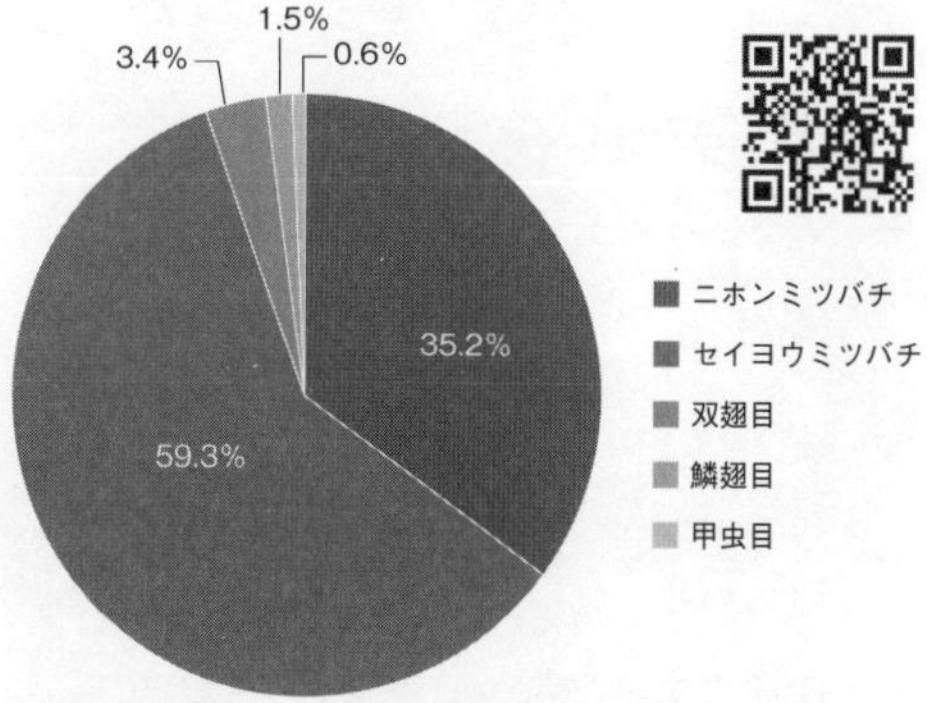

受粉能力評価	ニホンミツバチ	セイヨウミツバチ
温度	低温でも訪花する	低温で訪花しない
訪花距離	受粉木から離れた木に訪花する	受粉木から近い木に訪花すする
巣箱数（1km²）	少ない　3.7	多い　48.5

図12　梅の花におけるポリネーター類の特定調査
動画はニホンミツバチとセイヨウミツバチが梅の花を受粉する様子（https://youtu.be/HzHjL_XKbEk）。
（動画：松尾裕弥氏）

蜜源豊富な「ほぼ」百花蜜

私は、この地域のハチミツの成分についても調べています。美味しいハチミツの秘密を探るために、ハチミツに存在するＤＮＡを調べてみました。ハチミツに含まれるＤＮＡを私たちのグループでは「Honey DNA」と呼んでいますが、Honey DNA の解析により蜜源となった植物やミツバチの種類を特定できます。みなべ・田辺地域で採蜜されたニホンミツバチとセイヨウミツバチのハチミツを、私の研究室の中川郁美氏と前田美都氏が卒業研究で分析したところ、ミツバチが季節ごとにさまざまな植物を蜜源として利用していました（図13）。というのも、これまでの観察により訪花が確認されていた既知の28種のほかに、それまでミツバチの訪花が観察されていなかったり、梅林周辺で生育が確認されなかった新規の植物が57種も検出されたのです。合計すると、梅林に生息するミツバチは、なんと85種もの植物から花蜜を集めていることがわかりました。複数の蜜源を持つハチミツを「百花蜜」と呼びますが、実際には国内各地の百花蜜の蜜源植物は、種類が違っていても種数は10〜30種ほどなので、和歌山県のみなべ・田辺地域の百花蜜はそれを名乗るに相応しいことがわかりました。

この結果は、ハチミツからその地域の植生調査や希少植物の調査ができるかもしれないことも示してくれています。

アブラムシの甘露が蜜源の甘露ハチミツ？

Honey DNAに含まれる植物ＤＮＡの種構成は季節ごとに異なりますが、初夏に採蜜したハチミツからウバメガシが検出されたときには驚きました。というのも、ウバメガシは花蜜を出しませんし、風が花粉を運ぶ風媒花であるため、ミツバチが訪花するところを見たことがありません。また、昆虫のＤＮＡも調べたところ、ミツバチのＤＮＡに加えて、アブラムシのＤＮＡが大量に検出されました（図

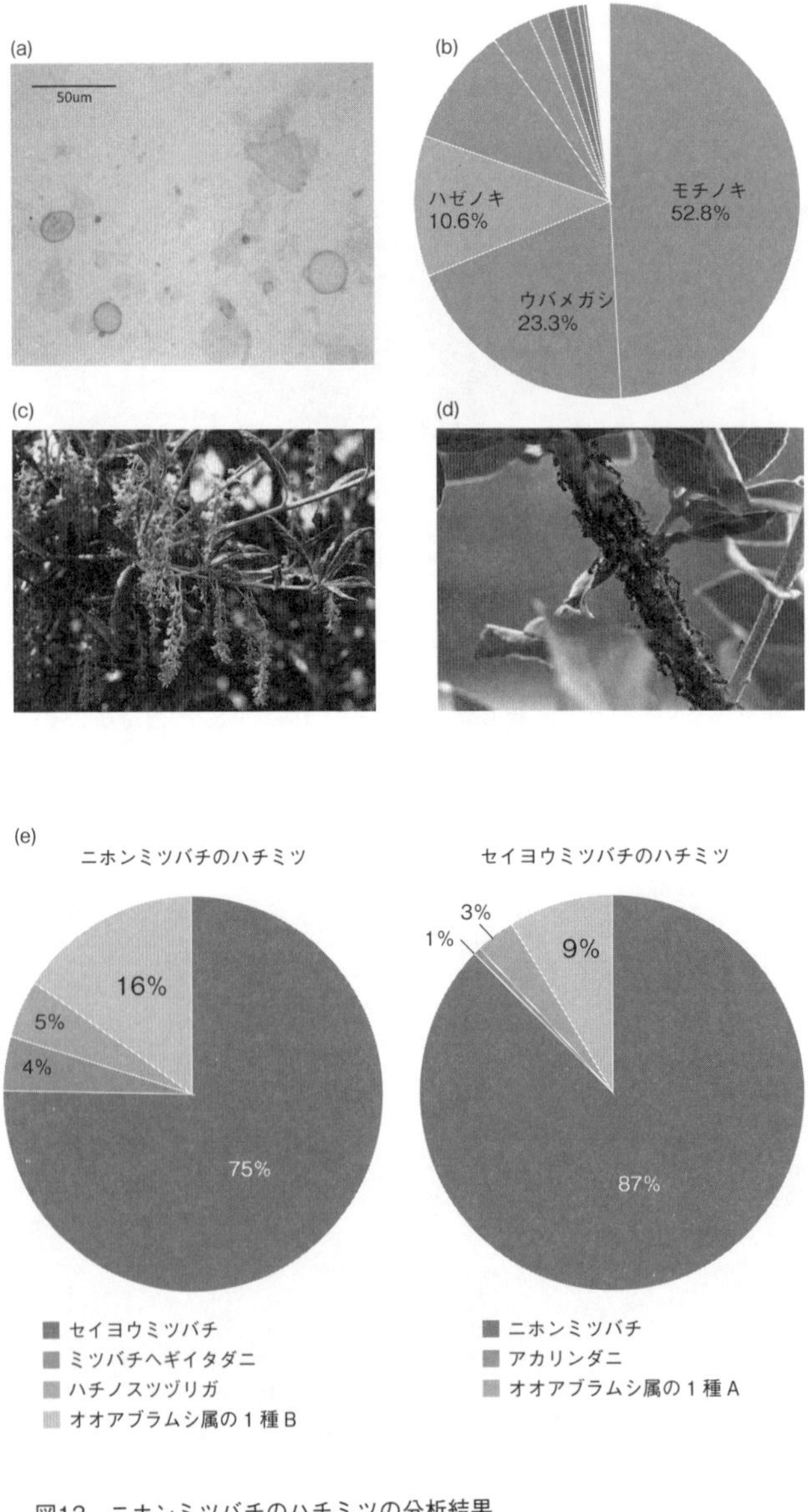

図13　ニホンミツバチのハチミツの分析結果
(a) ハチミツ中の花粉、(b) DNAの分析結果、(c) ウバメガシの花と (d) 吸汁するアブラムシ、(e)ハチミツ中に含まれるアブラムシDNAの割合。ウバメガシのDNAはアブラムシが吸汁したときに摂取され、一部は分解されずに甘露に移行する。甘露にはアブラムシとウバメガシのDNAが含まれていて、それをミツバチが甘露とともに摂取し、ハチミツ中に移行している。

13)。ではなぜ、ハチミツ生産に縁がなさそうなウバメガシやアブラムシのＤＮＡが大量に含まれていたのでしょうか？　この結果を地元の方たちに報告した際に多くの質問も受けましたが、そのときは明確に回答することができませんでした。

ミツバチがウバメガシの花に訪花するかもしれないと考え花の前で観察をしましたが、何日経ってもミツバチは来ませんでした。代わりに、ふと葉を見たところアブラムシとアリがたくさんいました。このとき、とある考えが頭をよぎったのです。ハチミツには、複数の花蜜から作られる百花蜜と、１つの花蜜が中心になって作られる単花蜜、そしてアブラムシやカイガラムシの分泌する甘露が中心となって作られる甘露蜜があります。もしかすると、ウバメガシのＤＮＡが検出されたハチミツは、甘露でできたハチミツではないでしょうか。甘露蜜は日本ではあまりなじみのないハチミツかもしれません。というのも、単一の樹種で形成されている森林があまりない日本では、甘露蜜がほとんど採れないとされています。甘露蜜は花蜜から作られるハチミツとは異なる独特の味わいがあり、ヨーロッパでは希少性から高価なハチミツとされています。

ここからはまだ仮説の段階の話ですが、この地域では春が終わると開花植物が減少します。そのため、この地域で養蜂業を営むセイヨウミツバチの養蜂家さんたちは、ミツバチを北海道に移動させます。では、残されたニホンミツバチはどうしているのでしょうか？　ちょうどこの時期になると、薪炭林に生育しているウバメガシにアブラムシが発生します。もしかしたらニホンミツバチは、厳しい夏を乗り越えるためにアブラムシが出す甘露を集めているのではないでしょうか。そしてアブラムシの甘露が混じったハチミツは、昔からこの地方独特で美味しい熊野蜜として好まれてきたのかもしれません。私は、この仮説を検証しようと、さらに調査をしています。

里山はミツバチの遺伝的多様性が高い

和歌山県を、北部の都市部、南部の原生林、梅やみかんなどの果樹栽培が多く見られる地域に分け、ニホンミツバチの遺伝的多様性を比較しました。すると、都市部で遺伝的多様性が低く、果樹や薪炭林、原生林のある地域は遺伝的多様性が高い傾向が見られました。市町村単位でみると、みなべ・田辺地域が最も遺伝的多様性が高く、特に梅林・薪炭林で最もその傾向が強いことがわかりました。原生林では夏季に花を咲かせる植物が少なくなりますが、果樹が植わっている地域は光が地面まで届きやすく、草本類も咲いています。そのため、ミツバチの維持に必要な花蜜や花粉が夏でも供給されています。このような違いにより、餌不足で夏季に死滅する確率が低下していることがわかってきました。農業生態系の中でも、古くから里山と呼ばれるような場所では生物多様性が高いことが知られています。遺伝的なレベルで見ても、里山は多様性が高いようです。

生物多様性は年々損失の危機が高まっています。最近よく聞くようになった「ＳＤＧｓ」とは、持続可能な開発目標が今後の地球環境保全のキーワードになるという概念です。みなべ・田辺の梅システムはまさにＳＤＧｓが実践されてきた地域と言えるでしょう。

3 台湾の龍眼ハチミツと漢族の養蜂

台湾のハチミツは養蜂場で対面購入が基本！

台湾は私の好きな国の1つです。初めて台湾を訪れたのは大学生のときで、1999年に日本では見られない種類のスズメバチを観察するために訪台しました。台湾はスズメバチの種数が最も多い地域の1つで、ほかにもミツバチの仲間で針のないハリナシバチも生息しています。当時の訪台はそれらを見るのも目的でした。訪台後は台湾のハチミツ食文化がとても多様で、親日的なこともあって、それ以来、台湾には20回ほど訪れています（図14）。

台湾人はハチミツ好きで、台湾にはハチミツを使った食品がたくさんあります。台湾の首都である台北駅には、なんとハチミツ専門店が3店舗もあるのです。私が少し驚いたのは、台湾では基本的にスーパーやコンビニはハチミツを買うことができません（ハチミツ入りのお菓子や飲料は売られています）。どこで買えるのかというと、養蜂家の直売所で購入するのが普通のようです。台湾には〝本物〟のハチミツを購入したい消費者が多いため、養蜂家による直売が一般的になっているようです。養蜂家の直売所には必ず展示用のブースがあり、ミツバチの巣箱を見学できま

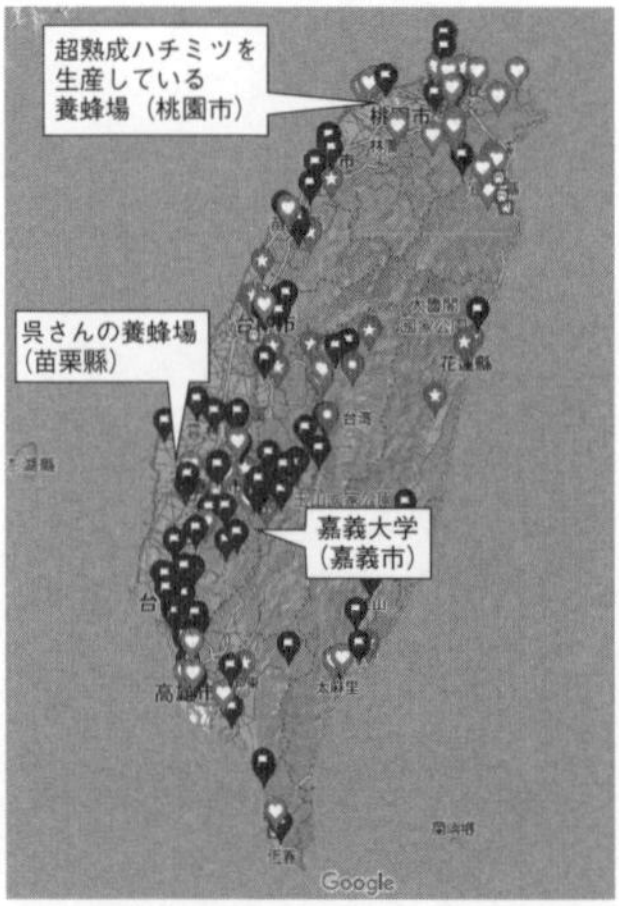

図14　私のGoogle mapに登録されている台湾の養蜂場の場所
訪問したところには旗印を、その中でも良かったところには♡・☆を付けている。

す。また、希望すれば、その場で採蜜したものを販売してくれるそうです。なお、値段ですが、日本で買うハチミツよりも値段が高いものが多いので、高級食品と考えられます。

台湾の龍眼ハチミツ養蜂家を訪ねて

台湾では、ムクロジ科ムクロジ属の常緑小高木である龍眼（ロンガンまたはリュウガン）の花を蜜源とした龍眼ハチミツが有名です（図15）。龍眼ハチミツは後味がとてもやさしく、香りも独特で、ライチの実のような味わいもあり、日本のハチミツにはない風味を持っています。台湾では、龍眼の実も漢方や健康食品として利用され、中南部で果樹園栽培が行われています。私は２０１７年にこの龍眼の花に訪花するミツバチやハチミツ採集の様子を見るために、台湾の苗栗市に訪れ、現地のガイドさんから龍眼ハチミツを採集している養蜂家の呉さんを紹介してもらいました（図16）。龍眼林に置いてあったセイヨウミツバチの巣箱がずいぶん年代ものであったので、いつから使用しているのか聞いてみました。すると、なんと日本統治時代（１８９５〜１９４５年）に日本政府から支給された巣箱を、三代にわたり補修しながら使用しているとのことでした。呉さんの養蜂場では、ミツバチは優良系統同士を交配させるために隔離した場所で繁殖をさせているとのことで、ミツバチは温和でよく働いていました。ハチミツを食べさせてもらったところとても美味しく、龍眼ハチミツはやはり台湾産がナンバーワンだということを実感しました。

図15　龍眼に訪花するトウヨウミツバチとセイヨウミツバチ（左）と龍眼の木（右）
動画は2種のミツバチが訪花している様子（https://youtu.be/MbGLglhc3og）。

図16　台湾の養蜂家・呉さんと巣箱（苗栗縣西湖郷）
呉さんの龍眼ハチミツは噢哈娜咖啡屋で食べることができる。

台湾で見つけた超熟成ハチミツ

呉さんの養蜂場からホテルへの帰り道に、養蜂場を見か

図17 桃園市にある養蜂場で作られている超熟成ハチミツ
（https://youtu.be/yB_AkALqlzQ）

けたのでそちらにも訪問してみました。そこでは、セイヨウミツバチの巣蜜を20年間以上にわたって保存しており、超熟成させたハチミツだけを販売していました（図17）。聞くところによると、養蜂家は漢族出身、20世紀初頭に中国大陸から台湾に来たそうです。自慢の超熟成ハチミツを食べさせてもらったのですが、強めの酸味が効いた甘味があり、後味はまるで肉を食べたような旨味を感じました。このハチミツは、発酵したハチミツの貯まっている容器に、新たに取れたハチミツを継ぎ足して作ったものです。老舗の飲食店にある「秘伝のタレ」に似たものを感じました。

台湾の在来ミツバチはどこ起源？

台湾の養蜂は、オランダ統治時代に中国大陸から移民した漢族が、在来種のトウヨウミツバチを飼養したのが始まりと考えられています。漢族が移民してくる前から複数の部族が住んでいましたが、私が調べた限り彼らが養蜂を行っていたという確かな記録や伝承は存在していないようです。その後、日本統治時代にセイヨウミツバチによる養蜂が日本から伝わり、養蜂産業が発展したようです。

台湾の伝統養蜂ではニホンミツバチと同種のトウヨウミツバチと、タイワンハリナシバチが飼育されています。ハリナシバチはハリナシバチ亜科のミツバチで、ミツバチやマルハナバチと同じミツバチ科に属する真社会性昆虫です（図18）。ハリナシバチ亜科は現在、熱帯・亜熱帯地域に400種以上が分布しており、ミツバチ科の中で最も種多様性が高いグループです。働きバチは毒針を持たないため刺すことはなく、また多女王制コロニーや娘女王バチが分蜂する様式など、ミツバチやマルハナバチと異なる生態を持つことが知られています。ハチミツも貯める性質があり、当時ミツバチがいなかったアメリカ大陸では、マヤ族がハリナシバチで養蜂をしていたという記録が残っています。

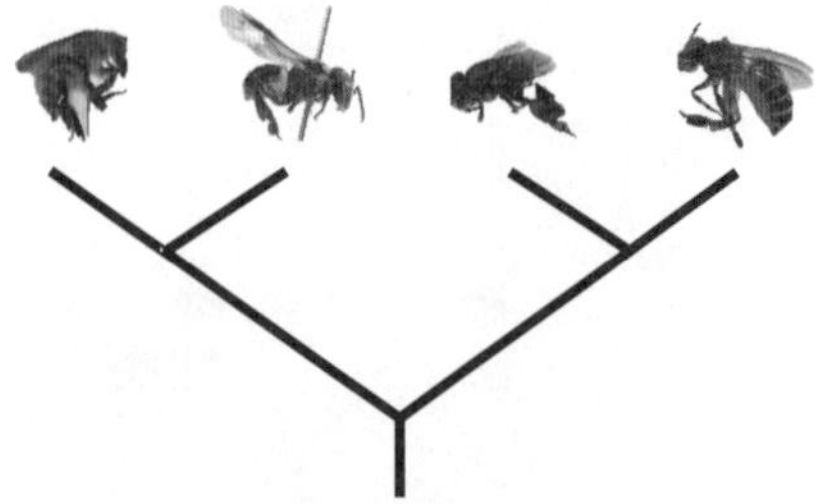

図18　ミツバチ科の４属の系統
シタバチ属以外は真社会性昆虫。

台湾に生息してい

る在来種のトウヨウミツバチは、西はアフガニスタンから東は日本、北はロシア沿海州、南はインドネシアまで分布しています。古くは4亜種に分類されていましたが、現在は少なくとも11亜種に分けられることが提案されています。実際にインドネシアやフィリピン諸島での調査が進んでいないため、亜種数は増えると考えられています。

　私たちは現在、台湾のトウヨウミツバチとハリナシバチについて、台湾の嘉義《かぎ》大学の研究グループと調査をしています。台湾のトウヨウミツバチは、ニホンミツバチとは異なり岩の隙間にも営巣し（図19）、逃去（巣を捨てて別の場所に移動すること）はほとんどしないそうです。台湾のトウヨウミツバチは、大陸の中国亜種が祖先なのか、フィリピン諸島の系統が祖先なのかが不明でした。そこで、私たちの研究グループで調査をしてみました。

図19　岩隙に営巣する野生のトウヨウミツバチ（台湾亜種）と家の軒下に吊るして飼育している丸太巣箱
（https://youtu.be/7nGcHPxUoE0）

　ミトコンドリアDNAを分析したところ、台湾のトウヨウミツバチは、フィリピン諸島よりもアジア大陸の集団と遺伝的に近いものの、別亜種と言えるほど遺伝子的に異なることがわかりました。さらに、アジア大陸のトウヨウミツバチと台湾のトウヨウミツバチが遺伝的に分化した時代は、ちょうど台湾と大陸が地理的に分離した時代と一致しました。このことから、台湾のトウヨウミツバチは漢族が移住の際に中国から持ち込んだものではなく、もともと台湾にいた在来ミツバチであることがわかりました。

トウヨウミツバチとハリナシバチによる台湾の伝統養蜂

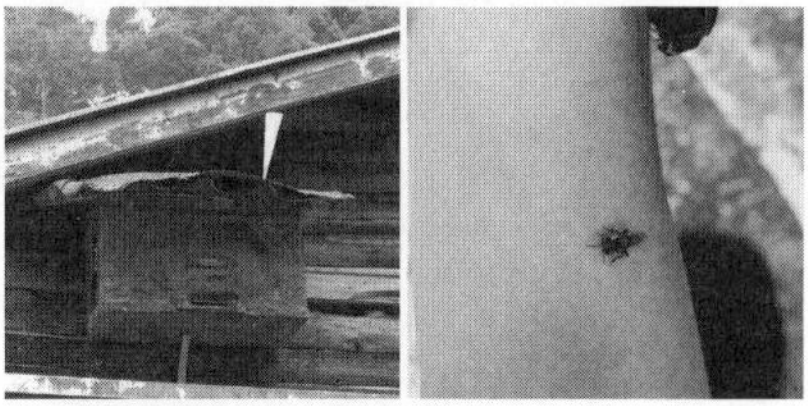

図20　家の軒下に吊るされているタイワンハリナシバチの巣箱（左）と人の腕に噛みついている働きバチ（右）

　漢族が伝えたトウヨウミツバチの伝統養蜂は、日本で見られるような地面に巣箱を置く様式ではなく、軒下に丸太を横向きにする方法が一般的です。台南部の山岳部ではこの伝統がまだ残っていて、多くの家の軒下には丸太が取り付けられています（図20）。そこでは、珍しいハリナシバチの養蜂も行われています。

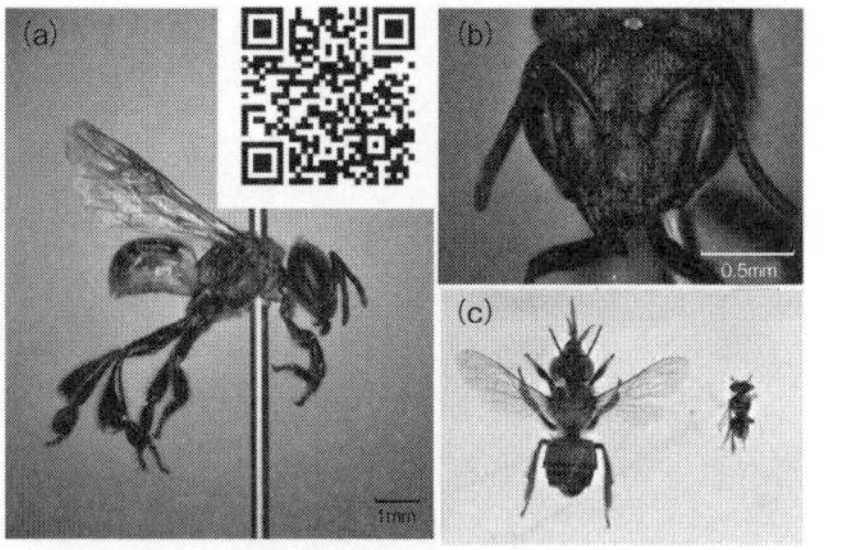

図21　タイワンハリナシバチの働きバチ（a, b）とセイヨウミツバチの働きバチとの大きさの比較(c)。
（https://youtu.be/jr-hZnwdEVQ）

ハリナシバチは主にアメリカ大陸とアジア大陸の熱帯域のみに分布しています。台湾は、アジア地域におけるハリナシバチ分布の北限であり、タイワンハリナシバチの1種のみが分布しています。働きバチの体長は6mmほどと、ミツバチよりもはるかに小さいのが特徴です（図21）。山岳地帯の大木の樹洞に営巣する性質を持つことが知られていますが、19世紀以降に進められた大規模農地開発による森林伐採により、生息可能な樹洞が減少し、現在は絶滅の危機にあるとされています。ハリナシバチには、名前の通り針がありません。刺すことはできませんが、よく発達した顎で鼻の穴や耳の穴の中の皮膚に噛みつく、粘着性の高い脂を眼に飛ばすなどの攻撃をする性質があります。このとき、皮膚に噛み付いたハリナシバチは、死んで頭だけになっても噛み続けます。

実はこのタイワンハリナシバチですが、台湾における養蜂についてはほとんどわかっていません。現在、嘉義大学の宋先生たちによる調査が進行中で、北は台中縣から南は高雄縣まで、西は南投縣から東は嘉義縣までの限られた地域の森林にしか分布していないことがわかりました。養蜂は、さらに、この地域の中で限られたところでのみ行われているようです。当然ですが、このハリナシバチのハチミツは少量しかとれないため、大変貴重です。知っている人も限られているようで、現在は市場には流通はしていません。採蜜は、ハチミツがたまっている蜜壺ごとつぶして搾ります。蜜巣や花粉も混入した状態から固形物を濾過します。ミツバチのハチミツよりも水分含量が高く、味は酸味が非常に強いことから、自然発酵をしていると思われます。嘉義大学では、地産地消・在来種保護の観点からハリナシバチの養蜂研究が進められています。近い将来、タイワンハリナシバチのハチミツが市場に出てくるのかもしれません。その日が来るのが大変楽しみです。

遺伝子解析で発見した新種のハリナシバチ

タイワンハリナシバチは台湾の固有種なのか、大陸にいる種と同種なのかはっきりとわかっていません。ハリナシバチは分類学的に未整理の状態で、種名も確定していない分類群が多く存在します。そこで、タイワンハリナシバチの保全に必要な繁殖構造や遺伝的多様性の情報を明らかにするために、私は研究室のメンバーである井上諒氏とともに、嘉義大学のグループの協力を得て調査しました。

私たちは、台湾の南投県と嘉義県の80㎞圏内で見つけたタイワンハリナシバチの巣、15個について、ミトコンドリアＤＮＡとマイクロサテライトＤＮＡマーカーによる分析を行いました。調査の結果、なんと台湾のハナシリバチに隠蔽種が存在する可能性が出てきました。隠蔽種とは、外見では区別できないため同一種と扱われていた別種のことで、同種であれば可能な生殖ができません。この80㎞圏内という狭い範囲に1種ではなく2種のハリナシバチが生息していたことには、とても驚きました。さらに調査を進めたところ、調査地域に生息するハリナシバチの巣では、一妻多夫性の社会システムがあることも明らかになりました。

私は、この隠蔽種を新種として発表したいのですが、新種を記載するためには、遺伝子情報のほかに形態の比較が必要です。新型コロナウイルス感染症の影響で、調査が停滞しましたが、現在、再開に向け準備を進めています。台湾で新種のハリナシバチが記載されるのは、そう遠くないでしょう。

４　昆虫食豊かなラオスでハチを食べる

世界文化遺産の街に、昆虫を食べに行く

国際連合食糧農業機関（ＦＡＯ）が２０１３年に作成した報告書で昆虫食の重要性が解説されて以来、環境問題・食糧問題の解決策の１つとして昆虫食が注目されるようになりました。日本では信州の昆虫食文化が有名ですが、世界中ではなんと１９９０種類を超える昆虫類が食べられているそうです。特に消費量が多いのは、甲虫類（31％）で、次いで鱗翅目《りんしもく》（チョウやガ）の幼虫（18％）、ミツバチなどのハチおよびアリ（14％）、イナゴなど（13％）です。

ラオスは昆虫食がポピュラーな国の１つです。ラオス北部にあるルアンパバーンというメコン川のほとりにある街は、１９７５年までラーンサーン王国の首都でした（図22）。ここには多くの仏教寺院があり、街全体が世界文化遺産として登録されています。ルアンパバーンの朝市は、ラオスの食文化に触れる観光名所として有名で、さまざまな食材が売られています。当然、昆虫の食材もあり、ミツバチや

図22　ラオスの都市、ルアンパバーン

スズメバチの蜂児や、野生のミツバチから採蜜したハチミツも販売されています。私も、本場の昆虫食を体験するために、２０１８年に訪問してきました。

朝市で食用のスズメバチとミツバチを買う

ルアンパバーンでは早朝に托鉢《たくはつ》が行われた後、寺院を取り囲むように朝市が始まります（図23）。昆虫もその季節の旬のものが売られているそうで、私が市場を1周したときには、カメムシ、コオロギ、タガメ、カイコやアリのサナギ、セミの成虫などが販売されていました（図24）。ミツバチは4つのお店で売られていて、オオミツバチとコミツバチの蜂児巣板や、トウヨウミツバチの巣蜜、瓶に入った謎のハチミツが売られていました。また、スズメバチの巣盤は2種類が販売されていました。

市場を1周して、ミツバチのお店に戻ってみたら、なんとコミツバチの蜂児巣板が売り切れていました。どうやら人気商品だったようです。俄然食べてみたくなり、お店のおばちゃんにもう買えないのかと聞いたところ、翌日また売りに出すとのことだったので、ひとまず残っていたオオミツバチの蜂児巣板とトウヨウミツバチの巣蜜、スズメバチの巣盤を購入して、ホテルに持ち帰って調理してみました。

購入したスズメバチの巣盤は、1つはツマグロスズメバチでしたが、もう1つはなんと未記載種（まだ学術的に種として登録されていない新種）でした。ツマグロスズメバチが南西諸島にいることは知っていましたが、まだ食べたことはありませんでした。試しに野菜と一緒に炒めて食べてみましたが、キイロスズメバチの蜂児に近い感じがしました。味がわからない人は、ぜひキイロスズメバチを食べてみてください（食べたくはない方はエビとカニの中間のような風味を連想してください）。続いて、オオミツバチの蜂児巣板です。私は過去にセイヨウミツバチのサナギを野

図23　早朝の托鉢と朝市の様子

図24　朝市で売られていたオオミツバチの蜂児巣板とハチミツ（上）、スズメバチの巣（左下）と食用カメムシ（右下）

菜炒めにして食べたことがありますが、酸味が強過ぎてとても食べられたものではありませんでした。オオミツバチを食べるにあたり、その苦い（酸っぱい？）記憶がよみがえってきたため、警戒しながら食べましたが、やっぱり酸っぱすぎて食べられませんでした。現地の人たちはこれを美味しいと思って食べているのでしょうか？　それとも何か美味しく食べる調理方法があるのでしょうか？　お店のおばちゃんに聞いておけばよかったと、少々後悔しながら、その日は床につきました。

念願のミツバチ蜂児巣板の素焼き

さて翌朝、托鉢の行列が寺院に帰るのを見てから、急いで昨日のコミツバチの蜂児焼きを売っているおばちゃんの店を探しました。前日の場所にいなかったため、探し回ってようやく見つけたときには、すでにおばちゃんが七輪に火を入れていました。また売り切れていないかドキドキしながらお店に近づいてみると、よかった！　まだありました。早速、コミツバチの蜂児巣板を注文したところ、おばちゃんが手のひらサイズに切った巣板をバナナの葉にくるんで2〜3分、火であぶってくれました（図25）。私が焼きあがるのを待っている間も、地元の人がコミツバチの蜂児巣板を次々に購入していきました。家で調理するようです。やはり人気商品のようで、間に合ってよかったです。巣板から香ばしい匂いがしてきたあたりで火から外し、最後に少し塩をふりかけてくれました。早速食べてみたのですが、これは・・・

図25 コミツバチの蜂児巣板の素焼き　➡口絵20（p. 8）

めちゃくちゃ美味しい！　甘さとうま味があり、やわらかい半焼け部分はカニクリームのようで、とても濃厚でした。少し振りかけた塩が味を引き立たせ、炙ったことで少し焦げたところはサクサクして食感がとても良かったです。桜海老に近い味わいで、地元の人に人気があるのも納得です。皆さんもルアンパバーンの朝市で見かけたら、ぜひ食べてみてくださいね。

5 ニュージーランドの養蜂とマヌカハニー

国を挙げた養蜂産業

ニュージーランドでは養蜂が国の重要な産業の1つで、政府が養蜂産業を保護していて、外国産のハチミツを見かけることはありません。もともとニュージーランドにミツバチは生息しておらず、ヨーロッパからの入植者がセイヨウミツバチを持ち込みました。イギリス、フランス、イタリア、ドイツなどから基亜種、イタリアン、カーニオランが混在した状態で飼養されています。現在は病原微生物の持ち込みを避けるためにミツバチの輸入管理が厳しく制限され、養蜂資材・飼料の持ち込みも規制されています。

ニュージーランドで採れるマヌカハニーは、世界で一番高価なハチミツです。マヌカハニーとはギョリュウバイの花から採れるハチミツのことです（図26）。ニュージーランドの先住民族であるマオリ族は古くからこの木の葉を煎じて飲んでいて、「マヌカ」はマオリ語で「復活の木」や「回復の木」を意味しているそうです。現在では医科学的な研究により、マヌカハニーにはメチルグリオキサール（MGO）が含まれていることがわかっています。その後、MGOは胃潰瘍の原因にもなるピロリ菌に効果があることがわかり、健康食品として人気に火がつきました。世界中で人気のハチミツなので仕方ありませんが、今では気軽に購入できないほど高価格になっています。

この人気に便乗して、現在では実際に生産されている10倍以上

図26　マヌカハニーの蜜源植物ギョリュウバイに訪花するセイヨウミツバチ（左）、養蜂場（中）とマヌカハニーが貯められている巣房（右）

のマヌカハニーが世界の市場に出回っているようです。このため、ニュージーランド政府は、独自に覆面調査員を世界中に派遣して、偽物を取り締まり、基準値や検査項目を設定して品質管理をしています。

また、マヌカハニーに含まれているＭＧＯは、産地ごとに含有量が異なるため、品質にバラツキがありました。そこで民間団体であるUMF Honey AssociationがＭＧＯの含有量を示す値を制定しました。それがUMF™（ユニークマヌカファクター）認証制度です。UMF™認証を得るためには、ＭＧＯ、Leptosperin、ＤＨＡ（Dihydroxyacetone）、ＨＭＦ（hydroxymethylfurfural）の４つの項目に関する基準値をクリアしなければなりません。厳しい審査が必要ですが、基準値をクリアしたハチミツだけがUMF™マークの付いたマヌカハニーとして販売できます。

UMF™以外の品質評価には、ＭＧＯの含量を表示する方法もあります。例えば「MGO100+」と表示されているマヌカハニーには、１kg当たり１００mgのＭＧＯが含まれています。現在、最高濃度で１kgに４００mgが含有されているマヌカハニーが「MGO400+」として市場で販売されています。

マオリ族の養蜂家を訪ねて

世界的に人気なマヌカハニーがどのように生産されているのかを見たくなり、マヌカハニーの輸入業者（ハニージャパン）で働いている知人のツテで、マオリ族の養蜂家のところに行ってきました。ニュージーランドは北島と南島に分かれており、目的の養蜂場があるのは北島のカイタイヤです（図27）。ニュージーランドに入国後は国内線に乗り換え、小型飛行機で移動し、空港に迎えに来てくれたマオリ族の養蜂家・ロブさんの車で養蜂場に移動しました。

養蜂場はその地域一帯に点在していて、パレット（荷物を単位数量にまとめて載せる台のことでフォークリフト作業用に使われている）１枚に巣箱を4箱置いて管理していました（図28）。これは、巣箱をヘリコプターで吊るして運ぶためなのだそうです。

図27　ロブさんの養蜂場のあるカイタイヤ

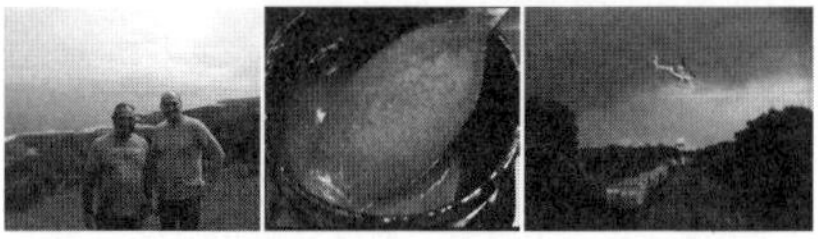

図28　マオリ族の養蜂家ロブさん（Tai Tokerau Honey Ltd）とハニージャパン社のレイモンド氏（左）、ここで作らているマヌカハニー（中）、ヘリコプターでパレットに乗った巣箱を吊り上げて移動する様子（右）
（写真右：Tai Tokerau Honey Ltd.）

ギョリュウバイの花の時期である10~12月以外は、巣箱は分散させて置いているそうです。環境保全のために木材の使用が厳しく制限され、巣板はほとんどがプラスチック製でした（日本とは環境問題に対する視点が違うようです）。巣枠と巣礎が一体になっているプラスチック製の巣板には、7~8割くらいに巣房ができていました。日本の養蜂家たちは巣板全面に巣房ができる状態にしますが、こちらの人たちはほとんど気にならないようでした。

　この地域では、ギョリュウバイの花が咲き始めると、採蜜のために巣箱を移動させます。山には道がないところが多いので、巣箱はヘリコプターでパレットごと吊り上げて運びます。日本とはスケールの違いを感じます。ギョリュウバイの花が咲く山は広大で、地平線まで続いていました。経済的に価値がなく開発されずに残っていたこの地が、現在ではマヌカハニーが採れる宝の山となっています。これだけマヌカハニーが人気になったので、他の養蜂業者が来るのではないのかと聞いたところ、ここはマオリ族土地法により先住民の権利が認められた土地であるため、マオリ族以外は使うことができないそうです。また、ギョリュウバイを植樹しようとする人はいないのかとロブさんに聞いたところ、この辺りの土壌以外では抗菌活性（MGO含有）のあるマヌカハニーは採れないとのことでした。つまり、ニュージーランドでは、抗菌活性のあるマヌカハニーはマオリ族にしか生産できない特別な品物のようです。

　マヌカハニーの加工場も見せてもらいました。採蜜は半自動化されていて、巣板をコンベアに乗せると、あとは自動的に採蜜ができるようになっていました。30℃で保温された部屋には、すでに採蜜が終わったマヌカハニーの入ったドラム缶が所狭しと並んでいました。マヌカハニーは採蜜してすぐに出荷するのではなく、独特のクリーム状にするために半年ほど保管するそうです。部屋にはマヌカハニーの香りが充満していました。採蜜した後の巣蜜は捨ててしまうそうで、なんとももったいないと思いました。

　ニュージーランドには甘露ハチミツなど、マヌカハニー以外にも多様なハチミツが生産されています。クローバーのハチミツは純度が高いことで有名で、半透明のものは「ピュアウォーター」と呼ばれ、マヌカハニーと同じくらいの値段がする高級ハチミツです。ニュージーランドを訪れたときはぜひ一度食べてみてください。

6 スリランカの世界遺産でオオミツバチの集団営巣を見る

世界遺産に集団営巣するオオミツバチ

スリランカの世界遺産の1つであるシギリヤ・ロックは世界的に有名な観光地です（図29）。古くからこの岩山は仏教徒の修験所でした。5世紀末にシンハラ王朝の王であるカッサパ一世が、この岩山に自らの宮殿を築き、ふもとに都を作りました。実の父を殺して王位を得たカッサパ一世は、腹違いの弟モッガラーナの復讐を恐れ、当時の首都アヌラーダプラから、シギリヤに遷都してきたと伝えられています。しかし宮殿の完成から11年後、モッガラーナとの戦に敗れたカッサパ一世がこの地で自ら命を絶ったことで、王都シギリヤは短い歴史に幕を下ろしました。それから1400年の間、シギリヤは忘れられた地となりましたが、イギリス人の探検家によって再発見されました。

図29　スリランカのシギリア・ロック、ダンブッラ、ランブカナ

これは知る人知る話なのですが、シギリヤ・ロックにはオオミツバチが集団営巣しています。四方が切り立ったシギリヤ・ロックは、高さ200mあり、観光客は2000段ある階段を登って頂上を目指します（図30）。外国人だけでなくスリランカ人にも人気の観光地であるため、頂上への道は大変混雑しています。私が訪れたときも行列がすごくて、なかなか進めませんでした。まるでテーマパークのアトラクションに乗るために長時間並んでいる気分です。ようやく辿り着いた階段から岩壁を

図30　シギリヤ・ロックとその山頂までの道
世界中から来た観光客であふれかえっている。

見たところ、オオミツバチの巣がたくさんありました。想像よりも人が歩いている通路のそばにありましたが、みな頭上を見ないので気が付いていないようです。ただ、刺される観光客が多いのか、途中の道にはやたらに蜂に注意の看板が立っていました（図31）。

　山頂に登る途中には、「シギリヤレディ」と呼ばれる色鮮やかな美女のフレスコ画があります（図32）。シギリヤレディを通り過ぎた後には、オレンジ色のツルツルの壁のある回廊にたどり着きます。この壁はミラーウォールと呼ばれ、今は風化して見られませんが、昔は対面に描かれていたシギリヤレディを反射されるために作られたそうです。

図31　オオミツバチの注意を促す看板と緊急避難所（https://youtu.be/uI3vd-eB9Q0）

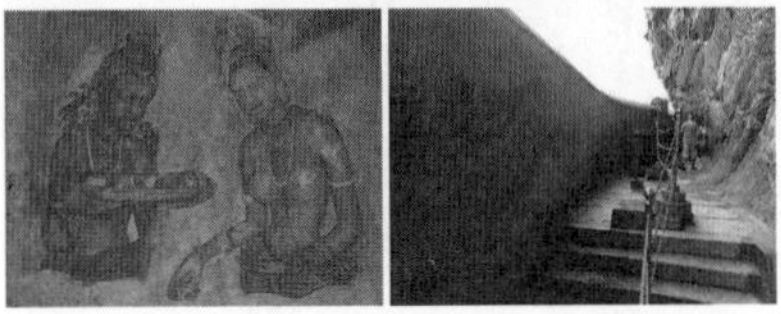

図32　壁画のシギリヤ・レディを反射させて写すために作られたミラーウオール
壁材としてハチミツも使われていた。

当時は、卵白や石灰などで壁が磨かれ、鏡のようにシギリアレディを反射させていたそうです。そしてなんとそこにハチミツも使用されていたとか。このミラーウォールの回廊を抜けると、王宮を守る巨大なライオン像のある広場に出ます。広場にはオオミツバチから逃げるための避難所がありました（図31）。私が避難所の管理人に話を聞いたところ、年間100〜400人くらいがオオミツバチに刺されているそうです。日本なら問題になりそうな人数ですね。救護所のスタッフにオオミツバチの巣を見に来たことを伝えたところ、「そんな変な奴は初めてだ」と言いながら、集団営巣をしている場所まで案内してくれました。ライオン像の前を横切って少し歩いていくと、オオミツバチの集団営巣が見られました。これを見にきたのです！　感動が抑えきれず、望遠カメラで満足いくまで撮影しました（図33）。

図33　シギリヤ・ロックの岩壁に営巣しているオオミツバチの巣

　さて、守衛さんから聞いた話によると、集団営巣しているオオミツバチの巣は、インド洋方面からの南西季節風（モンスーン）が吹き出す季節になると、強い風で落ちてしまうそうです。そうなると、オオミツバチたちは別の場所へ移動するそうですが、この時期はオオミツバチが興奮して近づけなくなるため、広場は閉鎖を余儀なくされるとか。有名観光地が一時的に閉鎖するような状態になっても巣を駆除するという考えにはならないのは、スリランカが仏教国だからでしょうか。すばらしいと思いました。私はこの状態が今後も続くことを願っています。

スリランカの伝統養蜂

スリランカの伝統的な養蜂は、在来種のトウヨウミツバチで行われています。人の頭より大きい水瓶を逆さにしたものを、2mほどの高さの木の幹と枝の間に置いて分蜂群が営巣するのを待ち、蜜が貯まったら採蜜をする方法です(図34)。それ以外の伝統的な方法としては、伝統的な生活を営んでいるスリランカの先住民族・ワニヤレットが行う、ハチミツや蜂児の入った自然巣を採る狩猟採集型のハニーハンティングも知られています。ワニヤレットは眼が非常に良いため、飛んでいるミツバチの後を追いかけて巣を見つけることができると言われています。

図34　水瓶を巣箱に使うスリランカの伝統養蜂
（https://youtu.be/STRciXGJMNM）

一方でスリランカの近代養蜂は、イギリスから来た宣教師ニュートンにより伝えられた、セイヨウミツバチの枠式巣箱を利用する方法が始まりです。現在は、トウヨウミツバチを利用した養蜂が一般的のようです。巣箱はセイヨウミツバチで使用されている継箱式の巣箱をトウヨウミツバチにあった大きさに改良したものが使用されていました。近年、スリランカでは自宅で養蜂を行うことが流行っていて、巣箱を置く専用の架台が売られています(図35)。架台にはくぼみがあり、そこに水をはってアリの襲来を避けられるようになっています。

また、ランブカナにある養蜂業者N K Bees社の採蜜を見せてもらいました(図36)。スリランカではトウヨウミツバチは枠式巣箱なので遠心分離器でハチミツを搾ることもできていました。空になった巣蜜は再利用するそうです。ローヤルゼリーの採集や女王バチ育成もしていて、人工分蜂ができるそうです。

図35　スリランカで流行中の庭先養蜂用の巣箱と架台

図36　トウヨウミツバチのニュートン式巣箱（左上）、人工王台（右上）、巣蜜（左下）、採蜜の様子（右下）
スリランカのトウヨウミツバチは、巣枠式飼育だけでなく、女王バチを人工王台で育成することができる。(https://youtu.be/zGzssU4Ixus)

スリランカでは、セイヨウミツバチの養蜂は皆無で、トウヨウミツバチの養蜂が一般的でした。どうやらスリランカのトウヨウミツバチは非常に扱いやすい性質のようです。ニホンミツバチでの養蜂は非常に難しい技術なので、スリランカのトウヨウミツバチはうらやましい性質を持っていますね。

寺とミツバチ

ダンブッラにある世界遺産の黄金寺院（石窟寺院）は、石窟内にある壁画が有名です。実はここの大仏の顎に毎年オオミツバチが営巣しているのです（図37）。大仏の顎についている髭のような固まりがオオミツバチの巣です。私が見に行ったときには、左手首にも2個巣がついていました。ここもシギリヤ・ロック同様に、ミツバチの巣の駆除はしないそうです。

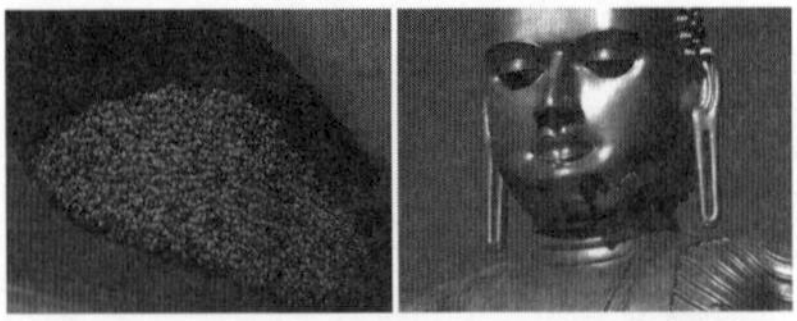

図37　ダンブッラにある黄金寺院では大仏の顎にオオミツバチが営巣している

図38　仏歯寺（左）と奉納した巣蜜（右）

また、スリランカで最も有名な寺院である仏歯寺では、日に3回の礼拝時に、仏歯の入った箱を拝観することができます。毎回、1000人くらいの信徒人が並び、大行列になるそうです。仏歯を拝観するときには、花や米、ハチミツを僧侶に寄進することができます（図38）。通常、外国人は食物の奉納はできないそうですが、日本から来たのならばと、入口の警察官が責任者に連絡して許可を取ってくれ、私もハチミツを奉納することができました。奉納したのは、来る途中で寄ったセイロンビーハニー社で奉納用のハチミツを購入したいと伝えたところ、会社の方が貴重なトウヨウミツバチの巣蜜を無償でくださいました。ハチミツの奉納にあたり、多くの人に感謝する日となりました。

7 ボルネオ島で幻のミツバチを探す

幻のミツバチを求めて

ボルネオ島（またの名をカリマンタン島）にあるキナバル山は、登山をする人には有名な山です（図39）。また、ボルネオ島は世界一大きな花「ラフレシア」が咲くことでも知られており、オランウータンもいます。しかしミツバチに興味がある人にとって、キナバル山は幻のミツバチが生息している場所なのです。というのも、１９９６年に新種としてこの地のキナバルヤマミツバチが登録されましたが、その後、生態についての情報がほとんどありませんでした。写真や映像資料も少なく、生きている個体を見たければ現地に行くしかありません。ということで、２０１９年にボルネオ島に行ってきました。

図39　ボルネオ島の北部にあるキナバル山

ボルネオ島のサバ州は、ミツバチの種多様性が高い地域です。キナバルヤマミツバチのほかにも、１９９８年に再発見されたサバミツバチも生息しています。ほかにもオオミツバチ、トウヨウミツバチ、クロコミツバチがいます。まさにミツバチやミツバチ好きにとっては楽園のような場所です。中でもキナバルヤマミツバチは前述したように文献も少なく、どこに行けばいいのかわかりません。まさに幻のミツバチです。

立ち寄った露店で出会ったサバミツバチのハチミツ

キナバル山では標高１０００ｍ以下にサバミツバチが、１０００〜１５００ｍ付近まではトウヨウミツバチが、１５００ｍ以上にキナバルヤマミツバチと、標高によって棲み分けをしているようです。キナバルヤマミツバチに会うためにはとりあえず高地に行くしかない！　ということで、1500m以上の高地を目指しました。

途中、村おこしで養蜂を振興しているところがあり、トウヨウミツバチの養蜂場を見学ができました。ニホンミツバチと同種といっても、ボルネオのトウヨウミツバチは熱帯のミツバチです。体の大きさはニホンミツバチの7割くらいしかありません。また、ニホンミツバチと異なり逃去の性質が低いので、1カ所で10~20群の飼育が可能です。これはニホンミツバチの養蜂では不可能なことなので、なんともうらやましいです。

また、道中には見かけた露店ではハチミツの瓶が目に留まりました。車から降りて見てみると、トウヨウミツバチのハチミツのほかに、ハリナシバチのハチミツが売っていました（図40）。とりあえず大人買いして全部買って食べ比べをしました。露店にはミツバチが入ったままのハチミツもあり、どうしてミツバチが入っているのかと聞いたところ、採蜜したときにミツバチが入ってしまっただけで、あとで取り除いてから瓶に入れると言うので、見せてもらうことに。なんと、サバミツバチの働きバチがたくさん入っていました。露店のおばあさんに聞いたところ、この村ではみなこのミツバチを飼育しているとのことでした。私はそれまでサバミツバチを飼育してハチミツを採っているという話を聞いたことがなく、また、サバミツバチのハチミツを見たこともなかったので、露天のおばあさんに頼んで譲ってもらいました。私がサバミツバチのハチミツにやたら興奮しているので、「見たければ巣箱も案内してあげようか？」と声をかけてくれたのですが、残念ながら時間がありません。今回の目的はあくまでキナバルヤマミツバチを探すこと。究極の選択でしたが、ひとまずサバミツバチの養蜂は次回来たときに見学させてもらうことにして、後ろ髪をひかれるとはことのことかと思いながら露店を後にしました。

雲を掴むような気持ちで探した幻のミツバチ

熱帯のボルネオ島でも標高が高くなるとやはり気温が低く、肌寒く感じます。温度計を見ると早朝で曇っていることもあるのか、15℃を下回っていました。標高2000mくらいの場所で、キナバルミツバチを探しはじめました。手はじめにあたりを見回しましたが、霧がかかっていて視界が悪く、遠くまで見えませんでした（図41）。訪花している働きバチを見つけて、あわよくば巣を見つけようと足元しか見えない濃い霧の中、花を探しました。まさに雲を掴むような気持ちです。

1日目、2日目、3日目と探し続けましたが、雲と雨に阻まれて、開花中の花を見つけるのすら困難でした。苦戦

図40　露店で販売されていたサバミツバチとハリナシバチのハチミツ
（https://youtu.be/PmSDmbsWVp0）

図41　キナバルヤマミツバチが生息している山岳地帯
（https://youtu.be/mWWiok0lUlk）

しているうちに、とうとう最終日。空港までの時間を考えると、残り2時間が限度・・・。正直途方に暮れました。はるばるボルネオまで来たのに、このままでは無駄足です。どうしようかと途方にくれたそのとき、霧が一瞬だけ晴れ、視界がクリアになりました。白い花の群落が森の中に見えたので、最後の望みを託して近づいてみたところ、ミツバチらしきハチが飛んでいました。すぐさま確認しに行きたい気持ちもありましたが、もし違うミツバチだったらと思うと、すぐには近づけません。まずは遠目で見てみようとじっくり観察したところ、トウヨウミツバチのように見えました。ああ・・・やはりダメか、とがっくりしながら近づいてみると、トウヨウミツバチにしては体がやや大きいことに気がつきました。大きさとしてはニホンミツバチと同じくらいです。もしやと震えながら、さらに近づいてみると、なんとキナバルヤマミツバチでした。周辺を見回すと、30匹くらいの働きバチが訪花していました。

キナバルヤマミツバチはトウヨウミツバチと同種という研究者もいますが、生きた個体を見た私は、そんな意見は的外れだと確信しています。私が初めて書いた英語論文はキナバルヤマミツバチの遺伝子解析をしたもので、同所的に生息するトウヨウミツバチとは遺伝的に異なっていることを示しました。遺伝子的に別種であることを論文にしましたが、生きている実物を見て改めて確信することができました（図42）。確実にキナバルヤマミツバチはボルネオの山岳部に生息しています。帰りの時間を気にしながら、ぎりぎりまで動画や写真を撮影して帰路につきました。うれしすぎて、帰りの飛行機の中では、撮影した映像を何度も何度も見返しました。

図42　キナバルヤマミツバチの働きバチ（左）、サバミツバチの働きバチ（右）　➡口絵21（p．8）

8 ネパールで命懸けのハニーハント

京都で出会ったネパールのハニーハンター

ネパールの山岳地帯には、高地適応したヒマラヤオオミツバチが生息しています。そのミツバチのハチミツを採るハニーハンターの様子を撮影した有名な写真集がありま す。ときどきテレビでもハニーハンターがハチミツを採集する映像が放送されているので、どこかで見たことがある方もいるのではないでしょうか。私も、知人を通じて京都在住でネパール出身の方と話す機会がありました。なんとその方はネパールではハニーハンターをしていたと言うではありませんか！　もうこれは運命だと思い、故郷の村に連れて行ってほしいとお願いしたところ、快く引き受けてくれました。

ネパールで命懸けのフライト

彼から「道中が大変だよ?」と、事前に言われましたが、このときは「まぁなんとかなるだろう」と軽く捉えていました。目的地には、ネパールのカトマンズ空港からさらに3日ほど国内線と車を乗り継ぐ必要があります（図43）。出発前にネパールの航空事情を調べたところ、「機器トラブルで修理を繰り返しても直らなかった飛行機がヤギを生贄に捧げたら無事に飛べた」とか、「元人気俳優がパイロットをしていることがセールスポイントだ」とか、怖い記事がたくさん出てきました。ネパールの国内線は事故率も高いようで、滑走路の短い山岳部の空港は離陸に失敗してときどき墜落するという情報もありました。調べれば調べるほど乗りたくなくなるので、途中で見るのをやめたほどです。これ以外にも、現地では昼食を食べに行ったパイロットがまだ帰らないという理由で出発が遅れるというトラブルもあり、度肝を抜かれました。さらに驚いたのは、ネパールの人がそれに対してまったく不満を言わないことです。こういった事態に慣れているのでしょうか。また、治安が緩いためか、滑走路への出入りが

図43　ネパールの首都カトマンズとアンナプルナ山

自由で、動いている飛行機の横で記念撮影をしたり、シートベルトが自分の座席だけなかったりと、とにかくトラブル続きでした。「道中が大変だよ？」とはこういうことかと思った覚えがありますが、こんなものはまだまだ序の口でした。

天国に一番近いドライブ

山岳エリアは決まった車両しか入ることができないため、車とドライバーをチャーターしました。私が軽く考えていた「道中が大変だよ？」の真の意味を思い知ることになったのはここからです。想像を超える厳しい道中でした。わかっていたら、行かなかったかもしれません。道はもちろん未舗装でガードレールもなく、毎日降る雨でぬかるんでいます。道中には崖崩れで転がり落ちた大きな岩もあり、車窓から崖側を見ると、崖下まで１００ｍほどあり、タイヤが滑って落ちたら終わりだなぁ・・・と思いました。そんな超危険な道なのに、当の運転手はときどき携帯電話で話しながら注意力散漫な様子で運転をしていて、車に乗っている間中、私はとにかく山の神様に無事を祈るしかありませんでした。休憩地点に着くと、たくさんの人がいました。なんと、先の道で大規模な崖崩れが起き、車で通ることができないとのことです。現場を見に行ってみたのですが、道がふさがれていて、車が崖から落ちて横転していました（図44）。不幸中の幸い、乗車していた人は怪我だけで済んだそうです。

現地の方に聞いた話によると、ネパールの山岳部では年々雨量が増えており、道の崩落事故が頻発しているそうです。そういえば、山岳部で平均気温が上昇しているため、ヒマラヤオオミツバチの分布域が高地へと狭まり、生息数も50年前と比べて半減しているという報告もあります。

結局、車では行くことはできなくなったので、崩れた道を迂回して、歩いて反対側の道まで行くことになりました。反対側の道には相乗りのトラックが迎えにきてくれることになっています。

図44　土砂崩れに巻き込まれたガイド車

すでに予定の時間から6時間ほど遅れており、あたりはもう真っ暗。迎えに来てくれたトラックの荷台に乗り込みましたが、明らかに定員、というか重量オーバーでした。「１００人乗っても大丈夫！」というＣＭを思い出すほどの寿司詰め状態で、身動きがまったく取れません。その状態ででこぼこ道を数時間揺られたものですから、もう体力の限界です。宿泊先のホテルに到着したころには午前0時をとうに過ぎていました。ホテルも停電中で何もできませんでしたが、何かをする気力が起きるはずもなく、そのまま泥のように眠りました。

ネパールの庭先養蜂

翌日は快晴でした。宿泊先のホテルを出ると、目の前に目的地であるアンナプルナ山が見えました。小さな集落ですが複数の商店や食堂がありました。山岳部では食堂のメニューや価格は統一されているようで、どのお店も同じメニューを同じ値段で出していました。集落内を歩いていると、ほとんどの家で、屋根の上にトウヨウミツバチの巣箱を置いていました。ネパールの低地では、巣板式の巣箱を使用して、軒下に吊るしたり、地面に置いたりして飼育しています(図45)。

図45　パールの低地で見かけたトウヨウミツバチ基亜種の巣箱
軒下に吊るしたり、地面に置いている．郊外では壁の中に空間を作り巣箱を置ける家も多い（右上）。壁埋込型はネパールではよく見られる伝統的な様式。
（https://youtu.be/Th9_rsZ_TNY）

また、私の訪れた山間部の村では、大きな岩の影の部分に丸太の巣箱を置いて、トウヨウミツバチを飼育していました(図46)。約2mの高さの土台を作り、その上にトウヨウミツバチの巣箱を置いているところもありました。また、2階建ての民家では、1階の屋根の上にマルタ式の巣箱が並んでいました。ラッキーなことに、ちょうど採蜜をするところも見せてもらえました(図47)。この周辺のトウヨウミツバチは*himalaya*亜種で、高地適応をしているため、体の大きさはニホンミツバチと同じくらいです。熱の放散を防ぐために、体を大きくしているものと考えられています。採蜜方法はニホンミツバチとほぼ同じでした。ただ採蜜量は多

図46　ネパールで見かけた各家の巣箱②
大きな岩陰に置かれた丸太式の巣箱（左上）。高さ2mの穀物置きに一緒に置かれていた巣箱（右上）。2階建ての1階の屋根上に並んだ巣箱（左下）。トウヨウミツバチヒマラヤ亜種の巣と働きバチ（右下）。

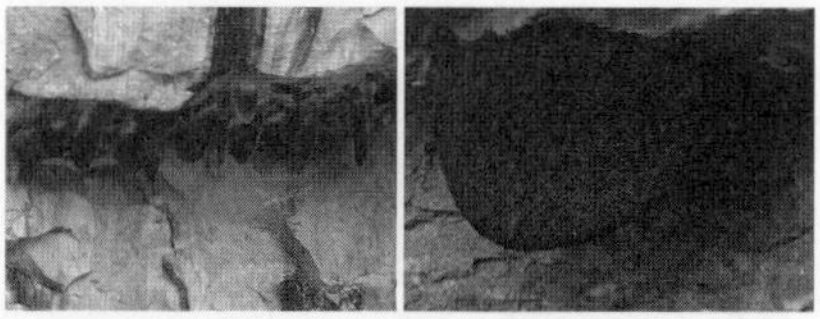

図48　ヒマラヤオオミツバチが集団営巣している崖（左）と、ヒマラヤオオミツバチの巣（右）

図47　トウヨウミツバチヒマラヤ亜種の採蜜の様子
巣箱は空洞で巣枠・巣板はない。山間部の民家は屋根の上に巣箱を置いている。(https://youtu.be/E4-rx2rqHdo)

く、年に2回は採れるそうです。

危険すぎるハニーハンティングにすくむ足

　さて、ヒマラヤオオミツバチの巣を探しに出かけます。同行したハニーハンターによると、ヒマラヤオオミツバチは毎年ほぼ決まった崖に戻ってきて営巣するそうで、採蜜時期の目星はついているとのことでした。

　ヒマラヤオオミツバチは、オオミツバチと同じく季節移動をします。春と秋は標高2000m付近に、夏は2500m付近に、冬は1500m以下と、垂直移動しているようです。私が訪れた時期は雨季前の時期で、川の反対側の崖に大きな集団営巣が見られました（図48）。ヒマラヤオオミツバチが集団営巣する崖には名前がついていて、部族が所有権を持っています。見せていただいた崖には、20枚くらいの巣ができ、高さは300m以上ありそうで、崖下が霞んで見えません。このヒマラヤオオミツバチの巣にトライすべくネパールに来ましたが、想像以上の高さに足がすくみました。しかも、その辺に生えているツタを集めて作った縄梯子でこの崖を降り、ヒマラヤオオミツバチの巣にアプローチするというので、もう足がガクブルです。やるかやらないかで数時間にわたって悩みましたが、今回は撮影だけにしました。

　代わりに、ハニーハンターによる採集の様子を見せてもらいました。まず、2人が崖の上から垂らした縄梯子で、降りていきます。崖下からは仲間が指示を出していました。煙をかけて蜂を巣から追い出してから、返しのついた竹製の棒で巣板を刺してひっかけ、崖から切り取り、籠に巣を入れて下にいる仲間に受け渡します（図49）。実に慣れた手つきでスムーズに作業が進み、1時間ほどで採り終えてしまいました。私も、次にネパールに行く機会があったら、日本からロープ

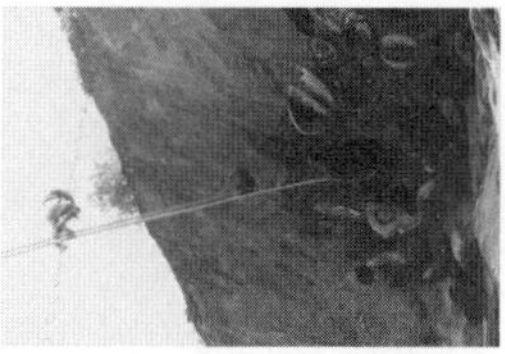

図49　ヒマラヤオオミツバチの巣を取っている様子
(https://youtu.be/UUncxi6dfzc)

などの装備を持参して、この手でハニーハントしたいと思います。

カトマンズに戻ってハチミツ屋さんに入ると、トウヨウミツバチのハチミツと、ヒマラヤオオミツバチのハチミツが販売されていました（図50）。ヒマラヤオオミツバチのハチミツは、採蜜した季節によっては、蜜源植物のシャクナゲの花蜜にグラヤノトキシンが含まれています。このハチミツは「マッドハニー」と呼ばれて、薬効作用があるとされ中国や韓国で非常に人気があります。ただし、人によって幻覚や中毒（めまい、血圧低下、徐脈、麻痺、悪心、嘔吐などの急性中毒）を引き起こす可能性がありますので、もし入手しても安全は保障できません。自己責任でお願いします。地元の人たちは耐性（解毒能）があるようで、このハチミツは祭事などのときに、皆で食べるそうです。

図50　カトマンズ市内で販売されていたトウヨウミツバチのハチミツ（左）とヒマラヤオオミツバチのハチミツ（右）

オオミツバチの分子系統解析

さて、オオミツバチ亜属のオオミツバチとヒマラヤオオミツバチの2種は、東アジアを中心に分布しています。ヒマラヤ山脈地帯に分布するヒマラヤオオミツバチは、温暖化やそれに伴う植生の変化、希少価値の高いハチミツの収穫を目的とした乱獲などによって、この半世紀の間に個体数が半減し、絶滅が危惧されています。また、ヒマラヤオオミツバチを含めてオオミツバチ亜属のグループは、分類体系が未確定の部分も多い状態です。そこで私たちは現地の研究者たちと連携して、ヒマラヤオオミツバチの保全を目的に、各地で採集した個体をもとにヒマラヤオオミツバチの遺伝的分化および種の独立性、繁殖生態について研究を進めています。

私の研究室の今井静香氏が、卒業研究で分子系統解析を行ったところ、オオミツバチとヒマラヤオオミツバチの間には大きな遺伝的分化が存在することがわかりました（図51）。遺伝的距離もミツバチ属における種内変異を超えることから、独立種として扱うことが妥当であることが明らかになりました。また、オオミツバチとヒマラヤオオミツバチの間には遺伝的交流がなく、生殖隔離が存在していることが強く示唆されました。つまり、オオミツバチとヒマラヤオオミツバチは交配しておらず、ヒマラヤオオミツバチは独立種である可能性を遺伝子レベルで再確認することができました。北海道大学の坂上昭一教授は、かつてヒマラヤ遠征でヒマラヤオオミツバチを調査し、独立種として報

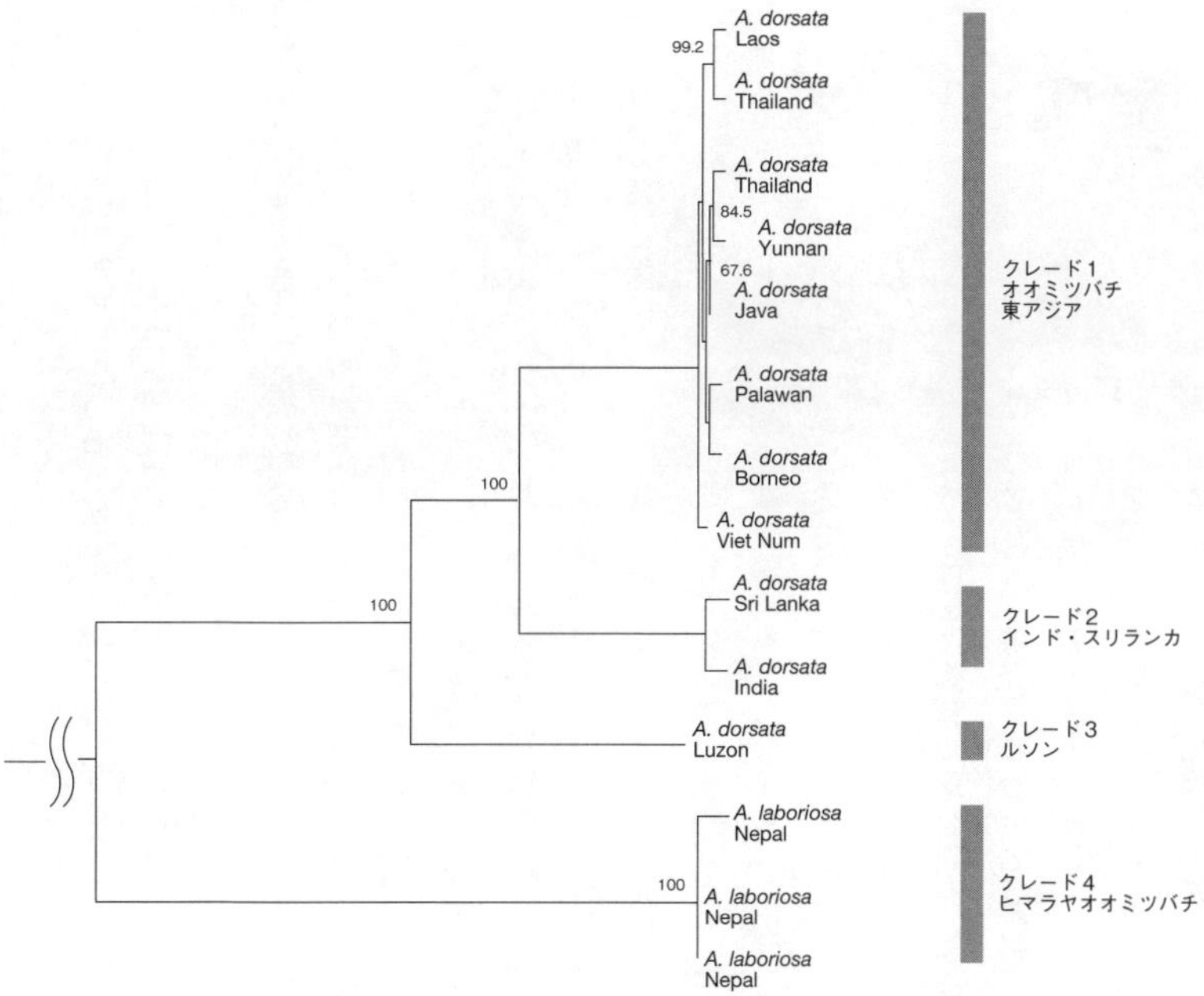

図51　ミトコンドリアDNAの13個のタンパク質コード遺伝子によるオオミツバチ亜属の分子系統解析
（作図：今井静香氏）

告しました。当時、異論などもありましたが、今回の遺伝子解析により、坂上教授の報告が正しかったと示すことができたと考えています。

また、私は学生のころから、ミツバチの女王バチにおける多回交尾の進化について調べています。ヒマラヤオオミツバチの女王バチの交尾回数を明らかにするため、2巣の働きバチのサナギを解析しました。なぜ働きバチの遺伝子解析をするかというと、複数の働きバチ（娘）の遺伝子型がわかれば、女王バチ（母）とオスバチ（父）の遺伝子型を推定することができるからです。つまり、父であるオスバチ遺伝子が何種類かがわかれば、女王バチの交尾回数が推定できるということです。解析の結果、ヒマラヤオオミツバチの女王バチは少なくとも21～23回交尾していることが推定されました。ミツバチの巣には通常女王バチは1匹で、一妻多夫制の社会を築いていますが、その中でもヒマラヤオオミツバチは高いレベルの一妻多夫社会であることがわかりました。なぜヒマラヤオオミツバチは女王バチの一妻多夫レベルが高いのかについては、はっきりわかっていませんが、気候変化の激しいこの地域で適応するために、高い遺伝的多様性を得る必要があるのではないかと予測されています。

ハチを祀る文化

日本には、ハチにまつわる伝承・記録が多く残されています。その中から、いくつか個性的な逸話のある古刹を紹介します。

・蜂熊山《はちくまやま》蜂前寺《ぶぜんじ》金剛院《こんごういん》の蜂塚

ご詠歌　人の世の　苦を救ひます　薬師仏蜂も来たりて
　塚をなすはや

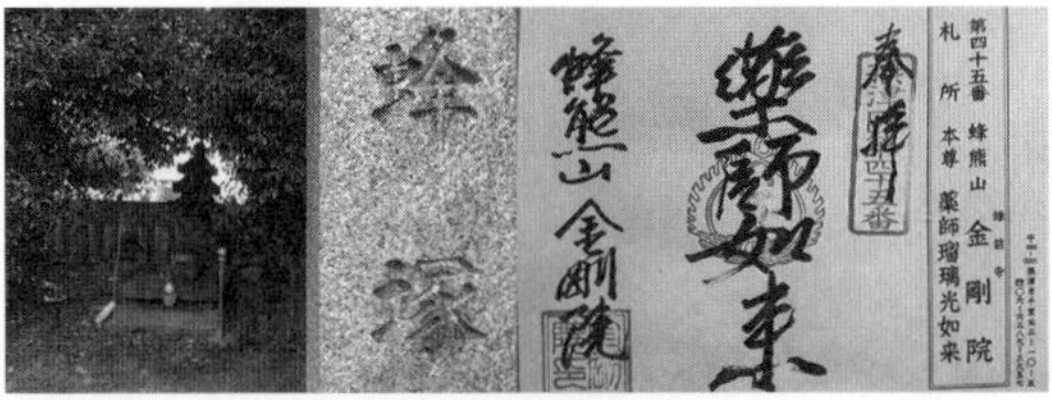

蜂熊山蜂前寺金剛院にある蜂塚と御朱印

大阪府摂津市にある金剛院は、約1300年の歴史を誇る高野山真言宗の古刹です。お寺に残る言い伝えによると、天平10年（738年）に1人の老翁が遊歴の行基に珍菓を供しながら「この地は霊地なり。一寺の建立を乞う」と言って消え去ったそうです。そこで、行基は薬師如来を刻んで本尊となし、放光山《ほうこうさん》味舌寺《ましたじ》と名付けました。この地が1123〜1142年ごろ（異説では1467〜1468年ごろ）に盗賊の被害に遭い、その盗賊の討伐に来た官軍が劣勢になり、この寺に逃げ込んだ際、村人たちが本尊の薬師如来に祈念したところ、突如、本殿から蜂の大群が現れ、盗賊を追い払ったという逸話が残っています。この寺の本堂裏には、盗賊を追い払った際に死んだ蜂を供養するために作られた「蜂塚」と呼ばれる五輪塔が、現在も本堂裏に残っています。これ以後、寺名が、蜂熊山《はちくまやま》蜂前寺《ぶぜんじ》金剛院《こんごういん》と改められたと伝えられています。

・蜂穴《はちあな》神社の祭神・大山祇命

香川県高松市にある蜂穴神社は、高松市の氏神である石清《いわせ》尾《お》八幡宮の境外摂社にあり、平安時代の延喜18年（918年）が由緒とされています。蜂穴神社には、室町幕府管領の細川頼之が、貞治3年（1364年）に伊予の河野氏征伐に向かう際に八幡宮で祈願したところ、洞穴から数百匹ものハチが現れ、河野軍に襲い掛かり、そのおかげで勝利したという言い伝えがあります。頼之は、戦勝奉賛祭を石清尾八幡宮で行った後、伊予国一宮大三島神社を勧請して、蜂穴神社を創建したとされています。

このハチがミツバチなのかスズメバチなのかはわかりませんが、御朱印には可愛いミツ

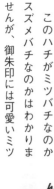

蜂穴神社とハチの印が付いている御朱印

バチの印をつけてくれています。蜂穴神社の御朱印は、八幡宮の社務所でもらうことができます。

・陣《じん》ケ《が》岡《おか》陣営跡地の蜂《はち》神社

蜂神社は、岩手県筑紫町の陣《じん》ケ《が》岡《おか》陣営跡地にあります。この場所は、前九年の乱が終わる康平5年（1062年）に、藤原源頼義と頼家親子が蝦夷の子孫である安部貞任を征討するために陣を敷いた場所とされています。当初、藪の中のハチの大群に悩まされていた義家らが、夜にハチの巣を袋に入れて、怒らせた後、敵陣に投げ込んで蝦夷軍を混乱させて、見事勝利したそうです。勝利した義家たちは、ハチの遺骸をねんごろに葬り、報恩として陣の跡地に蜂神社を建立したとされています。

この蜂神社は、大和（奈良県）にある東大寺の三日月（法華）堂より勧請されたと伝えられています。実はこの三日月堂にもハチにまつわる逸話があるのです。三日月堂の北側の厨子には執金剛神《しゅこんごうじん》像（国宝）が安置されています。940年に起きた平将門の乱の折、執金剛神像に朝敵調伏の法を行っていたそうです。そのときに、突如現れた数万の蜂が堂内いっぱいに満ちると、迅風がにわかに起こり、像の髪の元結の紐が吹き飛ばされ東方に飛んでいきました。その後を追ったハチの群れが平将門を刺し、乱を平定したという逸話があります。ほかにも、この像自体がハチとなって飛んでいき、平将門を成敗したときに折れたという別の言い伝えもあります。

このような伝承を模したものは、今も青森で行われているねぶた祭の山車で見ることができます。ねぶた祭のハチはスズメバチのようですが、私は堂内から飛んでいったハチはニホンミツバチの分蜂群ではないかと密かに考えています。

蜂神社（a）、三日月（法華）堂（b）、執金剛神像（c）、将門を成敗するハチのねぶた（d）

第8章 ミツバチと人との関係

人とミツバチの関係は数千年の歴史があります。紀元前6000年ごろのスペインの洞窟壁画には野生の巣から採蜜する様子が描かれ、紀元前2600年ごろのエジプトの壁画には養蜂の様子が描かれています（図1）。古来より、人はハチミツや蜂児を食料としてきましたが、近年では、それ以外にも農作物の受粉、健康・医療物質の提供、教育、生物多様性の保全など、人間がミツバチから多面的な生態系サービスを受けていることがわかってきました。

図1　スペインの洞窟壁画に描かれた採蜜の様子（左）と、エジプトの壁画に描かれたハチの象形文字（右）
どちらもイメージ画。

21世紀に入った今では人とミツバチのつながりはより強くなっており、特に私たち人間がミツバチを必要としています。この章では、このようなミツバチと人の関係について、文化的な面を含めて紹介します。

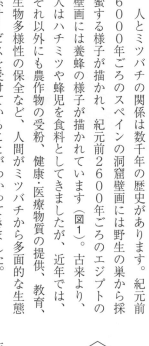

1 養蜂ブームの到来と家畜としてのミツバチ

環境保全や食の安全問題への関心の高まりから、ここ数年、国内外ともにミツバチの飼養者数が増加傾向にあります。特に国内では、都市部で地域振興や定年後の趣味としてミツバチを飼養する人が増えており、「第三次養蜂ブーム」とまで言われています。また、教育現場などでもミツバチを教材として利用する学校養蜂が盛んになってきました。

このような状況の中、養蜂人口の増加と、現行法では対応できない諸問題が生じてきた背景から、平成25年（2013年）に養蜂振興法が改正・施行されました。ミツバチは分類学的には昆虫綱のグループに属しますが、日本ではカイコとともに家畜伝染病予防法により家畜として取り扱う必要があります。家畜であるミツバチを飼育する場合は、たとえ趣味であっても養蜂振興法により毎年都道府県へ飼養群数届を提出することや、家畜伝染病に感染していないか検査を受けることが義務付けられます。さらに、地域の事情に合わせた条例により、飼養などが制限されていることもあります。

明治時代に始まったセイヨウミツバチを飼養する近代養蜂（これに対してニホンミツバチの養蜂は「伝統養蜂」と呼びます）は、１９７０年代までは主としてハチミツの生産を目的に行われていました。冬の越冬から目覚めたミツバチは、春から秋に花から蜜を集めてハチミツを作ります。養蜂家はハチミツを、春・夏の数回にわたって巣板を搾って採蜜します。ミツバチが秋に貯めるハチミツは越冬用の保存食なので、通常は採蜜しません。ミツバチ群は、冬に１週間で約１kgのハチミツを消費するとされていますが、専業の養蜂家であっても越冬前に十分なハチミツを蓄えさせることは難しく、すべてのミツバチ群が越冬に成功するわけではありません。越冬には、豊富な経験と高度な管理技術が必要です。初心者や一部の趣味養蜂家などが、この事情を知らずにハチミツを採れるだけ採ってしまうことがありますが、そうしたミツバチ群は越冬できずに死滅してしまいます。最近では、ミツバチの死亡要因が冬季の餌切れによる餓死であることが少なくありません。

2 農業の変化とともに変わる養蜂の役割

日本では１９７０年代以降になると、農業の様式にも変化が見られます。養蜂と関わりの大きい話としては、冬季にビニールハウスでイチゴの栽培などが行われるようになりました。ハウス内では自然の昆虫が授粉することができないため、ミツバチの巣箱を導入したポリネーション（花粉交配）が行われるようになりました。

その後、イチゴを皮切りにスイカ、メロンなどでもミツバチがポリネーションに利用されるようになりました（図２）。ハウス栽培が盛んになるにつれ、国内の養蜂はハチミツ生産から、受粉に使用する働きバチ自体を生産する様式へと大きな転換が進みます。近年は、屋外の果樹栽培でも

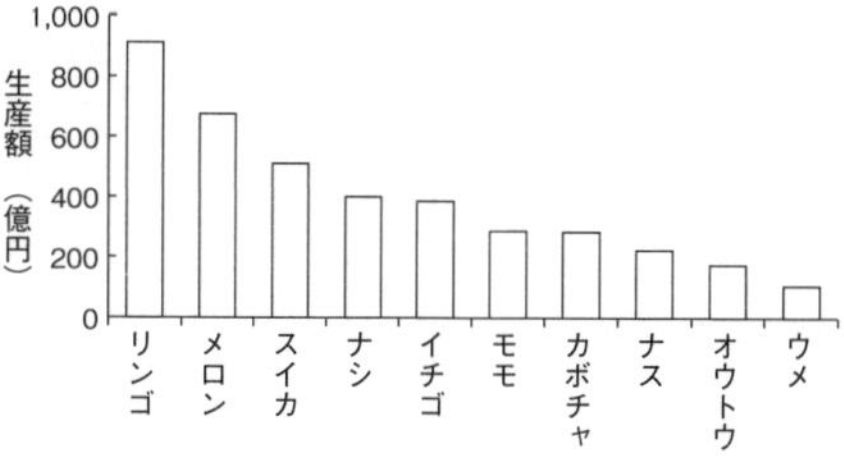

図２　国内でポリネーターに依存している主な農作物の生産額（年間）

野生のポリネーター（授粉昆虫）が少なくなって実の付き方が悪くなったことから、ミツバチ群を導入する傾向が強くなっています。

通常、ポリネーションに使用するミツバチ群は、農家が養蜂家からレンタルや使い切りの形で購入しています。現在、国内では少なくとも約17～20万群のミツバチが飼養され、半数以上の11万群が施設園芸の授粉用に使用されています。統計上に乗らない部分もあるため、実際はこの数値以上に多くのミツバチ群が授粉用に利用されていると思われます。

3 ミツバチがもたらす経済価値

ミツバチはハチミツなどの養蜂生産物以外にもポリネーションを通じて、農業に多大な貢献をしています。残念ながら、その経済価値を正確に見積もったデータは今のところありませんが、１９９９年の日本養蜂はちみつ協会の調べによると、約３２００億円の経済価値と推定されています。これは、牛、豚、鶏に次いで４番目に価値がある家畜と言われています。近年は、国内ハチミツの需要増加やポリネーションへの利用増加から６０００～７０００億円以上になるとも言われています（図３）。

こうした現象はミツバチの飼育者や飼育数にもみられ、２０００年代に入るまでは減少していた専業養蜂家とミツ

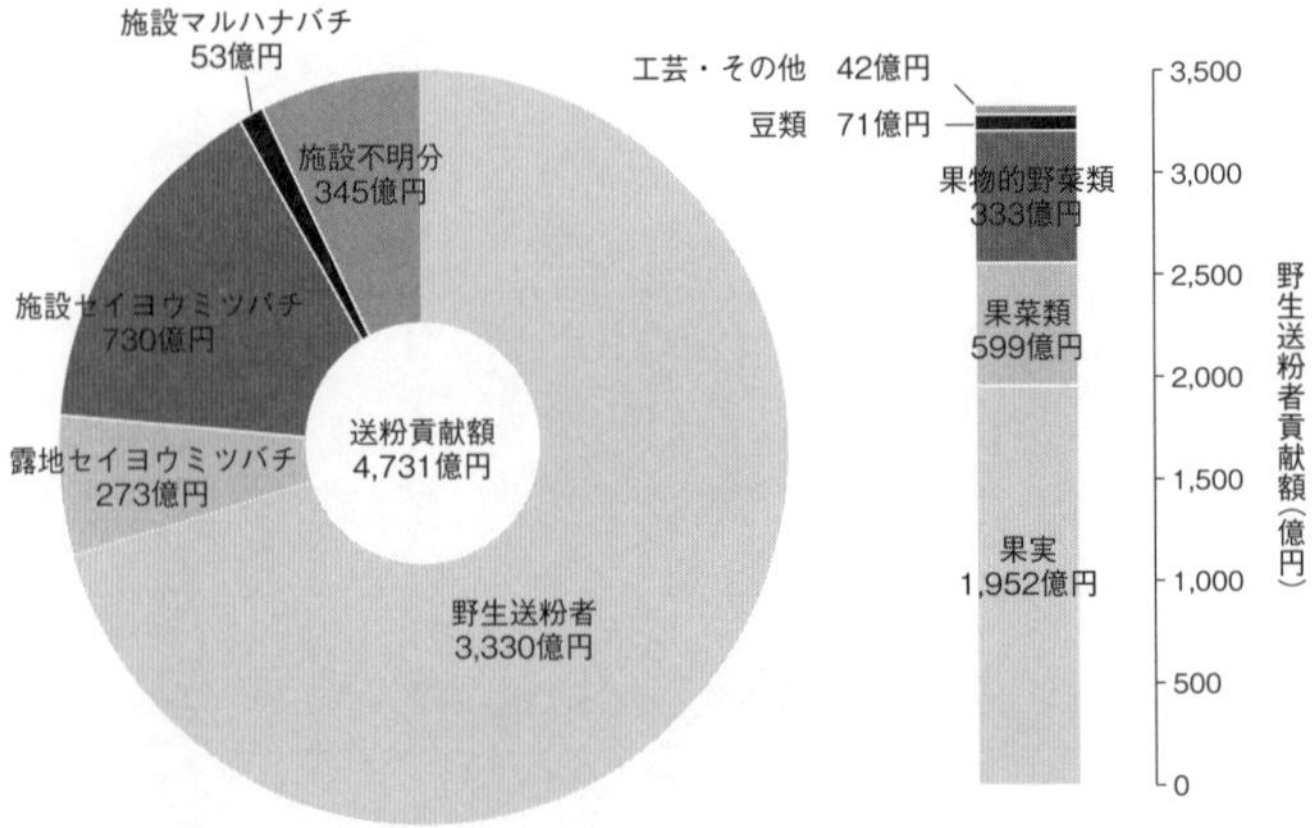

図３　国内におけるポリネーターの送粉サービスがもたらす経済的価値
ミツバチなどを利用した受粉は、低労力化・コスト削減だけでなく、農作物の品質向上にもなる。人口増加による食料問題解決に欠かせない農業環境技術研究所作成の図をもとに作成・一部改変。

バチの飼養群数が、２０００年代以降は横ばいから若干の増加傾向になっています。多くは趣味・個人養蜂家の増加分で、近年のミツバチの需給バランスは拮抗している状態のため、天候不順などによりミツバチ生産量が減少すると、２００９年のようなミツバチ不足による問題が生じる可能性が潜在的に存在しています。

４ 生物多様性の損失とミツバチ

ポリネーターとしてのミツバチの重要性が再確認される中、個体数の減少が世界各地で大きな問題となっています。今から約50年前に出版されたレイチェル・カーソンの著書『沈黙の春』の中では、人間による自然環境を無視した無秩序な開発は、生物多様性の損失をもたらし、やがて生態系の破壊が巡り巡って私たち人間の生活にも大きな影響を及ぼすと警鐘を鳴らしていました。ポリネーターとして重要な生物であるハチの仲間は、農作物や野生植物の繁殖を可能にし、農業や自然生態系の維持に貢献しています。近年、ポリネーターの減少が世界各地で報告され、その原因は人間による環境開発や気候変動による影響と考えられています。このままの状態が続くと、農作物の種子や果実ができなくなり、農業生態系の崩壊につながります。また、野生でも植物が繁殖できないことは、多くの植物が局所的に減少や絶滅することを意味します。

環境学者であるロックストロームらは、２００９年に地球環境が悪化する要因を10種類に大別し、安全運転の限界（バウンダリー）を試算しました（図４）。これによると、生物多様性の損失は、私たち人間が持続的な生態系サービ

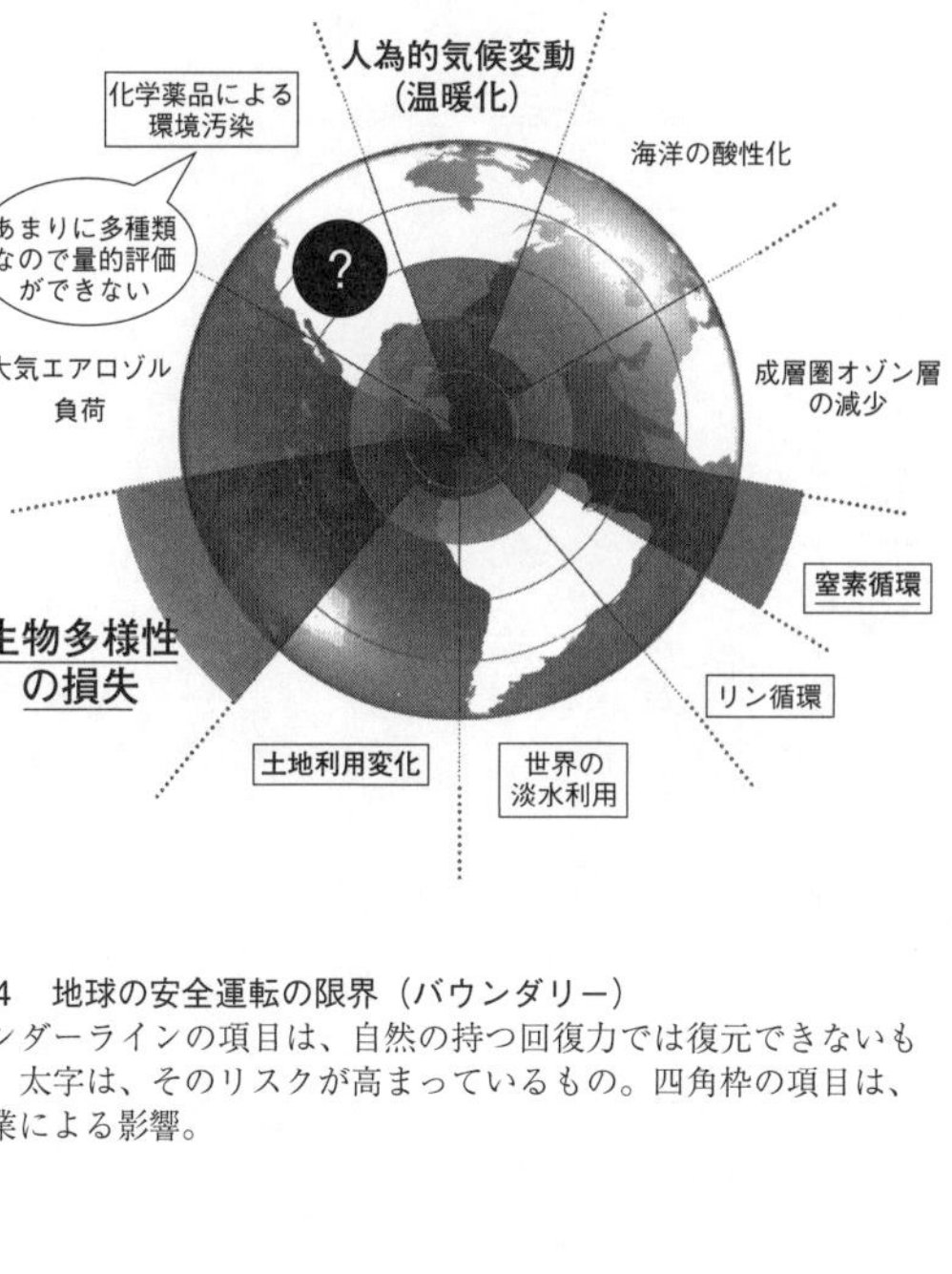

図４　地球の安全運転の限界（バウンダリー）
アンダーラインの項目は、自然の持つ回復力では復元できないもの。太字は、そのリスクが高まっているもの。四角枠の項目は、農業による影響。

スを今後も受け続けるために解決しなければならない最も重要な課題としています。我が国の国家戦略の長期目標では、2050年までに生物多様性の維持・回復と持続可能な利用を通じて、生物多様性の状態を現状以上に豊かなものとするとともに、生態系サービスを将来にわたって享受できる自然共生社会を実現するとしています。この目標を達成するためには、陸上生態系における生産者である植物と、ポリネーターの存在が重要かつ不可欠です。例えば、国際連合食糧農業機関（FAO）は、世界の農作物生産量の35％、種類数では75％が野生の送粉昆虫により受粉が行われているとしています。しかし近年、世界各地で野生のポリネーターの減少が報告されており、陸上生態系の保全や生態系サービスの持続的利用が危惧されています。陸上生態系における植物と野生の送粉昆虫の送粉共生関係の解明は、生物多様性の保全のため重要な課題です。

世界中でミツバチが減少している

世界で初めて報告されたミツバチの大規模かつ広範囲での減少は、2006年の冬にアメリカで、約3割のミツバチ群がある日、忽然といなくなったというものでした。当初はミツバチの死亡原因がわかりませんでしたが、この出来事は原因不明で巣箱からミツバチ群が失踪する現象を「蜂群《ほうぐん》崩壊症候群（CCD）」と呼ぶきっかけになりました。その後、欧州などでも同様の事例が報告され、それに関連して、ポリネーションに利用されるミツバチ群が不足したため、ミツバチ群の謎の失踪は世界的なニュースとなりました。

調査が進むにつれて、数日から数カ月の間に徐々に群の働きバチの数が減少し、最終的にミツバチ群が死滅することがわかってきました。当初は原因不明とされていたCCDでしたが、現在ではいくつかの病虫害や農薬、餌となる蜜源植物の減少による複合的な要因によるものとされています。病害虫では、ミツバチに寄生するミツバチヘギイタダニがまん延するとミツバチ群が死滅してしまいます（第六章で詳しく紹介しています）。このダニはミツバチのウイルス病の媒介もするため、ダニとウイルスの複合的な影響により、ミツバチが弱ってしまいます。カナダでは約3割の群が越冬できずに死滅しますが、のちの調査で約9割は外来種であるミツバチヘギイタダニが原因ではないかとされました。一方、2007〜2008年にかけて、ハワイで約6割のミツバチ群がこのダニが媒介した強毒性のウイルスにより死滅したことが報告されています。そのほかにも、アメリカ本土や欧州では、多様な病原微生物がミツバチ群の死滅要因として報告されています。

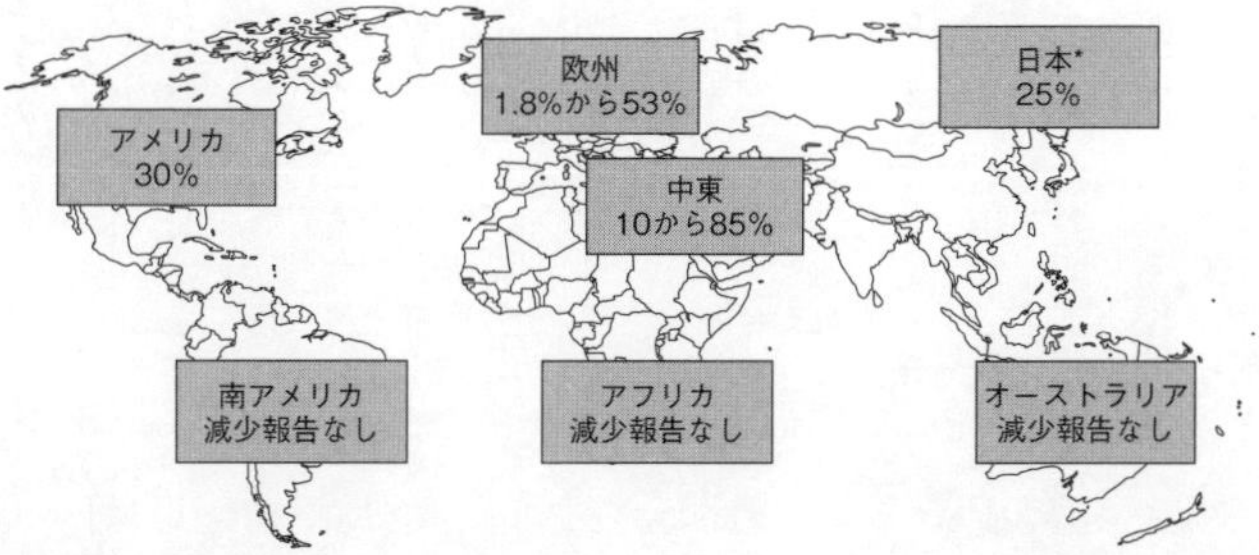

図５　セイヨウミツバチの減少状況
北半球の欧米やアジアでの被害が顕著。スイス、ドイツ、ベルギー、フランス、オランダ、ポーランド、ギリシア、イタリア、ポルトガル、スペイン、日本、台湾などで減少の報告がある。＊：日本は養蜂家単位での大量死（減少）発生の有無であり、群数の減少率ではない。

これらの病害虫に共通することは、本来その地域にいなかった病気が、輸送手段の発達により人や物資の移動とともに持ち込まれ、ミツバチにまん延し、大量死の原因になっている可能性が高いということです。さらに深刻な問題は、飼育されていたミツバチやマルハナバチから、今度は野生のハチに感染が広がり、イギリスやアメリカだけでなく日本でもこうした問題は報告されています（図５）。これは人間の経済活動が野生のポリネーターの減少に影響を与えた例の1つです。

さらに、アジア地域では、森林伐採や地球規模の気候変動により野生のポリネーターが減少し、農業生態系や自然生態系に影響を与えているため大きな問題となっています。温暖化はヒマラヤ山脈地域に寒冷適応したヒマラヤオオミツバチへの影響が報告されています。ネパールでの調査によると、２０００年以降に巣の数が６割以上も減少していることが報告されており、減少の原因は温暖化による植物相の変化によるものではないかと考察されています。マルハナバチも、寒冷地に分布しているため温暖化の影響を強く受けていると言われています。実際に欧州や北米では、著しい個体数の減少が報告されており、アメリカでは1種が絶滅危惧種に指定され、イギリスでは2種のマルハナバチが生息環境の変化により絶滅しました。

ポリネーターの重要性

農業生態系や自然生態系におけるポリネーターの重要性は、生物多様性の理解とともに一般的に認識されるようになってきています。その一方で、人間活動による森林伐採や気候変動により起きるポリネーターの減少・絶滅を防止するための早急な対策が求められています。野生に見られるたくさんのポリネーターのうち、人が管理して農業で利用されているのは、ミツバチやマルハナバチなどのわずかな種類のみです。現在、私たちはほとんどの野生のポリネーターの存在を理解することができていません。推定では約7割の農作物は未知の野生のポリネーターに依存していると言われています。ハナバチをはじめとするポリネーターを介した農作物（野生植物も含む）への花粉の授受を「送粉サービス」と言います。この送粉サービスをするハナバチ類は、多くの野生植物の繁殖にとっても必要不可欠な存在であり、陸上生態系の生物多様性の基盤を支えています。

生物多様性の宝庫でありながら、近年は開発による環境変化の著しい熱帯地域でのポリネーターの減少については、ほとんど何も知られていない状態のまま絶滅に向かっています。これまで私たちは生物多様性による送粉サービスを享受してきましたが、それは無料の野生ポリネーターに大きく頼ってきた歴史でもあります。経済的価値に換算すると世界で年間20兆円規模になるそうです。しかし、人間活動による環境変化により、今まで普通に受けられていた送粉サービスが、将来世代にまで継続して受けられるという保証はどこにもありません。むしろ受けられないだろうと多くの専門家や団体が警鐘を鳴らしています。貴重な生物多様性を次の世代まで持続的可能な形で利用できるようにしていくためにも、生物多様性の理解と環境保全活動が重要です。

2050年問題にむけた取り組みとミツバチの記念日

ＦＡＯによると、２０５０年には世界人口が90億人を超え、食料不足が問題になると言われています。一方で現在の食料生産システムはすでに限界に来ており、そのような状況の中、ミツバチなどのポリネーターの減少が世界の食料生産計画の大きなリスク要因となっていることが警告されています。世界の作物生産量の35％はミツバチをはじめとしたポリネーターによって支えられています。農作物のうち約75％は、ポリネーターによる受粉が必要だそうです。そこで２０１７年、ＦＡＯにより、ミツバチなどのポリネーターの重要性や、ポリネーターが直面している課題、そして持続可能な発展への貢献への意識を高めるべく、5月20日を「世界ミツバチの日（World Bee Day）」とすることが制定されました。ＦＡＯは他の関連機関との連携のもと、この日を祝う取り組みを推進しています。日本にもミツバチに関する記念日はあり、3月8日が「ミツバチの日」、8月３日が「ハチミツの日」となっています。

5 日本人とミツバチ

日本最古のミツバチ記録

日本人はいつごろからミツバチという昆虫を認識していたのでしょうか？　奈良時代に成立したとされる日本最古の歌集『万葉集』には、奈良時代の人々がハチを「すがれ」や「すがる」と呼んでいた記録があります。「ミツバチ」という言葉が初めて文献に出てくるのは、同じ時代に編纂《へんさん》された日本最古の歴史書『日本書紀』と言われているため、もしかしたらミツバチがほかのハチと区別されるようになったのは奈良時代からかもしれません。対馬島では、それより前の西暦500年代にはすでに養蜂が行われていたという記述が江戸時代に編纂された文献にありますが、資料の古さで言うと、720年に完成したとされる日本書紀が最古でしょう。

日本書紀には、皇極天皇2年（643年）に「是歳《ことし》、百済《くだら》の太子余豊《よほう》、蜜蜂の房4枚をもって三輪山《みわやま》に放ち、養う。しかれどもついに蕃息《うまわ》らず」という記載があります。これは、当時、百済（当時、朝鮮半島にあった国）を亡命して日本にきた余豊が、奈良の三輪山で養蜂を試みたけれども失敗に終わったという記録と言われ、日本本土で養蜂が行われていたことを示す根拠になっています（図6）。現在の三輪山は三輪大社により御神体として祭られていて、入山には事前の許可が必要です。ミツバチが生息できそうな環境なのか見に行ったのですが、現在の三輪山は針葉樹が優占している環境であるため、飼育には向いていなさそうでした。もし、当時も同じような植生だったのなら、養蜂はうまくいかなかったでしょう。ほかにも日本書紀には、推古天皇35年（627年）に蝿の群れに関する記事がありますが、これはおそらくミツバチの分蜂群だろうと言われています。

図6　日本書紀（a）、三輪山（b）にある三輪大社（c）

奈良時代には薬用としても使われていた

日本書紀に続く歴史書と言われる『続日本紀《しょくにほんぎ》』や『日本三代実録』では、奈良時代にハチミツが海外からの貢物《みつぎもの》として献上されていたことが記載されています。例えば天平11年（739年）には、渤海《ぼっかい》という国からの「文王致聖武天皇書」という書状に「大虫皮、羆皮各七張、豹皮六張、人参三〇斤、蜜三斤」と記されており、ハチミツが献上されていたことが伺えます。また、天平宝字4年（760年）には、「五大寺に使を遣わし、毎寺雑薬二櫃と、蜜缶一口とを施す」とあり、当時のハチミツが薬用として貴重な貢物であったと考えられます。

また、唐（当時の中国）から日本に来て仏教を広めた鑑真の伝記『法務贈大僧正唐鑑真大和上伝記』（779年）では、鑑真が744年に2度目の日本への渡海を試みた際の積荷に「石蜜・蔗糖等、五百余斤、蜂蜜十斛」と記録されています。現在の中国の石蜜は、水分が数年をかけて自然状態で完全になくなった固形状のハチミツですが、この石蜜は、岩の隙間に営巣したミツバチの巣から採れたハチミツか、結晶化したハチミツだと考えられています。

奈良時代には、食用以外でもミツバチの生産物が利用されていた記録があります。奈良時代初期には、金銅仏の製作において鋳型を作るときに蜂ろうが利用されていたようです。具体的に紹介すると、まず、蜂ろうに松脂《まつやに》を煮合わせたもので原型を作り、土に包んで高温で焼くと、熱によってろうが溶けて隙間が生まれます。そこに溶かした金属を流し込んで仏像を作る「ろう型技法」において、蜂ろうが使われていたようです。当時は蜂ろうを大量に生産するほど養蜂が行われていたとは思われないことから、金銅仏のために蜂ろうが中国や朝鮮半島から輸入されていた可能性が考えられます。

また、奈良の正倉院には、収蔵60種が記録されている『種々薬帳』があり、ここには臈蜜《ろうみつ》の記録があります。臈蜜とは蜂ろうを丸餅状に固めたもので、軟膏の基剤などに使用されていたようです。

平安貴族とミツバチ

平安時代の書物から、国内でもハチミツを収穫（狩猟型なのか飼育をしていたかは不明）し、献上品として使用されていた記録が見られます。905年から編纂が始まり927年に完成した平安時代の法典『延喜式《えんぎしき》』には、「蜜、甲斐国一升、相模国一升、信濃国一升、能登国一升五合、越後国一升五合、備中国一升、備後国二升」と記載されています。また、同史書には「蜂房」という記述も見られ、献上された物品の項目として「摂津国蜂房七両、伊勢国蜂房一斤一二両」と記載されています。蜂房はおそらく巣蜜のことだと思われます。ちなみに一斤は約６００ｇ、一両は約38ｇです。

また、同じく平安時代の書物には、当時、ハチミツが薬として利用されたことの一端をうかがえる記載もあります。古来から日本で乳製品とされている蘇《そ》は、牛乳を煮詰めて作られたものと考えられています。光源氏のモデルと言われている藤原道長が病を患ったときに、蘇とハチミツを合わせた蘇蜜を服したことが、藤原実資《さねすけ》の日記である『小右記』（１０１６年）に書かれています。蘇蜜については他の文献にも記録があり、蘇を食べるときに甘味と薬用のあるハチミツとともに食べる習慣があったようです。

さらに『源氏物語』の鈴虫の巻には、「荷葉の方をあわせたる名香、蜜をかくしほろろげて、たき匂はしたる」とあり、当時、ハチミツで香を練っていたことが伺えます。今でも伝統的な香にはハチミツを使うそうです。

ほかにも平安貴族とミツバチの関わりについて記録されています。例えば、平安時代の公卿で太政大臣でもあった藤原宗輔《むねすけ》には「蜂飼大臣《はちかいおとど》」という異名があり、ここからも当時、日本でミツバチの飼育が行われていたことが伺えます。この宗輔にはハチに関する逸話が多く残っています。

平安末期の歴史書『今鏡』では、宮中でハチの巣が落ちて飛び回っているハチに対して、宗輔が冷静にハチの好物である枇杷の皮をむいて差し出したところ、ハチがその果実の汁を吸って大人しくなったという描写があります。また、鎌倉時代の教訓説話集『十訓抄』によると、宗輔がハチ１匹１匹に名前を付けて自由に飼い慣らし、ハチに命じて気に入らない人間を刺させていたそうです。このハチがミツバチなのかアシナガバチなのかについては諸説ありますが、私はニホンミツバチではないかと考えています。というのも、京都で枇杷の実が採れるのは５～６月ごろで、この時期のアシナガバチやスズメバチの巣は、まだ大きくなく、働きバチも数～十数匹程度と少ないのに対してニホンミツバチは分蜂の季節です。枇杷の実がなる季節に宮中を飛び回っていたと考えると、ニホンミツバチではないかと思うのです。

貴族以外では、平安時代末期の説話集『今昔物語』に庶民の間でミツバチが飼われていた様子が描かれています。ただし、貴族がそのような生き物の世話をすることはなく、鎌倉時代の説話集『古事談』では、ミツバチの飼育が無益なこととして人々から嘲笑されていたと書かれています。

江戸時代における養蜂の産業化への試み

鎌倉時代以降の書物には、あまりミツバチやハチミツの記述はみられなくなりますが、江戸時代になると再び記述が増えます。代表的なものとして、儒学者である貝原益軒《えきけん》のまとめた農学書『大和本草《やまとほんぞう》』（１７０６年）にハチミツを採る様子が、本草家・久世敦行がまとめた農学書『家蜂畜養記』（１７９１年）にはミツバチの生態観察が、博物学者・木村孔恭《こうきょう》が漁法と食品の製造法をまとめた『日本山海名産図会』には家の軒下に吊るされた樽や箱で飼われているミツバチや、そこからハチミツを採る様子が描かれています。また、大本草学者・小野蘭山の講義が筆記整理された『本草綱目啓蒙』（１８０５年）には、ハチミツの有名な産地が示されています。さらに、農学者である大蔵永常による農業書『広益国産考』（１８５９年）には、豊後国（現在の大分県）のハチミツの取引相場に関する記録が残っています。

江戸時代後期になると、水戸藩藩主の徳川斉和が、養蜂の産業化を構想し、養蜂の技術書である『景山養蜂記録』を残しています。同時代、和歌山県の有田市でも養蜂が行われました。貞市右衛門（あだ名は「蜜市」）は、数百群とも言われるニホンミツバチの大量飼育に取り組んでいます。貞市は巣箱の寸法を独自に規格化し、天秤棒で巣箱を担ぎなら移動式の養蜂も行っていたと記録されています。当時のハチミツや蜂ろうの生産量も残されていて、養蜂の歴史に関する貴重な資料となっています。１９５９年にその功績を記念して出版された伝記『養蜂の農聖　貞市翁小伝』によると、１８５８〜１９０３年に、年当たり約１３００kg（巣箱１つ当たり約７kg）ほどのハチミツを採集していたようです。飼養群数は最大年で２２３箱で、ニホンミツバチのハチミツと考えると、ものすごい規模であることがわかります。この記述からは、当時の養蜂技術のレベルの高さとともに、自然環境の豊かさがうかがえます。

このように、江戸時代から明治初期にかけて、ニホンミツバチの養蜂の産業化が試みられました。しかし、セイヨウミツバチが輸入されるようになると、セイヨウミツバチによる養蜂産業が発展し、ニホンミツバチの養蜂は趣味の範疇に退きました。このため、明治以降の養蜂の記録はセイヨウミツバチのものがほとんどで、江戸時代まで日本でどのような養蜂が行われていたかを知ることができる資料はほとんど存在しません。この時代の数少ない資料のうち、『蜜蜂一覧』（１８７２年）は、江戸時代末期の養蜂の様子が詳細に描かれています（図７）。

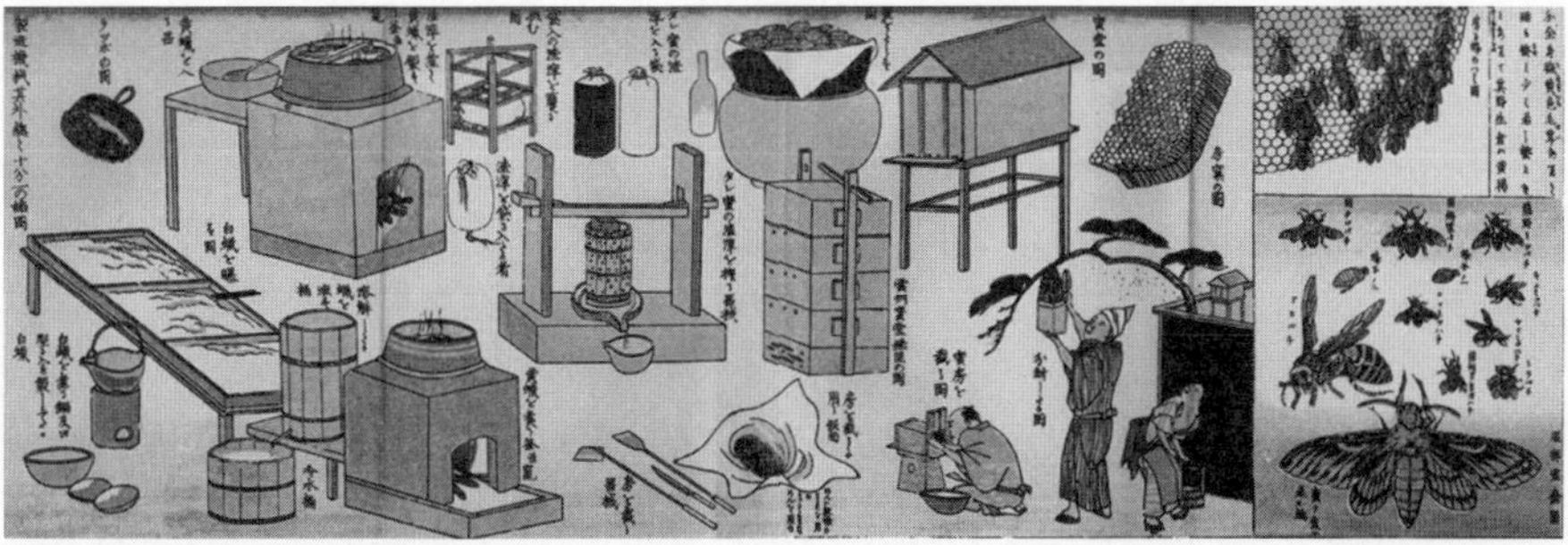

図７　『蜜蜂一覧』
明治５年（1872年）に田中芳雄が編纂し、明治６年（1873年）にオーストリアで開催した万国博覧会に出品するために編集された「教草」シリーズ30点（稲米，養蚕，豆腐，蜂蜜など）の１つ。江戸時代末期までの伝統的な養蜂様式をかいまみることができる。日本の養蜂技術が浮世絵風に描写されている。（玉川大学教育博物館所蔵）

明治時代に始まった近代養蜂

明治時代になり、政府は養蜂の産業化を進めるために西洋式の近代養蜂の導入を目指しました。例えば、ドイツの農業関係の資料を収集してまとめた農業技術解説集『獨逸農事《どいつのうじ》圖解《ずかい》』から養蜂の部分のみを翻訳した『蜜蜂養法《みつばちかいかた》』が、１８７５年に出版されました。また、勧業寮新宿試験場（現在の新宿御苑にあった農業試験場）のミツバチ飼養出仕係に任じられた貞市右衛門の息子・貞市市次郎が、地元和歌山からニホンミツバチを持ち込んで試験をしました。これが国としての最初の養蜂に関する専門官の育成です。残念ながら、当時は産業化に必要な技術と知識が十分ではなかったため、ニホンミツバチでの産業化は成功しなかったようです。この時期、一部の養蜂家は欧米式の養蜂道具を使用していましたが、ニホンミツバチを飼育していました。今となってはセイヨウミツバチ規格の巣箱や巣房がニホンミツバチに合わないことは周知の事実ですが、当時は試行錯誤の段階であったため、仕方がないことでしょう。このように、西洋式の養蜂規格では、ニホンミツバチの採蜜量の増加はできませんでした。

その後、アメリカからセイヨウミツバチが導入され、１８７９年に『養蜂改良説』が出版されました。具体的な養蜂技術が簡潔に解説され、アメリカで使用されていた可動式巣箱などの養蜂器具も図解されており、日本の養蜂様式が徐々に変わる転換期となりました。１９０３年には、東京にアメリカ式養蜂技術普及養蜂協会を設立した青柳浩次郎らが、箱根でセイヨウミツバチの繁殖に成功しました。その後、青柳らは１９０５年からセイヨウミツバチの養蜂を普及させるために、全国に種バチ（１匹の女王バチと数千～数万匹の働きバチが入った巣のこと）の配布を始めたそうです。その後、各地でセイヨウミツバチによる養蜂の取り組みが進められ、1912年には、岐阜の渡辺寛らによる近代養蜂技術が岐阜を中心に発展します。渡辺が長野県に避暑のため巣箱を転地したことに続き、岐阜の杉山善三郎が1915年に岐阜から北海道に移動したことが、移動（転地）養蜂の始まりと言われています。

日本におけるニホンミツバチの伝統養蜂からセイヨウミツバチの近代養蜂への転換は、このように明治新政府による近代養蜂の推進施策、セイヨウミツバチの国内での繁殖成功と啓蒙活動、岐阜県を中心とした養蜂業の発展と移動養蜂の始まりにより発展しました。

日本の養蜂学については、1919年に農商務省が国立畜産試験場に養蜂部を設立し、徳田義信博士によるミツバチの研究が最初とされています。徳田博士は畜産試験場に任官して以来、退官後も養蜂界のために貢献し、日本の養蜂学の創始者とされる人物です。

6 ハチと外来種問題

外来種とは、人の活動によって他の地域からもともとは生息していなかった地域に入ってきた生物のことです。ハチの中ではセイヨウミツバチやセイヨウオオマルハナバチが、これにあたります。外来種は、海外から日本に持ち込まれた生物のことだと思われがちですが、実はもともと日本にいる在来種でも外来種になりえます。例えば、本州と四国と九州にしか生息していないニホンミツバチが北海道や沖縄に持ち込まれると、国内外来種としてその地域の生物に悪い影響を及ぼす場合があります。このように国内の未分布地域に侵入した種のことを「国内由来の外来種（国内外来種）」と呼びます。

ただ、生物の中には国境を越えて移動する種類もたくさんいます。人が意図的に持ち込んだ生物もいれば、貨物にまぎれて非意図的に持ち込まれた生物もいます。また、すべての外来種が悪い影響を及ぼすわけではなく、食料生産や医薬品の原料となるものもたくさんあり、農作物や家畜、ペットのように、私たちの生活に欠かせない外来種もたくさんいます。これら外来種のことを産業管理外来種と言います。たとえ何らかの理由で野外に逃げ出しても、その多くは子孫を残すことができません。セイヨウミツバチはその良い例で、人が管理しないとスズメバチやダニにより死滅してしまいます。このように、実際に侵入してくる外来種で定着し、生物多様性に影響する種は一部です。なお、渡り鳥や海流にのって移動してくるサケやウナギ、植物の種など、自然の力で移動する生物は、海外から来ても外来種には当たりません。

特定外来生物と侵略的外来種

外来種の中で、地域の自然環境に大きな影響を及ぼし、生物多様性を脅かす恐れのあるものを「侵略的外来種」と言います。侵略的外来種に対応するため、日本では「外来生物法（特定外来生物による生態系等に係る被害の防止に関する法律）」が施行されました。この法律では、外来種のうち、生態系、人の生命・身体、農林水産業に被害を及ぼすもの、または及ぼす恐れのあるものを「特定外来生物」に指定して、その飼養、栽培、保管、運搬、輸入といった取り扱いを規制し、特定外来生物の防除などを行うこととしています。ハチの例では、トマトの受粉のために持ち込まれた欧州原産のセイヨウオオマルハナバチが北海道全域に定着し、中国から侵入してきたツマアカスズメバチが対馬島で繁殖しています。これらのハチは日本では侵略的外来種ですが、本来の生息地では生物多様性の中で普通の生物として生活しています。要するに、その生物自体が本来の生態系で悪影響を与えているわけではなく、定着した場所に競争者や天敵がいなかったため、大量繁殖し、優占種になったのです。

食物網は、長い期間をかけて食う・食われるといったことを繰り返し、非常に繊細で微妙なバランスのもとで成立しています。ここに外来生物が侵入してくると、食物網だけでなく生物多様性まで変化が起きてしまうことがあります。そうなると、人間の健康や農林水産業などの生態系サービスに悪影響を及ぼしてしまうかもしれません。もちろん、外来種の中には食物網に組み込まれ、生物多様性に大きな変化を与えずに順応している生物もいます。

日本に侵入した東南アジアのオオミツバチ

本来は東南アジアにしか生息していないオオミツバチですが、実は過去に一度だけ国内で群れが見つかっています。1996年8月22日、場所は神奈川県川崎市内の公立中学校の、４階建て校舎の屋上の庇下面（高さ約15ｍ）に、オオミツバチが営巣していたというのです。幸いなことに刺傷被害はなく、巣は約1カ月かけて駆除されました。巣の横幅は42cm、高さは38cmと、東南アジアで見られる巣よりやや小ぶりでしたが、巣房には卵や幼虫も見られたため、女王バチがいる群れであったそうです。この中学校は川崎港から直線距離で1・3kmほどしか離れていないことから、東南アジアの船舶貨物に紛れてオオミツバチが侵入してきたことが推察されています。もちろん、オオミツバチは日本には定着していません。

マルハナバチが特定外来生物に指定されたことによる農業への影響

マルハナバチは、ミツバチと同じミツバチ科マルハナバチ属に位置する昆虫で、ミツバチと同じ真社会性昆虫なので巣を作って生活します。国内では、ミツバチ不足が問題となったときに代替種として使用が推奨されました。マルハナバチは、トマトなどの植物の場合には体の筋肉を振動させて葯から花粉を振るい落とし、体毛に花粉を集める振動受粉を行うことができます。自然界でもナス科の植物は、マルハナバチが重要なポリネーターとなっています。このため、マルハナバチはミツバチの利用が難しいハウス栽培のトマトやナスなどの農作物のポリネーターとして、世界中で利用されています。日本でも1991年から欧州原産のセイヨウオオマルハナバチが導入され利用されるようになり、トマト栽培施設で広く用いられ、ホルモン剤を用いない高品質なトマトの生産に貢献してきました（図8）。

図8　トマトを受粉するセイヨウオオマルハナバチ（左）、マルハナバチによる受粉トマト（中）、トマトハウスに置かれた巣箱（右）
マルハナバチによって受粉されたトマトの方が品質が良くなる。

しかしながら、北海道は欧州と気候や生態系が類似していたため、輸入したセイヨウオオマルハナバチがハウスから逃げだして、北海道では全域で定着が確認される状態となってしまいました。セイヨウオオマルハナバチは、在来マルハナバチよりも巣が大型で繁殖力が強く、在来マルハナバチの巣の乗っ取りや、在来種への繁殖干渉（交雑による不妊化）、外来植物の受粉に貢献しているため生態系に影響を及ぼすようになりました。こうしたことから、2006年に特定外来生物に指定され、現在は利用が制限されています（図9）。北海道における定着状況の調査からは、外来種のセイヨウオオマルハナバチが年々分布範囲を拡大している一方で、地域によっては希少な在来マルハナバチ類の個体数や生息範囲が狭くなっていることが確認されています。もちろん、減少理由は外来種だけでなく、温暖化や環境開発なども影響していて、複合的な要因と考えられています。

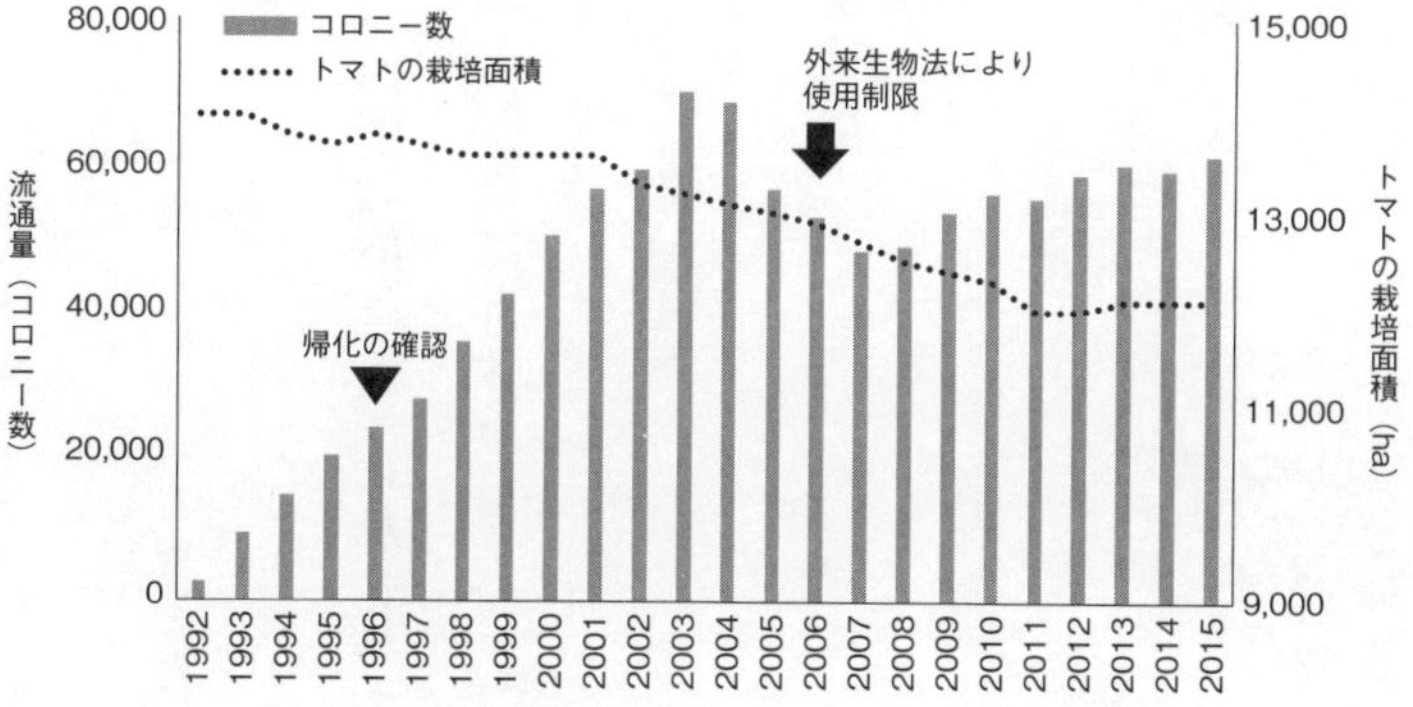

図9　国内のマルハナバチ出荷量の推移
外来生物法により使用が制限されているため、北海道ではトマトの増産ができない状態となっている。（https://youtu.be/bpHz8_Np3lI）

7 実用化が進む道産子産エゾオオマルハナバチ

トマトやナスをハウス栽培する農家にとって重要なポリネーターであるセイヨウオオマルハナバチですが、現在は特定外来生物としてその利用が制限されています。このため、トマトやナスの新規就農希望者は利用できません。このことは北海道の農地拡大や増産に大きな影響を及ぼしています（図10）。こうしたセイヨウオオマルハナバチ問題は、ポリネーターとして農業に重要な役割を果たしている一方で、生態系の攪乱に影響している外来種をどのように使用・管理するべきなのかという複雑な問題を、私たちに提起しています。

図10　マルハナバチによる受粉トマト（左）とホルモン処理による空洞果となったトマト（右）
マルハナバチによって受粉されたトマトの方が品質が良くなる。

この問題の解決策の１つとして、現在、在来種のポリネーターの開発が進められ、国は近い将来、セイヨウオオマルハナバチの利用数を半減させることを目標にしています。私の研究グループでも、北海道で使用できる在来種による代替ポリネーターの開発を進めています。

有用な道産子マルハナバチの室内飼育に成功

北海道には11種類の在来マルハナバチが生息しています。研究ではまず、この11種からトマトの受粉に利用できそうな候補種を探し、数年の歳月をかけ、最終的に候補種をエゾオオマルハナバチとしました。名前に「エゾ」がついているのは、本種の別亜種が本州から九州に生息しているためです。

マルハナバチの巣では、女王バチと働きバチが一緒に生活しています。野生では春に冬眠から目覚めた女王バチが単独で土中に巣を作り、産卵して幼虫を育てます。働きバチが羽化してくると、女王バチは産卵だけを行うようになり、働きバチがそれ以外の仕事を行います。秋になると新しい女王バチとオスバチが羽化・離巣し、野外で別の巣の異性個体と出会い、交尾します。このころには、巣に残された女王バチと働きバチは死んでしまいます。交尾を終えた新しい女王バチだけが生き残り、越冬するという生活史を送っています。

さて、エゾオオマルハナバチをポリネーターとしていつでも農家に出荷できるようにするには、室内で恒常的に生産する方法を開発しなければなりません。室内での恒常的な生産とは、エゾオオマルハナバチの一生を室内で再現させることです。実際の手順を説明すると、最初は弁当箱ほどの大きさの箱に冬眠から目覚めた女王バチを入れ、そこに花粉と砂糖水を入れて置いておきます。しばらくすると女王バチが巣を作り、産卵・育児を開始します。働きバチが羽化してきたら大型の巣箱に移し、花粉と砂糖水を数日置きに交換します。これを行うことで、うまくいけば2～3カ月ほどで女王バチと30～50匹ほどの働きバチからなる巣に成長します（図11）。そして成長した巣の一部を、各農家向けに出荷していきます。それから4カ月ほどが経過すると、その巣ではまた新しい女王バチとオスバチが羽化します。

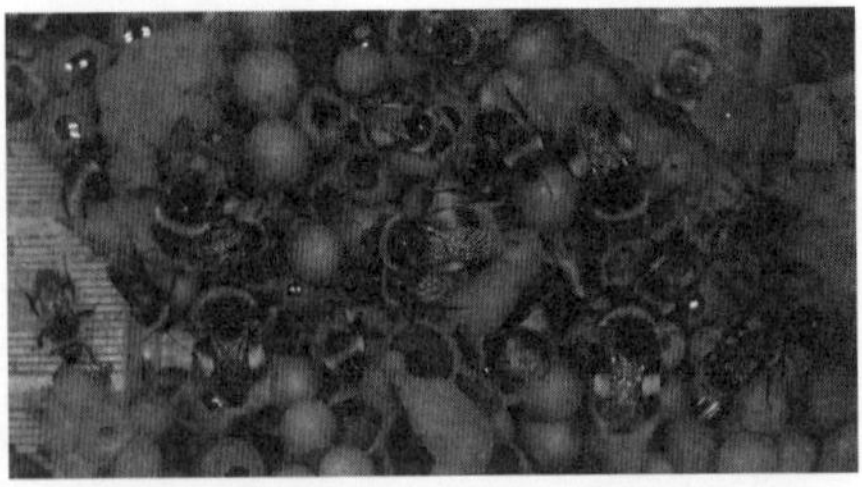

図11　トマトを受粉するエゾオオマルハナバチ（上）と累代増殖実験中の巣（下）

マルハナバチ飼育の重要なポイントは環境条件（温度、湿度、照度など）や産卵に適した巣箱の床素材などですが、女王バチが気に入ってくれる条件は種や個体ごとにさまざまです。私たちは、エゾオオマルハナバチにとって最高の条件を見つけ、受粉に適した系統選抜を約10年かけて進めてきました。研究を進めているうちに、エゾオオマルハナバチは交尾する環境条件にも種ごとにこだわりがあり、時間、光の強さ、温度だけでなく、周りの色も重要であることもわかりました。交尾を終えた女王バチは、越冬を模すために冷蔵庫に入れて数カ月ほど冬眠させます。私たちのグループは、このような試みを続けることで室内飼育に必要な条件の解明に成功し、ようやく室内でのエゾオオマルハナバチの大量累代飼育（何世代にもわたって繁殖させ飼育すること）に成功しました。

すごいぜ！　道産子マルハナバチ

エゾオオマルハナバチの飼育に成功した私たちは、次にポリネーターとしての能力を測るために、トマト産地の１つである北海道のＪＡ平取町の協力を得て、ハウス内でのトマト受粉試験を行いました。当時大学院生だった西本愛氏らが訪花試験をしたところ、非常に良好な結果を得ることができたので、一部を紹介します。

過剰訪花になりにくい

マルハナバチの受粉行動の特徴として、訪花したときに大顎で葯《やく》に噛みついてぶら下がる性質があります。セイヨウオオマルハナバチは葯を強く噛むため、過剰な訪花は落花や奇形果の原因となります。しかし受粉試験の結果、エゾオオマルハナバチは葯を優しく咥えるため、落花率がセイヨウオオマルハナバチより低いことがわかりました。また、着果率については、セイヨウオオマルハナバチに比べて高い傾向が確認されています。

天候の影響を受けにくい

エゾオオマルハナバチは、もともと北海道に生息しているので、道内の天候に適応しています。雨天や曇天などが多い地域ではセイヨウミツバチや一部のマルハナバチはうまく活動してくれない場合もありますが、エゾオオマルハナバチは北海道では天候に関係なく、訪花することがわかりました。さらに、セイヨウオオマルハナバチに比べて寒さに強い面もあります。ただし、セイヨウオオマルハナバチに比べて夏の熱さにはやや弱いようです。

フィルムの影響で飛べなくならない

ミツバチや一部のマルハナバチでは、ハウスで使用する散乱光や、紫外線をカットするフィルムの影響を受けて、ハウスの中でうまく飛べないものもいます。しかし、私たちがエゾオオマルハナバチでそれを確認したところ、北海道のトマトハウスで使用されている各種フィルムの影響は受けないことがわかりました。

おとなしくて扱いやすい

野生の個体でも性質が温和でとても大人しいマルハナバチですが、エゾオオマルハナバチはさらにおとなしいことがわかりました。セイヨウオオマルハナバチでは巣箱に振動を与えたり、餌の花粉をやるときに刺激をしたりすると刺されることがありますが、そういったことはほとんどなく、安心して使用できることがわかりました。

なお、巣箱の使用期間ですが、夏の時期は平均2カ月ほど受粉に使用できます。これはセイヨウオオマルハナバチとほぼ同じです。トマトの品質や生産性もセイヨウオオマルハナバチとの比較試験を行っていますが、基本の栄養成分、糖度、規格（サイズ）別果実率、奇形果率など、品質や生産性に大きな違いは確認されていません。

エゾオオマルハナバチは、北海道と周辺離島に広く分布しているマルハナバチで、北海道では最もよく見かける種類です。私たちの研究グループは、1日でも早く北海道のトマト農家さんにこの道産子マルハナバチをポリネーターとしてお届けするために、増殖の準備を進めているところです。近い将来、北海道の農家さんは道産子マルハナバチに会える日を、一般の方はこのハチにより受粉されたトマトを食べる日を楽しみにしていただければ幸いです。

8 教育現場でのミツバチの新しい役割

近年の養蜂ブームは、世界的なミツバチ不足のニュース、都市緑化、生物物多様性の保全、地産地消、ＳＤＧｓなどのさまざま要因が複合的に作用したことで、多分野の人がミツバチに関心を持ち飼育を始めたことがきっかけのようです。都市養蜂は、国内では銀座のミツバチが有名ですが、今や全国で１００を超える団体がミツバチを飼育しているそうです。

緑化や地域振興に関連して養蜂の普及はある程度は予測できていました。ただ現在は、それを超えるところまで養蜂活動が波及しています。それは全国の高校や大学でミツバチを飼育する学校養蜂です。学校や大学での養蜂というと、これまではミツバチやハチミツ、農作物の受粉を研究

図12　養蜂活動に取り組む学生たち
京都産業大学（左）、大阪府伯太高等学校（中）、愛知商業高等学校（右）。

する高校や大学の研究室で行われていましたが、現在は文系・理系に関係なく、高校や大学で行われるようになりました（図12）。そこで最後に、各学校の生徒・学生さんたちが、どのような活動を行っているのか紹介します。

学生養蜂サミットの幕開け

養蜂活動に取り組む学校が増えてきた中、名古屋学院大学の水野晶夫教授の発案で、学生養蜂を行っている学生・生徒が一同に介する学生養蜂サミットが開催されました（図13）。記念すべき第１回目は、２０１４年10月14日に、名古屋学院大学で開催されました。３つの高校（札幌大通高等学校、富山商業高等学校、愛知商業高等学校）と４つの大学（名古屋学院大学、武蔵大学、京都産業大学、追手門学院大学）が参加し、各校の代表らがそれぞれの活動を報告しました。私も学生を連れて参加しましたが、生徒・学生らが活発にミツバチを中心に話をする様子は大変ほほえましく、交流会でも活発な情報交換がされ、盛況のうちに終了しました。

学生養蜂サミットは、一般観覧者の方たちだけでなく、養蜂関係者からも大好評で、以後、不定期ではありますが、継続されることになりました。２０１９年には、高校10校、大学６校と、参加校が大幅に増えました（図14）。このことからは、短期間のうちに学校養蜂が全国的に広まっていることがうかがえます。

なお、学生養蜂サミットは、２０１７年と２０１９年は

図13　学生養蜂サミット2022のポスター

図14　2014年（上）と2019年（下）の学生養蜂サミット参加校の集合写真

つくば市で、そして２０２２年はオンラインで開催しました。サミットでは私が司会をしたこともあり、各校の活動紹介について私の感想を表1にまとめてありますので、興味のある方はぜひご覧ください。

学生養蜂の活動は実に多様で、私を含めた大人たちや、普段ミツバチや養蜂を業としている方たちの想像を超える、若者ならではの柔軟なアイディアで活動していることがわかっていただけたと思います。

２０２０年以降はコロナ禍のため開催が延期されていましたが、２０２２年には久しぶりにオンライン形式で開催がありました。このときには全国から13校の学生養蜂団体の参加がありました。

なお、２０２３年以降は対面形式での再開を予定しています。

学生養蜂の未来に期待大！

学生養蜂サミットで、学生たちの独創性・創造性にあふれる若いアイディアや発表や熱心な討議を聞いていると、学生養蜂の今後の発展については明るい将来しか想像できません。養蜂が教育とつながり、そこからSDGs、福祉活動や地域振興まで広がりを見せていくなんて、私が学生のころには思いもしませんでした。このような学生が主体となって進めている養蜂活動は、日本独自に広がっている文化の始まりなのかもしれません。今後も、彼らのような学生養蜂がどのように発展していくのか、非常に楽しみに見守っていきたいと思っています。

表1　学生養蜂サミット参加校の活動概要（参加年度）

【北海道】市立大通高等学校　大通高校ミツバチプロジェクト（2014、2017、2019、2022）

ミツバチや生産物などを利用して、全学的に授業、部活動、委員会、個人、地域住民などが柔軟に関われる多様性のある参加型学習を行っているそうです。一度、様子を見学をさせてもらいましたが、札幌でそのままミツバチを越冬させていて、越冬用の資材も作成していたため、大変感心したのを覚えています。ユネスコスクールに加盟し、SDGs実現に向けての取り組みを行っているそうです。

【北海道】帯広畜産大学　ミツバチサークルBEEHAVE　(2019)

2017年から大学内で養蜂をしています。キャンパス内にミツバチのいる庭を造り、ハチミツを学園祭で販売していました。活動を開始したばかりのようなので、畜産大学ならではの展開に期待しています。

【秋田県】秋田県立金足農業高校　科学部（2019）

養蜂が難しいニホンミツバチの飼育にチャレンジしています。日々の養蜂活動の観察から得た生態を分析して、なんとオリジナルの巣箱も開発していました。ニホンミツバチのハチミツやそれを元にした加工品を作っています。また、食の安全やミツバチの保全を目的にハチミツ中の農薬残留の検査を行っています。研究活動と地域貢献、今後の活動の展開も楽しみです。

【東京都】聖学院高等学校　聖学院みつばちプロジェクト・合同会社And18`s（2019、2022）

2016年始動した「みつばちプロジェクト」は､「社会と関わる」をテーマに有志で活動をしているそうです。学校の屋上で養蜂活動を行っていて、学校周辺には緑の多い公園（六義園・飛鳥山公園・旧古河庭園など）が点在しているので、さまざまな花から蜜を採取することができるそうで、多い年には年間80 kgの採蜜ができたそうです。採蜜はもちろん、無農薬や規格外の果物を使ったジャムなどの商品開発に取り組み、生産・加工・販売といった6次産業にもチャレンジしていました。仕入れや卸業務も始じめていて､北区王子にある老舗パン屋明治堂などにCraft Honeyなどを販売しているそうです。有楽町交通会館（マルシェ）でも不定期にハチミツを販売しているそうです。

【東京都】日本工業大学駒場中学校・高等学校　園芸養蜂愛好会　(2019、2022)

渋谷から2 km圏内の都市部にある学校の屋上でニホンミツバチの飼育に挑戦しているそうです。ミミズコンポストなるもので堆肥を作って、蜜源植物、野菜、ポップを使ったグリーンカーテンを育てているそうです。循環型エコキャンパスの活動は、今後多くの学校が取り入れていくことになるのではないかと思いました。先進的な取り組み例として非常におもしろい活動をしていました。

【東京都】安田学園高等学校　生物部　(2019、2022)

生物部でミツバチとマルハナバチを飼育しています。ミツバチは屋上で飼育していて、ハチミツは文化祭で販売しているそうです。生物部なので、ミツバチやマルハナバチの行動や生態に関する研究もしていました。ポスター発表では、大学と連携して高度な研究もしていることがうかがえ、大変感心しました。

【東京都】明治大学　政治経済学部　大森正之ゼミナール　(2022)

養蜂活動は、環境経済学研究室で行っているそうです。東京都千代田区神田猿楽町旧校舎の体育館屋上の養蜂場で区の障害者福祉センター「えみふる」の職員や利用者の方々および猿楽町住民の皆さんと協力して内検や採蜜をしているそうです。採れたハチミツは、大学および近隣のカフェなどで「明大エコハニー」として販売しているとのこと。ハチミツを分析して近隣の蜜源植物の分布を調べてもいるそうです。

【東京都】星槎国際高等学校八王子学習センター星槎みつばちの会（2022）

星槎みつばちの会は、部活動として活動しているそうです。重箱式の巣箱でニホンミツバチの飼育をしています。そのほかにもカエルやトカゲなどの生物や植物も育てているそうです。部活を立ち上げてから3年間ほど経過しているそうで､たくさんの失敗を重ねながら試行錯誤しているそうです。ミツバチの魅力を広めていきたいそうです。

【千葉県】明海大学　うらやすハニープロジェクト（2022）
授業の一環で「浦安市には第一次産業がない」という話を耳にした学生たちが、浦安市で養蜂を第一次産業にしたい！学生の手で一から新しいものを作り上げたい！という思いから発足されたプロジェクトだそうです。そのハチミツは、100%国産純粋ハチミツとして、養蜂から採蜜、ビン詰め、販売までの流れを全て学生の手で行っているそうです。
【千葉県】千葉商科大学cuc100・ワインプロジェクト「国府台bee garden by cuc」(2022)
ワインプロジェクトでは、元々葡萄の栽培を通して「農業の未来やエネルギー資源について考えるきっかけ、地域の方々と交流する場創り」を目的として活動していたそうです。2022年3月からは、新たに養蜂、商品開発、イベント参加・企画にチャレンジし、「地域に頼られる大学」の形成を目指している過程で養蜂活動を進めているそうです。
【神奈川県】東京農業大学 厚木ミツバチ研究部　(2022)
厚木ミツバチ研究部は、セイヨウミツバチの内検や採蜜などを中心に活動しています。さらに、部員たちの知識を深めるための勉強会も定期的に開催し、内検をより適切かつスムーズに行えるよう、日々学んでいるそうです。そのほか、夏には養蜂家さんの元へ合宿に行ったり、さまざまなイベントでハチミツ・蜜蝋を販売したりと、学内以外でも幅広く活動しているそうです。
【新潟県】新潟食料農業大学　養蜂サークル（2022）
最大の特徴は「学生主体」であることです。養蜂道具の資金集めから日頃のミツバチの世話、採蜜、瓶詰までを学生が主体となって計画・活動しているそうです。2022年は養蜂開始初年度でしたが、ハチミツを採ることができたそうです。養蜂サークルではハチミツを使ったお菓子を試作中で、試作が美味しければ、地域貢献の一環として地元のお菓子屋さんまどで販売したいと考えているとのこと。今後の活動の展開が楽しみなサークルです。
【富山県】県立富山商業高等学校　富商みつばちプロジェクト(2017、2019)
選択授業の一環で校舎の屋上でセイヨウミツバチを2群飼育しているそうです。3年次には科目として商品開発というユニークな授業があります。ここで、養蜂を活用したオリジナル商品の研究・開発に取り組んでいました。また、生徒さんが指導する形で富山市内でも都市養蜂を始めたそうです。富商の生徒さんが中心になって富山市の年都市養蜂が活発になることを期待する発表でした。
【長野県】富士見高等学校　富士見高校養蜂部　(2019)
日本一標高の高いところ（967 m）にある高校だそうです。養蜂部では、ニホンミツバチを用いてミツバチの蜜源確保を目的としたBee`s Gardenを校内圃場に作っていました。園芸科の授業の一環で、地域作物の栽培や農業を軸にして耕作放棄地の削減や伝統養蜂の文化を残すための地域交流を行っているそうです。特に耕作放棄地を蜜源植物の植栽に使うアイディアは実現に向けて頑張ってほしいと思います。
【愛知県】名古屋学院大学　名古屋学院大学みつばちプロジェクト（2014、2017、2019、2022）
2010年に名古屋で開催された生物多様性条約第10回締約国会議（COP10）をきっかけに、生物多様性を考える目的から大学キャンパス内の校舎の屋上でセイヨウミツバチの養蜂を開始したそうです。養蜂サミットの発案者である水野先生の指導の下、学生が中心となって養蜂による地域振興に関する活動を行っています。生態系を感じられるまちづくり推進のために、地元商店街と協力し、ハチミツ関連商品の開発やハチミツの採蜜イベントを行って地域貢献に寄与する活動を進めていました。最近は、低い工賃に悩む障害者福祉団体への養蜂支援に力を入れているそうです。
【愛知県】愛知県立愛知商業高等学校　ユネスコクラブ　(2014、2017、2022)
学校周辺に広がる名古屋近代化の歴史遺産が数多く残るエリア「文化のみち」の地域活性化を目標に、校舎の屋上で養蜂活動を行っています。採れたハチミツは日本庭園「徳川園」を主な蜜源としていることから「徳川はちみつ」という名前をつけ、商標登録をしています。徳川はちみつを活用し、アイスやういろうなど、さまざまな商品の開発・販売を行っていて、多くの大会で入賞をしている活動的なクラブです。

【愛知県】愛知県立安城農林高等学校　プロジェクトＢｅｅ／フラワーサイエンス科・森林環境科　(2022)
2017年に設立された「プロジェクトBee」班は、在来種であるニホンミツバチを校内で飼育しているそうです。「日本のデンマーク」と呼ばれる安城市からニホンミツバチの新たな魅力を発信しています。プロジェクトBee班の活動は、学年や学科を越えるだけでなく、「産官学民」の連携を目指しているそうです。SDGsの目標を掲げて、地域の活性化に貢献していくそうです。
【岐阜県】多治見西高等学校　多治見西ミツバチプロジェクト　(2022)
気温が40 ℃を超える酷暑の多治見市でセイヨウミツバチを飼っているそうです。高校生と付属中の生徒でゆるーく活動しているようです。本校の周囲にはミツバチの好きな草木がバランスよく自生していて、2群で150 kg程度の収穫があるそうです。2022年のアカシア蜜は過去最高の品質だったそうです。収穫したハチミツは、販売したり、ケーキ屋さんとのコラボ商品を販売したりしているそうです。
【滋賀県】龍谷大学　Honey Come　(2019)
2017年から滋賀県湖南市と連携して、KONAN HONEYのハチミツを販売しています。大学や地域のイベントに参加して、蜜源植物の栽培や子ども向けの採蜜イベントを行っているそうです。今後はサイエンティフィックな分野まで展開するとか。湖南市の障がい者福祉との連携も新しい養蜂の試みだと思います。ぜひ成功させてもらいたいと思いました。
【京都府】京都産業大学　ミツバチ同好会BoooN!!!　(2014、2017、2019、2022)
生命科学を学ぶ学生に対して、ミツバチを通して生き物を育てる経験や生命倫理を理解する場として、2014年から生命科学部のサークルとして活動をしています。大学キャンパス内でセイヨウミツバチを飼育し、大学主催の地域交流イベントへの参加や学園祭での展示活動をしています。
【京都府】京都学園大学　ミツバチプロジェクト　(2017)
ニホンミツバチの養蜂を行っていて、定期的な内検のほかにアカリンダニの検査をしているそうです。今後はサックブルードウイルスの検査も検討中だとか。過去2年間はアカリンダニの被害が続き採蜜ができなかったそうですが、3年目は重箱3段となり採蜜ができたそうです。今後は忌避剤や音声解析をする予定だそうです。
【岡山県】県立高松農業高等学校　畜産学科　実験動物専攻　ミツバチ研究グループ　(2017、2019)
セイヨウミツバチを飼育していて、ミツバチの世話を通して自然を見る目や生き物との共存を考える態度、人間力の育成･向上を目指しているそうです。「ミツバチからの贈り物はハチミツだけでなく、笑顔でした」という発表はとても印象に残りました。顧問の先生が生徒さんの発表を聞いて感激して泣いている姿は、同じ教育者として強く心に残りました。
【広島県】県立世羅高等学校　農業経営科 (2017、2019)
授業で果樹を選好する2年生が中心となって、ミツバチによるポリネーションの研究に取り組んでいました。果樹の生産向上と、減少しているミツバチの増殖方法について考えていました。ミツバチによるポリネーションの研究は、進んでいない分野なので非常に期待させてもらえる発表でした。
【広島県】県立油木高等学校　産業ビジネス科ミツバチ班　(2017、2019)
耕作放棄地に蜜源植物を植栽することで、持続的な形の養蜂様式を確立する取り組みを進めていました。一度見学をさせてもらいましたが、生徒さんたちの熱心な探求心に関心したのを覚えています。セイヨウミツバチだけでなくニホンミツバチの養蜂も始めており、「JINプレミアム」というブランドを立ち上げたそうです。ふるさと納税の返礼品としてハチミツ生産を行う予定だそうで、楽しみです。
【広島県】近畿大学　工学部近大ミツバチプロジェクト　(2019)
近大ハニープロジェクトとして2014年から活動をしています。教養講義の一環として授業科目にもなっているそうです。企業とのコラボ商品の開発を進めているとか。

【福岡県】北九州市立大学　放課後みつばち倶楽部　(2019、2022)

ニホンミツバチの屋上養蜂を行っています。地元の個人養蜂家の方々とミツバチ会議を開いて情報交換をしたり、「北九州和蜂蜜」のブランドを立ち上げてハチミツの販売をしています。また、九州山地の伝統養蜂に関する人類学的な地域研究を進めていました。着ぐるみを着て創作ダンスをしながら行う、非常に楽しい発表でした。

【福岡県】筑紫女学園大学現代社会学部上村ゼミ みつばちクラブ　(2022)

福岡県太宰府市にある筑紫女学園大学・現代社会学部みつばちクラブです。2017年3月からキャンパス内にある筑女の森でニホンミツバチの養蜂を始めたそうです。里山の環境保全や普段あまり自然と触れ合わない学生たちに自然や生物の豊かさを知ってもらうための活動の一環として養蜂にも取り組んでいるそうです。2022年から学内外のマルシェでハチミツを販売することで、生物多様性の保全や里山を守るための啓発活動を行なっているそうです。

日本最古のはちみつスイーツ「蘇蜜」

日本では飛鳥時代のころから「蘇」と呼ばれる乳製品が文献に出てきます。蘇が実際どのような形をしていたのかは明確にわかっていませんが、奈良・平安時代に税として蘇が壺に入れられて朝廷に納められていたそうです。平安時代に書かれた最古の医学書『医心方《いしんほう》』には、蘇は全身の衰弱を補い、大腸をよくし、口の中の潰瘍を治療するとされており、滋養薬として使われていたことがうかがえます。蘇の作り方については、一斗の乳を煮詰めると、一升の蘇ができるとされています。このことから、蘇は牛乳を煮詰めて、濃縮したのち乾燥させたもので、固形ではないかと考えられます。

蘇蜜を当時の文献をもとに再現したもの

この蘇にハチミツを混ぜた「蘇蜜」は、日本最古のスイーツと言えるでしょう。当時の日本において、牛乳は大変珍しかったため、蘇は貴族などの一部の人しか食べることができなかったと思われます。乳もハチミツも当時は貴重な滋養薬として認識されていたので、蘇蜜はとても高級な食べ物だったのでしょう。実際に光源氏のモデルの1人とされる公卿の藤原道長は、病気を患ったときに蘇蜜を煎（煮）にして食べたという逸話が残っています。

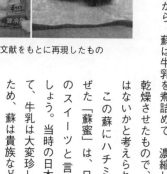

ハチの品種改良

農業利用を目的とした昆虫の品種開発といえば、カイコがその代表種です。３０００年以上前から世界各地で品種開発が進められ、現在国内だけでも約６００種もの品種が保存されています。そのカイコと同様の飼育の歴史があるとされるミツバチですが、実はこれまで品種開発に成功していません。現在も野生種とはっきり区別できる品種と呼べるようなミツバチは存在せず、養蜂分野では欧州原産のセイヨウミツバチの亜種名が、そのまま品種として呼ばれています。私たちは、牛や豚などの動物で利用されているBLUP（ブラップ）法とDNAマーカー育種法をハチ類用に改良し、ミツバチとマルハナバチの品種開発を進めています。今回その研究成果の一部をここで紹介します。

・BLUP法とは

BLUP法は、家畜の育種において、個体の育種価を推定するために広く用いられる方法です。特徴は、飼育で得られた個体の形質データから、環境要因を除いて遺伝的要因だけを取り出すことで、個体の育種価を推定できることです。例えば、肉牛の肉が霜降りかどうか、どのくらいサシが入っているかは、実際に肉を見てみないとわかりませんが、肉にしてしまうと繁殖用の種牛にすることができません。食べずに種牛としての素質を血縁関係にある個体から推定する方法として利用されているのが、BLUP法です。

遺伝子の発現値は変量効果であり、その推定値は混合モデル方程式を用いて育種価である遺伝能力を推定できます。家畜育種学分野でこの手法を導入した結果、品種改良が飛躍的に進み、畜産物の増産や品質向上に目覚ましい成果をあげています。A5ランクの霜降り肉が普通に食べられるようになったのも、BLUP法によるところが大きいのです。

・ハチ用BLUPモデルの開発

ハチの育種に利用できるBLUP法の開発は、ドイツのビーネフェルト博士らの研究グループによって試みられています。彼らはBLUP法の計算に必要な相加的血縁行列の計算に際して、半数倍数性の性決定ならびに繁殖様式から生じる問題を解決するために、いくつかの仮定を設けることを提案しています。しかし、それらの仮定は、数千群単位の大規模養蜂場や増殖施設を対象としたものであり、日本のような100群規模の養蜂場や小規模の増殖施設での選抜には利用できません。

そこで私たちは、動物育種学の専門家である野村哲郎教授とともに国内の増殖規模に合わせた少数群から選抜する計算法を開発しました。詳細は省きますが、図は現在選抜育種により群の大型化を進めているエゾオオマルハナバチの家系図です。

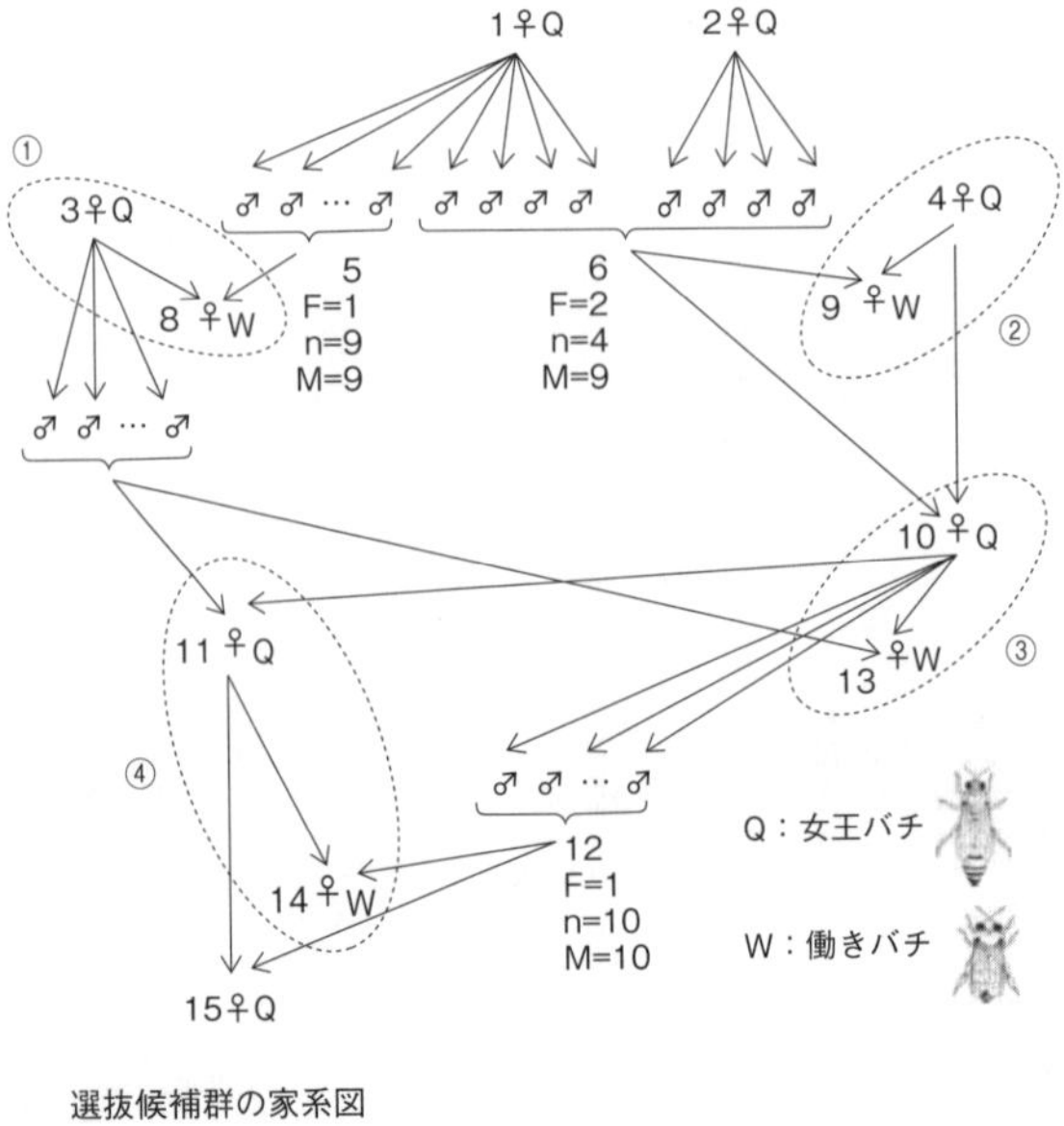

選抜候補群の家系図

図の♀（メス）15は、次世代の女王バチ（Q）候補で、産卵数の記録はありませんが、今回開発したハチ用BLUPモデルより、その産卵能力を育種価として予測することができます。①、②、③および④は群を示し、群内の♀8、9、13および14は、多数の働き蜂（W）を1匹の平均的な働きバチで代表させたものです。これにより群の規模が大きくなる多産系統のマルハナバチの効果的な選抜育種が理論的に可能となりました。

現在は、在来のミツバチやマルハナバチの産業利用上の問題の1つとなっている群の大型化を目的とした選抜育種を進めているところです。その中でも、エゾオオマルハナバチの巣は大型化に成功しています。

BEE HOTEL

ポリネーターとして重要な野生のハナバチ類を保全するために、欧米ではBEE HOTELの設置が流行しています。BEE HOTELとは、単独性のハナバチ類が巣を造る場所を人為的に設置した、いわゆる巣箱です。横に口の空いた箱状の空間に筒状の竹などを束ねて置くと、ハナバチ類はその筒の中に小規模の巣を造ります。単独性なので働きバチはいません。すべてメスとオスのペア、またはメスが巣造りから産卵、採餌までを行います。このような野生のハナバチ類は、小型であまり目立ちませんが、野生の植物や路地栽培の農作物の受粉に貢献しています。ハナバチ類は巣箱を設置してもミツバチと違ってハチミツを貯めることはないので、人に直接的な見返りはありません（もちろん設置した場所が、菜園や庭園ならポリネーターとして活躍してくれます）。あくまでも保全の目的のためだけに設置する巣箱です。

もし庭や菜園をお持ちであれば、試しに設置してみてはいかがでしょうか？　今まで気が付かなかった生態系に重要な小さな生物の存在を気づかせてくれるきっかけになるかもしれません。この行動によって、生物多様性の保全に少しだけ貢献できるでしょう。

さまざまなBEE HOTEL。木製、プラスチック製、コーヒーカップを使ったものなどがある。下はロンドンのホテルの壁に作られたBEE HOETL。

参考文献

●序章・第1章

・佐々木正己：養蜂の科学．サイエンスハウス．東京（2001）

・高橋純一：ミツバチの分類と系統について．ミツバチ科学．26（4）．145-152（2005）

・高橋純一，竹内 実・松本耕三ら：日本で飼養されているセイヨウミツバチの系統．京都産業大学先端科学技術研究所所報．13．25-37（2014）

・高橋純一・若宮 健・奥山 永：在来種ニホンミツバチ*Apis cerana japonica*のミトコンドリア全ゲノム配列の比較．京都産業大学先端科学技術研究所所報．16．21-29（2017）

・高橋純一，小野正人：世界のミツバチ属（*Apis*）の最新の分類体系．昆虫と自然．53．4-8（2018）

・松浦 誠：社会性ハチの不思議な社会．どうぶつ社．東京（1988）

●第2章・第3章

・阿達直樹：昆虫の雑学事典．日本実業出版社．東京（2007）

・池田清彦：イラスト図解 昆虫はすごい！．宝島社．東京（2013）

・伊澤 尚：昆虫の不思議（三枝博幸 監）．ナツメ社．東京（2006）

・岡島秀治 監：徹底図解 昆虫の世界．新星出版社．東京（2009）

・後藤哲雄・上遠野冨士夫：応用昆虫学の基礎．農山漁村文化協会．東京（2019）

・佐々木正己：ニホンミツバチ：北限の*Apis cerana*．海遊舎．東京（1999）

・Jürgen Tautz：ミツバチの世界 個を超えた驚きの行動を解く（丸野内 棣 訳）．丸善出版．東京（2010）

・中筋房夫・石井 実・甲斐英則ら：応用昆虫学の基礎．朝倉書店．東京（2000）

・平嶋義宏・広渡俊哉：教養のための昆虫学．東海大学出版部．平塚（2017）

・吉田忠晴：ニホンミツバチの飼育法と生態．玉川大学出版部．東京（2000）

●第4章・第5章

・佐々木正己：蜂からみた花の世界：四季の蜜源植物とミツバチからの贈り物．海遊舎．東京（2010）

・高橋純一，吉田忠晴：ミトコンドリアDNAからみたニホンミツバチの起源．ミツバチ科学．24．71-76 (2003)

・高橋純一：ニホンミツバチの起源と分布．昆虫と自然．38．12-15（2003）

・高橋純一，野村哲郎：ミツバチ・マルハナバチの育種．昆虫と自然．50．42-45（2015）
・高橋純一：ポリネーターの役割と環境変化について．GREEN AGE. 5．18-21（2017）
・高橋純一：ニホンミツバチの未利用資源である発酵したハチミツの遊離アミノ酸組成について．日本栄養・食糧学会誌．75．113-118（2022）
・高橋純一，近野真央・井上 諒ら：対馬島と台湾で食されている発酵したハチミツの酵母の種同定と遊離アミノ酸組成について．New Food Industry. 69．689-694（2022）
・高橋純一，前田美都，中川郁美ら：LAMP法を用いたニホンミツバチとセイヨウミツバチのはちみつ判別法の開発．日本食品工学会誌．69：385-392(2022)
・竹内 実：蜜蜂と蜂蜜の秘密を探る!~蜂蜜と免疫~．北隆館．東京（2020）
・ベルンド・ハインリッチ：マルハナバチの経済学（井上民治二 監訳）．文一総合出版．東京（1991）
・吉田忠晴：ニホンミツバチの社会をさぐる．玉川大学出版部．東京（2005）

●第6章

・高橋純一：写真でみるミツバチの感染症［第１回］．臨床獣医．38（８）．10-12（2020）
・高橋純一：写真でみるミツバチの感染症［第２回］．臨床獣医．38（10）．10-12（2020）
・高橋純一：写真でみるミツバチの感染症［第３回］．臨床獣医．38（11）．14-16（2020）
・高橋純一：写真でみるミツバチの感染症［第４回］．臨床獣医．39（３）．６-８（2021）
・高橋純一：写真でみるミツバチの感染症［第５回］．臨床獣医．39（５）．12-14（2021）
・高橋純一：写真でみるミツバチの感染症［第６回］．臨床獣医．39（８）．10-11（2021）
・高橋純一：写真でみるミツバチの感染症［第７回］．臨床獣医．39（10）．14-16（2021）
・高橋純一：写真でみるミツバチの感染症［第８回］．臨床獣医．39（12）．６-８（2021）
・高橋純一：写真でみるミツバチの感染症［第９回］．臨床獣医．40（１）．12-14（2022）
・高橋純一：写真でみるミツバチの感染症［第10回］．臨床獣医．40（３）．８-９（2022）
・小野正人：スズメバチの科学．海遊舎．東京（1997）
・松浦 誠：図説 社会性カリバチの生態と進化．北海道大学図書刊行会．札幌（2000）

●第7章・第8章

・篠田知和基：世界昆虫神話．八坂書房．東京（2018）
・高橋純一：実用化に向けて準備進むエゾオオマルハナバチ．ニューカントリー．6月号．19-20（2021）
・高橋純一：国内に侵入した外来性スズメバチについて．ペストコントロール．7月号．15-20（2023）
・クレア・プレストン：ミツバチと文明：宗教、芸術から科学、政治まで 文化を形づくった偉大な昆虫の物語（倉橋俊介 訳）．草思社．東京（2020）
・松浦 誠：スズメバチを食べる―昆虫食文化を訪ねて．北海道大学図書刊行会．札幌（2002）
・渡辺 孝：ミツバチの文化史．筑摩書房．東京（1994）
・渡辺 孝：ミツバチの文学誌．筑摩書房．東京（1997）
・ギルバート・ワルドバウアー：虫と文明（屋代通子 訳）．築地書館．東京（2012）

高橋純一（たかはし じゅんいち）

京都産業大学 生命科学部先端生命科学科　准教授

1974年東京都生まれ。北海道大学大学院農学研究科修士課程を経て、2004年玉川大学大学院農学研究科博士後期課程修了。博士（農学）。（独）日本学術振興会特別研究員PD（生物）、京都大学生態学研究センター機関研究員を経て、2010年より現職。専門は、ミツバチ、マルハナバチ、スズメバチを対象に分子生態学や保全生態学、ハチ類の農業分野での機能利用に関する研究を行っている。ミツバチについては、繁殖生態の進化、ハチミツの機能利用、養蜂の技術・文化について研究を進めている。

イラスト：田中くるみ、西 藍香

ミツバチの秘密

2023 年 9 月 1 日　第 1 刷発行

著　者……………………高橋純一
発行者……………………森田浩平
発行所……………………株式会社 緑書房
103-0004
東京都中央区東日本橋 3 丁目 4 番 14 号
TEL 03-6833-0560
https://www.midorishobo.co.jp

編集………………………石井秀昌
編集協力…………………柴山淑子
カバーデザイン…………尾田直美
組版………………………ササキデザインオフィス
印刷所……………………図書印刷

ISBN978-4-89531-895-2　Printed in Japan
落丁、乱丁本は弊社送料負担にてお取り替えいたします。

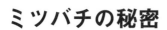